高等院校电子信息类规划教材

非线性光学与非线性光纤光学贯通教程

张晓光 唐先锋 肖晓晟 编著

北京邮电大学出版社
www.buptpress.com

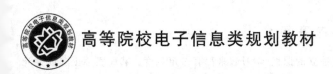

内 容 简 介

非线性光学与非线性光纤光学一般是两门独立的课程，学习起来都有一定难度。然而实际上非线性光纤光学是非线性光学非常重要的应用领域，非线性光学是非线性光纤光学的基础，两者是不能完全割裂的。本书尝试将两者融会贯通起来，在非线性光学与非线性光纤光学之间建立一个自然进阶的"桥梁"，作为一个整体展现给读者。

本书可以作为光电子学、光纤通信、光纤传感等相关专业的研究生课程教材，也可以供相关领域的科技人员参考。

图书在版编目(CIP)数据

非线性光学与非线性光纤光学贯通教程 / 张晓光，唐先锋，肖晓晟编著．-- 北京：北京邮电大学出版社，2021.8（2023.9 重印）

ISBN 978-7-5635-6391-3

Ⅰ.①非… Ⅱ.①张… ②唐… ③肖… Ⅲ.①光纤通信－非线性光学－教材 Ⅳ.①TN929.11

中国版本图书馆 CIP 数据核字（2021）第 112057 号

策划编辑：马晓仟　　**责任编辑**：满志文　　**封面设计**：七星博纳

出版发行：北京邮电大学出版社
社　　址：北京市海淀区西土城路 10 号
邮政编码：100876
发 行 部：电话：010-62282185　传真：010-62283578
E-mail：publish@bupt.edu.cn
经　　销：各地新华书店
印　　刷：北京虎彩文化传播有限公司
开　　本：787 mm×1 092 mm　1/16
印　　张：17.5
字　　数：456 千字
版　　次：2021 年 8 月第 1 版
印　　次：2023 年 9 月第 3 次印刷

ISBN 978-7-5635-6391-3　　定价：46.00 元

前言

自1960年激光器发明以来，非线性光学是现代光学发展最强劲的领域之一，而非线性光纤光学又是非线性光学在光纤通信领域最重要的应用。1961年弗兰肯(Franken)发现二次谐波效应被认为是非线性光学研究正式开始的标记。1965年布鲁姆伯格(Bloembergen)出版了史上第一本《非线性光学》(*Nonlinear Optics*)专著。1984年美籍华裔学者沈元壤(Yuan Rang Shen)出版了权威专著《非线性光学原理》(*The Principles of Nonlinear Optics*)，全面总结了当时已发现的非线性光学现象以及解释它们的原理框架。至此，非线性光学教材的理论框架基本搭建成功，后来各位学者撰写的非线性光学书基本上延续了这一框架。沈元壤教授的《非线性光学原理》在目前看来有一些陈旧，当前国际上最流行的非线性光学书是博伊德(Boyd)教授的《非线性光学》(*Nonlinear Optics*)，已出版到第4版了。

非线性光纤光学是非线性光学的重大应用，也是非线性光学研究的重要分支。1980年，世界上第一个45 Mbit/s商用光纤通信系统出现，40多年来发展的速度太惊人了。目前作为互联网通信主要承载体的光纤通信骨干网，单波长的传输码率达到800 Gbit/s，一根光纤在C+L波段可以承载160 Tbit/s的通信容量(传输大约200个波长的信号)。早期的光纤通信系统中，只有单波长信号传输，光纤中的光功率不高，属于线性极化范畴，是线性的光纤通信系统。光信号在光纤中传输，呈现的是线性光学响应，光纤通信领域的工程师根本不用关心光纤中的非线性光学效应。到了20世纪90年代，随着光孤子技术和波分复用技术的应用，光纤通信的速率大幅度提高，单波长码率达到10 Gbit/s，一根光纤能传输40～80个波长信号，光纤中的激光功率大幅度提高，光信号在光纤中传输，人们再也不能忽视非线性响应的存在。这激起了科学家对于光纤中的非线性光学效应的大量研究，从那以后的光纤通信工程师也必须了解光纤非线性效应，自此，学习非线性光纤光学成为热潮。在这个学习热潮中，阿戈沃(Agrawal)教授1989年出版了《非线性光纤光学》(*Nonlinear Fiber Optics*)，为非线性光纤光学建立了教材的原理框架。到2019年，该书已经出版到了第6版。

实际上，目前被大家广泛认可的非线性光学的教材不算太多，但也不算太少。而非线性光纤光学教材并不多，除了广泛认可的阿戈沃教授的《非线性光纤光学》以外，还有施耐德(Schneider)教授的《远程通信中的非线性光学》(*Nonlinear Optics in Telecommunications*)和费雷拉(Ferreira)教授的《光纤中的非线性效应》(*Nonlinear Effects in Optical Fibers*)。非线性光学原理本身的学习是有一定难度的，需要下足够的功夫。而学习非线性光纤光学是需要以学好非线性光学为前提的。各个高校，为物理学学科和光学学科的理科研究生往往只开设非线性光学课程，为光学工程学科和电子科学与技术学科等工科研究生往往只开设非线性光纤光学课程，两门课程相互割裂。另外，以阿戈沃所著《非线性光纤光学》为代表的非线性光纤光学教材，推导非线性薛定谔方程的过程不尽如人意，其中的非线性自相位调制项出现得还比较自然，而其他非线性效应项的来源，比如四波混频、受激拉曼散射、受激布里渊散射的非线性项出现时并不顺畅，原理并不清晰。学生学习时应该对非线性机制有深入的了解，非线性光纤光学中的非线性公式应该从非线性光学的光场复振幅非线性传输方程中过渡过来，即学习非线性光纤光学的学生应该首先学好非线性光学的理论框架，然后自然而然地过渡到非线性光纤光学的学习中。只有这样学习到的非线性光纤光学才根基扎实，对今后研究光纤非线性效应才是有益的。

因此本书尝试把非线性光学与非线性光纤光学写成一本“贯通教程”，在非线性光学与非线性光纤光学之间建立一个自然进阶的“桥梁”，作为一个整体展现给读者。本书用7章建立非线性光学的理论框架以及阐述基本的非线性光学效应，用最后3章介绍光纤中的主要非线性效应，特别关注了与光纤通信系统相关的光纤非线性效应，如自相位调制效应、交叉相位调制效应、四波混频与参量放大、受激拉曼散射与光纤拉曼放大器、受激布里渊散射与光纤布里渊放大器以及光纤布里渊传感器。

本书是为光学工程学科、电子科学与技术学科的电磁场与微波技术二级学科和物理电子学二级学科的研究生课程编写的教材，授课对象是工科学生。因此本书舍弃了非线性光学现象的量子理论解释，在解释受激拉曼散射机制时也只是提到了非常简单的量子解释。另外学习非线性光学必然涉及张量、晶体对称性的知识。本书以附录的形式，以够用为准则进行介绍。比如本书以各向异性介质中推动钢球的例子进行张量的引入，介绍二阶张量的物理意义。此外，本书需要用到的高斯光束、非线性晶体的选择、变分法等知识也是以附录形式引入。

非线性光学书的符号约定是一个让初学读者非常头痛的事。学好非线性光学需要同时参考多本教材，而不同的非线性光学书中的各种符号约定却使人无所适从，形成了悖论。比如量纲的不同、光场复数表示正负频选择的不同、振幅有无1/2因子的不同，使非线性光学中的公式出现不同的形式，而且形式有时差别很大，使读者陷入混乱。鉴于此，本书用附录A对非线性光学中的符号约定问题进行了较详细的说明。

本书作者在研究生阶段学习的是非线性激光光谱学，从教后长期致力于光纤通信系统研究，并于20世纪90年代末接手主讲研究生的非线性光学课程，至今主讲这门课程已经20余年了。2004年，又为北京邮电大学理学院应用物理专业开设了非线性光学导论课，并编写了《非线性光学》(上册)的铅印讲义作为课程教材。本书的大部分章节内容均来自作者多年来主讲非线性光学与非线性光学导论课的讲义，以及上述的铅印讲义。本书作者于1993年至2000年在理学院主任杨伯君教授的引领下，曾经一度研究光孤子通信，并于1999年获得信息产业部科技进步三等奖，后来又研究了光纤中非线性损伤的机理与均衡方法，算是对非线性光纤光学有一定的理解。由于编写本书需要一定的专业背景，而深入掌握非线性光学与非线性光纤光学本身有难度，以及本书作者对于自身能否胜任存在疑虑，使得没有能早一些完成本书的编写。近年来周围的同事不断地鼓励和催促本书作者尽快完成本书的编写，在两位青年教师的帮助下，终于使这本书与读者见面了。

限于作者的水平，书中存在的不妥之处，恳请广大读者批评指正。

作　者

2021年1月于北京

目　录

绪 论

0.1 研究非线性光学与非线性光纤光学的意义

光学分线性光学与非线性光学，其区分在于光在其中传输的介质对于光场是线性的响应还是非线性的响应，这个响应主要在于介质对于光场是线性极化还是非线性极化。一般来说，当光场的光强较弱时，介质表现出线性极化，对其采用传统的“线性光学”来研究；当光场光强大到一定程度时，特别是光场既强且为相干光时，研究介质对光场产生的响应需要用到本书论述的“非线性光学”。

人类在发现激光之前，能够采用的普通光源其相干性很差，在传输中由于衍射的作用一般也不能聚集起足够大的光强与传输介质产生非线性相互作用，因此当时并没有总结出像今天这样的相对完整的非线性光学理论框架。直到 1960 年梅曼发明了激光器[1]，对传统光学造成了巨大的冲击。激光作为时间相干性与空间相干性好、方向性也好的强光束，为发现和产生非线性光学现象提供了必要的光源，以激光作为光源后，各种非线性光学现象逐一被发现。不断涌现的非线性光学现象无法纳入人们以前熟知的线性光学的框架之中，促使人们去不断探究介质中的各种非线性光学现象到底是一种什么样的新机制。经过 60 多年的研究、发展，一套与线性光学理论不同的非线性光学理论已经相对成熟起来，非线性光学已成为现代光学的一个重要分支。

目前互联网已经是人们生活不可分割的一部分，是当前经济发展的一个超强引擎，而光纤通信是构建这张互联网的重要技术手段之一。高锟在 1966 年预言光纤可以有很低的损耗[2]，因此可以作为光通信的重要传输载体，在之后的 1970 年，美国康宁公司的几位科学家拉制出如高锟所预言的那样的低损耗光纤。很快在 1980 年，世界第一个 45 Mbit/s 的商用光纤通信系统建立[3]。在光纤通信的早期，作为光纤通信的工程人员，他们更关注的是光纤的损耗而不是光纤的非线性光学现象。人们对光纤中的非线性光学现象开始有兴趣是 20 世纪 70 年代的事，比开始研究晶体中的非线性光学现象整整晚了大约十年。这是因为光纤的非线性系数并不高，在低功率情况下，很难产生非线性光学现象。那时关注光纤中非线性现象的只是科学家，他们在研究块状介质里的非线性光学现象之余，想看一看将强激光耦合入光纤会发生什么？直到20世纪90年代，随着人们对于光纤通信的容量需求大幅度提高，并且跨洋的海底光缆通信是编织国际互联网的关键，另外色散管理、波分复用、光孤子技术等不断涌现，光纤中的非线性光学现象已经不能被光纤通信工程师所忽略，因为此时的光纤通信商业系统容量与传输距离需要进一步提高，光纤非线性造成的损伤成为了重要的技术瓶颈。从那以后，无论是研究光纤通信技术的科学家、还是具体实施光纤通信系统的工程师，都需要懂得光纤中的非线性光学效应，掀起了学习非线性光纤光学的热潮。为上述热潮提供佐证的是阿戈沃教授在1989年出版了他的《非线性光纤光学》[4]，1995年又出版了该书的第2版[5]。随后随着人们发现光纤中的非线性光学现象越来越多，以及光纤通信业界对于了解光纤非线性现象的需求越来越旺盛，到2019年该书已经出到了第6版[6]。

综上所述，研究非线性光学已不仅是学术界所关注的事情，也是光纤通信、光纤传感与光纤激光器等工业界所需要关注的事情。

0.2 非线性光学与非线性光纤光学的发展简史[7,8]

前面提到，正是由于1960年激光器的诞生，提供了合适的光源，为非线性光学现象的发现与研究打下了良好的基础，第二年就引发弗兰肯(Franken)发现了二次谐波现象[9]，这一工作可以当作人们对非线性光学研究的正式开始。从那以后，人们对于非线性光学的研究经历了1961—1965年的初创时期、1963—1984年逐渐成熟阶段以及1985年至今的进一步成熟与大面积应用的几个阶段(其中有重叠的年份)。下面将逐个阶段分别阐述。

0.2.1 非线性光学的史前史与初创时期(1961—1965年)

前面提到弗兰肯发现二次谐波现象是非线性光学研究正式开始的标志，而大家一提到非线性光学发展史，必然要问在这个作为开始标志的事件以前，人们为这一领域研究的开始做了哪些准备工作？这些研究工作可以看成是非线性光学的史前史。

图0-2-1(a)给出了非线性光学的史前史的几大重要事件。1865年麦克斯韦创立了以四个麦克斯韦方程为代表的电磁理论，为研究非线性光学建立了牢固的经典电磁学数理框架。那以后人们对于光在晶体中的传输行为的研究，建立了电光效应的理论，其中以发现克尔效应[10]和泡克尔斯效应[11,12]为代表，本书将在第1章中讨论电光效应。现在我们知道电光效应实际上是一种二阶非线性光学效应，可以纳入二阶非线性光学的理论框架。而人们当时研究电光效应时，是在晶体光学的框架中加以讨论的。这一点需要加以说明。20世纪20年代布里渊与拉曼相继发现了布里渊散射[13]与拉曼散射[14]，这是不同于瑞利散射的特殊散射现象。虽然这两种散射现象仍然属于线性光学的范畴，但是为后来发现受激布里渊散射与受激拉曼散射打下了基础。1960年梅曼发明激光器可以看成是在贝尔实验室的汤斯领导的小组发明的微波激射器(Maser)基础上向光频的延拓结果[15]，1958年肖洛与汤斯提出光频的激射器的谐振腔不应该像微波激射器一样是封闭腔，而是由一对镜面组成的开腔[16]。1960年梅曼接受了肖洛与汤斯的开腔理论，利用红宝石棒两端镀膜形成法布里-珀罗型的开腔，以闪光灯与椭圆镜面作为光泵浦系统，实现了波长为694.3 nm的红光激射，这为研究非线性光学现象提供了性能优良的光源。

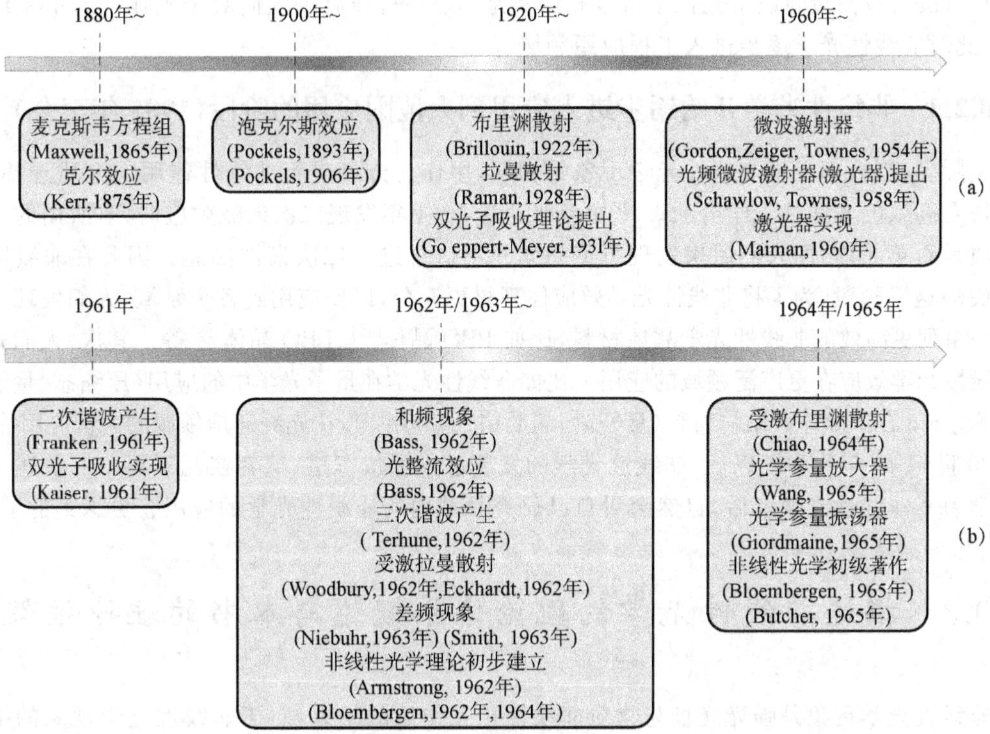

图 0-2-1　非线性光学的史前史与初创时期大事件

图 0-2-1(b)给出了非线性光学初创时期的大事件，这一时期以弗兰肯(Franken)1961 年发现二次谐波为起始[9]，以布鲁姆伯格(Bloembergen)1965 年出版史上第一本《非线性光学(Nonlinear Optics)》[17]以及同年布彻出版《非线性光学现象(Nonlinear Optical Phenomena)》[18]作为结束，期间人们逐一发现了双光子吸收[19]、和频差频[20,21]、光整流[22]、三次谐波[23]、受激拉曼散射[24,25]和受激布里渊散射[26]、光学参量放大与光学参量振荡等非线性光学现象[27,28]，另外阿姆斯特朗(Armstrong)[29]、布鲁姆伯格[30,31]等发表了几篇重要论文，使非线性极化率等相关理论初步建立。

0.2.2　非线性光学发展逐渐成熟定型阶段(1963—1984 年)

在这一时期，更多的非线性光学现象被发现。相对于前面发现的稳态非线性光学现象，从 1964 年到 1972 年人们陆续发现一些介质对于短激光脉冲的瞬态相干光学现象，比如光子回波[32]、自感应透明[33]、光学章动[34]和光学自由感应衰减效应[35]。这些瞬态相干的非线性光学现象要用光学布洛赫方程来描述。1963 年到 1983 年围绕光学相位共轭现象的研究，发现了简并与近简并四波混频效应可以产生恢复大畸变的相位共轭光波[36,37,38]。1964 年到 1974 年在一些介质中发现了光学克尔效应以及由此产生的自聚焦现象[39,40,41]。1974 年到 1979 年发现光学双稳态现象[42,43,44]。1973 年在光纤中提出光孤子概念，随后应用于光纤通信系统。在这一阶段，不仅发现了上述的非线性光学现象，非线性光学理论也逐步开始定型，这以美籍华裔学者沈元壤发表著名专著《非线性光学原理(The Principles of Nonlinear Optics)》为标志[45]。1973 年贝尔实验室的长谷川(Hasegawa)与塔波特(Tappert)提出光纤中可以形成光孤子[46,47]，用以克服单模光纤中的色度色散效应。1980 年同样在贝尔实验室工作的莫勒纳(Mollenauer)实验验证了光孤子可以长距离地传输[48],开启了人们对于光孤子通信系统的研究,此时非线性光学逐步进入工程应用领域。

0.2.3 非线性光学开始逐步进入应用到大范围应用的阶段(1985 年至今)

实际上,当人们发现非线性光学现象的初期,用作与光场进行非线性作用的介质选择,并不见得是高效的非线性光学介质。比如当弗兰肯 1961 年发现二次谐波效应时[9],所用的非线性介质是石英晶体,而人们后来发现石英晶体并不适合进行二次谐波实验。因此在非线性光学发展的这一阶段,为了将非线性光学效应体现得更充分,以便应用到各个领域,人们发现和制备了一系列更高效的非线性光学晶体材料,比如 BBO 晶体[49]、LBO 晶体[50]等。其次,人们开发了非线性光学效应在更广泛领域的应用。比如非线性光学在量子光学中的应用(压缩态、量子纠缠态等)[51],在半导体微结构材料(量子阱、超晶格)的应用[52],在光纤通信领域的大量应用等。

20 世纪 80 年代中期以后,非线性光学的发展进入了快车道,笔者在此不再一一赘述。读者在学习了非线性光学以后,自然会对自己研究领域内的非线性光学的应用有更深刻的了解。

0.3 描述非线性光学的理论体系概述与本书的理论框架[53]

非线性光学现象是强光光场与物质非线性相互作用的结果,对于非线性光学现象的描述包括对于光场的描述、对于介质极化的描述、介质对于光场响应的描述这三个要素,这样描述非线性光学大致有三种理论体系,它们分别适合于描述不同的非线性光学现象。

第一种是全经典的非线性电极化理论,其中对于光场的描述采用以麦克斯韦方程组为代表的经典电磁理论,介质中原子或分子在经典光场作用下的响应用基于洛伦兹电子论的非线性谐振子模型描述,并由非谐振子模型得到介质宏观的各阶非线性极化率 $\chi^{(n)}$,最后用非线性极化介质中的波动方程导出各个光波之间的耦合波方程,来分析各个光波之间幅度、相位、偏振的相互转化。这种理论可以成功地描述各种二阶、三阶的非线性混频效应,以及与介质感应非线性折射率变化有关的多种非线性光学效应。本书在描述非线性光学以及非线性光纤光学的内容时基本都是采用这种全经典的理论框架来分析的。

第二种是半经典的非线性电极化理论,其中光场还是用经典的电磁理论描述,只是介质中的原子或分子对光场的响应采用了量子力学的描述。鉴于此,介质的各阶非线性极化率 $\chi^{(n)}$ 也是基于量子力学的量子跃迁理论计算给出。此时介质中各个光场之间的相互转化仍然应用耦合波方程描述。

即使在第二种半经典理论引入了量子力学理论,但是由于光场本身是按照经典电磁理论处理的,无法引入“光子”的概念以及与光子统计相关的诸如“光子简并度”的其他概念,因此不能从本质上解释自发辐射与受激辐射、自发散射与受激散射、多光子吸收与多光子激发过程之间的区别。这样就需要第三种全量子的理论。

这第三种全量子理论就是基于光辐射与物质相互作用的量子电动力学理论,这个理论把光场看成是分布在相关的不同量子态内的一群光子的统计集合,同时把介质处理为处于不同量子态的原子或分子的集合,随后把两者作为一个统一的量子系统进行整体量子态处理。

由于本书的定位,假定本书的读者大多是非物理专业的光信息或者光通信领域的学生、科研工作者以及工程师，所以采用了第一种全经典的理论，其体系逻辑是：介质的原子或分子在经典光场下作非谐振子振荡（此部分以洛伦兹电子论为基础），由此得到各阶宏观非线性极化率 $\chi^{(n)}$。由于该理论只是显示了微观原子或分子极化与宏观非线性极化强度 $P^{(n)}$ 之间如何建立关系，因而由此计算的 $\chi^{(n)}$ 不是精确的结果，另外也无法反映它的张量属性。此时本书只是强调了非线性极化张量的宏观对称性与简化表示，对应的 $\chi^{(n)}$ 张量元素的具体取值可以参阅相关的晶体光学手册。最后利用描述介质中的光场的非线性、非齐次波动方程导出各阶非线性现象下各个光波之间的耦合波方程。

在这个框架下，本书对于二阶、三阶混频现象，非线性折射率变化引发的现象，以及光纤中的混频与非线性折射率变化现象都进行了顺畅的解释，理论的运用贯穿始终。至于本书第 6 章与第 10 章牵涉的受激拉曼散射与受激布里渊散射，根据上面的论述，本来应该采用全量子理论进行处理才能将自发散射与受激散射的本质区别开来，但是基于本书的定位，我们仍然希望把受激散射纳入本书的理论体系。本书参照雅里夫处理拉曼散射时应用经典的分子非线性极化的方法[54, 55]，给出了受激拉曼散射的非线性极化率表达式，最后给出了泵浦光与斯托克斯光之间的耦合波方程，纳入了本书的理论框架。当然其中也适当地运用了一点点量子跃迁的概念（注意不是量子跃迁理论），使读者能够更深入地理解受激散射机制。

本章参考文献

[1] Maiman T H, Stimulated optical radiation in ruby [J]. Nature, 1960, 187: 493-494.

[2] Kao C K, Hockham G A, Dielectric-fibre surface waveguides for optical frequencies [J]. Pro. IEE, 1966, 113(7): 1151-1158.

[3] Sanferrare R J, Terrestrial lightwave systems [J]. AT&T Tech. J., 1987, 66(1): 95-107.

[4] Agrawal G P, Nonlinear fiber optics [M]. San Diego: Academic Press, 1989.

[5] Agrawal G P, Nonlinear fiber optics (formerly Quantum Electronics) [M]. 2nd ed. San Diego: Academic Press, 1995.

[6] Agrawal G P, Nonlinear fiber optics [M]. 6th ed. San Diego: Academic Press, 2019.

[7] Power P E, Fundamentals of nonlinear optics [M]. Boca Raton: CRC Press, 2011.

[8] 李淳飞，非线性光学[M].2 版. 北京：电子工业出版社，2009.

[9] Franken P, Hill A E, Peters C W, Weinreich G, Generation of optical harmonics [J]. Phys. Rev. Lett., 1961, 7(4): 118-119.

[10] Kerr J, A new relation between electricity and light: dielectrified media birefringent [J]. Philosophical Mag. Series 4, 1875, 50, 337-348.

[11] Pockels F, Abhandlungen der gesellschaft der wissenschaften zu Gottingen (Treatises of the society of sciences in Gottingen) [J]. 1893, 39: 1.

[12] Pockels F, Lehrbuch der kristalloptik (Textbook of crystal) [M]. Leipzig: Teubners, 1906.

[13] Brillouin L, Diffusion de la Lumeìre et des rayonnes X par un corps transparent homogéne; influence del' agitation thermique (Diffusion of light and X-rays by a transparent homogeneous medium; influence of thermal agitation) [J]. Annales des Physique, 1922, 17: 88.

[14] Raman V V, Krishnan K S. A new type of secondary radiation [J]. Nature, 1928, 121: 501-502.

[15] Gordon J P, Zeiger H J, Townes C H, Molecular microwave oscillator and new hyperfine structure in microwave spectrum of NH_3[J]. Phys. Rev., 1954, 95: 282-284.

[16] Schawlow A L, Townes C H. Infrared and optical masers [J]. Phys. Rev., 1954, 112: 1940-1949.

[17] Bloembergen N. Nonlinear optics: a lecture note and reprint volume [M]. New York: W. A. Benjamin, Inc., 1965.

[18] Butcher P N. Nonlinear optical phenomena [M]. Columbus: Ohio State-University, 1965.

[19] Kaiser W, Garret C G B. Two-photon excitation in CaF_2: Eu^{2+} [J]. Phys. Rev. Lett., 1961, 7: 229-231.

[20] Bass M, Franken P A, Hill A E, et al. Optical mixing [J]. Phys. Rev. Lett., 1962, 8: 18.

[21] Niebuhr K E. Generation of laser axial mode difference frequencies in nonlinear dielectric [J]. Appl. Phys. Lett., 1963, 2: 136-137.

[22] Bass M, Franken P A, Ward J F, et al. Optical rectification [J]. Phys. Rev. Lett., 1962, 9: 446-448.

[23] Terhune R W, Maker P D, Savage C M, Optical harmonic generation in calcite [J]. Phys. Rev. Lett., 1962, 8: 404-406.

[24] Woodbury E J, Ng W K. Ruby laser operation in near-IR [J]. Proc. Inst. Radio Eng., 1962, 50: 2367.

[25] Eckhardt G, Hellwarth R W, McClung F J, et al. Stimulated Raman scattering from organic liquids [J]. Phys. Rev. Lett., 1962, 9: 455-457.

[26] Chiao R Y, Townes C H, Stoicheff B P. Stimulated Brillouin scattering and coherent generation of intense hypersonic waves [J]. Phys. Rev. Lett., 1964, 12: 592-595.

[27] Wang C C, Racette G W. Measurement of parametric gain accompanying optical difference frequency generation [J]. Appl. Phys. Lett., 1965, 6: 169-171.

[28] Giodmaine J A, Miller. Tunable coherent parametric oscillation in $LiNbO_3$ at optical frequencies [J]. Phys. Rev. Lett., 1965, 14: 973-976.

[29] Armstrong J A, Bloembergen N, Ducuing J, et al. Interactions between light waves and a nonlinear dielectric [J]. Phys. Rev., 1962, 127: 1918-1939.

[30] Bloembergen N, Pershan P S. Light waves at the boundary of a nonlinear media [J]. Phys. Rev., 1962, 128: 606-622.

[31] Bloembergen N, Shen Y R. Quantum-theoretical comparison of nonlinear susceptibilities in parametric media, lasers, and Raman lasers [J]. Phys. Rev., 1964, 133: A37-A49.

[32] Kernit N A, Abella I D, Hartmann S R. Observation of a photon echo [J]. Phys. Rev. Lett., 1964, 13: 567-569.

[33] McCall S L, Hahn E L. Self-induced transparency by pulsed coherent light [J]. Phys. Rev. Lett., 1967, 18: 908-912.

[34] Hocker G B, Tang C L. Observation of the optical transient nutation effect [J]. Phys. Rev. Lett., 1968, 21: 591-595.

[35] Richard G B, Shoemaker R L. Optical free induction decay [J]. Phys. Rev. A, 1972, 6: 2001-2007.

[36] Yariv A, Pepper D M. Amplified reflection, phase conjugation, and oscillation in degenerate four-wave mixing [J]. Opt. Lett., 1977, 1: 16-18.

[37] Abrams R L, Lind R C. Degenerate four-wave mixing in absorbing media [J]. Opt. Lett., 1978, 2: 94-96.

[38] Fisher R A, et al. Optical phase conjugation [M]. New York: Academic Press, 1983.

[39] Maker P D, Terhune R W, Savage C M. Intensity-dependent changes in the refractive index of liquids [J]. Phys. Rev. Lett., 1964, 12: 507-509.

[40] Wong G K L, Shen Y R. Optical-field-induced ordering in the isotropic phase of a Nematic Liquid Crystal [J]. Phys. Rev. Lett., 1973, 30: 895-897.

[41] Wong G K L, Shen Y R. Transient self-focusing in a Nematic Liquid Crystal in the isotropic phase [J]. Phys. Rev. Lett., 1974, 32: 527-530.

[42] McCall S L. Instabilities in continuous-wave light propagation in absorbing media [J]. Phys. Rev. A, 1974, 9: 1515-1523.

[43] McCall S L.Instability and regenerative pulsation phenomena in Fabry-Perot nonlinear optic media devices [J]Appl. Phys. Lett., 1978, 32: 284-286.

[44] Gibbs H M, McCall S L, Venkatesan T N C. Optical bistability [J]. Opt. News, 1979, 5: 6-12.

[45] Shen Y R. The principles of nonlinear optics, [M]. New York: John Wiley & Sons, 1984.

[46] Hasegawa A, Tappert F. Transmission of stationary nonlinear optical pulses in dispersive dielectric fibers. I. Anomalous dispersion [J]. Appl. Phys. Lett., 1973, 23: 142-144.

[47] Hasegawa A, Tappert F. Transmission of stationary nonlinear optical pulses in dispersive dielectric fibers. II. Normal dispersion [J]. Appl. Phys. Lett., 1973, 23: 171-173.

[48] Mollenauer L F, Stolen R H, Gordon J P. Experimental observation of picosecond pulse narrowing and solitons in optical fibers [J]. Phys. Rev. Lett., 1980, 45: 1095-1098.

[49] Chen C T, Wu B C, Jiang A D, et al. A new-type ultraviolet SHG crystal—β-BaB_2O_4 [J]. Sci. Sin. Ser. B, 1985, 28:235-243.

[50] Chen C T, Wu Y C, Jiang A D, et al.New nonlinear-optical crystal: LiB_3O_5 [J]. J. Opt. Soc. Am. B, 1989, 6: 616-621.

[51] Slusher R E, Hollberg L W, Yurke B, et al. Observation of squeezed states generated by four-wave mixing in an optical cavity [J]. Phys. Rev. Lett., 1985, 55: 2409-2412.

[52] Schultheis L, Honold A, Kuhl J, et al. Optical dephasing of homogeneously broadened two-dimensional exciton transitions in GaAs quantum wells [J]. Phys. Rev. B, 1986, 34: 9027-9030.

[53] 赫光生.非线性光学与光子学 [M]. 上海:上海科学技术出版社,2018.

[54] Yariv A, Quantum Electronics 3rd ed [M]. New York: John Weley & Sons, 1989.

[55] 亚里夫 A.量子电子学 [M]. 刘颂豪,译.上海:上海科学技术出版社,1983.

第 1 章　晶体光学简介　电光效应

二次非线性光学效应是非线性光学中重要的效应。由于二次非线性光学效应只能发生在无对称中心的晶体中(见 2.2 节),而且各种二次非线性光学效应主要是利用晶体中的双折射达到相位匹配的。因此作为本书的开始,本章将简要回顾晶体的光学性质,作为以后各章的预备知识。此外,虽然电光效应也是一类非线性光学效应,可以用非线性光学极化率理论加以分析,但是在非线性光学理论建立之前就已经有了分析电光效应的理论,其表述方式是建立在晶体光学理论之上的,因此将电光效应放在本章加以讨论。本章的最后将简要介绍电光调制器,特别是光纤通信中常用的电光调制器。如果读者希望了解电光效应的非线性极化耦合波理论,可以参考文献[1]的第 9 章。

1.1　介电张量 光在各向异性线性介质中的传播

1.1.1　麦克斯韦方程组、介电张量[2]

无论是研究光在各向同性介质还是各向异性介质中传播,都是以麦克斯韦方程组为基础。假定在光学介质中无自由电荷与传导电流,则麦克斯韦方程组表述为

$$\nabla \cdot \boldsymbol{D} = 0 \tag{1.1.1}$$

$$\nabla \cdot \boldsymbol{B} = 0 \tag{1.1.2}$$

$$\nabla \times \boldsymbol{E} = -\frac{\partial \boldsymbol{B}}{\partial t} \tag{1.1.3}$$

$$\nabla \times \boldsymbol{H} = \frac{\partial \boldsymbol{D}}{\partial t} \tag{1.1.4}$$

为了确定 $\boldsymbol{E}$、$\boldsymbol{D}$、$\boldsymbol{B}$、$\boldsymbol{H}$,还要补充物质方程(也称本构方程)。在各向同性的线性介质中,三个物质方程为

$$\boldsymbol{D} = \varepsilon \boldsymbol{E} \tag{1.1.5}$$

$$\boldsymbol{B} = \mu \boldsymbol{H} \tag{1.1.6}$$

$$\boldsymbol{j} = \sigma \boldsymbol{E} \tag{1.1.7}$$

式中，$\varepsilon=\varepsilon_0\varepsilon_r$ 为介质的介电常数，$\mu=\mu_0\mu_r$ 为介质的磁导率。ε_0 与 μ_0 分别为真空中的介电常数和磁导率，ε_r 与 μ_r 分别为介质的相对介电常数和相对磁导率。对于非铁磁介质一般取 $\mu_r\approx 1$。σ 是介质的电导率，在光学介质中一般取 $\sigma=0$。则在光学介质中一般只有两个物质方程(1.1.5)和(1.1.6)。

从物质方程(1.1.5)和(1.1.6)可以看出，在各向同性的线性介质中，$\boldsymbol{D}$ 和 $\boldsymbol{E}$ 以及 $\boldsymbol{B}$ 和 $\boldsymbol{H}$ 的方向相同，说明在这种介质中施加外电场或者是外磁场，所产生的极化或者是磁化都与外场方向相同，这是各向同性介质的重要性质之一。

对于各向异性的线性介质(比如晶体)，在光场作用下，其电位移矢量 $\boldsymbol{D}$ 与电场 $\boldsymbol{E}$ 方向不再相同，物质方程(1.1.5)中的 ε 此时不再是标量，而是一个二阶张量 $\overleftrightarrow{\varepsilon}$。物质方程(1.1.5)变成

$$\boldsymbol{D}=\overleftrightarrow{\varepsilon}\cdot\boldsymbol{E} \tag{1.1.8}$$

如果将 $\boldsymbol{D}$ 和 $\boldsymbol{E}$ 写成列矩阵

$$\boldsymbol{D}=\begin{pmatrix}D_1\\D_2\\D_3\end{pmatrix}\qquad \boldsymbol{E}=\begin{pmatrix}E_1\\E_2\\E_3\end{pmatrix}$$

$\overleftrightarrow{\varepsilon}$ 写成 3×3 矩阵(关于张量的简单介绍，请参考附录 B)：

$$\overleftrightarrow{\varepsilon}=\begin{pmatrix}\varepsilon_{11}&\varepsilon_{12}&\varepsilon_{13}\\\varepsilon_{21}&\varepsilon_{22}&\varepsilon_{23}\\\varepsilon_{31}&\varepsilon_{32}&\varepsilon_{33}\end{pmatrix} \tag{1.1.9}$$

则式(1.1.8)可以写成：

$$\begin{pmatrix}D_1\\D_2\\D_3\end{pmatrix}=\begin{pmatrix}\varepsilon_{11}&\varepsilon_{12}&\varepsilon_{13}\\\varepsilon_{21}&\varepsilon_{22}&\varepsilon_{23}\\\varepsilon_{31}&\varepsilon_{32}&\varepsilon_{33}\end{pmatrix}\begin{pmatrix}E_1\\E_2\\E_3\end{pmatrix} \tag{1.1.10}$$

式中，$\overleftrightarrow{\varepsilon}$ 称为晶体的介电张量。光波在晶体中的传播特性主要由晶体的介电张量 $\overleftrightarrow{\varepsilon}$ 决定。

对于线性的各向异性介质，物质的极化可以用下面的方程表示：

$$\boldsymbol{P}=\varepsilon_0\overleftrightarrow{\chi}\cdot\boldsymbol{E} \tag{1.1.11}$$

式中，$\boldsymbol{P}$ 为极化强度矢量，$\overleftrightarrow{\chi}$ 是线性极化张量。由电位移矢量的定义式

$$\begin{aligned}\boldsymbol{D}&=\varepsilon_0\boldsymbol{E}+\boldsymbol{P}\\&=\varepsilon_0\boldsymbol{E}+\varepsilon_0\overleftrightarrow{\chi}\cdot\boldsymbol{E}\\&=\varepsilon_0(\overleftrightarrow{I}+\overleftrightarrow{\chi})\cdot\boldsymbol{E}\end{aligned}$$

可知介电张量 $\overleftrightarrow{\varepsilon}$ 和线性极化张量之间满足关系

$$\overleftrightarrow{\varepsilon}=\varepsilon_0(\overleftrightarrow{I}+\overleftrightarrow{\chi}) \tag{1.1.12}$$

式中，$\overleftrightarrow{I}$ 是单位张量。

晶体的介电张量 $\overleftrightarrow{\varepsilon}$ 具有下列基本性质：

(1) 无吸收晶体的介电张量是实数，且为对称张量。

$$\varepsilon_{ij}=\varepsilon_{ji} \tag{1.1.13}$$

这表明 $\overleftrightarrow{\varepsilon}$ 的 9 个元素中只有 6 个是独立的。

(2) 主轴坐标系和主介电常数

式(1.1.9)给出的介电张量 $\overleftrightarrow{\varepsilon}$ 是在任意坐标系中的表示，可以证明，对于一个二阶对称张量，总可以找到一个主轴坐标系，使 $\overleftrightarrow{\varepsilon}$ 在主轴坐标系中对角化(亦称主轴化)。

$$\overleftrightarrow{\varepsilon}=\begin{pmatrix}\varepsilon_{11} & \varepsilon_{12} & \varepsilon_{13}\\ \varepsilon_{21} & \varepsilon_{22} & \varepsilon_{23}\\ \varepsilon_{31} & \varepsilon_{32} & \varepsilon_{33}\end{pmatrix}\rightarrow\begin{pmatrix}\varepsilon_1 & 0 & 0\\ 0 & \varepsilon_2 & 0\\ 0 & 0 & \varepsilon_3\end{pmatrix}$$

式中，ε_1、ε_2、ε_3 称为主介电常数。

在主轴坐标系中主介电常数的不同决定了不同晶体的光学性质，可以对晶体做如下的划分(关于晶体的简单介绍参见附录 C)：

(1) 光学各向同性晶体(立方晶系)

对于属于立方晶系的晶体，其三个主介电常数是相等的

$$\varepsilon_1=\varepsilon_2=\varepsilon_3=\varepsilon$$

一般规定立方晶系晶体的结晶学原胞的三个基矢 $\boldsymbol{a}$、$\boldsymbol{b}$、$\boldsymbol{c}$ 的方向为三个主轴 $\hat{x}_1$、$\hat{x}_2$、$\hat{x}_3$ 的坐标方向，如图 1-1-1 所示。

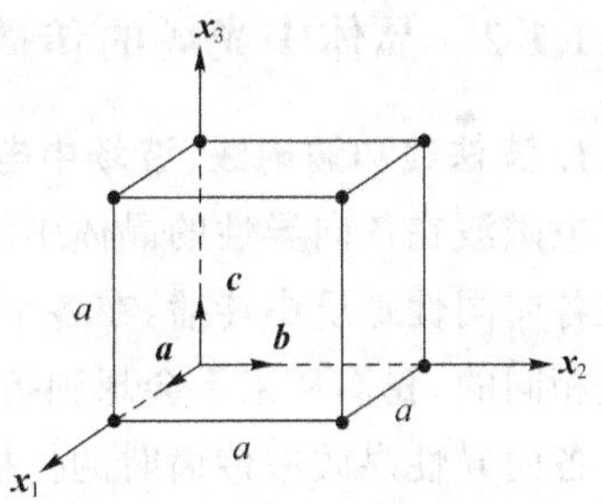

图 1-1-1　立方晶体的主轴坐标选择

在属于立方晶系的晶体中，介电张量 $\overleftrightarrow{\varepsilon}$ 必然简化为标量 ε，则其物质方程(1.1.8)还原为 $\boldsymbol{D}=\varepsilon\boldsymbol{E}$，其光学性质与各向同性介质中的物质方程(1.1.5)相同。在线性光学范围内光在立方晶系的晶体中传播的规律与在各向同性介质中传播相同，不呈现双折射现象。然而在出现非线性极化时情况就和各向同性介质不一样了。

(2) 单轴晶体(四角、三角、六角晶系)

属于四角、三角、六角晶系的晶体，其主介电常数满足：

$$\varepsilon_1=\varepsilon_2\neq\varepsilon_3$$

其介电张量在主轴坐标系中可以写成

$$\overleftrightarrow{\varepsilon}=\begin{pmatrix}\varepsilon_1 & 0 & 0\\ 0 & \varepsilon_1 & 0\\ 0 & 0 & \varepsilon_3\end{pmatrix}$$

这类晶体只存在一个光轴，称为单轴晶体。

这类晶体的主轴坐标按下列方法确定：

① 四角晶系：主轴 x_3 沿四阶对称轴(即对称轴 C_4 或 S_4 轴)方向，这是结晶学原胞基矢 $\boldsymbol{c}$ 的方向；其余两个主轴 x_1、x_2 分别沿基矢 $\boldsymbol{a}$、$\boldsymbol{b}$ 两个方向，如图 1-1-2(a)所示。

② 三角晶系：x_3 取晶体三阶对称轴方向(C_3 或 S_3 轴)；x_1 轴和一对称面垂直，x_2 轴在对称面内，如图 1-1-2(b)所示。

③ 六角晶系：x_3 取基矢 $\boldsymbol{c}$ 方向，即六阶对称轴方向(C_6 或 S_6 轴)；x_1 轴和一对称面垂直，x_2 轴在对称面内，如图 1-1-2(c)所示。

(3) 双轴晶体(正交、单斜、三斜晶系)

属于正交、单斜、三斜晶系的晶体，其主介电常数之间均不相等，

$$\varepsilon_1\neq\varepsilon_2\neq\varepsilon_3$$

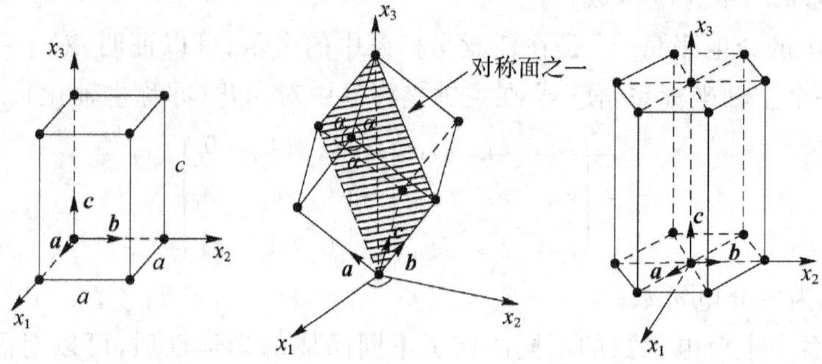

图 1-1-2　单轴晶体的主轴坐标选择

这类晶体存在两个光轴，称为双轴晶体。

1.1.2　晶体中光场的传播理论[3]

1. 波法线和波射线、波场中电磁矢量的关系

电磁波在各向异性的晶体中的传播行为与在各向同性媒质的传播行为不同。一平面电磁波在各向同性媒质中传播，在各个方向上传播速度都相同，这意味着在各个方向传播时，折射率是相同的，我们从来不会想到折射率会与传播方向乃至偏振方向有关。本节讨论平面电磁波在各向异性媒质中传播时的传播行为，此时传播速度，或者等价地说传播折射率与传播方向和偏振方向有关。

假设在晶体中有单色电磁平面波在传播，将其形式写为

$$\boldsymbol{E}=\boldsymbol{E}_0\exp[-\mathrm{i}(\omega t-\boldsymbol{k}\cdot\boldsymbol{r})] \tag{1.1.14}$$

$$\boldsymbol{D}=\boldsymbol{D}_0\exp[-\mathrm{i}(\omega t-\boldsymbol{k}\cdot\boldsymbol{r})] \tag{1.1.15}$$

$$\boldsymbol{H}=\boldsymbol{H}_0\exp[-\mathrm{i}(\omega t-\boldsymbol{k}\cdot\boldsymbol{r})] \tag{1.1.16}$$

式中，ω 和 $\boldsymbol{k}$ 为平面波的角频率和波矢量。将式(1.1.14)、式(1.1.15)、式(1.1.16)代入麦克斯韦方程组(1.1.1)、(1.1.2)、(1.1.3)和(1.1.4)，得

$$\mathrm{i}\boldsymbol{k}\cdot\boldsymbol{D}=0 \tag{1.1.17}$$

$$\mathrm{i}\boldsymbol{k}\cdot\boldsymbol{H}=0 \tag{1.1.18}$$

$$\boldsymbol{k}\times\boldsymbol{E}=\mu_0\omega\boldsymbol{H} \tag{1.1.19}$$

$$\boldsymbol{k}\times\boldsymbol{H}=-\omega\boldsymbol{D} \tag{1.1.20}$$

可知各矢量之间有关系 $\boldsymbol{k}\perp\boldsymbol{D}$，$\boldsymbol{k}\perp\boldsymbol{H}$，$\boldsymbol{D}\perp\boldsymbol{H}$，$\boldsymbol{E}\perp\boldsymbol{H}$，以及

$$\boldsymbol{H}=\frac{1}{\mu_0\omega}\boldsymbol{k}\times\boldsymbol{E} \tag{1.1.21}$$

$$\boldsymbol{D}=-\frac{1}{\omega}\boldsymbol{k}\times\boldsymbol{H} \tag{1.1.22}$$

大家知道，光波能流密度方向是坡印亭矢量 $\boldsymbol{s}$ 的方向，即波射线的方向，它由 $\boldsymbol{E}\times\boldsymbol{H}$ 的方向决定

$$\boldsymbol{s}=\boldsymbol{E}\times\boldsymbol{H} \tag{1.1.23}$$

下面再来看一看 $\boldsymbol{D}\times\boldsymbol{H}$ 决定了哪个方向。

$$\begin{aligned}\boldsymbol{D}\times\boldsymbol{H}&=-\frac{1}{\omega}(\boldsymbol{k}\times\boldsymbol{H})\times\boldsymbol{H}\\&=\frac{1}{\omega}\boldsymbol{H}\times(\boldsymbol{k}\times\boldsymbol{H})\\&=\frac{1}{\omega}[(\boldsymbol{H}\cdot\boldsymbol{H})\boldsymbol{k}-(\boldsymbol{H}\cdot\boldsymbol{k})\boldsymbol{H}]\\&=\frac{H^2}{\omega}\boldsymbol{k}\end{aligned}\tag{1.1.24}$$

其中用到了式(1.1.18)。可见 $\boldsymbol{D}\times\boldsymbol{H}$ 决定了波法线的方向 $\boldsymbol{k}$。

由晶体中的物质方程(1.1.8)知，$\boldsymbol{D}$ 和 $\boldsymbol{E}$ 一般不在同一方向，一般它们之间有一小的夹角 α，则波法线和波射线之间也不在同一方向上，它们之间的夹角也是 α。这个夹角称之为离散角，也称走离角。

图 1-1-3 所示了电磁场的基本矢量 $\boldsymbol{E}$、$\boldsymbol{D}$、$\boldsymbol{H}$ 以及波法线 $\boldsymbol{k}$，波射线 $\boldsymbol{s}$ 之间的关系：(1) $\boldsymbol{H}$ 与 $\boldsymbol{E}$、$\boldsymbol{D}$、$\boldsymbol{k}$、$\boldsymbol{s}$ 都垂直，从而上述这四个矢量共面；(2) $\boldsymbol{E}$、$\boldsymbol{H}$、$\boldsymbol{s}$ 和 $\boldsymbol{D}$、$\boldsymbol{H}$、$\boldsymbol{k}$ 分别构成右手螺旋正交关系；(3) $\boldsymbol{E}\times\boldsymbol{H}$ 给出了波射线 $\boldsymbol{s}$ 的方向，这是光波在晶体中能流的传播方向，即光线方向；(4) $\boldsymbol{D}\times\boldsymbol{H}$ 给出了波法线 $\boldsymbol{k}$ 的方向，这是光波相位的传播方向；(5)晶体中 $\boldsymbol{D}$ 和 $\boldsymbol{E}$ 之间，$\boldsymbol{k}$ 和 $\boldsymbol{s}$ 之间的夹角相等，都为离散角 α。

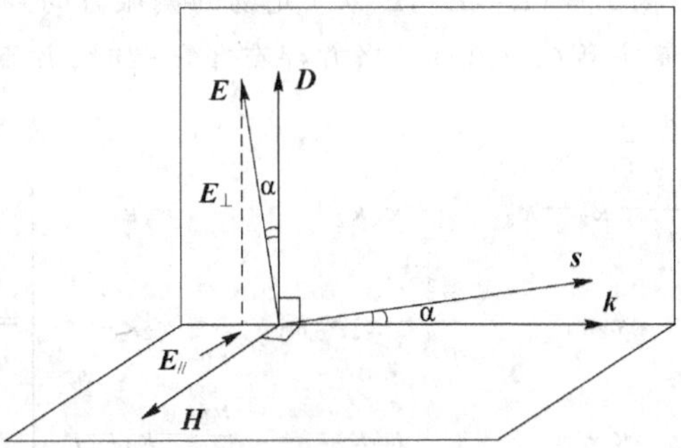

图 1-1-3　晶体中平面电磁场的基本矢量之间的方向关系

2. 平面电磁波在晶体中传播时 $\boldsymbol{D}$ 与 $\boldsymbol{E}$ 的关系

由式(1.1.22)及式(1.1.21)，可得

$$\begin{aligned}\boldsymbol{D}&=-\frac{1}{\mu_0\omega^2}\boldsymbol{k}\times(\boldsymbol{k}\times\boldsymbol{E})\\&=-\frac{1}{\mu_0\omega^2}[(\boldsymbol{k}\cdot\boldsymbol{E})\boldsymbol{k}-(\boldsymbol{k}\cdot\boldsymbol{k})\boldsymbol{E}]\end{aligned}$$

即

$$\boldsymbol{D}=\varepsilon_0 n^2[\boldsymbol{E}-\hat{\boldsymbol{\kappa}}(\hat{\boldsymbol{\kappa}}\cdot\boldsymbol{E})]=\varepsilon_0 n^2\,\boldsymbol{E}_{\perp}\tag{1.1.25}$$

式中，$\hat{\boldsymbol{\kappa}}$ 为 $\boldsymbol{k}$ 方向的单位矢量 $\hat{\boldsymbol{\kappa}}=\boldsymbol{k}/|\boldsymbol{k}|$，$n$ 为折射率，$E_{\perp}$ 为 $\boldsymbol{E}$ 在垂直于波法线方向上的分量。式(1.1.25)给出了平面电磁波在各向异性介质中传播，当已知波法线方向的情况下 $\boldsymbol{D}$ 与 $\boldsymbol{E}$ 的关系式，称为晶体光学第一基本方程[4]。

3. 晶体中光传输的特征方程

下面从式(1.1.25)出发，讨论如何在晶体中描述光场的传输情况。

在主轴坐标下，物质方程(1.1.10)可以写成：

$$D_i = \varepsilon_i E_i = \varepsilon_0 \varepsilon_{ri} E_i \quad i=1,2,3 \tag{1.1.26}$$

式中，ε_{ri} 为在三个主轴方向施加电场时的相对主介电常数

$$\varepsilon_{ri} = \frac{\varepsilon_i}{\varepsilon_0} \tag{1.1.27}$$

定义晶体在三个主轴方向的主折射率为

$$n_i = \sqrt{\varepsilon_{ri}} \quad i=1,2,3 \tag{1.1.28}$$

将式(1.1.26)代入式(1.1.25)得

$$\varepsilon_i E_i = \varepsilon_0 n^2 [E_i - \kappa_i (\hat{\boldsymbol{\kappa}} \cdot \boldsymbol{E})] \tag{1.1.29}$$

式中，κ_i，$i=1,2,3$ 是波传播方向 $\hat{\boldsymbol{\kappa}}$ 的三个分量。上式经整理可得

$$\begin{pmatrix} \frac{n_1^2}{n^2} - \kappa_2^2 - \kappa_3^2 & \kappa_1\kappa_2 & \kappa_1\kappa_3 \\ \kappa_2\kappa_1 & \frac{n_2^2}{n^2} - \kappa_3^2 - \kappa_1^2 & \kappa_2\kappa_3 \\ \kappa_3\kappa_1 & \kappa_3\kappa_2 & \frac{n_3^2}{n^2} - \kappa_1^2 - \kappa_2^2 \end{pmatrix} \begin{pmatrix} E_1 \\ E_2 \\ E_3 \end{pmatrix} = 0 \tag{1.1.30}$$

这个方程是一个特征方程，其中特征值是电磁波在晶体中传输的折射率 n，相应于每一个特征值 n，会有一个特征光场 $\boldsymbol{E}=(E_1, E_2, E_3)^{\mathrm{T}}$（光场的偏振方向）与其对应。

下面来看一看如何求解方程(1.1.30)。当方程有非零解时，方程(1.1.30)的系数行列式为零，即

$$\begin{vmatrix} \frac{n_1^2}{n^2} - \kappa_2^2 - \kappa_3^2 & \kappa_1\kappa_2 & \kappa_1\kappa_3 \\ \kappa_2\kappa_1 & \frac{n_2^2}{n^2} - \kappa_3^2 - \kappa_1^2 & \kappa_2\kappa_3 \\ \kappa_3\kappa_1 & \kappa_3\kappa_2 & \frac{n_3^2}{n^2} - \kappa_1^2 - \kappa_2^2 \end{vmatrix} = 0 \tag{1.1.31}$$

将此方程进行整理，得到一个关于 n^2 的一元二次方程

$$n^4(n_1^2\kappa_1^2 + n_2^2\kappa_2^2 + n_3^2\kappa_3^2) - n^2[n_2^2 n_3^2(\kappa_2^2+\kappa_3^2) + n_3^2 n_1^2(\kappa_3^2+\kappa_1^2) + n_1^2 n_2^2(\kappa_1^2+\kappa_2^2)] + n_1^2 n_2^2 n_3^2 = 0 \tag{1.1.32}$$

解方程得到两个特征值解 n' 和 n''，代入方程(1.1.30)以后，得到分别对应两个特征值的两个特征矢量解 $\boldsymbol{E}'=(E_1', E_2', \boldsymbol{E}_3')^{\mathrm{T}}$ 和 $\boldsymbol{E}''=(E_1'', E_2'', E_3'')^{\mathrm{T}}$。可以证明这两个特征矢量是相互垂直的。

这样，晶体中电磁波的传播问题就得到了解决，其逻辑是：当光波沿某个方向 $\hat{\kappa}$ 传播时，存在两个独立且相互垂直的偏振态 $\boldsymbol{E}'$ 和 $\boldsymbol{E}''$ 以及相应的 $\boldsymbol{D}'$ 和 $\boldsymbol{D}''$，每个偏振态具有不同的折射率 n' 和 n'' 和不同的相速度 $v_{\mathrm{p}}'=\frac{c}{n'}$ 和 $v_{\mathrm{p}}''=\frac{c}{n''}$。可以证明 $\boldsymbol{E}' \perp \boldsymbol{E}''$，$\boldsymbol{D}' \perp \boldsymbol{D}''$。这就是我们熟知的晶体双折射现象。当一个光波在晶体中沿着 $\hat{\boldsymbol{\kappa}}$ 传播时，可以将光波电矢量沿着 $\boldsymbol{E}'$ 和 $\boldsymbol{E}''$ 这两个垂直的特征偏振方向分解，让两个偏振的波分别以 v_{p}' 和 v_{p}'' 传播。要想得到光波传播到晶体某处的偏振情况，可以在该处将两个偏振态合成，得到偏振情况。

已知光波在晶体中的传播方向 $\hat{\boldsymbol{\kappa}}$，求解光波的逻辑流程图如下：

$$\hat{\boldsymbol{\kappa}}\begin{cases}\nearrow n'\rightarrow \text{偏振态}(E_1',E_2',E_3')\rightarrow(D_1',D_2',D_3')\text{：按照 } v_p'=c/n' \text{传播}\\ \searrow n''\rightarrow \text{偏振态}(E_1'',E_2'',E_3'')\rightarrow(D_1'',D_2'',D_3'')\text{：按照 } v_p''=c/n'' \text{传播}\end{cases} \tag{1.1.33}$$

习惯上，一般将折射率特征值满足的方程(1.1.32)整理成如下形式

$$\sum_{i=1}^{3}\frac{\kappa_i^2}{n^2-n_i^2}=\frac{1}{n^2} \tag{1.1.34}$$

这个方程称为菲涅耳方程。注意到 $\sum\limits_{i=1}^{3}\kappa_i^2=1$，将式(1.1.34)右边的 1 写成 $\sum\limits_{i=1}^{3}\kappa_i^2$，菲涅耳方程还可以写成

$$\sum_{i=1}^{3}\frac{\kappa_i^2}{\dfrac{1}{n^2}-\dfrac{1}{n_i^2}}=0 \tag{1.1.35}$$

1.1.3　折射率椭球和折射率曲面[3]

求解电磁波在晶体中的传播行为可以用上述求解特征方程的方法解决。然而，上述方法过于数学化，我们肯定希望找到更加直观的方法去处理电磁波在晶体中的传播，在此介绍折射率椭球和折射率曲面。

1. 折射率椭球

应用菲涅耳方程(1.1.34)以及式(1.1.35)求解 n' 和 n'' 以及相应的特征偏振态 $\boldsymbol{E}'$ 和 $\boldsymbol{E}''$ 或 $\boldsymbol{D}'$ 和 $\boldsymbol{D}''$ 是比较麻烦的。实际上利用某种几何图示法是方便的，在晶体光学中可以用直观的几何方法来说明光在晶体中传播的规律。折射率椭球法就是这样一种几何方法。

在主轴坐标下，电场的能量密度可以表示成

$$\begin{aligned}w_e&=\frac{1}{2}\boldsymbol{E}\cdot\boldsymbol{D}=\frac{1}{2}\sum_{i=1}^{3}E_iD_i\\&=\frac{1}{2}\sum_{i=1}^{3}\frac{D_i^2}{\varepsilon_0\varepsilon_{ri}}=\frac{1}{2}\sum_{i=1}^{3}\frac{D_i^2}{\varepsilon_0 n_i^2}\end{aligned} \tag{1.1.36}$$

$$\frac{D_1^2}{n_1^2}+\frac{D_2^2}{n_2^2}+\frac{D_3^2}{n_3^2}=2w_e\varepsilon_0 \tag{1.1.37}$$

引入一个与 $\boldsymbol{D}$ 同方向的归一化的矢量 $\boldsymbol{r}$

$$\boldsymbol{r}=\frac{\boldsymbol{D}}{\sqrt{2w_e\varepsilon_0}},\quad r=\sqrt{x^2+y^2+z^2} \tag{1.1.38}$$

则式(1.1.37)整理为

$$\frac{x^2}{n_1^2}+\frac{y^2}{n_2^2}+\frac{z^2}{n_3^2}=1 \tag{1.1.39}$$

这是一个椭球方程，它的三个半轴长度分别为 n_1、n_2、n_3，称为折射率椭球。它表示光分别在主轴 x、y、z 方向偏振时(注意是偏振方向，不是传播方向)折射率的取值。

对于立方晶系的晶体，其三个方向的主折射率相同，$n_1=n_2=n_3=n$，折射率椭球为球形

$$\frac{x^2+y^2+z^2}{n^2}=1 \tag{1.1.40}$$

对于单轴晶体，其 x、y 主轴方向的主折射率相同，$n_1=n_2=n_o$，$n_3=n_e$，折射率椭球为旋转椭球

$$\frac{x^2+y^2}{n_o^2}+\frac{z^2}{n_e^2}=1 \tag{1.1.41}$$

对于 $n_o>n_e$ 的晶体称为负单轴晶体，$n_o<n_e$ 的晶体称为正单轴晶体，它们的折射率椭球如图 1-1-4(a)和(b)所示。

对于双轴晶体，其三个主轴方向的折射率都不相同，是一般的椭球形式(1.1.39)。

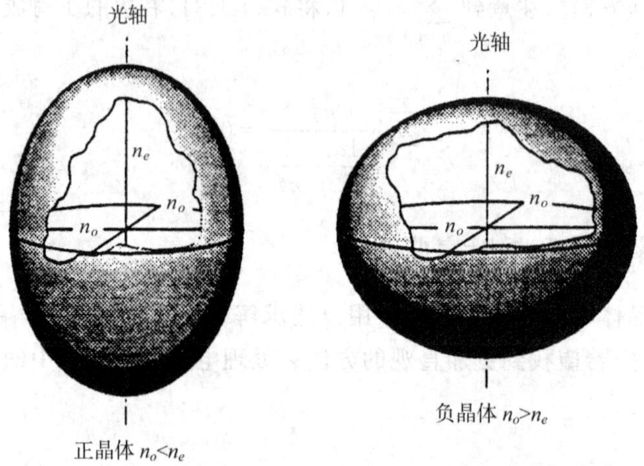

(a) 正单轴晶体　　(b) 负单轴晶体

图 1-1-4　单轴晶体的折射率椭球

当光波在晶体中的传播方向 $\hat{\boldsymbol{\kappa}}$ 给定时，可以用折射率椭球确定两个正交的偏振方向 $\boldsymbol{D}'$和 $\boldsymbol{D}''$以及沿此方向偏振时相应的折射率 n'和 n''。其方法如下：作通过椭球中心与传播方向 $\hat{\boldsymbol{\kappa}}$ 垂直的平面，该平面与折射率椭球相交为一椭圆，此“相交椭圆”的长短轴长度的一半等于 n'和 n''，长短轴的方向即为 $\boldsymbol{D}'$和 $\boldsymbol{D}''$的方向，如图 1-1-5 所示。

折射率椭球的意义在于：当知道晶体的介电张量后，就可以作出折射率椭球，然后用作图法得到与传播方向对应的两个正交偏振方向 $\boldsymbol{D}'$和 $\boldsymbol{D}''$以及相应的折射率 n'和 n''。比起用菲涅耳方程求解，既方便、又直观。

对于立方晶系的晶体，其折射率椭球为球形。对于任意的传播方向 $\hat{\boldsymbol{\kappa}}$，通过中心与 $\hat{\boldsymbol{\kappa}}$ 垂直的平面截得与椭球的交线永远是圆，因此立方晶系的晶体不发生双折射，表现出光学各向同性的性质。

对于单轴晶体，其折射率椭球为一旋转椭球。只有当传播方向 $\hat{\boldsymbol{\kappa}}$ 在其旋转轴 z 轴方向时，相交椭圆退化为圆。因此单轴晶体在旋转轴方向而且只在此方向不发生双折射，旋转轴方向即为晶体的光轴方向。单轴晶体只有一个光轴方向。当传播方向 $\hat{\boldsymbol{\kappa}}$ 垂直于 z 轴时，相交椭圆的长短轴方向一个在 z 轴方向，一个位于 xy 平面内，这就是两个偏振方向 $\boldsymbol{D}_e$ 和 $\boldsymbol{D}_o$，分别对应 e 光（非寻常光）和 o 光（寻常光）。相交椭圆的长短轴半轴长度分别为 n_e 和 n_o，如图 1-1-6 所示。

对于双轴晶体，存在两个传播方向，其相交椭圆退化为圆，在此两个方向不发生双折射。因此双轴晶体有两个光轴。

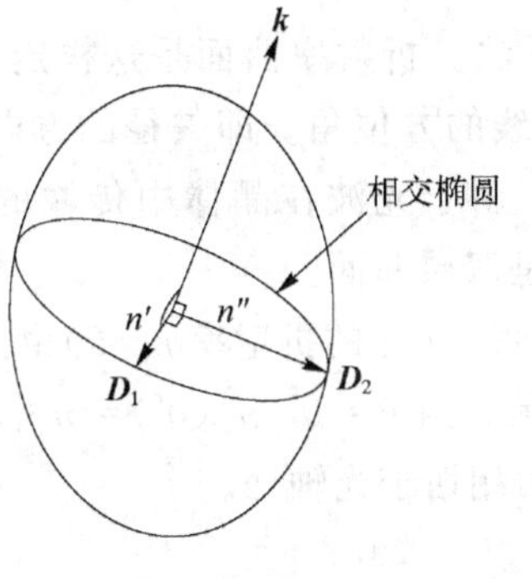

图 1-1-5　利用折射率椭球确定特征的垂直偏振方向以及相应的特征折射率

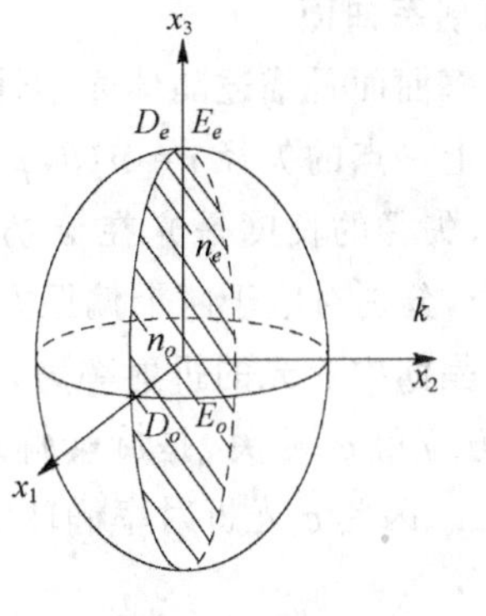

图 1-1-6　当光波方向垂直于单轴晶体光轴时的特征偏振方向以及相应特征折射率

【例 1-1-1】 在单轴晶体（主折射率为 n_o 与 n_e）内，光波沿与 z 轴夹 θ 角的 $\hat{\boldsymbol{\kappa}}$ 方向传播。求 o 光与 e 光的偏振方向 $\boldsymbol{D}_o$ 和 $\boldsymbol{D}_e$ 以及相应的折射率。

解：(1) 折射率椭球法

设晶体为正晶体，其折射率椭球如图 1-1-7 所示，通过中点作垂直于 $\hat{\boldsymbol{\kappa}}$ 的平面，截折射率椭球得相交椭圆。由于单轴晶体折射率椭球为旋转椭球，因此不论 $\hat{\boldsymbol{\kappa}}$ 是什么方向，相交椭圆的短轴 OB 方向总是位于 xy 平面内，短轴半长度总是为 n_o，OB 方向即为 o 光（寻常光）的偏振方向 $\boldsymbol{D}_o$。相交椭圆长轴半长度 OA 为 $n_e(\theta)$，OA 方向即为 e 光（非寻常光）的偏振方向。

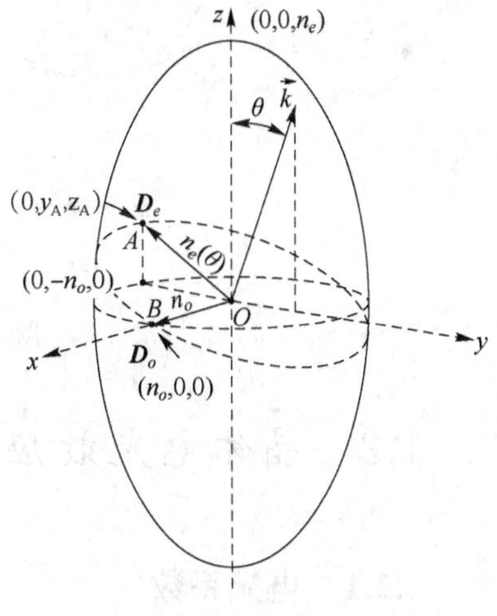

图 1-1-7　例 1-1-1 图

可见对于单轴晶体，其 e 光折射率与 θ 角有关。由于旋转对称性，不失一般性，不妨选 $\hat{\boldsymbol{\kappa}}$ 在 yz 平面内，其分量为 $(0,\sin\theta,\cos\theta)$。OA 端点的坐标为 $(0,\ y_A,\ z_A)$，其中 $y_A=n_e(\theta)\cos\theta$，$z_A=n_e(\theta)\sin\theta$。OA 端点满足折射率椭球方程，

$$\frac{0+y_A^2}{n_o^2}+\frac{z_A^2}{n_e^2}=1$$

整理得：

$$\frac{1}{n_e^2(\theta)}=\frac{\cos^2\theta}{n_o^2}+\frac{\sin^2\theta}{n_e^2} \tag{1.1.42}$$

(2)解特征方程法

列出菲涅耳方程为

$$\frac{\kappa_1^2}{n^2-n_o^2}+\frac{\kappa_2^2}{n^2-n_o^2}+\frac{\kappa_3^2}{n^2-n_e^2}=\frac{1}{n^2}$$

将 $\hat{\boldsymbol{\kappa}}$ 的分量值 $(0,\sin\theta,\cos\theta)$ 代入，可得

$$n'^2=n_o^2$$

$$\frac{1}{n''^2}=\frac{\cos^2\theta}{n_o^2}+\frac{\sin^2\theta}{n_e^2}$$

这与折射率椭球法得到的式(1.1.42)是一致的。

2. 折射率曲面

折射率曲面是描述晶体光学性质的另一种几何图示法。折射率曲面是这样定义的：从原点到曲面上一点的矢径 $\boldsymbol{r}=n(\theta,\varphi)\hat{\boldsymbol{\kappa}}$，其中$(\theta,\varphi)$为波法线的方位角。即矢径的方向是波法线 $\hat{\boldsymbol{\kappa}}$ 的方向，矢径的长度是光在 $\hat{\boldsymbol{\kappa}}$ 方向传输时的折射率。由于光波在晶体中传输的折射率有 n'，n''两个，分别对应于两个偏振方向，因此折射率曲面是双层曲面。

单轴晶体中 o 光的折射率为 n_o，其折射率曲面为球面。e 光的折射率 $n_e(\theta)$ 由式(1.1.42)表示，与方位角 φ 无关，是旋转椭球面，如图 1-1-8 所示。当 $\theta=0°$，$n_e(0°)=n_o$；$\theta=90°$，$n_e(90°)=n_e$。因此 e 光折射率椭球曲面与 o 光折射率球面相切于光轴处。

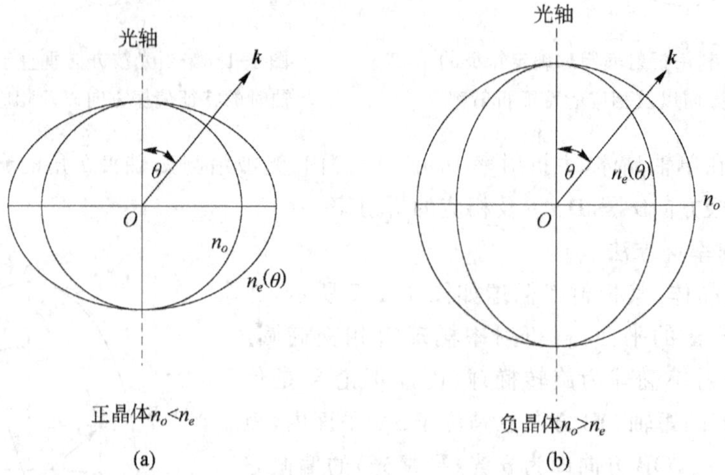

图 1-1-8　单轴晶体中的折射率曲面

1.2　晶体电光效应

1.2.1　电光系数

光在晶体中传播显示双折射，如果晶体在外电场作用下，其双折射性质将发生变化。当光波通过外电场作用下的晶体时，晶体除了原来的自然双折射以外，还会产生一个与外电场有关的附加双折射。其宏观表现为：在外电场作用下，原来光学各向同性的晶体(立方晶系的晶体)会产生各向异性；原来的单轴晶体会变为双轴晶体；原来的双轴晶体其双折射性质也会发生变化。晶体的这种由外电场作用感生的双折射性质的变化称为电光效应。

根据前面学习的知识，当外电场为零时，在主轴坐标下，晶体的介电张量是对角化的

$$\overleftrightarrow{\varepsilon}^0=\varepsilon_0\overleftrightarrow{\varepsilon}_r^0=\varepsilon_0\begin{pmatrix}\varepsilon_{r1}^0 & & \\ & \varepsilon_{r2}^0 & \\ & & \varepsilon_{r3}^0\end{pmatrix}=\varepsilon_0\begin{pmatrix}n_{10}^2 & & \\ & n_{20}^2 & \\ & & n_{30}^2\end{pmatrix}\tag{1.2.1}$$

式中，$\overleftrightarrow{\varepsilon}^0$ 和 $\overleftrightarrow{\varepsilon}_r^0$ 分别为外电场为零时晶体的介电张量和相对介电张量。引入 $\overleftrightarrow{\varepsilon}_r^0$ 的逆张量（逆介电张量）

$$\overleftrightarrow{B}^0 = \overleftrightarrow{\varepsilon}_r^{0\ -1} = \begin{pmatrix} B_{11}^0 & & \\ & B_{22}^0 & \\ & & B_{33}^0 \end{pmatrix} = \begin{pmatrix} \frac{1}{n_{10}^2} & & \\ & \frac{1}{n_{20}^2} & \\ & & \frac{1}{n_{30}^2} \end{pmatrix} \tag{1.2.2}$$

折射率椭球方程为

$$\sum_{i=1}^{3} \frac{x_i^2}{n_{i0}^2} = 1 \qquad \text{或} \sum_{i=1}^{3} B_{ii}^0 x_i^2 = 1 \tag{1.2.3}$$

无交叉项。

当有外电场作用时，在原来的主轴坐标下晶体的介电张量和逆介电张量将发生变化，不再对角化

$$\overleftrightarrow{\varepsilon}_r^0 \xrightarrow{E \neq 0} \overleftrightarrow{\varepsilon}_r = \begin{pmatrix} \varepsilon_{r11} & \varepsilon_{r12} & \varepsilon_{r13} \\ \varepsilon_{r21} & \varepsilon_{r22} & \varepsilon_{r23} \\ \varepsilon_{r31} & \varepsilon_{r32} & \varepsilon_{r33} \end{pmatrix} \tag{1.2.4}$$

相应地，逆介电张量变为

$$\overleftrightarrow{B}^0 \xrightarrow{E \neq 0} \overleftrightarrow{B} = \begin{pmatrix} B_{11} & B_{12} & B_{13} \\ B_{21} & B_{22} & B_{23} \\ B_{31} & B_{32} & B_{33} \end{pmatrix} \tag{1.2.5}$$

晶体的折射率椭球也将发生变化

$$\sum_{i=1}^{3} B_{ii}^0 x_i^2 = 1 \xrightarrow{E \neq 0} \sum_{i,j} B_{ij} x_i x_j = 1 \tag{1.2.6}$$

有了交叉项，这说明原来晶体的主轴坐标在外电场作用下发生了变化，其双折射性质也发生了变化。

考查在外电场作用下，逆介电张量的变化 $\Delta \overleftrightarrow{B}$，将它展开成外电场的级数

$$\Delta \overleftrightarrow{B} = \overleftrightarrow{B} - \overleftrightarrow{B}^0 = \overleftrightarrow{\gamma} \cdot \boldsymbol{E} + \overleftrightarrow{h} : \boldsymbol{EE} \cdots \tag{1.2.7}$$

或写成分量形式

$$\Delta B_{ij} = B_{ij} - B_{ij}^0 = \sum_k \gamma_{ijk} E_k + \sum_{k,l} h_{ijkl} E_k E_l \cdots \tag{1.2.8}$$

式中，第一项表示的变化与外电场一次方成正比，称为线性电光效应，又称泡克尔斯(Pockels)效应。其中 γ_{ijk} 为线性电光系数，是一个三阶张量。第二项与外电场二次方成正比，称为二次电光效应，又称克尔(Kerr)效应。其中 h_{ijkl} 是二次电光系数，是四阶张量。这里只介绍线性电光效应。

前面介绍过，介电张量是对称张量，$\varepsilon_{ij} = \varepsilon_{ji}$，则逆介电张量也是对称张量，$B_{ij} = B_{ji}$，于是有

$$\Delta B_{ij} = \Delta B_{ji} \tag{1.2.9}$$

只有 6 个独立元素。进而发现有 27 个元素的线性电光张量(γ_{ijk})对前两个下标 i,j 也是对称的

$$\gamma_{ijk}=\gamma_{jik} \tag{1.2.10}$$

只有 18 独立元素，这是(γ_{ijk})的固有对称性。

由于(ΔB_{ij})和(γ_{ijk})的对称性，可以用以下方法约简它们的下标，即将对称的双下标 ij 用一个单下标 m 来表示

$$\begin{cases} ij=11,22,33,(23,32),(31,13),(12,21) \\ m=1,2,3,4,5,6 \end{cases} \tag{1.2.11}$$

则

$$(\Delta B_{ij})\rightarrow(\Delta B_m)=\begin{pmatrix}\Delta B_1\\ \Delta B_2\\ \Delta B_3\\ \Delta B_4\\ \Delta B_5\\ \Delta B_6\end{pmatrix}=\begin{pmatrix}B_{11}-B_{11}^0\\ B_{22}-B_{22}^0\\ B_{33}-B_{33}^0\\ B_{23}\\ B_{31}\\ B_{12}\end{pmatrix} \tag{1.2.12}$$

$$(\gamma_{ijk})\rightarrow(\gamma_{mk}) \tag{1.2.13}$$

约简为一个 6×3 矩阵。于是式(1.2.8)中线性电光效应部分可以约简为

$$\Delta B_m=\sum_{k=1}^{3}\gamma_{mk}E_k \tag{1.2.14}$$

写成矩阵形式为

$$\begin{pmatrix}\Delta B_1\\ \Delta B_2\\ \Delta B_3\\ \Delta B_4\\ \Delta B_5\\ \Delta B_6\end{pmatrix}=\begin{pmatrix}\gamma_{11} & \gamma_{12} & \gamma_{13}\\ \gamma_{21} & \gamma_{22} & \gamma_{23}\\ \gamma_{31} & \gamma_{32} & \gamma_{33}\\ \gamma_{41} & \gamma_{42} & \gamma_{43}\\ \gamma_{51} & \gamma_{52} & \gamma_{53}\\ \gamma_{61} & \gamma_{62} & \gamma_{63}\end{pmatrix}\begin{pmatrix}E_1\\ E_2\\ E_3\end{pmatrix} \tag{1.2.15}$$

1.2.2 晶体对称性对电光系数的简化

前面介绍了具有 27 个元素的线性电光系数(γ_{ijk})。由于其固有的对称性可以约简为具有 18 个元素的约简形式(γ_{mk})。实际上，由于晶体结构对称性的影响，线性电光系数的独立分量将进一步减少。对于大多数常用晶体，其线性电光系数矩阵中，只有少数几个元素不为零，其独立元素将变得更少。

【例 1-2-1】求具有 2 次旋转对称性的晶体线性电光系数的独立元素。

解：具有 2 次旋转对称性的晶体是在下面 180°旋转矩阵(T_{ij})变换下性质不变。将晶体绕 z 轴旋转 180°的变换矩阵为

$$(T_{ij})=\begin{pmatrix}\cos 180^\circ & \sin 180^\circ & 0\\ -\sin 180^\circ & \cos 180^\circ & 0\\ 0 & 0 & 1\end{pmatrix}=\begin{pmatrix}-1 & 0 & 0\\ 0 & -1 & 0\\ 0 & 0 & 1\end{pmatrix}$$

具有 2 次对称性的晶体其线性电光系数(γ_{ijk})将在 180°的旋转变换下不变，即(参阅附录 B 公式(B.17))

$$\gamma'_{ijk} \overset{\text{张量变换的要求}}{=} \sum_{l,m,n} T_{il} T_{jm} T_{kn} \gamma_{lmn} \overset{\text{对称性的要求}}{=} \gamma_{ijk}$$

比如

$$\gamma'_{112} = T_{11} T_{11} T_{22} \gamma_{112} = (-1)(-1)(-1)\gamma_{112} = -\gamma_{112}$$

$$\overset{\text{对称性要求}}{=} \gamma_{112}$$

其中最后一步的相等是对称性的要求，于是

$$\gamma_{12} = \gamma_{112} = 0$$

再比如

$$\gamma'_{123} = T_{11} T_{22} T_{33} \gamma_{123} = (-1)(-1)(1)\gamma_{123}$$

$$\overset{\text{对称性要求}}{=} \gamma_{123}$$

因此

$$\gamma_{63} = \gamma_{123} \neq 0$$

按此规律可得具有 2 次旋转对称性的晶体其线性电光系数矩阵

$$(\gamma_{mk}) = \begin{pmatrix} 0 & 0 & \gamma_{13} \\ 0 & 0 & \gamma_{23} \\ 0 & 0 & \gamma_{33} \\ \gamma_{41} & \gamma_{42} & 0 \\ \gamma_{51} & \gamma_{52} & 0 \\ 0 & 0 & \gamma_{63} \end{pmatrix}$$

只有 8 个独立元素。

利用类似的方法可以得出凡具有对称中心的晶体其线性电光系数都为零。

表 1-2-1 列出了各种对称类型晶体的线性电光系数。表 1-2-2 列出部分晶体的线性电光系数。

表 1-2-1　各种对称类型晶体的线性电光系数非零矩阵元

中心对称($\bar{1}$,2/m,mmm,4/m,4/mmm,$\bar{3}$,$\bar{3}m$,6/m,6/mmm,$m3$,$m3m$)：

$$\begin{pmatrix} 0 & 0 & 0 \\ 0 & 0 & 0 \\ 0 & 0 & 0 \\ 0 & 0 & 0 \\ 0 & 0 & 0 \\ 0 & 0 & 0 \end{pmatrix}$$

三斜晶系：　1

$$\begin{pmatrix} r_{11} & r_{12} & r_{13} \\ r_{21} & r_{22} & r_{23} \\ r_{31} & r_{32} & r_{33} \\ r_{41} & r_{42} & r_{43} \\ r_{51} & r_{52} & r_{53} \\ r_{61} & r_{62} & r_{63} \end{pmatrix}$$

续表

单斜晶系：

$2(2\parallel x_2)$

$$\begin{pmatrix} 0 & r_{12} & 0 \\ 0 & r_{22} & 0 \\ 0 & r_{32} & 0 \\ r_{41} & 0 & r_{43} \\ 0 & r_{52} & 0 \\ r_{61} & 0 & r_{63} \end{pmatrix}$$

$2(2\parallel x_3)$

$$\begin{pmatrix} 0 & 0 & r_{13} \\ 0 & 0 & r_{23} \\ 0 & 0 & r_{33} \\ r_{41} & r_{42} & 0 \\ r_{51} & r_{52} & 0 \\ 0 & 0 & r_{63} \end{pmatrix}$$

$m(m\perp x_2)$

$$\begin{pmatrix} r_{11} & 0 & r_{13} \\ r_{21} & 0 & r_{23} \\ r_{31} & 0 & r_{33} \\ 0 & r_{42} & 0 \\ r_{51} & 0 & r_{53} \\ 0 & r_{62} & 0 \end{pmatrix}$$

$m(m\perp x_3)$

$$\begin{pmatrix} r_{11} & r_{12} & 0 \\ r_{21} & r_{22} & 0 \\ r_{31} & r_{32} & 0 \\ 0 & 0 & r_{43} \\ 0 & 0 & r_{53} \\ r_{61} & r_{62} & 0 \end{pmatrix}$$

正交晶系：

222

$$\begin{pmatrix} 0 & 0 & 0 \\ 0 & 0 & 0 \\ 0 & 0 & 0 \\ r_{41} & 0 & 0 \\ 0 & r_{52} & 0 \\ 0 & 0 & r_{63} \end{pmatrix}$$

$2mm$

$$\begin{pmatrix} 0 & 0 & r_{13} \\ 0 & 0 & r_{23} \\ 0 & 0 & r_{33} \\ 0 & r_{42} & 0 \\ r_{51} & 0 & 0 \\ 0 & 0 & 0 \end{pmatrix}$$

正方晶系：

4

$$\begin{pmatrix} 0 & 0 & r_{13} \\ 0 & 0 & r_{13} \\ 0 & 0 & r_{33} \\ r_{41} & r_{51} & 0 \\ r_{51} & -r_{41} & 0 \\ 0 & 0 & 0 \end{pmatrix}$$

$\bar{4}$

$$\begin{pmatrix} 0 & 0 & r_{13} \\ 0 & 0 & -r_{13} \\ 0 & 0 & 0 \\ r_{41} & -r_{51} & 0 \\ r_{51} & r_{41} & 0 \\ 0 & 0 & r_{63} \end{pmatrix}$$

422

$$\begin{pmatrix} 0 & 0 & 0 \\ 0 & 0 & 0 \\ 0 & 0 & 0 \\ r_{41} & 0 & 0 \\ 0 & -r_{41} & 0 \\ 0 & 0 & 0 \end{pmatrix}$$

$4mm$

$$\begin{pmatrix} 0 & 0 & r_{13} \\ 0 & 0 & r_{13} \\ 0 & 0 & r_{33} \\ 0 & r_{51} & 0 \\ r_{51} & 0 & 0 \\ 0 & 0 & 0 \end{pmatrix}$$

$\bar{4}2m(2\parallel x_1)$

$$\begin{pmatrix} 0 & 0 & 0 \\ 0 & 0 & 0 \\ 0 & 0 & 0 \\ r_{41} & 0 & 0 \\ 0 & r_{41} & 0 \\ 0 & 0 & r_{63} \end{pmatrix}$$

续表

三角晶系：

3

$$\begin{pmatrix} r_{11} & -r_{22} & r_{13} \\ -r_{11} & r_{22} & r_{13} \\ 0 & 0 & r_{33} \\ r_{41} & r_{51} & 0 \\ r_{51} & -r_{41} & 0 \\ -r_{22} & -r_{11} & 0 \end{pmatrix}$$

32

$$\begin{pmatrix} r_{11} & 0 & 0 \\ -r_{11} & 0 & 0 \\ 0 & 0 & 0 \\ r_{41} & 0 & 0 \\ 0 & -r_{41} & 0 \\ 0 & -r_{11} & 0 \end{pmatrix}$$

$3m(m \perp x_1)$

$$\begin{pmatrix} 0 & -r_{22} & r_{13} \\ 0 & r_{22} & r_{13} \\ 0 & 0 & r_{33} \\ 0 & r_{51} & 0 \\ r_{51} & 0 & 0 \\ -r_{22} & -0 & 0 \end{pmatrix}$$

$3m(m \perp x_2)$

$$\begin{pmatrix} r_{11} & 0 & r_{13} \\ -r_{11} & 0 & r_{13} \\ 0 & 0 & r_{33} \\ 0 & r_{51} & 0 \\ r_{51} & 0 & 0 \\ 0 & -r_{11} & 0 \end{pmatrix}$$

六角晶系：

6

$$\begin{pmatrix} 0 & 0 & r_{13} \\ 0 & 0 & r_{13} \\ 0 & 0 & r_{33} \\ r_{41} & r_{51} & 0 \\ r_{51} & -r_{41} & 0 \\ 0 & 0 & 0 \end{pmatrix}$$

$6mm$

$$\begin{pmatrix} 0 & 0 & r_{13} \\ 0 & 0 & r_{13} \\ 0 & 0 & r_{33} \\ 0 & r_{51} & 0 \\ r_{51} & 0 & 0 \\ 0 & 0 & 0 \end{pmatrix}$$

622

$$\begin{pmatrix} 0 & 0 & 0 \\ 0 & 0 & 0 \\ 0 & 0 & 0 \\ r_{41} & 0 & 0 \\ 0 & -r_{41} & 0 \\ 0 & 0 & 0 \end{pmatrix}$$

$\bar{6}$

$$\begin{pmatrix} r_{11} & -r_{22} & 0 \\ -r_{11} & r_{22} & 0 \\ 0 & 0 & 0 \\ 0 & 0 & 0 \\ 0 & 0 & 0 \\ -r_{22} & -r_{11} & 0 \end{pmatrix}$$

$\bar{6}m2(m \perp x_1)$

$$\begin{pmatrix} 0 & -r_{22} & 0 \\ 0 & r_{22} & 0 \\ 0 & 0 & 0 \\ 0 & 0 & 0 \\ 0 & 0 & 0 \\ -r_{22} & 0 & 0 \end{pmatrix}$$

$\bar{6}m2(m \perp x_2)$

$$\begin{pmatrix} r_{11} & 0 & 0 \\ -r_{11} & 0 & 0 \\ 0 & 0 & 0 \\ 0 & 0 & 0 \\ 0 & 0 & 0 \\ 0 & -r_{11} & 0 \end{pmatrix}$$

立方晶系：

$\bar{4}3m, 23$

$$\begin{pmatrix} 0 & 0 & 0 \\ 0 & 0 & 0 \\ 0 & 0 & 0 \\ r_{41} & 0 & 0 \\ 0 & r_{41} & 0 \\ 0 & 0 & r_{41} \end{pmatrix}$$

432

$$\begin{pmatrix} 0 & 0 & 0 \\ 0 & 0 & 0 \\ 0 & 0 & 0 \\ 0 & 0 & 0 \\ 0 & 0 & 0 \\ 0 & 0 & 0 \end{pmatrix}$$

表 1-2-2 部分晶体的线性电光系数

材料	对称性	波长/nm	电光系数/10^{-12} m·V^{-1}	折射率
KDP (KH_2PO_4)	$\bar{4}2m$	546	$\gamma_{41}=8.77$ $\gamma_{63}=10.3$	$n_o=1.5115$ $n_e=1.4698$
ADP ($NH_4H_2PO_4$)	$\bar{4}2m$	546	$\gamma_{41}=23.76$ $\gamma_{63}=8.56$	$n_o=1.5266$ $n_e=1.4808$
$LiNbO_3$	3m	633	$\gamma_{13}=9.6$ $\gamma_{22}=6.8$ $\gamma_{33}=30.9$ $\gamma_{51}=32.6$	$n_o=2.286$ $n_e=2.200$
$LiTaO_3$	3m	633	$\gamma_{13}=8.4$ $\gamma_{22}=-0.2$ $\gamma_{33}=30.5$ $\gamma_{51}=20$	$n_o=2.176$ $n_e=2.180$
GaAs	$\bar{4}3m$	900 1150	$\gamma_{41}=1.1$ $\gamma_{41}=1.43$	$n=3.60$ $n=3.43$

1.2.3 KDP 晶体的线性电光效应

KDP 晶体是人工生长的 KH_2PO_4（磷酸二氢钾）的单晶体，属于四角晶系，为负单轴晶体，具有 $\bar{4}2m$ 对称性。其外形如图 1-2-1 所示，x_3 轴是 4 次旋转反演对称轴，x_1 和 x_2 是 2 次旋转对称轴。这类晶体还有 ADP（$NH_4H_2PO_4$ 磷酸二氢铵），KD^*P（KD_2PO_4 磷酸二氘钾）等。其电光张量矩阵为

$$(\gamma_{mk})=\begin{pmatrix}0 & 0 & 0\\0 & 0 & 0\\0 & 0 & 0\\\gamma_{41} & 0 & 0\\0 & \gamma_{41} & 0\\0 & 0 & \gamma_{63}\end{pmatrix} \tag{1.2.16}$$

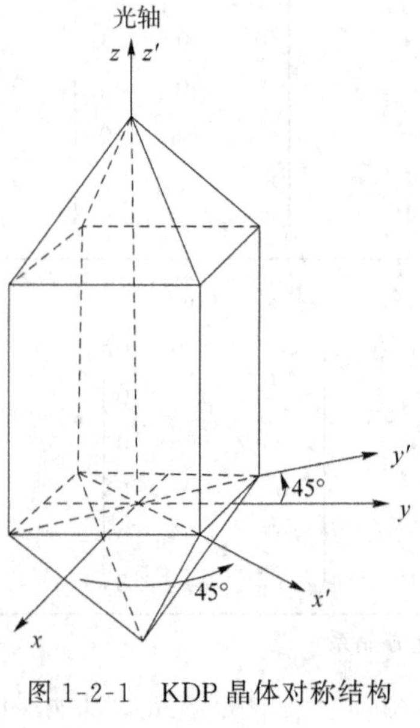

图 1-2-1 KDP 晶体对称结构

只有 3 个非零元素。

没有外电场时，KDP 晶体的折射率椭球为旋转椭球

$$\frac{x_1^2+x_2^2}{n_o^2}+\frac{x_3^2}{n_e^2}=1 \tag{1.2.17}$$

或

$$B_{11}^0(x_1^2+x_2^2)+B_{33}^0x_3^2=1 \tag{1.2.18}$$

当施加外电场 $\boldsymbol{E}=(E_1,E_2,E_3)^T$ 后，晶体的逆介电张量发生改变

$$\begin{pmatrix}\Delta B_1\\ \Delta B_2\\ \Delta B_3\\ \Delta B_4\\ \Delta B_5\\ \Delta B_6\end{pmatrix}=\begin{pmatrix}0 & 0 & 0\\ 0 & 0 & 0\\ 0 & 0 & 0\\ \gamma_{41} & 0 & 0\\ 0 & \gamma_{41} & 0\\ 0 & 0 & \gamma_{63}\end{pmatrix}\begin{pmatrix}E_1\\ E_2\\ E_3\end{pmatrix} \tag{1.2.19}$$

折射率椭球方程变为

$$B_{11}^0(x_1^2+x_2^2)+B_{33}^0x_3^2+2\gamma_{41}(E_1x_2x_3+E_2x_3x_1)+2\gamma_{63}E_3x_1x_2=1 \tag{1.2.20}$$

可见在外电场的作用下,式(1.2.20)有了交叉项,说明晶体折射率椭球的主轴发生了变化。

下面介绍 KDP 晶体的纵向电光效应,即将外电场加在平行于光轴 x_3 方向上,$\boldsymbol{E}=(0,0,E_3)^{\mathrm{T}}$,则式(1.2.20)变为

$$B_{11}^0(x_1^2+x_2^2)+B_{33}^0x_3^2+2\gamma_{63}E_3x_1x_2=1 \tag{1.2.21}$$

将寻找新的主轴 $x_1'-x_2'-x_3'$。从下面的计算可以看出将原主轴 $x_1-x_2-x_3$ 绕 x_3 轴逆时针(逆 x_3 轴看)旋转 45°即得新的主轴 $x_1'-x_2'-x_3'$,如图 1-2-2 所示。经过旋转的坐标变换如下:

$$\begin{aligned}x_1&=x_1'\cos 45°-x_2'\sin 45°\\ x_2&=x_1'\sin 45°+x_2'\cos 45°\\ x_3&=x_3'\end{aligned} \tag{1.2.22}$$

代入式(1.2.21),得

$$(B_{11}^0+\gamma_{63}E_3)x_1'^2+(B_{11}^0-\gamma_{63}E_3)x_2'^2+B_{33}^0x_3'^2=1 \tag{1.2.23}$$

式(1.2.23)已经没有交叉项了,说明 $x_1'-x_2'-x_3'$ 就是变化了的折射率椭球的新主轴。新折射率椭球方程(1.2.23)可以写成

$$\frac{x_1'^2}{n_1'^2}+\frac{x_2'^2}{n_2'^2}+\frac{x_3'^2}{n_3'^2}=1 \tag{1.2.24}$$

其中

$$\begin{aligned}\frac{1}{n_1'^2}&=\frac{1}{n_o^2}+\gamma_{63}E_3=\frac{1}{n_o^2}(1+n_o^2\gamma_{63}E_3)\\ \frac{1}{n_2'^2}&=\frac{1}{n_o^2}-\gamma_{63}E_3=\frac{1}{n_o^2}(1-n_o^2\gamma_{63}E_3)\\ \frac{1}{n_3'^2}&=\frac{1}{n_e^2}\end{aligned} \tag{1.2.25}$$

因为 γ_{63} 的量级约为 10^{-11} m/V,$n_o=1.51(\lambda=550$ nm),外加电场 E 的量级约为 10^6 V/m,所以 $n_o^2\gamma_{63}E_3\ll 1$。可以近似得到

$$\begin{aligned}n_1'&=n_o(1+n_o^2\gamma_{63}E_3)^{-1/2}\approx n_o-\frac{1}{2}n_o^3\gamma_{63}E_3\\ n_2'&=n_o(1-n_o^2\gamma_{63}E_3)^{-1/2}\approx n_o+\frac{1}{2}n_o^3\gamma_{63}E_3\\ n_3'&=n_e\end{aligned} \tag{1.2.26}$$

可见,KDP晶体加纵向电场后,由单轴晶体变成了双轴晶体,其主轴方向发生了改变,新的主轴逆 x_3 看去绕 x_3 逆时针旋转了45°,在新主轴方向 x_1' 及 x_2' 折射率也发生了变化,它的折射率椭球与 x_1x_2 平面的交线由未加外电场时的圆变成了长短轴在45°方向上的椭圆,如图1-2-2所示。(注意图中坐标轴用 x、y、z 代替了 x_1、x_2、x_3。后面的图也有相同的处理)

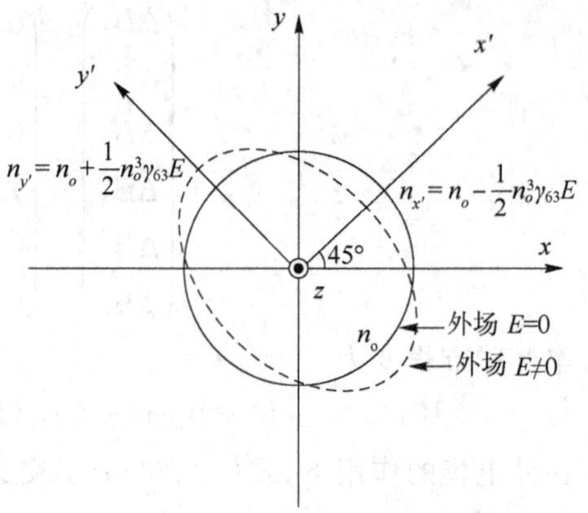

图1-2-2 在KDP晶体的纵向加电场折射率的变化

可以注意到,当在 x_3 方向上外加电场时,其折射率的改变正比于 E_3 和 γ_{63},利用的是KDP晶体的 γ_{63} 效应,如果令光波也沿此方向传播,此时所加电场方向与光的传播方向一致,因此称为KDP晶体的 γ_{63} 纵向电光效应。

1.2.4 $LiNbO_3$晶体的线性电光效应

$LiNbO_3$是属于三角晶系的单轴晶体,具有3 m对称性。同类晶体还有 $LiTaO_3$ 和 $BaTaO_3$ 等。$LiNbO_3$晶体的线性电光张量为

$$(\gamma_{mk})=\begin{pmatrix}0 & -\gamma_{22} & \gamma_{13}\\ 0 & \gamma_{22} & \gamma_{13}\\ 0 & 0 & \gamma_{33}\\ 0 & \gamma_{51} & 0\\ \gamma_{51} & 0 & 0\\ -\gamma_{22} & 0 & 0\end{pmatrix} \tag{1.2.27}$$

如果施加外电场 $\boldsymbol{E}=(E_1,E_2,E_3)^{\mathrm{T}}$,其折射率椭球方程为

$$\begin{aligned}&\left(\frac{1}{n_o^2}-\gamma_{22}E_2+\gamma_{13}E_3\right)x_1^2+\left(\frac{1}{n_o^2}+\gamma_{22}E_2+\gamma_{13}E_3\right)x_2^2+\left(\frac{1}{n_e^2}+\gamma_{33}E_3\right)x_3^2+\\&2\gamma_{51}E_2x_2x_3+2\gamma_{51}E_1x_3x_1-2\gamma_{22}E_1x_1x_2=1\end{aligned} \tag{1.2.28}$$

如果只在 x_3 方向外加电场 $\boldsymbol{E}=(0,0,E_3)^{\mathrm{T}}$,则折射率椭球方程(1.2.28)简化为

$$\left(\frac{1}{n_o^2}+\gamma_{13}E_3\right)(x_1^2+x_2^2)+\left(\frac{1}{n_e^2}+\gamma_{33}E_3\right)x_3^2=1 \tag{1.2.29}$$

式(1.2.29)中无交叉项,说明在 x_3 方向施加外电场后,折射率主轴并未发生变化,变化的只是主折射率。从式(1.2.29)可以得到

$$\begin{aligned}n_1=n_2=n_o(1+n_o^2\gamma_{13}E_3)^{-1/2}\approx n_o-\frac{1}{2}n_o^3\gamma_{13}E_3\\ n_3=n_e(1+n_e^2\gamma_{33}E_3)^{-1/2}\approx n_e-\frac{1}{2}n_e^3\gamma_{33}E_3\end{aligned} \tag{1.2.30}$$

1.3 电光效应的应用——电光调制[1,3]

从1.2节可知,当对晶体施加外电场时,晶体的主轴以及主轴折射率都将发生变化,从而

改变光在电光晶体中的传播性质。对于线性电光效应，晶体主折射率的改变与外加电场（电压）成正比。可以适当调控晶体上的外加电压制成电光调制器、电光开关、电光偏转器等。本节将简单介绍光纤通信中使用的电光调制器原理。

1.3.1　强度调制

在此以典型的 KDP 晶体为例介绍电光晶体的强度调制原理。一个典型的晶体电光调制装置如图 1-3-1 所示，它是将一块长度为 d 的 KDP 晶体垂直于 x_3 轴切割（z-切）并镀以透明金属膜电极，在 x_3 方向加纵向电压。将 KDP 晶体放在两个正交偏振器 P_1 与 P_2 之间，P_1 的偏振化方向与晶体的 x_2 轴一致，而 P_2 的偏振化方向与晶体的 x_1 轴方向一致。这样当在 x_3 方向加纵向电场时，感生的折射率椭球新主轴方向 x_1' 和 x_2' 分别与原主轴 x_1 和 x_2 夹 45°角。

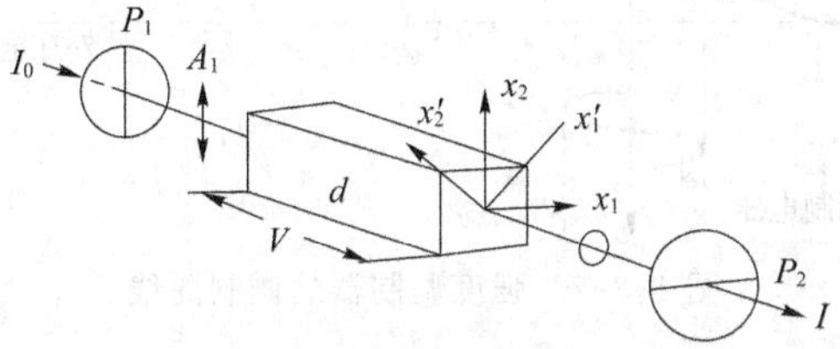

图 1-3-1　以 KDP 晶体搭建的强度调制器架构

入射光（光强 I_0）从 P_1 入射变为线偏振光，进入 KDP 晶体后在 x_1' 和 x_2' 方向可分解为本征线偏振光分量传播，分别经历的折射率为 n_1' 和 n_2'，在两个方向产生的相位差为

$$\Delta\varphi=\frac{2\pi}{\lambda}(n_2'-n_1')d=\frac{2\pi}{\lambda}n_o^3\gamma_{63}E_3d=\frac{2\pi}{\lambda}n_o^3\gamma_{63}V \tag{1.3.1}$$

式中，V 为外加电压。由偏振光干涉计算公式可得从偏振器 P_2 出射的光强为

$$I=\frac{I_0}{2}\sin^2\left(\frac{\Delta\varphi}{2}\right)=\frac{I_0}{2}\sin^2\left(\frac{\pi}{\lambda}n_o^3\gamma_{63}V\right) \tag{1.3.2}$$

当 $\Delta\varphi=\pi$ 时，出射光强达到最大值，$I=I_{\max}=\frac{I_0}{2}$。定义此时的外加电压为半波电压 V_π

$$V_\pi=\frac{\lambda}{2n_o^3\gamma_{63}} \tag{1.3.3}$$

则式(1.3.2)写成

$$I=I_{\max}\sin^2\left(\frac{\pi}{2}\frac{V}{V_\pi}\right) \tag{1.3.4}$$

式(1.3.4)显示出射光强随外加电压的变化而变化，如图 1-3-2 所示，从而可以通过变化外加电压对光强加以调制。从图 1-3-2 可以看出，在 $V_\pi/2$ 附近，存在一个调制线性区。如果施加如下的调制电压

$$V=\frac{V_\pi}{2}+V_m\sin\omega_m t \tag{1.3.5}$$

式中，第一项 $V_\pi/2$ 为直流偏置电压，ω_m 调制频率，V_m 调制电压幅度。则式(1.3.4)变为

$$\frac{I}{I_{\max}}=\sin^2\left(\frac{\pi}{4}+\frac{\pi V_m}{2V_\pi}\sin\omega_m t\right)=\frac{1}{2}\left[1+\sin\left(\pi\frac{V_m}{V_\pi}\sin\omega_m t\right)\right] \tag{1.3.6}$$

对于弱信号调制，$V_m\ll V_\pi$，则式(1.3.6)近似为

$$\frac{I}{I_{\max}} \approx \frac{1}{2} + \frac{\pi}{2}\frac{V_m}{V_\pi}\sin\omega_m t \tag{1.3.7}$$

可见在弱信号调制条件下，出射光强信号线性地反映了调制电压信号的变化。在强信号调制条件下，出射光强信号产生畸变，会出现高次谐波分量。

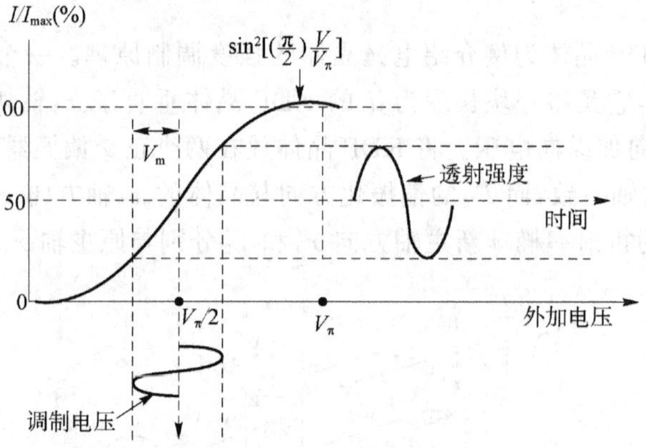

图 1-3-2 强度调制器的调制曲线

下面来估算一下半波电压的大小。利用表 1-2-2 的数据，如果入射光波长 $\lambda=0.633\ \mu m$，估算出 $V_\pi \approx 8.4\ kV$。可见这样的电光调制需要高压电源，给实际应用带来不便。实际上从式(1.3.6)可以看出，加直流偏置相当于 $\pi/2$ 的固定相位差。这个固定相位差可以由在 KDP 晶体后面加一个四分之一波片来等效地实现，要求四分之一波片的快慢轴对准 KDP 晶体的快慢轴 x_1' 和 x_2'。这样不用加直流偏置高压，电光调制器也是工作在线性调制区。

实际上，从式(1.3.4)和图 1-3-2 还可以看出，图 1-3-1 的装置还可以作为电光开关使用，只要外加电压输入方波，就是电光开关。

1.3.2 相位调制

现在以 $LiNbO_3$ 晶体为例来介绍电光晶体的相位调制，该调制器的架构如图 1-3-3 所示。在垂直于 x_3 方向两个切面镀电极，并在 x_3 方向施加外电场 E_3。由 1.2 节讨论可知，此时晶体主轴方向未变，只是三个主轴方向主折射率发生了改变。x_1 和 x_2 方向的折射率改变均为 $-\frac{1}{2}n_o^3\gamma_{13}E_3$，正比于 γ_{13}；x_3 方向的折射率改变为 $-\frac{1}{2}n_e^3\gamma_{33}E_3$，正比于 γ_{33}。由表 1-2-2 可知，当入射光波长 $\lambda=0.633\ \mu m$ 时，$\gamma_{13}=9.6\times10^{-12}\ m/V$，$\gamma_{33}=30.9\times10^{-12}\ m/V$，$\gamma_{33}$ 约为 γ_{13} 的三倍，因此使入射偏振器 P 的偏振化方向沿 x_3 方向放置。

令入射光通过偏振器 P 的光波场方程为

$$E_{in}=A\cos\omega t \tag{1.3.8}$$

沿 $LiNbO_3$ 的 x_2 方向传播时，产生相位延迟

$$\varphi=-\frac{2\pi}{\lambda}n_3L=-\frac{\omega}{c}n_eL+\frac{\omega}{2c}n_e^3\gamma_{33}E_3L=-\frac{\omega}{c}n_eL+\frac{\omega}{2c}n_e^3\gamma_{33}\frac{V}{d}L \tag{1.3.9}$$

式中，d 为两电极之间的距离，L 为晶体在 x_2 方向上的长度(或电极长度)，V 为加在晶体上的调制电压。假设调制电压为

$$V=V_m\sin\omega_m t \tag{1.3.10}$$

出射的光波场方程为

$$E_{\text{out}}=A\cos\left[\omega t-\frac{\omega}{c}n_e L+\frac{\omega}{2c}n_e^3\gamma_{33}\frac{L}{d}V_{\text{m}}\sin(\omega_{\text{m}}t)\right] \tag{1.3.11}$$

略去其中的固定相位$(\omega/c)n_e L$，并且定义相位调制指数

$$\delta=\frac{\omega n_e^3\gamma_{33}LV_{\text{m}}}{2cd}=\frac{\pi n_e^3\gamma_{33}LV_{\text{m}}}{\lambda d} \tag{1.3.12}$$

出射光波场方程变为

$$E_{\text{out}}=A\cos[\omega t+\delta\sin(\omega_{\text{m}}t)] \tag{1.3.13}$$

仍然可以定义相位调制的半波电压 V_π，它是使相位调制指数 $\delta=\pi$ 的电压

$$V_\pi=\frac{\lambda d}{n_e^3\gamma_{33}L} \tag{1.3.14}$$

可以使 $L\gg d$，这样可以大大降低半波电压。

在图 1-3-3 的装置中，外加电场的方向与光波传输方向垂直，被称为横向电光效应。半波电压低是横向电光调制器的特点之一。

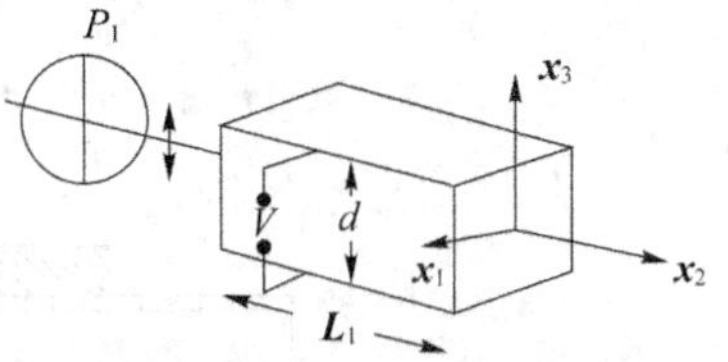

图 1-3-3　以 $LiNbO_3$ 晶体搭建的相位调制器架构

1.3.3　波导型电光调制器[5,6]

上面讨论的电光调制器均由具有较大尺寸的分离元件构成，可称为“体调制器”。在光纤通信中实用器件是集成在尺寸较小的光波导基片上的，将电光效应应用于集成光波导中，可以制成光纤通信中实用的波导型电光调制器。

现阶段，以 $LiNbO_3$ 光波导为基础的集成电光器件最为常用。其优点在于：①由于光在光波导内的传输损耗和光纤与光波导的耦合损耗都很低，因而其插入损耗也较低，一般小于 5 dB；②半波电压低，一般只有几伏；③调制带宽高，采用行波电极的 $LiNbO_3$ 波导型电光调制器带宽已达 40 GHz，甚至更高；④集成性好，已构成在一块 $LiNbO_3$ 基片上集成几百个元件的开关阵列。

下面简要介绍两种常用的 $LiNbO_3$ 波导型电光调制器。

(1) $LiNbO_3$ 相位调制器

$LiNbO_3$ 相位调制器如图 1-3-4 所示。以 $LiNbO_3$ 基片为衬底，采用 Ti 扩散或质子交换工艺在衬底上形成 Ti 扩散 $LiNbO_3$ 条状光波导(Ti：$LiNbO_3$)。波导上面有一层极薄的 SiO_2 或 Al_2O_3 隔离层，在其上涂覆金属电极。通常采用两种电极结构，如图 1-3-5(a)和(b)所示。在图 1-3-5(a)的结构中电极置于光波导两侧。为获得最大的电光系数 γ_{33}，采用 x 切的 $LiNbO_3$ 衬底，波导方向沿 y 方向，由电极形成的经过波导的外加电场方向沿 z 轴方向。这样只要在波导输入端激励 z 方向偏振的电场模式，光波电场方向与电极电场方向一致。在图 1-3-5(b)的结构中，$LiNbO_3$ 衬底采用 z 切，波导方向仍沿 y 方向。电极的一片直接盖在波导的上面，电极电场的垂直分量对电光调制产生作用。

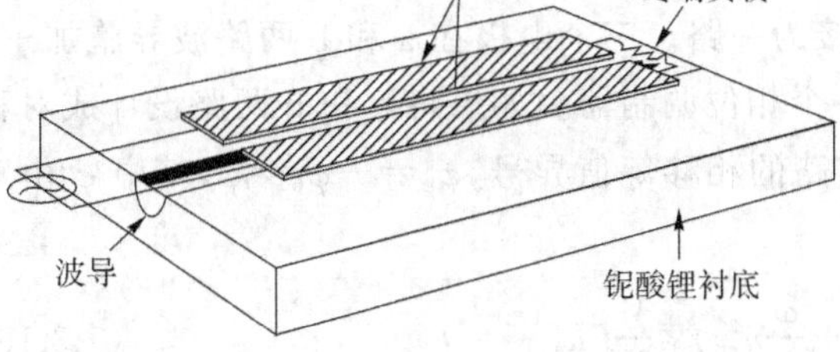

图 1-3-4　$LiNbO_3$ 波导型相位调制器

无论是图 1-3-5 的(a)或(b)结构，都与上面介绍的 $LiNbO_3$ 体相位调制器属于一样的结构，电光调制原理也相似，只不过要

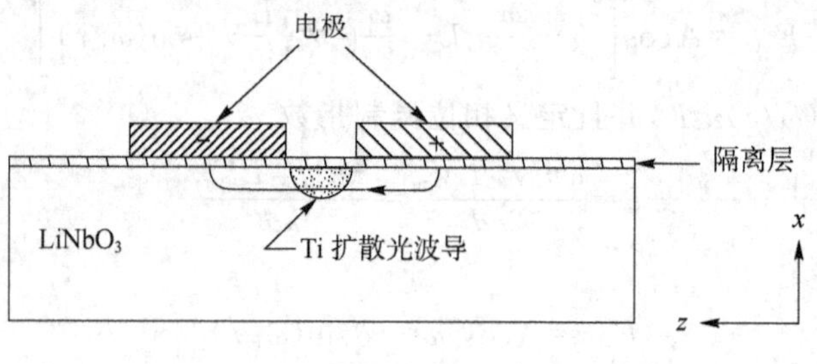

(a)

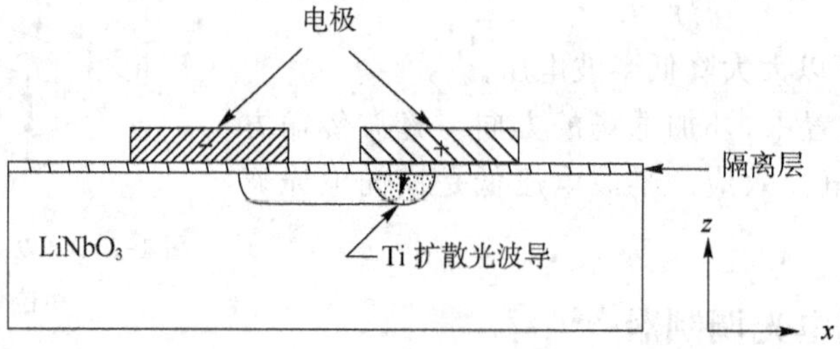

(b)

图 1-3-5　$LiNbO_3$ 波导型相位调制器的电极构造

(a) $LiNbO_3$ 衬底为 x 切，电极在波导对称的两侧。

(b)衬底为 z 切，电极与波导的位置非对称，其中一片电极盖在波导上面

对相应的公式做一些修正。如半波电压采用下面的计算公式

$$V_\pi=\frac{\lambda G}{n_{\mathrm{eff}}^3\gamma_{33}\Gamma L}\tag{1.3.15}$$

式中，G 是电极间的间隔，L 是电极长度，n_{eff}是 $LiNbO_3$ 光波导的有效折射率，Γ 是反映电场与光场之间重叠程度的因子，称为场——模重叠因子。对于 $LiNbO_3$ 来说，$\gamma_{33}=30.9\times10^{-12}$ m/V，取 $n_{\mathrm{eff}}\approx2.15$，$G=10$ μm，$L=10$ mm，$\Gamma=0.7$，估算得 $V_\pi=7.2$ V。实际典型的 $LiNbO_3$ 调制器半波电压一般小于 10 V。

(2) Mach-Zehnder 干涉仪式 $LiNbO_3$ 强度调制器

常见的 $LiNbO_3$ 强度调制器有 Mach-Zehnder 干涉仪式 $LiNbO_3$ 强度调制器和定向耦合器式强度调制器，在此只介绍 Mach-Zehnder 干涉仪式 $LiNbO_3$ 强度调制器。

Mach-Zehnder 干涉仪式 $LiNbO_3$ 强度调制器的结构如图 1-3-6(a)所示。两个分路 a 和 b 的光波导在输入和输出端由两个 Y 型分叉连接为一路。三个电极在 a 和 b 两路波导施加 $+z$ 和 $-z$ 方向相反的调制电场。每一路相当于一个相位调制器。如果将 a 和 b 两路设计成对称的分支，相反的外加电压使光波经 a 和 b 两支路的相移等值异号，$\varphi_a=-\varphi_b=\varphi$，其中 φ 由对式(1.3.9) 修正给出

$$\varphi=-\frac{\omega}{c}n_{\mathrm{eff}}L+\frac{\omega}{2c}n_{\mathrm{eff}}^3\gamma_{33}\frac{V}{G}\Gamma L\tag{1.3.16}$$

两路光在输出端 Y 型分叉汇合后将产生干涉。由双光束干涉公式，在调制器输出端的光强信号为

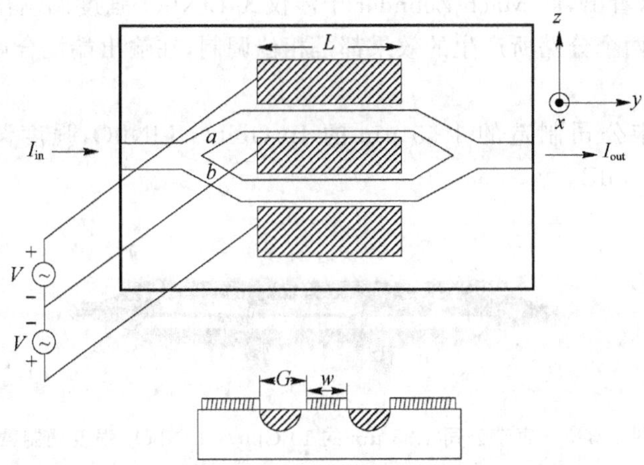

图 1-3-6　Mach-Zehnder 干涉仪式 $LiNbO_3$ 强度调制器的结构

$$\begin{aligned} I_{out} &= I_a + I_b + 2\sqrt{I_a I_b}\cos(\varphi_a - \varphi_b) \\ &= 4I_a\cos^2\left(\frac{\Delta\varphi}{2}\right) = I_{max}\cos^2\left(\frac{\Delta\varphi}{2}\right) \end{aligned} \tag{1.3.17}$$

式中，$\Delta\varphi=\varphi_a-\varphi_b=2\varphi$ 是两路光波的相位差。仍然可以定义半波电压 V_π 如式(1.3.15)，则式(1.3.17)变为

$$I_{out}=I_{max}\cos^2\left(\frac{\pi}{2}\frac{V}{V_\pi}\right) \tag{1.3.18}$$

与式(1.3.4)类似，输出端光强随调制电压的变化而变化，但调制电压在 $V_\pi/2$ 附近为反线性的。实际上如果两分支由电光效应引起的相移等值异号，而非电光效应相移由于两分支波导长度微小的不同引起的相移差为 φ_0，则输出端相位差为

$$\Delta\varphi=\varphi_0+2\varphi \tag{1.3.19}$$

如果使 $\varphi_0=\pi$(波导长度差只需零点几微米)，则光强调制式(1.3.18)变为

$$I_{out}=I_{max}\sin^2\left(\frac{\pi}{2}\frac{V}{V_\pi}\right) \tag{1.3.20}$$

一般实际的 Mach-Zehnder 干涉仪式 $LiNbO_3$ 强度调制器的调制曲线如图 1-3-7 所示。

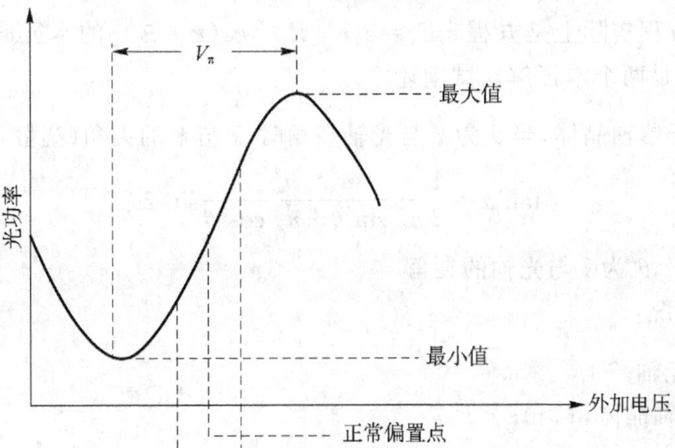

图 1-3-7　Mach-Zehnder 干涉仪式 $LiNbO_3$ 强度调制器的调制曲线

从以上分析可以看出，此 Mach-Zehnder 干涉仪式 $LiNbO_3$ 强度调制器的实质仍然是相位调制导致的，光波导两个分路所产生的效果都是相位调制，在输出端汇合后由于干涉才出现强度调制的结果。

图 1-3-8 是康宁公司制造的 1.55 μm 的 10 Gbit/s $LiNbO_3$ 强度调制器，半波电压为 5.5 V，插入损耗为 3.5 dB。

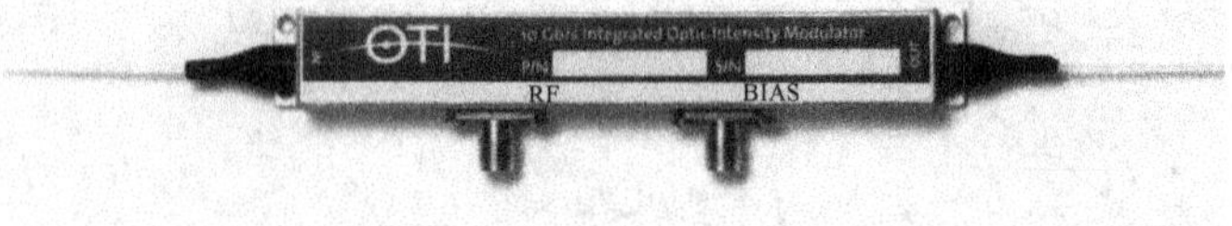

图 1-3-8　康宁公司 1.55 μm 的 10 Gbit/s $LiNbO_3$ 强度调制器

本章参考文献

[1]　Yariv A，现代通信光电子学(英文版)[M].5 版. 北京：电子工业出版社，2002.
[2]　Bonn M，Wolff A.光学原理[M].杨葭荪，译.7 版. 北京：电子工业出版社，2006.
[3]　Yariv A. Optical Waves in Crystal. Wiley：New York，1984.
[4]　王仕璠，朱自强.现代光学原理.成都：电子科技大学出版社，1998.
[5]　陈福深.集成电光调制理论与技术.北京：国防工业出版社，1995.
[6]　黄章勇.光纤通信用光电子器件和组件.北京：北京邮电大学出版社，2001.

习　题

1.1　$f=\exp(i\boldsymbol{k}\cdot\boldsymbol{r})$，证明 $\nabla f=i\boldsymbol{k}f$，从而证明对于平面波

$$\nabla\times\boldsymbol{E}=i\boldsymbol{k}\times\boldsymbol{E}$$
$$\nabla\times\boldsymbol{H}=i\boldsymbol{k}\times\boldsymbol{H}$$

1.2　证明在晶体中对应同一个 $\hat{k}$ 的两个电磁波解 $\boldsymbol{D}'\perp\boldsymbol{D}''$。

1.3　菲涅耳方程实际上是方程 $\varepsilon_i E_i=\varepsilon_0 n^2[E_i-\kappa_i(\boldsymbol{\kappa}\cdot\boldsymbol{E})]$ 的本征值方程，n' 和 n'' 是两个本征值，$\boldsymbol{D}'$ 和 $\boldsymbol{D}''$ 是两个本征解。试阐述之。

1.4　证明对于单轴晶体，当 θ 为 $\hat{k}$ 与光轴夹角时，$\hat{s}$ 与 $\hat{k}$ 的夹角(离散角)α 满足：

$$\tan\alpha=\frac{1}{2}\frac{n_e^2-n_o^2}{n_o^2\sin^2\theta+n_e^2\cos^2\theta}\sin 2\theta$$

式中，$\alpha=\theta-\theta'$，θ' 为 $\hat{s}$ 与光轴的夹角

并讨论以下情况：

(1) $\hat{k}\parallel$ 或 $\perp$ 光轴。

(2) 对于正单轴晶体，$\alpha>0$；

对于负单轴晶体，$\alpha<0$。

(3) 证明当 $\tan\theta=n_e/n_o$ 时：

$$\alpha=\alpha_{\max}=\arctan\left(\frac{1}{2}\frac{n_e^2-n_o^2}{n_o n_e}\right)$$

用下列数据计算上式：石英 $n_o=1.544$，$n_e=1.553$

方解石 $n_o=1.658$，$n_e=1.486$

1.5　描述晶体光学有许多种几何图示法。试阐述其中任何三种几何图示法，并说明它们的用途。

1.6　试讨论 GaAs 的线性电光效应。GaAs 晶体属于立方晶系，有 $\bar{4}3m$ 对称性。其线性电光系数为

$$(\boldsymbol{\gamma}_{mk})=\begin{pmatrix}0&0&0\\0&0&0\\0&0&0\\\gamma_{41}&0&0\\0&\gamma_{41}&0\\0&0&\gamma_{41}\end{pmatrix}$$

取 $\gamma_{41}=1.43\times10^{-12}$ m/V，$n=3.43$。

1.7　关于 KDP 晶体纵向电光效应的讨论

(1) KDP 晶体的折射率椭球是旋转对称的，那么它的两个二阶轴在电光效应中是否对称，为什么？

(2) 计算 KDP 晶体的半波电压，用什么方法可以降低外加直流偏压。

(3) 文献[1]中的图 9-2、9-4 和文献[3]中图 7.2、7.4 有什么问题？解题可以参照文献(张晓光，等.关于 KDP 晶体在电光效应中两个二阶轴对称性的讨论，大学物理，1996，15(3)：7.)

第2章 光波在非线性介质中的传播

本章介绍光波在非线性介质中的传播性质,包括非线性极化率理论和非线性介质中光波传播的耦合波方程,这是整个非线性光学的基础。非线性极化率较严格的理论要用到量子理论,这是本书要尽量避开的。因此在本章中只介绍布鲁姆伯格(Bloembergen)的非谐振子经典模型[1,2],虽然这一理论并非十分严格,但是它给出了非线性极化率极形象的微观解释,并给出了非线性极化率的一些基本的重要性质。2.2 节介绍了非线性极化率的张量描述和宏观性质。在 2.3 节介绍非线性介质中光波的耦合波方程。

2.1 非线性极化的经典理论

2.1.1 从线性极化到非线性极化

在激光器发明以前,与介质相互作用的光场都很弱,介质在电场作用下被认为是线性极化的。介质感应的极化强度和电场成线性正比关系

$$\boldsymbol{P}=\varepsilon_0 \overleftrightarrow{\chi}^{(1)} \cdot \boldsymbol{E} \tag{2.1.1}$$

式中,$\overleftrightarrow{\chi}^{(1)}$称为介质的线性极化率。

电磁波在介质中的传播由波动方程决定。利用第 1 章麦克斯韦方程组式(1.1.1)~式(1.1.4),以及物质方程(1.1.6)和(1.1.8)得到电磁波在线性各向异性介质中的波动方程

$$\nabla\times\nabla\times\boldsymbol{E}+\frac{1}{c^2}\frac{\partial^2}{\partial t^2}(\overleftrightarrow{\varepsilon}_r \cdot \boldsymbol{E})=0 \tag{2.1.2}$$

这是一个线性齐次方程。

光场在线性电极化介质中传播的理论属于传统的线性光学,其主要特点为

(1) 在光与介质相互作用过程中,介质的许多参数(如介质折射率、吸收系数等)与光强无关。

(2) 介质中的光场满足独立传播和叠加原理,光场的各频率组分之间不会发生相互作用。

1960 年激光器问世后,激光的光场强度比普通光源的强度高数十万倍以上,其电场强度达到了可与分子内部场强(10^{10} V/m)相比拟的程度。实验发现,在这样高的电场强度作用下,介质感应的极化强度不再与电场成正比,表现出非线性效应。与式(2.1.1)不同,可以将极化强度展开成电场强度的级数

$$\boldsymbol{P}=\varepsilon_0 \overleftrightarrow{\chi^{(1)}}\cdot\boldsymbol{E}+\varepsilon_0 \overleftrightarrow{\chi^{(2)}}:\boldsymbol{EE}+\varepsilon_0 \overleftrightarrow{\chi^{(3)}}\vdots\boldsymbol{EEE}+\cdots \tag{2.1.3}$$

式中，$\overleftrightarrow{\chi^{(2)}}$ 称为介质的二次极化率，$\overleftrightarrow{\chi^{(3)}}$ 称为介质的三次极化率（其中“:”为双点乘符号，“⋮”为三点乘符号，具体运算见附录 B）。式(2.1.3)还可以写成

$$\boldsymbol{P}=\boldsymbol{P}^L+\boldsymbol{P}^{\mathrm{NL}} \tag{2.1.4}$$

式中，$\boldsymbol{P}^L$ 为介质极化强度的线性部分，$\boldsymbol{P}^{\mathrm{NL}}$ 为非线性部分。则电位移矢量可以写成

$$\begin{aligned}\boldsymbol{D}&=\varepsilon_0\boldsymbol{E}+\boldsymbol{P}=\varepsilon_0\boldsymbol{E}+\varepsilon_0 \overleftrightarrow{\chi^{(1)}}\cdot\boldsymbol{E}+\boldsymbol{P}^{\mathrm{NL}}\\&=\varepsilon_0 \overleftrightarrow{\varepsilon_r}\cdot\boldsymbol{E}+\boldsymbol{P}^{\mathrm{NL}}\end{aligned} \tag{2.1.5}$$

将式(2.1.5)替代线性的物质方程(1.1.8)并代入麦克斯韦方程组，可得光场在非线性介质中的波动方程

$$\nabla\times\nabla\times\boldsymbol{E}+\frac{1}{c^2}\frac{\partial^2}{\partial t^2}(\overleftrightarrow{\varepsilon_r}\cdot\boldsymbol{E})=-\mu_0\frac{\partial^2\boldsymbol{P}^{\mathrm{NL}}}{\partial t^2} \tag{2.1.6}$$

与式(2.1.2)不同，式(2.1.6)是非齐次方程，其中 $-\mu_0\dfrac{\partial^2\boldsymbol{P}^{\mathrm{NL}}}{\partial t^2}$ 是方程的非线性驱动源，它可以使光场的各频率组分相互耦合、相互作用，是产生非线性效应的根源。

与线性光学不同，非线性光学的主要特点为：

(1) 在光与介质相互作用过程中，介质的许多参数（如介质折射率、吸收系数等）与光强有关。

(2) 由于波动方程不再是齐次方程，不再满足叠加原理。各种频率的光场因发生非线性耦合而产生新的频率（如二次谐波、三次谐波、和频、差频等）。

在感应极化强度按电场强度的展开式(2.1.3)中，对应 $\overleftrightarrow{\chi^{(2)}}$ 的项产生二阶非线性效应，如二次谐波的产生、线性电光效应、光学和频及差频、光学参量振荡等；对应 $\overleftrightarrow{\chi^{(3)}}$ 的项产生三阶非线性效应，如三次谐波的产生、四波混频、光克尔效应、受激散射效应等。这些效应将在以后的章节加以介绍。

2.1.2　非线性极化的非谐振子模型

非线性极化率 $\chi^{(n)}$ 是描述光场与非线性介质相互作用的最重要的物理量，它与介质内部原子和分子的结构有关。求解 $\chi^{(n)}$ 的主要方法有经典模型和半经典模型。经典模型将介质等效为固有频率为 ω_0 的振子集合，列出振子在光波场作用下的运动方程求解；半经典模型是将光波场看成由麦克斯韦方程组所描述的经典电磁波，而将介质看成由量子力学公式描述的粒子体系求解。本书的宗旨是尽可能少地应用量子力学的概念，因此只介绍经典振子模型。

1. 线性介质的谐振子模型

大家知道，按照经典的洛仑兹模型，介质被看成是固有频率为 ω_0 的偶极谐振子的集合，每一个偶极子由带正电的原子核与核外电子云构成，原子在外电场作用下，电子云的负电荷中心偏离原子核，与原子核的正电荷组成电偶极谐振子，如图 2-1-1 所示。偶极谐振子受到如下三个力的作用：第一个是弹性恢复力，对于谐振子，恢复力与电子云负电荷离开平衡位置的位移 r 呈线性关系，可以表示成 $f_{恢}=-m\omega_0^2 r$（m 是电子质量）。第二个是阻尼力，它与电子的运动速度成正比，$f_{阻}=-m\gamma\dfrac{\mathrm{d}r}{\mathrm{d}t}$（$\gamma$ 是阻尼系数）。第三个是电场力 $f_{电}=-eE(z,t)$。则可以列出电子的运动方程

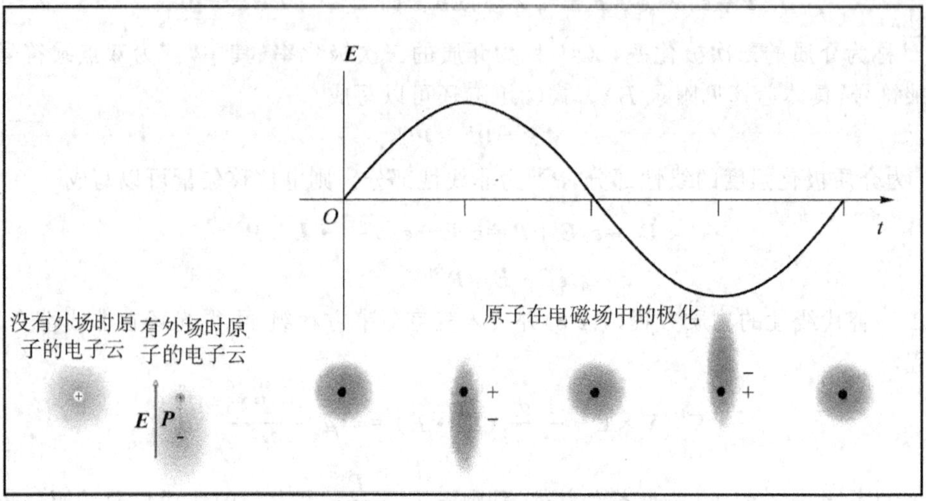

图 2-1-1　原子在电磁场中极化谐振

$$\frac{d^2r}{dt^2}+\gamma\frac{dr}{dt}+\omega_0^2r=-\frac{e}{m}E(z,t) \tag{2.1.7}$$

其解为

$$r=-\frac{e}{m}\frac{1}{\omega_0^2-\omega^2-i\gamma\omega}E(z)e^{-i\omega t} \tag{2.1.8}$$

式中，ω 是光场的频率。

设介质在单位体积内有 N 个振子，根据极化强度的定义可得

$$P(z,t)=Np=-Ner \tag{2.1.9}$$

如果将极化强度也写成复振幅形式

$$P(z,t)=P(z)e^{-i\omega t} \tag{2.1.10}$$

则

$$P(z)=\frac{Ne^2}{m}\frac{1}{\omega_0^2-\omega^2-i\gamma\omega}E(z) \tag{2.1.11}$$

由

$$P=\varepsilon_0\chi^{(1)}E \tag{2.1.12}$$

得

$$\chi^{(1)}=\frac{Ne^2}{\varepsilon_0 m}\frac{1}{\omega_0^2-\omega^2-i\gamma\omega} \tag{2.1.13}$$

式(2.1.13)给出了线性极化率与介质微观参量 ω_0 和 γ 的关系。由于阻尼系数的存在，一般情况下，极化率 $\chi^{(1)}$ 是复数，包含实部和虚部

$$\chi^{(1)}=\chi_R^{(1)}+i\chi_I^{(1)} \tag{2.1.14}$$

其中

$$\begin{aligned}\chi_R^{(1)}&=\frac{Ne^2}{\varepsilon_0 m}\frac{\omega_0^2-\omega^2}{(\omega_0^2-\omega^2)^2+\gamma^2\omega^2}\\ \chi_I^{(1)}&=\frac{Ne^2}{\varepsilon_0 m}\frac{\gamma\omega}{(\omega_0^2-\omega^2)^2+\gamma^2\omega^2}\end{aligned} \tag{2.1.15}$$

可以引入复折射率的概念

$$\tilde{n}=n+\mathrm{i}\eta \tag{2.1.16}$$

由于 $\varepsilon_r=(1+\chi^{(1)})=1+\chi_R^{(1)}+\mathrm{i}\chi_I^{(1)}$

$$\tilde{n}=\sqrt{\varepsilon_r}=(1+\chi_R^{(1)}+i\chi_I^{(1)})^{\frac{1}{2}}\approx 1+\frac{1}{2}\chi_R^{(1)}+\mathrm{i}\,\frac{1}{2}\chi_I^{(1)} \tag{2.1.17}$$

得

$$\begin{aligned} n&=1+\frac{Ne^2}{2\varepsilon_0 m}\frac{\omega_0^2-\omega^2}{(\omega_0^2-\omega^2)^2+\gamma^2\omega^2} \\ \eta&=\frac{Ne^2}{2\varepsilon_0 m}\frac{\gamma\omega}{(\omega_0^2-\omega^2)^2+\gamma^2\omega^2} \end{aligned} \tag{2.1.18}$$

n 和 η 随光场频率的变化如图 2-1-2 所示。当光场频率远离偶极子固有频率时，复折射率的实部 n 随着频率 ω 的增大而增大，在此区域属于介质的正常色散情况。在整个可见光区，大部分透明介质都显示为正常色散。在 ω_0 附近，复折射率的虚部 η 急剧增加，光场与介质发生共振，同时显示出反常色散的特点，即 n 随着频率 ω 的增大而减小。

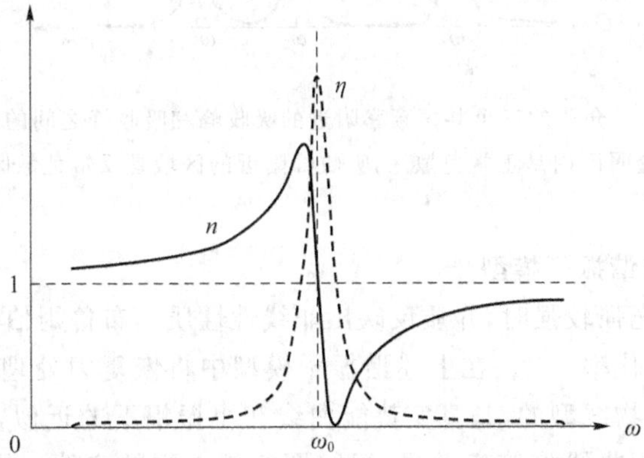

图 2-1-2 复折射率实部 n 与虚部 η 随频率的变化

将复折射率代入光场的复表示

$$\begin{aligned} E(z,t)&=E_0\mathrm{e}^{-\mathrm{i}(\omega t-kz)}=E_0\mathrm{e}^{-\mathrm{i}(\omega t-\frac{\omega}{c}\tilde{n}z)} \\ &=E_0\mathrm{e}^{-\frac{\omega}{c}\eta z}\mathrm{e}^{-\mathrm{i}\omega\left(t-\frac{n}{c}z\right)} \\ &=E_0\mathrm{e}^{-\frac{\alpha}{2}z}\mathrm{e}^{-\mathrm{i}\omega\left(t-\frac{z}{v_p}\right)} \end{aligned} \tag{2.1.19}$$

式中，$\alpha=\dfrac{2\omega}{c}\eta$ 是介质的吸收系数，$v_p=\dfrac{c}{n}$ 是光波场在介质中的相速度。可见在复折射率和极化率当中，实部 n 与 $\chi_R^{(1)}$ 反映了介质的色散性质，虚部 η 与 $\chi_I^{(1)}$ 反映了介质对光场的吸收性质。可以看出，在线性光学范畴，无论是介质的折射率还是介质的吸收系数都与光强无关。当光场频率 ω 远离共振吸收频率 ω_0 时，复折射率的虚部以及极化率的虚部几乎为零，介质只表现出色散性质。

以上分析中，假定了所有偶极谐振子均受到相同的作用，固有频率相同。而实际上偶极子受到的作用不同，各自的固有频率 ω_i（也称共振频率）不同。假设固有频率为 ω_i 的偶极子占的比例为 f_i，且 $\sum_i f_i=1$，则式(2.1.18)应作相应变化

$$n = 1 + \frac{Ne^2}{2\varepsilon_0 m}\sum_i \frac{f_i(\omega_i^2-\omega^2)}{(\omega_i^2-\omega^2)^2+\gamma_i^2\omega^2}$$

$$\eta = \frac{Ne^2}{2\varepsilon_0 m}\sum_i \frac{f_i\gamma_i\omega}{(\omega_i^2-\omega^2)^2+\gamma_i^2\omega^2}$$

该式给出了介质的各个不同的色散区域，如图 2-1-3 所示。在共振频率 ω_i 附近是吸收带，吸收带附近是反常色散区。两个相邻的吸收带之间是透明区域，这个区域属于正常色散区。在第 3 章用到的晶体折射率塞耳迈尔色散公式也与上面的公式有关。

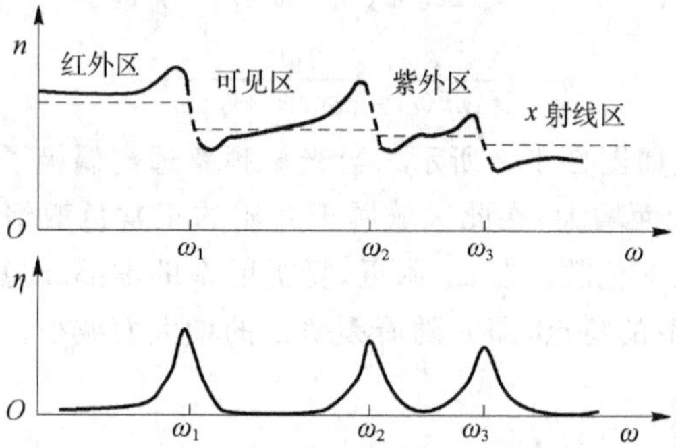

图 2-1-3　介质的三个共振频率附近的吸收峰和吸收峰之间的透明区，透明区内是正常色散区，吸收峰附近的区域是反常色散区

2. 非线性介质的非谐振子模型

实验证明，当光场光强较强时，介质反映出非线性性质。布鲁姆伯格最早采用非谐振子模型讨论了非线性光学极化率[1, 2]。在上述谐振子模型中将恢复力处理成线性恢复力，是因为谐振子的势能曲线是抛物线型的，是真实势能曲线在小振幅下的近似，如图 2-1-4 中的虚线。在非谐振子模型中，势能曲线将偏离抛物线型(图 2-1-4 中的实线)，因此恢复力不再是线性的，将其处理为 $f_{恢} = -m\omega_0^2 r - m\xi r^2$，其中不仅包含线性成分，还包含一项非线性成分。则电子的运动方程(2.1.7)变为

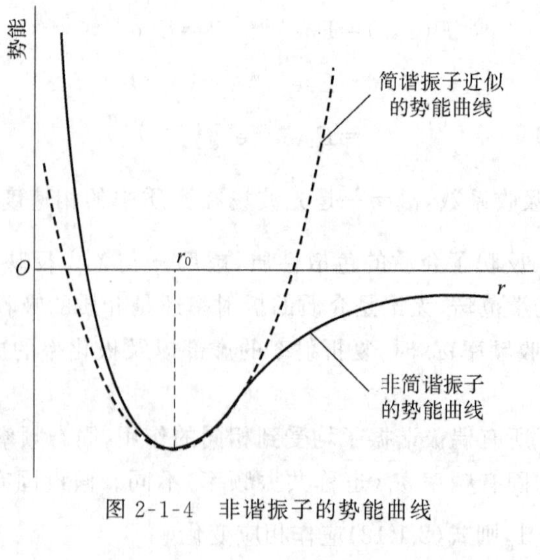

图 2-1-4　非谐振子的势能曲线

$$\frac{\mathrm{d}^2 r}{\mathrm{d}t^2}+\gamma\frac{\mathrm{d}r}{\mathrm{d}t}+\omega_0^2 r+\xi r^2=-\frac{\mathrm{e}}{m}E(z,t) \tag{2.1.20}$$

式中，光场 $E(z,t)$ 采用下面的处理方法。单色平面光波场

$$\begin{aligned}E(z,t)&=E_0(z)\cos(\omega t-kz)\\&=\frac{1}{2}E_0(z)\mathrm{e}^{-\mathrm{i}(\omega t-kz)}+\frac{1}{2}E_0(z)\mathrm{e}^{\mathrm{i}(\omega t-kz)}\\&=\frac{1}{2}E(z,\omega)\mathrm{e}^{-\mathrm{i}\omega t}+\frac{1}{2}E^*(z,\omega)\mathrm{e}^{\mathrm{i}\omega t}\end{aligned} \tag{2.1.21}$$

式中

$$E(z,\omega)=E_0(z)\mathrm{e}^{\mathrm{i}kz},\quad E^*(z,\omega)=E_0(z)\mathrm{e}^{-\mathrm{i}kz} \tag{2.1.22}$$

为光场的傅里叶振幅，有

$$E^*(z,\omega)=E(z,-\omega) \tag{2.1.23}$$

如果光波场有许多频率组分，则表示成

$$\begin{aligned}E(z,t)=&\frac{1}{2}E(z,\omega_1)\mathrm{e}^{-\mathrm{i}\omega_1 t}+\frac{1}{2}E^*(z,\omega_1)\mathrm{e}^{\mathrm{i}\omega_1 t}+\frac{1}{2}E(z,\omega_2)\mathrm{e}^{-\mathrm{i}\omega_2 t}+\frac{1}{2}E^*(z,\omega_2)\mathrm{e}^{\mathrm{i}\omega_2 t}\\&+\cdots+\frac{1}{2}E(z,\omega_n)\mathrm{e}^{-\mathrm{i}\omega_n t}+\frac{1}{2}E^*(z,\omega_n)\mathrm{e}^{\mathrm{i}\omega_n t}\end{aligned} \tag{2.1.24}$$

进一步约定 $-\omega_n=\omega_{-n}$，则

$$E^*(z,\omega_n)=E(z,-\omega_n)=E(z,\omega_{-n}) \tag{2.1.25}$$

则由 N 个单色平面光波组成的光波场表示为

$$E(z,t)=\frac{1}{2}\sum_{n=\pm1}^{\pm N}E(z,\omega_n)\mathrm{e}^{-\mathrm{i}\omega_n t} \tag{2.1.26}$$

式中，$E(z,\omega_n)$ 称为 ω_n 组分的傅里叶振幅。将式(2.1.26)代入式(2.1.20)，则电子的运动方程变为

$$\frac{\mathrm{d}^2 r}{\mathrm{d}t^2}+\gamma\frac{\mathrm{d}r}{\mathrm{d}t}+\omega_0^2 r+\xi r^2=-\frac{e}{2m}\sum_n E(z,\omega_n)\mathrm{e}^{-\mathrm{i}\omega_n t} \tag{2.1.27}$$

将用级数法求解方程(2.1.27)，令

$$r=r^{(1)}+r^{(2)}+r^{(3)}+\cdots \tag{2.1.28}$$

式中

$$\begin{aligned}r^{(1)}&=\sum_n a_n^{(1)}E(z,\omega_n)\mathrm{e}^{-\mathrm{i}\omega_n t}\\r^{(2)}&=\sum_{n,m}a_{nm}^{(2)}E(z,\omega_n)E(z,\omega_m)\mathrm{e}^{-\mathrm{i}(\omega_n+\omega_m)t}\\r^{(3)}&=\sum_{n,m,p}a_{nmp}^{(3)}E(z,\omega_n)E(z,\omega_m)E(z,\omega_p)\mathrm{e}^{-\mathrm{i}(\omega_n+\omega_m+\omega_p)t}\\&\cdots\cdots\end{aligned} \tag{2.1.29}$$

代入方程(2.1.27)，并且令 $E(z,\omega)$ 的同次幂相等，得

$$\frac{\mathrm{d}^2 r^{(1)}}{\mathrm{d}t^2}+\gamma\frac{\mathrm{d}r^{(1)}}{\mathrm{d}t}+\omega_0^2 r^{(1)}=-\frac{\mathrm{e}}{2m}\sum_n E(z,\omega_n)\mathrm{e}^{-\mathrm{i}\omega_n t} \tag{2.1.30}$$

$$\begin{aligned}&\frac{\mathrm{d}^2 r^{(2)}}{\mathrm{d}t^2}+\gamma\frac{\mathrm{d}r^{(2)}}{\mathrm{d}t}+\omega_0^2 r^{(2)}+\xi r^{(1)2}=0\\&\cdots\cdots\end{aligned} \tag{2.1.31}$$

方程(2.1.30)与线性介质的谐振子方程(2.1.7)是一样的，其解为

$$r^{(1)}=\frac{\mathrm{e}}{2m}\sum_{n}\frac{1}{\omega_0^2-\omega_n^2-\mathrm{i}\gamma\omega_n}E(z,\omega_n)\mathrm{e}^{-\mathrm{i}\omega_n t} \tag{2.1.32}$$

$$r^{(2)}=-\frac{e^2\xi}{4m^2}\sum_{n,m}\frac{1}{F(\omega_n)F(\omega_m)F(\omega_n+\omega_m)}E(z,\omega_n)E(z,\omega_m)\mathrm{e}^{-\mathrm{i}(\omega_n+\omega_m)t} \tag{2.1.33}$$

式中

$$F(\omega_i)=\omega_0^2-\omega_i^2-\mathrm{i}\gamma\omega_i$$

将极化强度也写成级数形式

$$P=\sum_{l}P^{(l)} \tag{2.1.34}$$

式中

$$P^{(l)}=-Ner^{(l)}$$

则线性极化强度

$$P^{(1)}=\frac{N\mathrm{e}^2}{2m}\sum_{n}\frac{1}{\omega_0^2-\omega_n^2-\mathrm{i}\gamma\omega_n}E(z,\omega_n)\mathrm{e}^{-\mathrm{i}\omega_n t} \tag{2.1.35}$$

如果将 $P^{(1)}$ 写成如下的形式

$$P^{(1)}=\frac{1}{2}\varepsilon_0\sum_{n}\chi^{(1)}(\omega_n)E(z,\omega_n)\mathrm{e}^{-\mathrm{i}\omega_n t} \tag{2.1.36}$$

式中线性极化率

$$\chi^{(1)}(\omega_n)=\frac{N\mathrm{e}^2}{\varepsilon_0 m}\frac{1}{F(\omega_n)} \tag{2.1.37}$$

二次极化强度

$$P^{(2)}=\frac{N\mathrm{e}^3\xi}{4m^2}\sum_{n,m}\frac{1}{F(\omega_n)F(\omega_m)F(\omega_n+\omega_m)}E(z,\omega_n)E(z,\omega_m)\mathrm{e}^{-\mathrm{i}(\omega_n+\omega_m)t} \tag{2.1.38}$$

如果将 $P^{(2)}$ 写成

$$P^{(2)}=\frac{1}{4}\varepsilon_0\sum_{n,m}\chi^{(2)}(\omega_n,\omega_m)E(z,\omega_n)E(z,\omega_m)\mathrm{e}^{-\mathrm{i}(\omega_n+\omega_m)t} \tag{2.1.39}$$

式中二次极化率

$$\begin{aligned}\chi^{(2)}(\omega_n,\omega_m)&=\frac{N\mathrm{e}^3\xi}{\varepsilon_0 m^2}\frac{1}{F(\omega_n)F(\omega_m)F(\omega_n+\omega_m)}\\&=\frac{\varepsilon_0^2 m\xi}{N^2\mathrm{e}^3}\chi^{(1)}(\omega_n)\chi^{(1)}(\omega_m)\chi^{(1)}(\omega_n+\omega_m)\end{aligned} \tag{2.1.40}$$

或

$$\chi^{(2)}(\omega_n,\omega_m)=\delta\chi^{(1)}(\omega_n)\chi^{(1)}(\omega_m)\chi^{(1)}(\omega_n+\omega_m) \tag{2.1.41}$$

式中

$$\delta=\frac{\varepsilon_0^2 m\xi}{N^2\mathrm{e}^3}$$

上面利用非谐振子的经典模型给出了二次非线性极化强度和非线性极化率的表达式，虽然它不如半经典理论的结论严格，但它已经给出了非线性极化的一些重要的物理性质，如：

(1) 二次非线性极化强度 $P^{(2)}$ 作为非线性波动方程的源，使各频率组分的光波发生相互作用，并产生新的 $\omega_n+\omega_m$ 频率的光波。如产生和频 $\omega_1+\omega_2$($n=1$, $m=2$)、差频 $\omega_1-\omega_2$($n=1$, $m=-2$)、倍频 $2\omega_1$($n=m=1$)等各种二次非线性效应。同理，三次非线性极化率可以产生 $\omega_n+\omega_m+\omega_p$ 的各种组合频率成分。

(2) 二次非线性极化率取决于三个频率的线性极化率的乘积。因为在晶体的无损耗区内，线性极化率是纯实数，因而此区域内，二次非线性极化率也是纯实数。另外，从式(2.1.41)可以看出，一般来讲，具有较高线性极化率的介质，同时具有较高的非线性极化率。这个结论与 Miller 于 1964 年的实验总结出的经验规律是一致的[3]。

2.2　非线性极化率的宏观描述

2.2.1　非线性极化率的张量表述

上一节用标量形式讨论了非线性极化率,实际上非线性极化强度要用矢量形式严格讨论,此时非线性极化率实际上是一个张量。由式(2.1.3)可得

$$\begin{aligned}\boldsymbol{P}^{\mathrm{NL}} &= \boldsymbol{P}^{(2)} + \boldsymbol{P}^{(3)} + \cdots \\ &= \varepsilon_0 \overset{\leftrightarrow}{\chi}{}^{(2)} : \boldsymbol{EE} + \varepsilon_0 \overset{\leftrightarrow}{\chi}{}^{(3)} \vdots \boldsymbol{EEE} + \cdots\end{aligned} \tag{2.2.1}$$

考虑到光场是由各种频率组分构成,可以将电场强度作傅里叶分解

$$\boldsymbol{E}(\vec{r},t) = \frac{1}{2}\sum_n \boldsymbol{E}(\boldsymbol{r},\omega_n)\mathrm{e}^{-\mathrm{i}\omega_n t} \tag{2.2.2}$$

式中,$\boldsymbol{E}(\boldsymbol{r},\omega_n)$是频谱分量 ω_n 的傅里叶谱。如前面的约定,$-\omega_n=\omega_{-n}$,则

$$\boldsymbol{E}^*(\boldsymbol{r},\omega_n) = \boldsymbol{E}(\boldsymbol{r},-\omega_n) = \boldsymbol{E}(\boldsymbol{r},\omega_{-n}) \tag{2.2.3}$$

同样也可以将非线性极化强度进行傅里叶分解

$$\boldsymbol{P}^{(l)}(\boldsymbol{r},t) = \frac{1}{2}\sum_s \boldsymbol{P}^{(l)}(\boldsymbol{r},\omega_s)\mathrm{e}^{-\mathrm{i}\omega_s t} \tag{2.2.4}$$

式中,$\boldsymbol{P}^{(l)}(\boldsymbol{r},\omega_s)$是极化强度 ω_s 分量的傅里叶谱。则对于二次非线性效应有

$$\boldsymbol{P}^{(2)}(\boldsymbol{r},t) = \frac{1}{4}\varepsilon_0\sum_{n,m} \overset{\leftrightarrow}{\chi}{}^{(2)}(-\omega_n-\omega_m,\omega_n,\omega_m):\boldsymbol{E}(\boldsymbol{r},\omega_n)\boldsymbol{E}(\boldsymbol{r},\omega_m)\exp[-\mathrm{i}(\omega_n+\omega_m)t] \tag{2.2.5}$$

和

$$\boldsymbol{P}^{(2)}(\boldsymbol{r},\omega_s) = \frac{1}{2}\varepsilon_0\sum_{\omega_n+\omega_m=\omega_s} \overset{\leftrightarrow}{\chi}{}^{(2)}(-\omega_s,\omega_n,\omega_m):\boldsymbol{E}(\boldsymbol{r},\omega_n)\boldsymbol{E}(\boldsymbol{r},\omega_m) \tag{2.2.6}$$

[①]

式(2.2.6)写成分量形式

$$P_i^{(2)}(\boldsymbol{r},\omega_s) = \frac{1}{2}\varepsilon_0\sum_{\omega_n+\omega_m=\omega_s}\sum_{j,k}\chi_{ijk}^{(2)}(-\omega_s,\omega_n,\omega_m)E_j(\boldsymbol{r},\omega_n)E_k(\boldsymbol{r},\omega_m) \tag{2.2.7}$$

式中,二次非线性极化率$\overset{\leftrightarrow}{\chi}{}^{(2)}(-\omega_s,\omega_n,\omega_m)$为三阶张量,共有 27 个分量 $\chi_{ijk}^{(2)}$,可以写成一个 3×9 的矩阵

$$\overset{\leftrightarrow}{\chi}{}^{(2)} = \begin{pmatrix} \chi_{xxx}^{(2)} & \chi_{xyy}^{(2)} & \chi_{xzz}^{(2)} & \chi_{xyz}^{(2)} & \chi_{xzy}^{(2)} & \chi_{xzx}^{(2)} & \chi_{xxz}^{(2)} & \chi_{xxy}^{(2)} & \chi_{xyx}^{(2)} \\ \chi_{yxx}^{(2)} & \chi_{yyy}^{(2)} & \chi_{yzz}^{(2)} & \chi_{yyz}^{(2)} & \chi_{yzy}^{(2)} & \chi_{yzx}^{(2)} & \chi_{yxz}^{(2)} & \chi_{yxy}^{(2)} & \chi_{yyx}^{(2)} \\ \chi_{zxx}^{(2)} & \chi_{zyy}^{(2)} & \chi_{zzz}^{(2)} & \chi_{zyz}^{(2)} & \chi_{zzy}^{(2)} & \chi_{zzx}^{(2)} & \chi_{zxz}^{(2)} & \chi_{zxy}^{(2)} & \chi_{zyx}^{(2)} \end{pmatrix} \tag{2.2.8}$$

对于三次非线性效应有

$$\begin{aligned}\boldsymbol{P}^{(3)}(\boldsymbol{r},t) = \frac{1}{8}\varepsilon_0\sum_{n,m,p} \overset{\leftrightarrow}{\chi}{}^{(3)}(-\omega_n-\omega_m-\omega_p,\omega_n,\omega_m,\omega_p)\vdots\boldsymbol{E}(\boldsymbol{r},\omega_n)\boldsymbol{E}(\boldsymbol{r},\omega_m)\boldsymbol{E}(\boldsymbol{r},\omega_p) \\ \exp[-\mathrm{i}(\omega_n+\omega_m+\omega_p)t]\end{aligned} \tag{2.2.9}$$

和

① 公式(2.2.6)中求和符号下面的 $\omega_n+\omega_m=\omega_s$ 表示求和遍及 ω_n 与 ω_m 之和等于 ω_s 的项,而其他项不计入。

$$\boldsymbol{P}^{(3)}(\boldsymbol{r},\omega_s)=\frac{1}{4}\varepsilon_0\sum_{\omega_n+\omega_m+\omega_p=\omega_s}\overleftrightarrow{\chi}^{(3)}(-\omega_s,\omega_n,\omega_m,\omega_p)\vdots\boldsymbol{E}(\boldsymbol{r},\omega_n)\boldsymbol{E}(\boldsymbol{r},\omega_m)\boldsymbol{E}(\boldsymbol{r},\omega_p) \tag{2.2.10}$$

式中，$\overleftrightarrow{\chi}^{(3)}(-\omega_s,\omega_n,\omega_m,\omega_p)$为四阶张量，有 81 个分量 $\chi_{ijkl}^{(3)}$。式(2.2.10)也可以写成分量形式

$$P_i^{(3)}(\boldsymbol{r},\omega_s)=\frac{1}{4}\varepsilon_0\sum_{\omega_n+\omega_m+\omega_p=\omega_s}\sum_{j,k,l}\chi_{ijkl}^{(3)}(-\omega_s,\omega_n,\omega_m,\omega_p)E_j(\boldsymbol{r},\omega_n)E_k(\boldsymbol{r},\omega_m)E_l(\boldsymbol{r},\omega_p) \tag{2.2.11}$$

2.2.2 非线性极化率的对称性质

从式(2.2.7)、式(2.2.11)可以看出需要许多项的求和，这给实际运算带来很多困难。而实际上，非线性极化率有许多对称性，可以使计算大大简化。下面以二次非线性极化率为例讨论对称性。

1. 复数共轭性

$$\overleftrightarrow{\chi}^{(2)*}(-\omega_s,\omega_n,\omega_m)=\overleftrightarrow{\chi}^{(2)}(\omega_s,-\omega_n,-\omega_m) \tag{2.2.12}$$

由于$\boldsymbol{P}^{(2)*}(\boldsymbol{r},\omega_s)=\boldsymbol{P}^{(2)}(\boldsymbol{r},-\omega_s)$，$\boldsymbol{E}^*(\boldsymbol{r},\omega_n)=\boldsymbol{E}(\boldsymbol{r},-\omega_n)$

$$\begin{aligned}\boldsymbol{P}^{(2)}(\boldsymbol{r},-\omega_s)&=\frac{1}{2}\varepsilon_0\sum_{\omega_n+\omega_m=\omega_s}\overleftrightarrow{\chi}^{(2)}(\omega_s,-\omega_n,-\omega_m):\boldsymbol{E}(\boldsymbol{r},-\omega_n)\boldsymbol{E}(\boldsymbol{r},-\omega_m)\\&=\frac{1}{2}\varepsilon_0\sum_{\omega_n+\omega_m=\omega_s}\overleftrightarrow{\chi}^{(2)}(\omega_s,-\omega_n,-\omega_m):\boldsymbol{E}^*(\boldsymbol{r},\omega_n)\boldsymbol{E}^*(\boldsymbol{r},\omega_m)\end{aligned} \tag{2.2.13}$$

又将式(2.2.6)取复共轭

$$\boldsymbol{P}^{(2)*}(\boldsymbol{r},\omega_s)=\frac{1}{2}\varepsilon_0\sum_{\omega_n+\omega_m=\omega_s}\overleftrightarrow{\chi}^{(2)*}(-\omega_s,\omega_n,\omega_m):\boldsymbol{E}^*(\boldsymbol{r},\omega_n)\boldsymbol{E}^*(\boldsymbol{r},\omega_m) \tag{2.2.14}$$

两边比较，即得式(2.2.12)。

2. 本征置换对称性

理论可以证明，对于非线性极化率，(j,ω_n)和(k,ω_m)两对指标是完全对称的

$$\chi_{ijk}^{(2)}(-\omega_s,\omega_n,\omega_m)=\chi_{ikj}^{(2)}(-\omega_s,\omega_m,\omega_n) \tag{2.2.15}$$

3. 全对称性

如果 ω_n、ω_m、ω_s 都远离介质的共振吸收区，则 $\chi_{ijk}^{(2)}(-\omega_s,\omega_n,\omega_m)$近似取成实数，且$(i,-\omega_s)$，$(j,\omega_n)$，$(k,\omega_m)$三对指标都具有成对交换对称性，即

$$\begin{aligned}\chi_{ijk}^{(2)}(-\omega_s,\omega_n,\omega_m)&=\chi_{jik}^{(2)}(\omega_n,-\omega_s,\omega_m)\\&=\chi_{kji}^{(2)}(\omega_m,\omega_n,-\omega_s)\\&=\cdots\cdots\end{aligned} \tag{2.2.16}$$

利用全对称性，可以把一些表面上看似无关的非线性效应联系在一起。比如，线性电光效应的非线性极化率是 $\chi_{ijk}^{(2)}(-\omega,\omega,0)$，代表一个光频场 ω 与一个直流场，产生另一个与输入场不同相位的 ω 非线性极化场。而光整流效应的非线性极化率为 $\chi_{ijk}^{(2)}(0,\omega,-\omega)$，代表光频场 ω 与自身相互作用，产生一个直流极化场。表面上看不出两者之间有什么关系，由于全对称性

$$\chi_{ijk}^{(2)}(-\omega,\omega,0)=\chi_{kji}^{(2)}(0,\omega,-\omega)$$

这样电光效应的系数将等效于光整流效应的系数，只不过要将坐标指标作适当地交换。

4. 克莱曼(Kleinman)对称性

D. A. Kleinman(克莱曼)于 1962 年曾经推测当参与二次非线性作用的各频率 ω_s、ω_n、ω_m 都位于同一透明区域内,且色散可以忽略时,$\chi_{ijk}^{(2)}(-\omega_s,\omega_n,\omega_m)$的脚标 i,j,k 可以任意交换而其值不变,即

$$\begin{aligned}\chi_{ijk}^{(2)}(-\omega_s,\omega_n,\omega_m)&=\chi_{jik}^{(2)}(-\omega_s,\omega_n,\omega_m)\\&=\chi_{kij}^{(2)}(-\omega_s,\omega_n,\omega_m)\\&=\cdots\cdots\end{aligned}\tag{2.2.17}$$

克莱曼对称性也称克莱曼猜想。满足克莱曼对称性的介质,$\chi_{ijk}^{(2)}$ 的 27 个元素中只有 10 个是独立的。

5. 晶体空间对称性

与电光系数 γ_{ijk} 一样,介质的某种空间对称性,将使 $\chi_{ijk}^{(2)}$ 独立元素个数进一步减少,其中大量元素变为零,有些元素完全相同,有些元素大小相等而符号相反。关于非线性极化张量在各种对称性下非零元素和独立元素情况请参考第 3 章的表 3-3-1。

【例 2-2-1】分析 KDP 晶体二次非线性极化率独立元素情况。

解:KDP 晶体具有 $\bar{4}2m$ 对称性,共有 6 个对称操作,即一个 $\bar{4}$ 旋转轴(z 轴),三个 2 阶旋转对称轴(x,y,z 轴),两个对称镜面(110, 1$\bar{1}$0 面)。它们分别对应如下对称操作变换矩阵

$$\bar{4}:\begin{pmatrix}0&-1&0\\1&0&0\\0&0&-1\end{pmatrix}\qquad 2_x:\begin{pmatrix}1&0&0\\0&-1&0\\0&0&-1\end{pmatrix}$$

$$2_y:\begin{pmatrix}-1&0&0\\0&1&0\\0&0&-1\end{pmatrix}\qquad 2_z:\begin{pmatrix}-1&0&0\\0&-1&0\\0&0&1\end{pmatrix}$$

$$m_1:\begin{pmatrix}0&-1&0\\-1&0&0\\0&0&1\end{pmatrix}\qquad m_2:\begin{pmatrix}0&1&0\\1&0&0\\0&0&1\end{pmatrix}$$

$\chi_{ijk}^{(2)}$ 的操作变换为

$$\chi'^{(2)}_{ijk}=\sum_{l,m,n}T_{il}T_{jm}T_{kn}\chi_{lmn}^{(2)}$$

由变换对称性,可得 27 个元素中只剩 6 个非零元素,其中只有 3 个独立,其矩阵为

$$\begin{pmatrix}0&0&0&\chi_{123}&\chi_{132}&0&0&0&0\\0&0&0&0&0&\chi_{132}&\chi_{123}&0&0\\0&0&0&0&0&0&0&\chi_{312}&\chi_{312}\end{pmatrix}$$

如由 $\bar{4}$ 操作,有

$$\chi'^{(2)}_{333}=T_{33}T_{33}T_{33}\chi_{333}^{(2)}=(-1)(-1)(-1)\chi_{333}^{(2)}=\chi_{333}^{(2)}$$

其中最后一个等号是对称性的要求,则 $\chi_{333}^{(2)}=0$,同理可得 $\chi_{111}^{(2)}=\chi_{222}^{(2)}=0$。

由 $\bar{4}$ 操作另外有

$$\chi'^{(2)}_{123}=T_{12}T_{21}T_{33}\chi_{213}^{(2)}=(-1)1(-1)\chi_{213}^{(2)}=\chi_{123}^{(2)}$$

得

$$\chi_{123}^{(2)}=\chi_{213}^{(2)}$$

通过类似的讨论，可以得出一个重要结论，在偶极近似下，具有反演对称中心的非线性材料偶数阶非线性极化率恒为零。反演变换操作矩阵为

$$T=\begin{pmatrix}-1 & 0 & 0\\ 0 & -1 & 0\\ 0 & 0 & -1\end{pmatrix}$$

则对于二阶非线性极化率

$$\chi_{ijk}^{(2)}=T_{ii}T_{jj}T_{kk}\chi_{ijk}^{(2)}=(-1)^3\chi_{ijk}^{(2)}$$

得到具有反演对称中心的材料

$$\chi_{ijk}^{(2)}=0$$

以及

$$\chi_{ijk\cdots l}^{(n)}=(-1)^{n+1}\chi_{ijk\cdots l}^{(n)}\qquad \chi_{ijk\cdots l}^{(n)}=0\qquad n\ 为偶数$$

普通光纤纤芯材料是各向同性介质，因此在偶极近似下，没有二阶非线性效应。光纤中常见的非线性效应属于三阶非线性效应，如光克尔效应引起的自相位调制和交叉相位调制、四波混频、受激拉曼散射、受激布里渊散射等。

2.2.3 二次非线性效应极化率举例

考虑三波相互作用的情况。

1. 和频

和频过程是在非线性介质中输入 ω_1 和 ω_2 光波，产生 $\omega_3=\omega_1+\omega_2$ 非线性极化波的过程，其非线性极化强度为

$$\begin{aligned}\boldsymbol{P}^{(2)}(\boldsymbol{r},\omega_3)&=\frac{1}{2}\varepsilon_0\sum_{\omega_n+\omega_m=\omega_3}\overleftrightarrow{\chi}^{(2)}(-\omega_3,\omega_n,\omega_m):\boldsymbol{E}(\boldsymbol{r},\omega_n)\boldsymbol{E}(\boldsymbol{r},\omega_m)\\&=\frac{1}{2}\varepsilon_0\overleftrightarrow{\chi}^{(2)}(-\omega_3,\omega_1,\omega_2):\boldsymbol{E}(\boldsymbol{r},\omega_1)\boldsymbol{E}(\boldsymbol{r},\omega_2)+\\&\quad\frac{1}{2}\varepsilon_0\overleftrightarrow{\chi}^{(2)}(-\omega_3,\omega_2,\omega_1):\boldsymbol{E}(\boldsymbol{r},\omega_2)\boldsymbol{E}(\boldsymbol{r},\omega_1)\end{aligned}\tag{2.2.18}$$

分量形式为

$$\begin{aligned}P_i^{(2)}(\boldsymbol{r},\omega_3)&=\frac{1}{2}\varepsilon_0\sum_{j,k}\chi_{ijk}^{(2)}(-\omega_3,\omega_1,\omega_2)E_j(\boldsymbol{r},\omega_1)E_k(\boldsymbol{r},\omega_2)+\\&\quad\frac{1}{2}\varepsilon_0\sum_{j,k}\chi_{ijk}^{(2)}(-\omega_3,\omega_2,\omega_1)E_j(\boldsymbol{r},\omega_2)E_k(\boldsymbol{r},\omega_1)\\&=\frac{1}{2}\varepsilon_0\sum_{j,k}\chi_{ijk}^{(2)}(-\omega_3,\omega_1,\omega_2)E_j(\boldsymbol{r},\omega_1)E_k(\boldsymbol{r},\omega_2)+\\&\quad\frac{1}{2}\varepsilon_0\sum_{k,j}\chi_{ikj}^{(2)}(-\omega_3,\omega_1,\omega_2)E_k(\boldsymbol{r},\omega_1)E_j(\boldsymbol{r},\omega_2)\\&=\varepsilon_0\sum_{j,k}\chi_{ijk}^{(2)}(-\omega_3,\omega_1,\omega_2)E_j(\boldsymbol{r},\omega_1)E_k(\boldsymbol{r},\omega_2)\end{aligned}\tag{2.2.19}$$

或

$$\boldsymbol{P}^{(2)}(\boldsymbol{r},\omega_3)=\varepsilon_0\overleftrightarrow{\chi}^{(2)}(-\omega_3,\omega_1,\omega_2):\boldsymbol{E}(\boldsymbol{r},\omega_1)\boldsymbol{E}(\boldsymbol{r},\omega_2)\tag{2.2.20}$$

2. 差频

差频过程是输入 ω_1 和 ω_3 光波，产生 $\omega_2=\omega_3-\omega_1$ 非线性极化波的过程，其非线性极化强度为

$$\boldsymbol{P}^{(2)}(\boldsymbol{r},\omega_2)=\varepsilon_0\overleftrightarrow{\chi}^{(2)}(-\omega_2,\omega_3,-\omega_1):\boldsymbol{E}(\boldsymbol{r},\omega_3)\boldsymbol{E}^*(\boldsymbol{r},\omega_1) \tag{2.2.21}$$

3. 倍频

在倍频过程中，$\omega_2=\omega_1$，$\omega_3=2\omega_1$，倍频的非线性极化强度为

$$\boldsymbol{P}^{(2)}(\boldsymbol{r},2\omega_1)=\frac{1}{2}\varepsilon_0\overleftrightarrow{\chi}^{(2)}(-2\omega_1,\omega_1,\omega_1):\boldsymbol{E}(\boldsymbol{r},\omega_1)\boldsymbol{E}(\boldsymbol{r},\omega_1) \tag{2.2.22}$$

与和频、差频不同，这里缺少因子 2。

另外，基频的非线性极化强度为

$$\boldsymbol{P}^{(2)}(\boldsymbol{r},\omega_1)=\varepsilon_0\overleftrightarrow{\chi}^{(2)}(-\omega_1,2\omega_1,-\omega_1):\boldsymbol{E}(\boldsymbol{r},2\omega_1)\boldsymbol{E}^*(\boldsymbol{r},\omega_1) \tag{2.2.23}$$

2.3　非线性相互作用的耦合波方程

2.3.1　非线性介质中的稳态近似波动方程

在 2.1 节中已经得到非线性介质中的非线性波动方程(2.1.6)

$$\nabla\times\nabla\times\boldsymbol{E}+\frac{1}{c^2}\frac{\partial^2}{\partial t^2}(\overleftrightarrow{\varepsilon}_r\cdot\boldsymbol{E})=-\mu_0\frac{\partial^2\boldsymbol{P}^{\mathrm{NL}}}{\partial t^2}$$

设介质中的光波场都是单色波，将 $\boldsymbol{E}$ 和$\boldsymbol{P}^{\mathrm{NL}}$都作傅里叶分解

$$\boldsymbol{E}(\boldsymbol{r},t)=\frac{1}{2}\sum_n\boldsymbol{E}(\boldsymbol{r},\omega_n)\mathrm{e}^{-\mathrm{i}\omega_n t}$$

$$\boldsymbol{P}^{\mathrm{NL}}(\boldsymbol{r},t)=\frac{1}{2}\sum_s\boldsymbol{P}^{\mathrm{NL}}(\boldsymbol{r},\omega_s)\mathrm{e}^{-\mathrm{i}\omega_s t}$$

代入波动方程

$$\sum_n\nabla\times\nabla\times\boldsymbol{E}(\boldsymbol{r},\omega_n)\mathrm{e}^{-\mathrm{i}\omega_n t}-\sum_n\frac{\omega_n^2}{c^2}\overleftrightarrow{\varepsilon}_r(\omega_n)\cdot\boldsymbol{E}(\boldsymbol{r},\omega_n)\mathrm{e}^{-\mathrm{i}\omega_n t}=\mu_0\sum_s\omega_s^2\boldsymbol{P}^{\mathrm{NL}}(\boldsymbol{r},\omega_s)\mathrm{e}^{-\mathrm{i}\omega_s t} \tag{2.3.1}$$

由于式(2.3.1)对任何 t 都成立，故等式两边 $\mathrm{e}^{-\mathrm{i}\omega_n t}$ 的系数应该相等，即

$$\nabla\times\nabla\times\boldsymbol{E}(\boldsymbol{r},\omega_n)-\frac{\omega_n^2}{c^2}\overleftrightarrow{\varepsilon}_r(\omega_n)\cdot\boldsymbol{E}(\boldsymbol{r},\omega_n)=\mu_0\omega_n^2\boldsymbol{P}^{\mathrm{NL}}(\boldsymbol{r},\omega_n) \tag{2.3.2}$$

忽略 $\boldsymbol{D}$ 与 $\boldsymbol{E}$ 之间的离散角，$\overleftrightarrow{\varepsilon}_r$ 按标量处理，取$\nabla\cdot\boldsymbol{E}\approx 0$

$$\nabla^2\boldsymbol{E}(\boldsymbol{r},\omega_n)+\frac{\omega_n^2}{c^2}\varepsilon_r(\omega_n)\boldsymbol{E}(\boldsymbol{r},\omega_n)=-\mu_0\omega_n^2\boldsymbol{P}^{\mathrm{NL}}(\boldsymbol{r},\omega_n) \tag{2.3.3}$$

$$\begin{aligned}\varepsilon_r(\omega_n)&=\tilde{n}^2(\omega_n)=\left[n_n+\mathrm{i}\frac{c}{2\omega_n}\alpha_n\right]^2\\&\approx n_n^2+\mathrm{i}\frac{c}{\omega_n}\alpha_n n_n\end{aligned} \tag{2.3.4}$$

式中，n_n 和 α_n 为介质对频率 ω_n 的折射率和吸收系数，则式(2.3.3)变为

$$\nabla^2 \boldsymbol{E}(\boldsymbol{r},\omega_n)+(k_n^2+\mathrm{i}k_n\alpha_n)\boldsymbol{E}(\boldsymbol{r},\omega_n)=-\mu_0\omega_n^2\boldsymbol{P}^{NL}(\boldsymbol{r},\omega_n) \tag{2.3.5}$$

式中，$k_n=\frac{\omega_n}{c}n_n$ 为传播常数。

现在考查沿 z 方向传播的单色平面波

$$\boldsymbol{E}(z,\omega_n)=\hat{e}_n A_n(z)\mathrm{e}^{\mathrm{i}k_n z} \tag{2.3.6}$$

式中，$\hat{e}_n$ 是 $\boldsymbol{E}(z,\omega_n)$ 偏振方向上的单位矢量，$A_n(z)$ 是 $\boldsymbol{E}(z,\omega_n)$ 的振幅。将式(2.3.6)代入方程(2.3.5)，并注意取 $\nabla^2=\frac{\partial^2}{\partial z^2}$，得到

$$\hat{\boldsymbol{e}}_n\left[\left(\frac{\partial^2 A_n}{\partial z^2}+2\mathrm{i}k_n\frac{\partial A_n}{\partial z}-k_n^2A_n\right)+k_n^2A_n+\mathrm{i}k_n\alpha_nA_n\right]\mathrm{e}^{\mathrm{i}k_nz}=-\mu_0\omega_n^2\boldsymbol{P}^{NL}(z,\omega_n) \tag{2.3.7}$$

下面对式(2.3.7)采用包络慢变化近似，设振幅 $A_n(z)$ 是 z 的缓变函数，其导数 $\left|\frac{\partial A_n}{\partial z}\right|$ 在一个波长 λ_n 内的变化非常小，即

$$\left|\frac{\partial^2 A_n}{\partial z^2}\right|\ll\left|k_n\frac{\partial A_n}{\partial z}\right| \tag{2.3.8}$$

则式(2.3.7)变为

$$\hat{\boldsymbol{e}}_n\left(2\mathrm{i}k_n\frac{\partial A_n}{\partial z}+\mathrm{i}k_n\alpha_nA_n\right)\mathrm{e}^{\mathrm{i}k_nz}=-\mu_0\omega_n^2\boldsymbol{P}^{NL}(z,\omega_n) \tag{2.3.9}$$

两边点乘 $\hat{e}_n$，得

$$\frac{\partial A_n(z)}{\partial z}+\frac{\alpha_n}{2}A_n(z)=\mathrm{i}\frac{\omega_n}{2\varepsilon_0cn_n}\hat{\boldsymbol{e}}_n\cdot\boldsymbol{P}^{NL}(z,\omega_n)\mathrm{e}^{-\mathrm{i}k_nz} \tag{2.3.10}$$

忽略介质损耗，得

$$\frac{\partial A_n(z)}{\partial z}=\mathrm{i}\frac{\omega_n}{2\varepsilon_0cn_n}\hat{\boldsymbol{e}}_n\cdot\boldsymbol{P}^{NL}(z,\omega_n)\mathrm{e}^{-\mathrm{i}k_nz} \tag{2.3.11}$$

这是非线性介质中，光场复振幅的传播方程。如果考虑晶体中 $\boldsymbol{D}$ 与 $\boldsymbol{E}$ 之间有离散角 α，则可以得到更严格的方程

$$\frac{\partial A_n(z)}{\partial z}=\mathrm{i}\frac{\omega_n}{2\varepsilon_0cn_n\cos^2\alpha}\hat{\boldsymbol{e}}_n\cdot\boldsymbol{P}^{NL}(z,\omega_n)\mathrm{e}^{-\mathrm{i}k_nz} \tag{2.3.12}$$

本书后面各章中的光波之间的耦合波方程都是建立在式(2.3.11)基础之上的，各光波之间是通过非线性极化强度 $\boldsymbol{P}^{NL}(z,\omega_n)$ 相互耦合的，因此读者需要仔细研读这个方程的物理意义，光波之中的哪些光场以什么样的方式对所研究的光场产生作用？

2.3.2 三波相互作用的耦合波方程

此处以二次非线性效应的三波相互作用为例，建立一组反映各个波在相互作用过程中彼此相关联的方程组，称为耦合波方程。这组方程给出一个波的变化与另外两个波的关系。

设参与二次非线性相互作用的三个光波频率为 ω_1、ω_2、ω_3，满足 $\omega_3=\omega_1+\omega_2$，它们都沿 z 方向传播

$$\begin{aligned}\boldsymbol{E}_1(z,\omega_1)&=\hat{\boldsymbol{e}}_1A_1(z)\mathrm{e}^{\mathrm{i}k_1z}\\ \boldsymbol{E}_2(z,\omega_2)&=\hat{\boldsymbol{e}}_2A_2(z)\mathrm{e}^{\mathrm{i}k_2z}\\ \boldsymbol{E}_3(z,\omega_3)&=\hat{\boldsymbol{e}}_3A_3(z)\mathrm{e}^{\mathrm{i}k_3z}\end{aligned} \tag{2.3.13}$$

式中，$\hat{e}_i(i=1,2,3)$代表三个波的偏振方向单位矢量。与各个频率相应的极化强度为

$$\begin{aligned}\boldsymbol{P}^{(2)}(z,\omega_1)&=\varepsilon_0\overleftrightarrow{\chi}^{(2)}(-\omega_1,\omega_3,-\omega_2):\boldsymbol{E}_3(z,\omega_3)\boldsymbol{E}_2^*(z,\omega_2)\\ \boldsymbol{P}^{(2)}(z,\omega_2)&=\varepsilon_0\overleftrightarrow{\chi}^{(2)}(-\omega_2,\omega_3,-\omega_1):\boldsymbol{E}_3(z,\omega_3)\boldsymbol{E}_1^*(z,\omega_1)\\ \boldsymbol{P}^{(2)}(z,\omega_3)&=\varepsilon_0\overleftrightarrow{\chi}^{(2)}(-\omega_3,\omega_1,\omega_2):\boldsymbol{E}_1(z,\omega_1)\boldsymbol{E}_2(z,\omega_2)\end{aligned}\tag{2.3.14}$$

将式(2.3.13)和式(2.3.14)代入式(2.3.11)，得

$$\frac{\partial A_1(z)}{\partial z}=\mathrm{i}\,\frac{\omega_1}{2cn_1}\chi_{\mathrm{eff}}^{(2)}A_3(z)A_2^*(z)\exp(\mathrm{i}\Delta kz)\tag{2.3.15}$$

$$\frac{\partial A_2(z)}{\partial z}=\mathrm{i}\,\frac{\omega_2}{2cn_2}\chi_{\mathrm{eff}}^{(2)}A_3(z)A_1^*(z)\exp(\mathrm{i}\Delta kz)\tag{2.3.16}$$

$$\frac{\partial A_3(z)}{\partial z}=\mathrm{i}\,\frac{\omega_3}{2cn_3}\chi_{\mathrm{eff}}^{(2)}A_1(z)A_2(z)\exp(-\mathrm{i}\Delta kz)\tag{2.3.17}$$

式中

$$\Delta k=k_3-k_1-k_2\tag{2.3.18}$$

称为相位失配因子。从光子的角度看，光子的动量 $p=\hbar k$，Δk 表示参加相互作用各波的动量之间的关系。当 $\Delta k=0$，$\hbar k_3=\hbar k_1+\hbar k_2$，表示相互作用前后光子动量守恒。从光波叠加角度看也可以称相互作用过程是相位匹配的。另外式(2.3.15)中的 $\chi_{\mathrm{eff}}^{(2)}$ 称为有效非线性极化率

$$\begin{aligned}\chi_{\mathrm{eff}}^{(2)}&=\hat{e}_1\cdot[\overleftrightarrow{\chi}^{(2)}(-\omega_1,\omega_3,-\omega_2):\hat{e}_3\hat{e}_2]\\ &=\hat{e}_2\cdot[\overleftrightarrow{\chi}^{(2)}(-\omega_2,\omega_3,-\omega_1):\hat{e}_3\hat{e}_1]\\ &=\hat{e}_3\cdot[\overleftrightarrow{\chi}^{(2)}(-\omega_3,\omega_1,\omega_2):\hat{e}_1\hat{e}_2]\end{aligned}\tag{2.3.19}$$

式中，用到了克莱曼对称性，即假设 ω_s、ω_1、ω_2 均远离共振吸收区，且都位于同一透明区域内，色散可以忽略。

下面研究由耦合波方程(2.3.15)、(2.3.16)、(2.3.17)反映出来的三波之间的能量关系。三个式子分别乘以 A_1^*、A_2^*、A_3^*，再与其共轭式相加得

$$\frac{n_1}{\omega_1}\frac{\mathrm{d}(A_1A_1^*)}{\mathrm{d}z}=\frac{n_2}{\omega_2}\frac{\mathrm{d}(A_2A_2^*)}{\mathrm{d}z}=-\frac{n_3}{\omega_3}\frac{\mathrm{d}(A_3A_3^*)}{\mathrm{d}z}\tag{2.3.20}$$

由光强公式

$$I_n=\frac{1}{2}\varepsilon_0cn_n\,|A_n|^2\tag{2.3.21}$$

式(2.3.20)转换为

$$\frac{\mathrm{d}}{\mathrm{d}z}\left(\frac{I_1(z)}{\omega_1}\right)=\frac{\mathrm{d}}{\mathrm{d}z}\left(\frac{I_2(z)}{\omega_2}\right)=-\frac{\mathrm{d}}{\mathrm{d}z}\left(\frac{I_3(z)}{\omega_3}\right)\tag{2.3.22}$$

引入沿 z 方向平均光子流密度概念(单位时间通过与 z 垂直的单位面积的平均光子数)

$$N_n=\frac{I_n}{\hbar\omega_n}\tag{2.3.23}$$

由式(2.3.22)可得

$$\frac{\mathrm{d}N_1}{\mathrm{d}z}=\frac{\mathrm{d}N_2}{\mathrm{d}z}=-\frac{\mathrm{d}N_3}{\mathrm{d}z}\tag{2.3.24}$$

式(2.3.22)和式(2.3.24)称为门莱—罗(Manley-Rowe)关系，它表示在无损耗介质中三波相互作用三个波光子数的变化关系。结合 $\hbar\omega_1+\hbar\omega_2=\hbar\omega_3$，式(2.3.24)表明，同时湮灭一个 ω_1 光

子和一个 ω_2 光子，可以产生一个 ω_3 光子；反之，一个 ω_3 光子湮灭，可以同时产生一个 ω_1 光子和一个 ω_2 光子。从另一角度看，门莱—罗关系也反映了在无损耗介质中的三波非线性相互作用的能量守恒关系。从式(2.3.22)可以得到

$$dI_1+dI_2=-dI_3 \tag{2.3.25}$$

或

$$I_1(z)+I_2(z)+I_3(z)=I \tag{2.3.26}$$

式中，I 是一常数，是入射面处($z=0$)的总光强。

本章参考文献

[1] Bloembergen N. Nonlinear optics: a lecture note and reprint volume [M]. New York: W. A. Benjamin, Inc., 1965.

[2] 布洛姆伯根 N,著. 非线性光学 [M]. 吴存凯,沈文达,沃新能,译.北京:科学出版社,1987.

[3] Miller R C. Optical Second Harmonic Generation in Piezoelectric Crystals [J]. Appl. Phys. Lett., 1964, 5: 17-19.

习　题

2.1　考虑非线性极化率克莱曼猜想的脚标自由交换不变性，说明 $\chi^{(2)}$ 的 27 个元素只有 10 个独立，并写出这 10 个独立的 $\chi^{(2)}$ 元素。

2.2　推导 4 阶旋转反演操作的变换矩阵，从而说明 KDP 晶体 $\chi^{(2)}_{112}=0$，而 $\chi^{(2)}_{123}\neq 0$。

2.3　说明为什么倍频过程中基频非线性极化强度与倍频非线性极化强度系数差 2 倍。

2.4　推导 $\omega_4=\omega_1+\omega_2+\omega_3$ 过程四波相互作用耦合波方程，按平面波近似。

2.5　线性电光效应实际上是二阶非线性效应，证明线性电光系数与二次非线性极化率的关系为

$$r_{ijk}=-\frac{\chi^{(2)}_{ijk}}{\varepsilon^0_{ii}\varepsilon^0_{jj}}$$

式中，上标 0 代表未加外电场的量。

2.6　法拉第效应：在静磁场中的经典谐振子方程为

$$m\frac{d^2\boldsymbol{r}}{dt^2}=-m\omega_0^2\boldsymbol{r}-e\boldsymbol{E}-e\frac{d\boldsymbol{r}}{dt}\times(B\hat{z})$$

式中，阻尼项已经忽略了，磁场 $\boldsymbol{B}$ 加在 z 轴方向。

当入射光电场具有形式 $\boldsymbol{E}=\boldsymbol{E}_0e^{-i\omega t}$，假定谐振子的位置矢量也具有类似形式 $\boldsymbol{r}=\boldsymbol{r}_0e^{-i\omega t}$。

(1) 证明有关系

$$\begin{pmatrix} a & ib & 0 \\ -ib & a & 0 \\ 0 & 0 & a \end{pmatrix}\boldsymbol{r}=-\frac{e}{m}\boldsymbol{E}_0$$

式中，a 和 b 为常数。解上面方程，再利用关系 $\boldsymbol{P}_0=-Ne\boldsymbol{r}_0=\varepsilon_0\overleftrightarrow{\chi}\boldsymbol{E}_0$，求极化率 $\overleftrightarrow{\chi}$ 的矩阵形式。

(2) 证明极化率矩阵的本征矢量是左旋圆偏振光和右旋圆偏振光。

第3章　二次谐波

3.1　二次谐波的产生

1960 年梅曼(Maiman)研制成功第一台红宝石激光器之后,紧接着 1961 年弗兰肯(Franken)就实现了光学二次谐波(光倍频)实验[1],标志着非线性光学的诞生。弗兰肯的实验如图 3-1-1 所示,将红宝石激光束入射到一块石英晶体上,通过光谱测量,检测到的出射光不仅有波长为 694.3 nm 的原红宝石激光成分,还在紫外区检测到波长恰好是红宝石激光一半(频率加倍)的波长为 347.2 nm 的成分(注意这个波长成分的光斑很弱,用一个箭头指出了它的位置)。弗兰肯实验的倍频转换效率是很低的,只有大约 10^{-11} 量级,主要原因是相位不匹配。1962 年克莱曼(Kleinman)[2]、乔德曼因(Giordmaine)[3]和梅克(Maker)[4]相继提出利用晶体的双折射来实现相位匹配,使转换效率提高到 10^{-6}。目前倍频转换效率一般为 30%~40%,高的可达 70%。

3.1.1　二次谐波耦合波方程

设非线性介质中基频波 ω_1 以及二次谐波 $\omega_2=2\omega_1$ 的光场分别为

$$\begin{aligned}\boldsymbol{E}_1(z,\omega_1)&=\hat{e}_1A_1(z)\mathrm{e}^{\mathrm{i}k_1z}\\ \boldsymbol{E}_2(z,2\omega_1)&=\hat{e}_2A_2(z)\mathrm{e}^{\mathrm{i}k_2z}\end{aligned}\tag{3.1.1}$$

根据式(2.3.11)

$$\frac{\partial A_1(z)}{\partial z}=\mathrm{i}\,\frac{\omega_1}{2\varepsilon_0cn_1}\hat{e}_1\cdot\vec{P}^{(2)}(z,\omega_1)\mathrm{e}^{-\mathrm{i}k_1z}\tag{3.1.2a}$$

$$\frac{\partial A_2(z)}{\partial z}=\mathrm{i}\,\frac{2\omega_1}{2\varepsilon_0cn_2}\hat{e}_2\cdot\vec{P}^{(2)}(z,2\omega_1)\mathrm{e}^{-\mathrm{i}k_2z}\tag{3.1.2b}$$

式中,二次非线性极化强度分别为

$$\vec{P}^{(2)}(z,\omega_1)=\varepsilon_0\,\overleftrightarrow{\chi}^{(2)}(-\omega_1,2\omega_1,-\omega_1):\hat{e}_2\hat{e}_1A_2(z)A_1^*(z)\exp[\mathrm{i}(k_2-k_1)z]\tag{3.1.3a}$$

$$\vec{P}^{(2)}(z,2\omega_1)=\frac{1}{2}\varepsilon_0\,\overleftrightarrow{\chi}^{(2)}(-2\omega_1,\omega_1,\omega_1):\hat{e}_1\hat{e}_1A_1^2(z)\exp[\mathrm{i}2k_1z]\tag{3.1.3b}$$

习惯上引入倍频极化张量

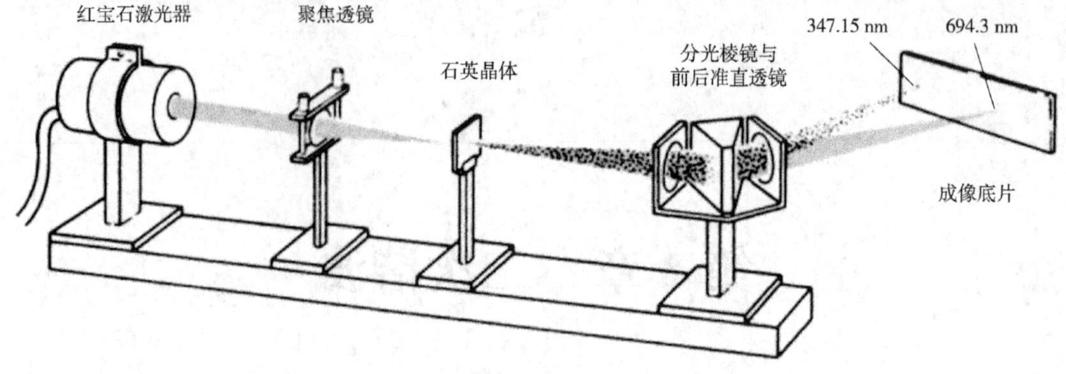

(a) 二次谐波的实验装置

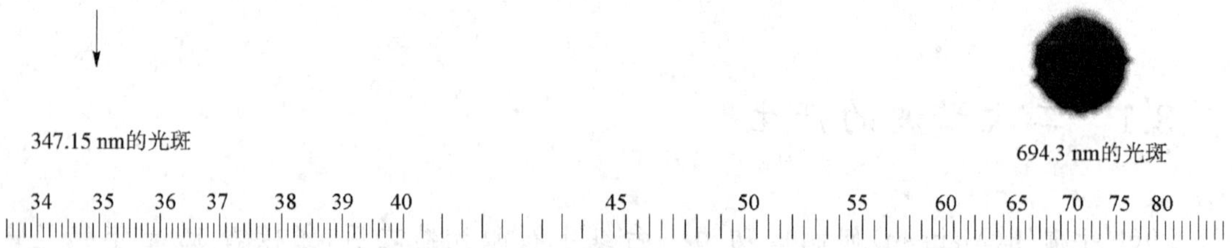

(b) 光谱照片

图 3-1-1　弗兰肯的实验

$$\overleftrightarrow{d}(-2\omega_1,\omega_1,\omega_1)=\frac{1}{2}\overleftrightarrow{\chi}^{(2)}(-2\omega_1,\omega_1,\omega_1) \tag{3.1.4}$$

相应定义有效倍频极化系数

$$d_{\text{eff}}=\hat{e}_2\cdot[\overleftrightarrow{d}(-2\omega_1,\omega_1,\omega_1):\hat{e}_1\hat{e}_1]=\frac{1}{2}\chi_{\text{eff}}^{(2)} \tag{3.1.5}$$

则由式(3.1.2)以及式(3.1.3)得到基频波与二次谐波之间的耦合波方程

$$\frac{\partial A_1(z)}{\partial z}=\mathrm{i}\,\frac{\omega_1}{cn_1}d_{\text{eff}}A_2(z)A_1^*(z)\mathrm{e}^{-\mathrm{i}\Delta kz} \tag{3.1.6a}$$

$$\frac{\partial A_2(z)}{\partial z}=\mathrm{i}\,\frac{\omega_1}{cn_2}d_{\text{eff}}A_1^2(z)\mathrm{e}^{\mathrm{i}\Delta kz} \tag{3.1.6b}$$

式中，$\Delta k=2k_1-k_2$ 为相位失配因子。

3.1.2　在低转换效率下二次谐波耦合波方程的小信号近似解

当相位匹配不满足的情况下，倍频转换效率非常低，基频波损失不大。可以把它看成随距离近似不变，即$\frac{\partial A_1}{\partial z}\approx 0$，$A_1(z)\approx A_1(0)$。方程(3.1.6b)变为

$$\frac{\mathrm{d}A_2(z)}{\mathrm{d}z}=\mathrm{i}\,\frac{\omega_1}{cn_2}d_{\text{eff}}A_1^2(0)\mathrm{e}^{\mathrm{i}\Delta kz} \tag{3.1.7}$$

通过积分可以得到 $z=L$ 处的倍频场

$$A_2(L)=\mathrm{i}\frac{\omega_1}{cn_2}d_{\mathrm{eff}}A_1^2(0)\int_0^L\exp(\mathrm{i}\Delta kz)\mathrm{d}z$$
$$=\mathrm{i}\frac{\omega_1}{cn_2}d_{\mathrm{eff}}A_1^2(0)L\,\mathrm{sinc}\left(\frac{\Delta kL}{2}\right)\exp\left(\mathrm{i}\frac{\Delta kL}{2}\right) \tag{3.1.8}$$

式中，函数 $\mathrm{sinc}\,x=\frac{\sin x}{x}$。倍频场光强

$$I_2(L)=\frac{2\mu_0\omega_1^2d_{\mathrm{eff}}^2L^2}{n_1^2n_2c}I_1^2(0)\mathrm{sinc}^2\left(\frac{\Delta kL}{2}\right) \tag{3.1.9}$$

则倍频转换效率

$$\eta=\frac{I_2(L)}{I_1(0)}=\frac{2\mu_0\omega_1^2d_{\mathrm{eff}}^2L^2}{n_1^2n_2c}I_1(0)\mathrm{sinc}^2\left(\frac{\Delta kL}{2}\right) \tag{3.1.10}$$

下面给式(3.1.9)和式(3.1.10)做一个小结：

(1) 倍频光强度与基频光强度的平方成正比，转换效率与射入的基频光的光强成正比，这是二次谐波效应的基本特点。这从二次谐波产生能量守恒关系 $\hbar\omega_1+\hbar\omega_1=\hbar 2\omega_1$ 就能理解，整个过程中两个 ω_1 光子湮灭后产生一个 $2\omega_1$ 光子。

(2) 倍频转换效率与有效倍频极化系数 d_{eff} 的平方成正比，应该尽量选取倍频极化张量较大的倍频晶体材料。从后面讨论可知 d_{eff} 的大小还与入射的基频光偏振方向有关，因此当晶体选定后，要适当选取基频光入射的偏振方向。

(3) 当相位匹配满足时($\Delta k=0$)，倍频转换效率最大，因此实验中应设法使相位匹配。倍频实验中相位匹配要求 $2k_1=k_2$，即要求 $n_1(\omega_1)=n_2(\omega_2)$($k(\omega)=\frac{\omega}{c}n(\omega)$)。稍后将讨论相位匹配的实现问题。

(4) 在相位匹配不满足($\Delta k\neq 0$)的低转换效率条件下，倍频光强或转换效率随作用长度 L 周期性地增大和减小，如图 3-1-2 所示。当传输距离从 0 到 $\frac{\pi}{\Delta k}$ 的过程中，转换效率是一直增大的，基频光通过介质非线性极化将能量转移给倍频光。但从 $\frac{\pi}{\Delta k}$ 到 $\frac{2\pi}{\Delta k}$ 的下一过程中，转换效率又从极大值下降回到 0，倍频光又将能量转移回基频光，这样周而复始。因此在相位失配时，倍频光不能一直增长下去，指望仅靠增大晶体长度提高倍频转换效率是徒劳的。定义转换效率单调增长到极大值的作用长度为相干长度(coherence length)

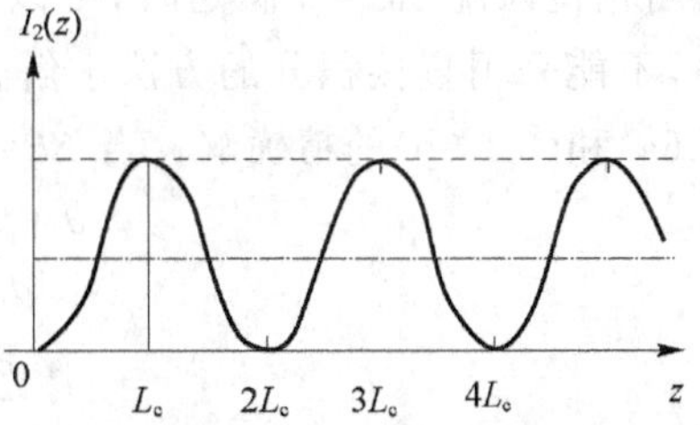

图 3-1-2　倍频光强度随着作用长度的变化

$$L_c=\frac{\pi}{\Delta k} \tag{3.1.11}$$

由于

$$\Delta k=2k_1-k_2=\frac{4\pi}{\lambda_1}(n_1-n_2) \tag{3.1.12}$$

式中，λ_1 是基频光在真空中的波长。则

$$L_c=\frac{\lambda_1}{4|n_1-n_2|} \tag{3.1.13}$$

1962 年梅克(Maker)等人用实验证实了在相位失配情况下,倍频光强随作用长度周期性变化的行为[4]。一束红宝石激光射入厚度为 L_0 的石英晶片上,入射角为 φ。实际作用长度

$$L=\frac{L_0}{\cos\varphi'}=\frac{n_1L_0}{\sqrt{n_1^2-n_1^2\sin^2\varphi'}}=\frac{n_1L_0}{\sqrt{n_1^2-\sin^2\varphi}} \tag{3.1.14}$$

通过改变入射角 φ 来改变作用长度 L,得到所谓的梅克条纹,如图 3-1-3 所示。实验测得两个极大值之间对应 $\Delta L=2L_c=14\ \mu\text{m}$,$L_c=7\ \mu\text{m}$,与理论的估算基本一致。

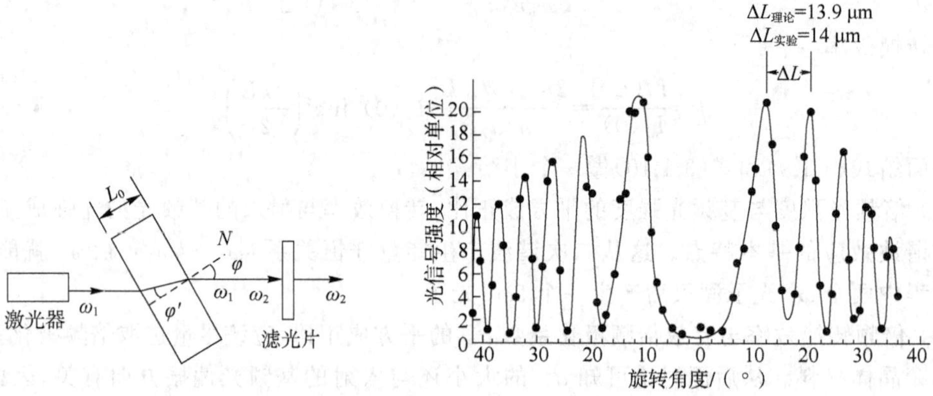

(a) 实验装置　　(b) 梅克条纹

图 3-1-3　梅克关于相位失配下倍频光强度随着失配角的变化

3.1.3　相位匹配下二次谐波耦合方程的精确解

当相位匹配 $\Delta k=0$ 满足时,可以实现较高的倍频转换效率,这样基频波的损失不再能忽略,不能采用直接积分的方法求解倍频光。在相位匹配满足的条件下,可以求耦合波方程(3.1.6a)和(3.1.6b)的精确解。当 $\Delta k=0$ 时,$n_1=n_2$,耦合波方程(3.1.6a)和(3.1.6b)变为

$$\frac{\partial A_1(z)}{\partial z}=\mathrm{i}KA_2(z)A_1^*(z) \tag{3.1.15a}$$

$$\frac{\partial A_2(z)}{\partial z}=\mathrm{i}KA_1^2(z) \tag{3.1.15b}$$

式中

$$K=\frac{\omega_1 d_{\text{eff}}}{cn_1}=\frac{\omega_1 d_{\text{eff}}}{cn_2} \tag{3.1.16}$$

令

$$\begin{aligned}A_1(z)&=A_{10}(z)\exp[\mathrm{i}\varphi_1(z)]\\A_2(z)&=A_{20}(z)\exp[\mathrm{i}\varphi_2(z)]\end{aligned} \tag{3.1.17}$$

代入耦合波方程(3.1.15a)和(3.1.15b),得

$$\begin{aligned}\dot{A}_{10}+\mathrm{i}\dot{\varphi}_1A_{10}&=\mathrm{i}KA_{10}A_{20}\exp[-\mathrm{i}(2\varphi_1-\varphi_2)]\\\dot{A}_{20}+\mathrm{i}\dot{\varphi}_2A_{20}&=\mathrm{i}KA_{10}^2\exp[\mathrm{i}(2\varphi_1-\varphi_2)]\end{aligned} \tag{3.1.18}$$

式中,字母上的一点代表对其求一阶导数。

令

$$\theta(z)=2\varphi_1-\varphi_2 \tag{3.1.19}$$

将式(3.1.18)实部与虚部分开写成方程，得

$$\frac{dA_{10}}{dz}=KA_{10}A_{20}\sin\theta \tag{3.1.20a}$$

$$\frac{dA_{20}}{dz}=-KA_{10}^2\sin\theta \tag{3.1.20b}$$

$$\frac{d\theta}{dz}=\frac{\cos\theta}{\sin\theta}\frac{d}{dz}[\ln(A_{10}^2A_{20})] \tag{3.1.20c}$$

做如下的归一化处理，得

$$u(z)=\frac{A_{10}(z)}{A_{10}(0)},v(z)=\frac{A_{20}(z)}{A_{10}(0)},\xi=KA_{10}(0)z=\frac{z}{L_{SHG}} \tag{3.1.21}$$

其中

$$L_{SHG}=\frac{cn_1}{\omega_1 d_{eff}A_{10}(0)} \tag{3.1.22}$$

称为倍频特征长度。由初条件 $A_{20}(0)=0$，以及能量守恒，得

$$u^2+v^2=\frac{1}{A_{10}^2(0)}[A_{10}^2(z)+A_{20}^2(z)]=\frac{1}{A_{10}^2(0)}[A_{10}^2(0)+A_{20}^2(0)]=1 \tag{3.1.23}$$

由方程(3.1.20)归一化得

$$\frac{du}{d\xi}=uv\sin\theta \tag{3.1.24a}$$

$$\frac{dv}{d\xi}=-u^2\sin\theta \tag{3.1.24b}$$

$$\frac{d\theta}{d\xi}=\frac{\cos\theta}{\sin\theta}\frac{d}{d\xi}[\ln(u^2v)] \tag{3.1.24c}$$

由方程(3.1.24c)得

$$-\frac{d\cos\theta}{\cos\theta}=d[\ln(u^2v)] \tag{3.1.25}$$

积分得

$$u^2v\cos\theta=C \tag{3.1.26}$$

式中，C 是积分常数。由初条件 $v(0)=0$，则 $C=0$。这样 $\cos\theta=0$，$\sin\theta=\pm1$。代入方程(3.1.24b)

$$\frac{dv}{d\xi}=\mp u^2=\mp(1-v^2) \tag{3.1.27}$$

积分解得

$$\begin{aligned}u&=\mathrm{sech}\xi\\ v&=\tanh\xi\end{aligned} \tag{3.1.28}$$

$$\begin{aligned}A_{10}(z)&=A_{10}(0)\mathrm{sech}(z/L_{SHG})\\ A_{20}(z)&=A_{10}(0)\tanh(z/L_{SHG})\end{aligned} \tag{3.1.29}$$

则严格相位匹配下倍频转换效率

$$\eta=\frac{I_2(L)}{I_1(0)}=\tanh^2(\frac{L}{L_{SHG}}) \tag{3.1.30}$$

基频光振幅以及倍频光振幅随作用长度变化曲线如图 3-1-4 所示。图中可以看出，当 $L=L_{SHG}$ 时，转换效率已达 58%，当 $L=2L_{SHG}$ 时，转换效率已达 93%，接近饱和，再进一步增大晶

体厚度意义已经不大了。因此倍频特征长度 L_{SHG} 大体显示了二次谐波所使用晶体在相位匹配时应有的厚度。L_{SHG} 与介质有效极化系数 d_{eff} 以及输入基频光振幅 $A_{10}(0)$ 成反比。非线性材料的 d_{eff} 越大,输入基频光光强越强,L_{SHG} 越短。

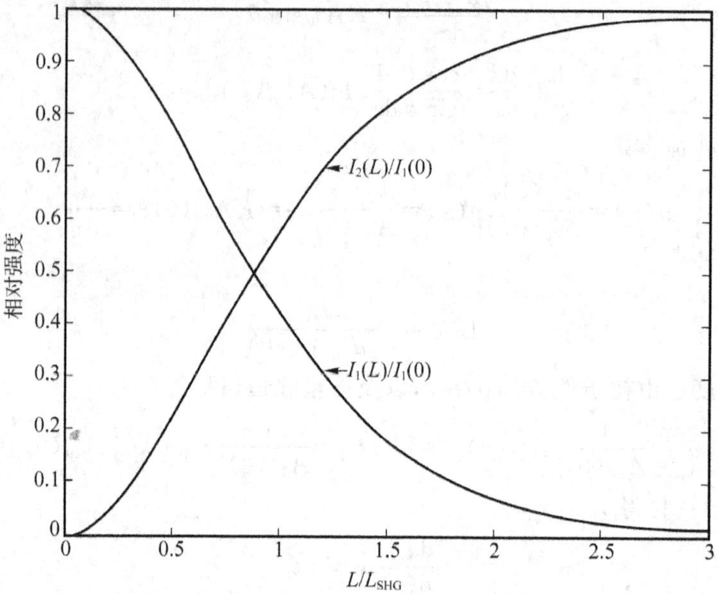

图 3-1-4 严格相位匹配下,基频光与倍频光强度随着作用长度的变化(强度均为相对值)

3.2 相位匹配

3.2.1 相位匹配的物理意义

通过前面的讨论可知,影响倍频转换效率的最主要的因素是相位失配。为什么在二次谐波产生过程中满足相位匹配能够获得最高的转换效率?在 2.3 节讨论式(2.3.18)时,曾经指出相位匹配可以看成是非线性相互作用过程前后光子动量守恒。在本节从光波叠加的角度来讨论相位匹配。

如图 3-2-1 所示,在非线性介质中,基频波与倍频波都在其中传播,相互之间进行耦合。我们更关心基频光在传播过程中不断在每一处激发倍频极化,产生出倍频光,并不断加强在介质中已经存在的行进中的倍频光的过程。这种新产生的倍频光不断加入已存在的倍频光"大部队"的过程要求"进入的步调"是一致的。如果步调一致,加入的过程就是增强的过程,也就是倍频光会越来越强。如果步调不一致,新的加入不仅不会增强,甚至会减弱倍频光,即倍频光会越来越弱。这个所谓的"步调一致"就是要求相位匹配。

也可以利用图 3-2-2 来说明倍频光加强的过程。在图 3-2-2 中,假定分别在 z_1 和 z_2 处基频光产生了倍频光,然后分别产生的倍频光还要分别再传播($L-z_1$)和($L-z_2$),在介质终端汇合形成最终的倍频光。如果在介质终端处,从 z_1 和 z_2 处分别产生的倍频光可以相长干涉,则形成的是放大了的倍频光,否则形成减弱了的倍频光。下面仔细分析一下上述的过程。

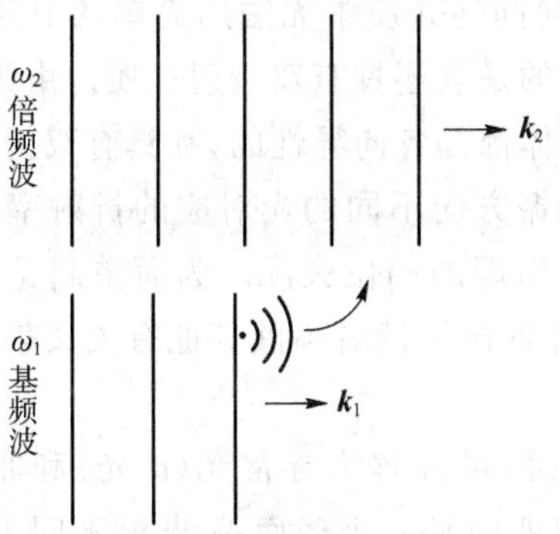

图 3-2-1　基频波与倍频波在非线性介质中的传播

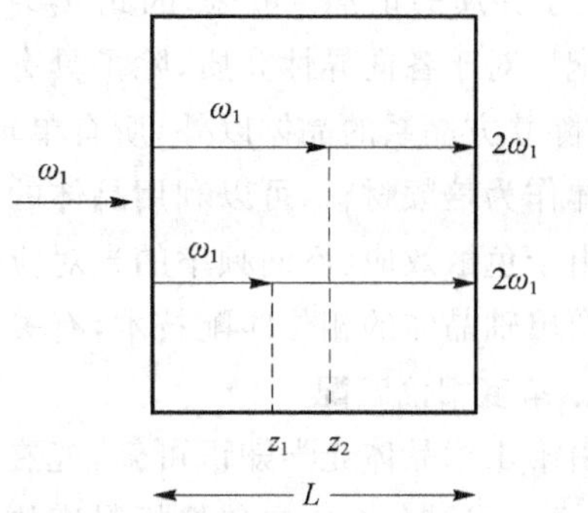

图 3-2-2　基频光在不同的地方激发倍频光的过程

假设基频光沿晶体到达 z 位置的电场表示为

$$E^{\omega_1}=A_1\exp[-\mathrm{i}(\omega_1 t-k_1(\omega_1)z)]$$

其传播速度为 $\omega_1/k_1(\omega_1)$。在 z 点由基频光引起的非线性极化波为

$$P^{2\omega_1}\propto(E^{\omega_1})^2\propto A_1^2\exp[-\mathrm{i}(2\omega_1 t-2k_1(\omega_1)z)]$$

由于这个非线性极化波的传播速度为 $2\omega_1/2k_1(\omega_1)=\omega_1/k_1(\omega_1)$，与基频光相同。基频光传播到哪里，极化波也传播到哪里。由极化波再激发的倍频光：

$$E^{2\omega_1}=A_2\exp[-\mathrm{i}(2\omega_1 t-k_2(2\omega_1)z)]$$

倍频光的传播速度为 $2\omega_1/k_2(2\omega_1)$。一般由于色散效应，$k_2(2\omega_1)\neq 2k_1(\omega_1)$，基频光与倍频光传播速度不相等。这样面临着在 z_1 处产生的倍频光传播到 z_2 时，与在该处由极化波刚刚激发产生的倍频光之间相位不一致，有可能造成干涉相消，不利于形成稳定的倍频光。

如图 3-2-2 所示，厚度为 L 的倍频材料，在 z_1 和 z_2 处的极化波分别为

$$P^{2\omega_1}(z_1)\propto A_1^2\exp[-\mathrm{i}(2\omega_1 t-2k_1(\omega_1)z_1)]$$

$$P^{2\omega_1}(z_2)\propto A_1^2\exp[-\mathrm{i}(2\omega_1 t-2k_1(\omega_1)z_2)]$$

它们激发产生的倍频光在倍频材料中传输，出射倍频材料时分别为

$$E_1^{2\omega_1}\propto P^{2\omega_1}(z_1)\exp[\mathrm{i}k_2(2\omega_1)(L-z_1)]$$
$$=A_1^2\exp\{-\mathrm{i}[2\omega_1 t-2k_1(\omega_1)z_1-k_2(2\omega_1)(L-z_1)]\}$$

$$E_2^{2\omega_1}\propto P^{2\omega_1}(z_1)\exp[\mathrm{i}k_2(2\omega_1)(L-z_2)]$$
$$=A_1^2\exp\{-\mathrm{i}[2\omega_1 t-2k_1(\omega_1)z_2-k_2(2\omega_1)(L-z_2)]\}$$

两倍频光出射时要求干涉相长，即要求相位

$$2k_1(\omega_1)z_1+k_2(2\omega_1)(L-z_1)=2k_1(\omega_1)z_2+k_2(2\omega_1)(L-z_2)$$

亦即要求

$$2k_1(\omega_1)-k_2(2\omega_1)=0$$

这恰好就是倍频过程的相位匹配条件。可见相位匹配条件实际上是倍频过程的相长干涉条件。

3.2.2　相位匹配的方法

由式(3.1.12)可知，相位匹配条件 $\Delta k=2k_1-k_2$ 要求介质对基频光的折射率等于倍频光的折射率，即

$$n_1(\omega_1)=n_2(2\omega_1) \tag{3.2.1}$$

根据色散理论，在介质的正常色散区，折射率随着光频率增大而增大。二次谐波效应 ω_1 与

$2\omega_1$ 处于介质的正常色散区，因此 $n_2 > n_1$。所以在各向同性介质中无法用简单的方法实现相位匹配。对于各向异性介质，除了具有色散性质，重要的是它还具有双折射性质。由第 1 章的知识，除立方晶系的晶体以外，所有单轴晶体和双轴晶体都是各向异性的，都具有双折射性质。用晶体作为倍频材料，可以利用晶体的双折射效应（偏振方向不同的光对应的折射率不同）来抵消由于色散效应（不同频率的光对应的折射率不同）引起的相位失配。为简单起见，在本书只介绍单轴晶体的相位匹配技术，有关双轴晶体的相位匹配请读者参阅其他有关文献。

1. 角度相位匹配

由第 1 章晶体光学知识可知，光在单轴晶体中传播，可分解为寻常光（o 光）和非寻常光（e 光）。o 光沿各个方向传播折射率均相同，其折射率曲面是一个球面；e 光沿不同方向传播折射率不同，其随着光轴与光传播方向的夹角 θ 的变化而变化，e 光折射率曲面为一个旋转椭球面，并在光轴方向与 o 光折射率球面相切，如图 1-1-8 所示。在倍频实验中，晶体中基频光 ω_1 与倍频光 $2\omega_1$ 由于色散效应对应两组折射率曲面。可以在倍频实验中控制入射基频光的偏振方向以及传播方向，从而达到相位匹配的目的。

角度相位匹配可以分为第Ⅰ类相位匹配方式和第Ⅱ类相位匹配方式，下面分别加以介绍。

(1) 第Ⅰ类相位匹配

第Ⅰ类相位匹配又称为平行类匹配方式，指参与作用的两基频光光子偏振方向平行。

首先分析负单轴晶体的第Ⅰ类相位匹配。以红宝石激光 $\lambda_1 = 0.694\ \mu\text{m}$ 通过 KDP 晶体产生倍频 $\lambda_2 = \lambda_1/2 = 0.347\ \mu\text{m}$ 为例，KDP 晶体作为负单轴晶体，$n_o > n_e$。材料折射率随波长的变化由塞耳迈尔（Sellmeir）色散公式表示[5,6,7]。KDP 晶体的塞耳迈尔色散公式为[8]

$$
\begin{aligned}
n_o^2 &= 2.259\,276 + \frac{0.780\,56}{77.264\,08\lambda^2 - 1} + \frac{0.032\,513\lambda^2}{0.002\,5\lambda^2 - 1} \\
n_e^2 &= 2.132\,668 + \frac{0.703\,319}{81.426\,31\lambda^2 - 1} + \frac{0.008\,07\lambda^2}{0.002\,5\lambda^2 - 1}
\end{aligned}
\tag{3.2.2}
$$

λ 的单位为μm，其色散曲线如图 3-2-3 所示，o 光的折射率曲线是不变的，但是 e 光的折射率可以通过改变入射基频光波矢与光轴的夹角 θ 而改变（上下移动）。由第 1 章式(1.1.42)可得 e 光折射率随 θ 的变化关系

$$n_e^2(\theta) = \frac{n_o^2 n_e^2}{n_o^2\ \sin^2\theta + n_e^2\ \cos^2\theta} \tag{3.2.3}$$

使基频光正入射，偏振方向为 o 光方向，这样产生的倍频光为 e 光。可以找到一个特定角度 θ_m，使

$$n_e^{2\omega}(\theta_\text{m}) = n_o^{\omega} \tag{3.2.4}$$

这个特定角度 θ_m 称为相位匹配角。切割加工晶体使其表面法线方向与光轴夹角为相位匹配角 θ_m，使基频光正入射加工好的晶体，偏振方向为 o 光方向，就可以达到相位匹配的目的，如图 3-2-4 所示。这样的匹配方式常常简写为 $o+o\rightarrow e$。

还可以用图 3-2-5 来理解上面介绍的相位匹配原理。前面提到晶体中基频光 ω_1 与倍频光 $2\omega_1$ 由于色散效应对应两组折射率曲面，其中倍频光的一组折射率曲面大于基频光的一组折射率曲面。对于负单轴晶体，以基频光为 o 光偏振，产生的倍频光为 e 光偏振，就总能找到匹配角 θ_m，从而使 $n_e^{2\omega}(\theta_\text{m}) = n_o^{\omega}$。

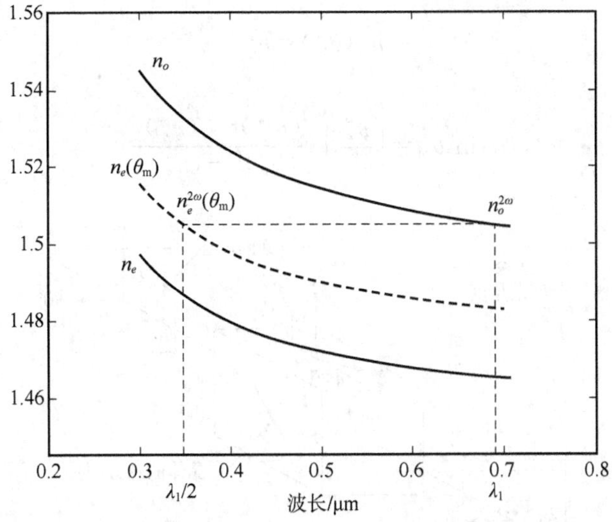

图 3-2-3　负单轴晶体的色散曲线以及第Ⅰ类相位匹配关系

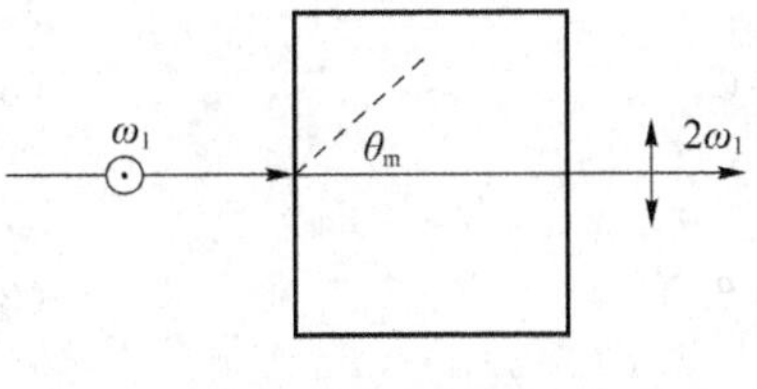

图 3-2-4　按照相位匹配要求加工晶体，基频光正入射，偏振方向为 o 光方向，则倍频光的偏振方向为 e 光偏振方向

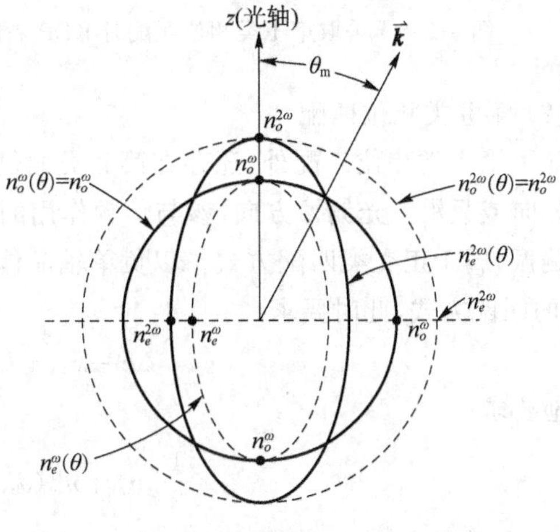

图 3-2-5　负单轴晶体第Ⅰ类相位匹配时的折射率曲面情况

利用式(3.2.3)和式(3.2.4)，可以得到负单轴晶体第Ⅰ类相位匹配的匹配角满足的公式：

$$\sin^2\theta_m=\left(\frac{n_e^{2\omega}}{n_o^{\omega}}\right)^2\frac{(n_o^{2\omega})^2-(n_o^{\omega})^2}{(n_o^{2\omega})^2-(n_e^{2\omega})^2} \tag{3.2.5}$$

在上面以 KDP 晶体为倍频晶体的例子中，红宝石激光 $\lambda_1=0.694$ μm，由式(3.2.2)得，$n_o^{\omega}=1.505$，$n_e^{\omega}=1.465$；倍频光 $\lambda_2=\lambda_1/2=0.347$ μm，$n_o^{2\omega}=1.538$，$n_e^{2\omega}=1.487$。将数据代入式(3.2.5)计算得 $\theta_m=50.4°$。图 3-2-6 显示了 KDP 晶体采取第Ⅰ类相位匹配时晶体的取向和入射光电矢量的取向。应当指出，按以上分析，单轴晶体相位匹配只与 θ 有关，与另一个方位角 φ 无关。但是从后面的分析可知，有效倍频极化系数 d_{eff} 的大小与 φ 有关，因此在加工晶体时需考虑这一点。

对于正单轴晶体，用类似的分析方法，可以得知第Ⅰ类相位匹配方法可采用 $e+e\to o$ 的匹

配方式，匹配条件为

$$n_e^{\omega}(\theta_m)=n_o^{2\omega} \tag{3.2.6}$$

匹配角的计算公式为

$$\sin^2\theta_m=\left(\frac{n_e^{\omega}}{n_o^{2\omega}}\right)^2\frac{(n_o^{2\omega})^2-(n_o^{\omega})^2}{(n_e^{\omega})^2-(n_o^{\omega})^2} \tag{3.2.7}$$

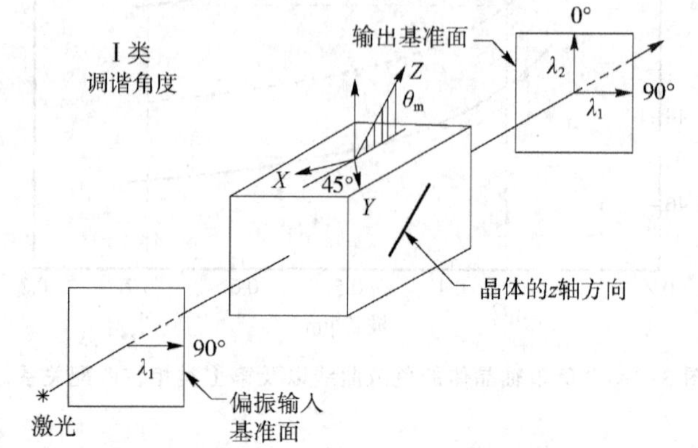

图 3-2-6　采取第Ⅰ类相位匹配时 KDP 晶体的取向以及基频光与倍频光的偏振关系

(2) 第Ⅱ类相位匹配

除了第Ⅰ类相位匹配外，还存在第Ⅱ类相位匹配方式。这是指入射基频光不是只沿 o 光偏振方向或只沿 e 光偏振方向，参与倍频作用的两基频光子一个沿 o 光方向偏振，一个沿 e 光方向偏振，属于正交类匹配方式。以负单轴晶体为例，由于 $n_o^{\omega}>n_e^{2\omega}(\theta)>n_e^{\omega}(\theta)$，可以采用 $e+o\rightarrow e$ 的匹配方式，此时要求

$$\Delta k=k_{1o}+k_{1e}-k_{2e}=0 \tag{3.2.8}$$

等价地要求

$$\frac{1}{2}[n_o^{\omega}+n_e^{\omega}(\theta_m)]=n_e^{2\omega}(\theta_m) \tag{3.2.9}$$

式中，θ_m 为相位匹配角。图 3-2-7 解释了 KDP 晶体第Ⅱ类相位匹配原理。

由式(3.2.9)和式(3.2.3)可得负单轴晶体 $e+o\rightarrow e$ 的匹配方式的相位匹配角的计算公式：

$$\sin^2\theta_m=\frac{[2n_o^{2\omega}/(n_e^{\omega}(\theta_m)+n_o^{\omega})]^2-1}{(n_o^{2\omega}/n_e^{2\omega})^2-1} \tag{3.2.10}$$

这个公式无法直接求解，一般用数值迭代法求解。

图 3-2-8 显示了 KDP 晶体采取第Ⅱ类相位匹配时晶体的取向和入射光电矢量的取向。

同理对于正单轴晶体，其第Ⅱ类相位匹配采用 $o+e\rightarrow o$ 的匹配方式。相位匹配要求

$$\frac{1}{2}[n_o^{\omega}+n_e^{\omega}(\theta_m)]=n_o^{2\omega} \tag{3.2.11}$$

对应相位匹配角计算公式为

$$\sin^2\theta_m=\frac{[n_o^{\omega}/(2n_o^{2\omega}-n_o^{\omega})]^2-1}{(n_o^{\omega}/n_e^{\omega})^2-1} \tag{3.2.12}$$

综上所述，单轴晶体的两类相位匹配方式列表如表 3-2-1 所示。

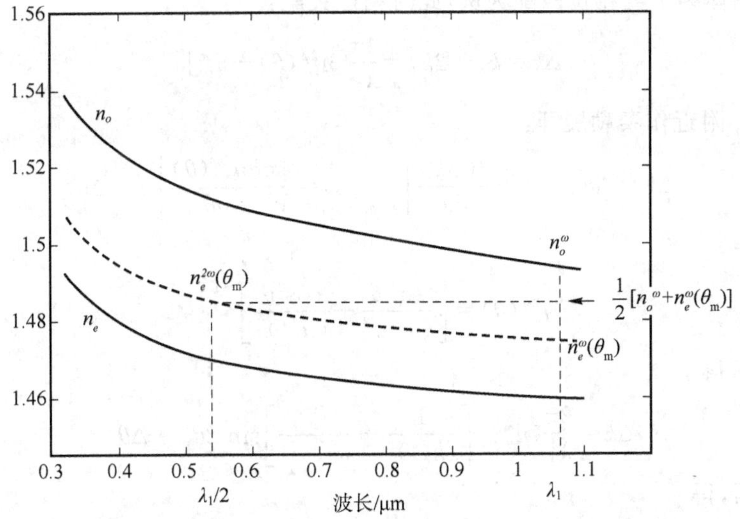

图 3-2-7　负单轴晶体的色散曲线以及第Ⅱ类相位匹配关系

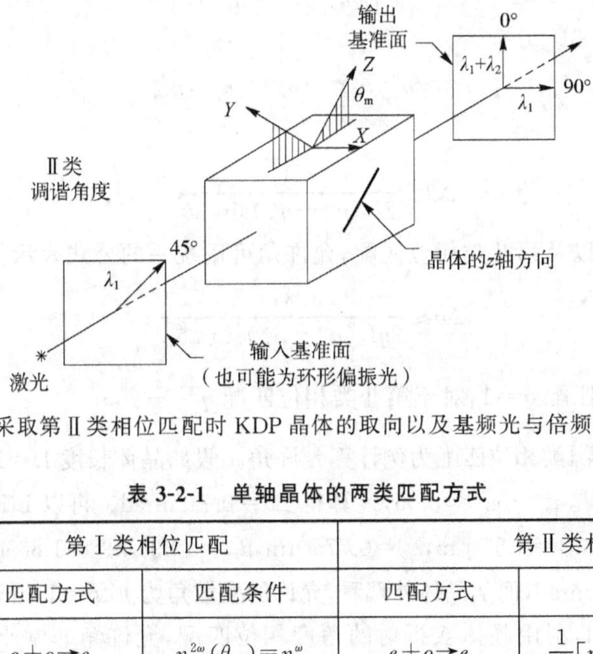

图 3-2-8　采取第Ⅱ类相位匹配时 KDP 晶体的取向以及基频光与倍频光的偏振关系

表 3-2-1　单轴晶体的两类匹配方式

晶体种类	第Ⅰ类相位匹配		第Ⅱ类相位匹配	
	匹配方式	匹配条件	匹配方式	匹配条件
负单轴晶体	$o+o\to e$	$n_e^{2\omega}(\theta_m)=n_o^\omega$	$e+o\to e$	$\frac{1}{2}[n_o^\omega+n_e^\omega(\theta_m)]=n_e^{2\omega}(\theta_m)$
正单轴晶体	$e+e\to o$	$n_e^\omega(\theta_m)=n_o^{2\omega}$	$o+e\to o$	$\frac{1}{2}[n_o^\omega+n_e^\omega(\theta_m)]=n_o^{2\omega}$

(3) 入射光束发散对相位匹配的影响

以上对相位匹配的讨论是假定入射基频光为平面波的，而实际上光束本身都有一定的发散度，这将使光的波矢多多少少偏离匹配角 θ_m。如前所述，当精确满足相位匹配时（$\Delta k=0$），倍频转换效率最大。当偏离相位匹配时，$\Delta k\neq0$，倍频转换效率将下降。但只要 $\frac{1}{2}\Delta kL<\pi$，则总是有不同程度的倍频光输出。因此将 $\Delta k\leqslant2\pi/L$ 作为偏离相位匹配可允许角的判据。

以负单轴晶体第Ⅰ类相位匹配为例，此时相位失配：

$$\Delta k = k_2 - 2k_1 = \frac{4\pi}{\lambda_1}\left[n_e^{2\omega}(\theta) - n_o^{\omega}\right] \tag{3.2.13}$$

将 Δk 对 θ 在 θ_m 附近作泰勒展开：

$$\Delta k = \Delta k\big|_{\theta=\theta_m} + \left.\frac{\partial(\Delta k)}{\partial\theta}\right|_{\theta=\theta_m}\Delta\theta = \frac{4\pi}{\lambda_1}\left.\frac{\partial n_e^{2\omega}(\theta)}{\partial\theta}\right|_{\theta=\theta_m}\Delta\theta \tag{3.2.14}$$

式中，$\Delta k\big|_{\theta=\theta_m}=0$。将

$$n_e^{2\omega}(\theta) = \left[\frac{\sin^2\theta}{(n_e^{2\omega})^2} + \frac{\cos^2\theta}{(n_o^{2\omega})^2}\right]^{-1/2}$$

代入式(3.2.14)，得

$$\Delta k = \frac{2\pi}{\lambda_1}(n_o^{\omega})^3\left[\frac{1}{(n_e^{2\omega})^2} - \frac{1}{(n_o^{2\omega})^2}\right]\sin 2\theta_m \cdot \Delta\theta \tag{3.2.15}$$

利用允许角判据，得

$$\Delta\theta \leqslant \frac{\lambda_1}{L\,(n_o^{\omega})^3\left[\frac{1}{(n_e^{2\omega})^2} - \frac{1}{(n_o^{2\omega})^2}\right]\sin 2\theta_m} \tag{3.2.16}$$

如果做如下的近似：

$$n^{\omega} \approx n^{2\omega},\ n_o^{2\omega} - n_e^{2\omega} \ll n_o^{2\omega},\ n_e^{2\omega}$$

式(3.2.16)简化为

$$\Delta\theta \leqslant \frac{\lambda_1}{2L(n_o^{\omega} - n_e^{\omega})\sin 2\theta_m} \tag{3.2.17}$$

可以证明，对于第Ⅰ类以及第Ⅱ类相位匹配，允许角可用统一的公式表示：

$$\Delta\theta \leqslant \frac{\lambda_1}{2qL(n_o^{\omega} - n_e^{\omega})\sin 2\theta_m} \tag{3.2.18}$$

式中，对于第Ⅰ类相位匹配 $q=1$，对于第Ⅱ类相位匹配 $q=\frac{1}{2}$。

下面以 KDP 晶体第Ⅰ类相位匹配为例计算允许角。假如晶体长度 $L=1$ cm，$\lambda_1=0.694$ μm，$\lambda_2=0.347$ μm，$\theta_m=50.4°$，$n_o^{2\omega}-n_e^{2\omega}\approx 0.05$，计算得 $\Delta\theta=0.71$ mrad。再以 $LiIO_3$ 晶体第Ⅰ类相位匹配为例。假如 $L=1$ cm，$\lambda_1=1.55$ μm，$\lambda_2=0.775$ μm，$\theta_m=19.3°$，$n_o^{2\omega}=1.8690$，$n_e^{2\omega}=1.7257$，$n_o^{2\omega}-n_e^{2\omega}\approx 0.14$，得 $\Delta\theta=0.89$ mrad，而从晶体外部看，允许的发散角为 $n\Delta\theta=1.6$ mrad≈1°。

从上面的例子可知，利用晶体双折射的角度相位匹配，允许角非常小。对匹配角稍有偏离，倍频效率就急剧下降，因此这种相位匹配方式称为临界相位匹配。

(4) 走离效应

从第 1 章晶体光学知识可知，晶体中 e 光的能流传播方向 $\boldsymbol{s}$(玻印亭矢量)与波法线方向 $\boldsymbol{k}$(等相面传播方向)是不同的，它们之间夹角为离散角(走离角)α(图 1-1-3)。

以负单轴晶体第Ⅰ类相位匹配 $o+o\to e$ 为例，基频 o 光与倍频 e 光在晶体中的能流传播方向也不一致，它们之间夹角也为离散角 α，如图 3-2-9 所示。这意味着有限孔径的基频 o 光束和倍频 e 光束在晶体中将逐渐分离，减小了基频光与倍频光之间的耦合，即使相位匹配条件得以满足，倍频转换效率也将大大降低。这种现象称为倍频走离效应，也称为光孔效应。

利用第 1 章习题 1.4 要求证明的公式：

$$\tan\alpha=\frac{1}{2}\frac{n_e^2-n_o^2}{n_o^2\sin^2\theta+n_e^2\cos^2\theta}\sin 2\theta \tag{3.2.19}$$

以及相位匹配时的式(3.2.3)、式(3.2.4)，可得基频光与倍频光因走离效应偏离的角度为

$$\tan\alpha=\frac{1}{2}(n_o^{\omega})^2\left[\frac{1}{(n_o^{2\omega})^2}-\frac{1}{(n_e^{2\omega})^2}\right]\sin 2\theta_{\mathrm{m}} \tag{3.2.20}$$

如图 3-2-9 所示，定义基频光与倍频光完全分开的的长度为走离长度：

$$L_{\mathrm{a}}=D/\tan\alpha\approx D/\alpha \tag{3.2.21}$$

式中，D 为光束孔径。当晶体长度 $L<L_{\mathrm{a}}$，基频光尚能有效地转换成倍频光，而晶体再增长，对倍频转换效率也无济于事了。

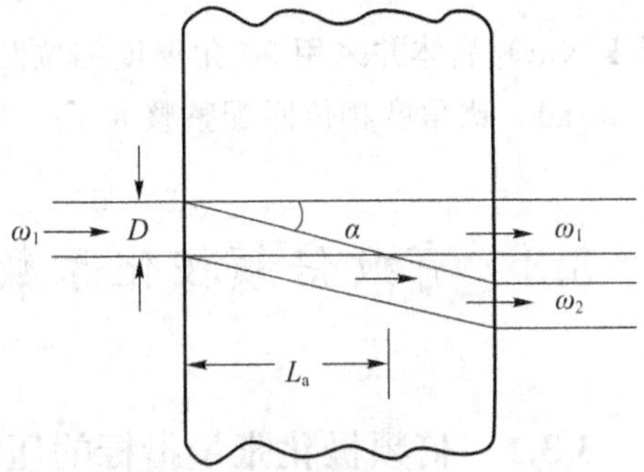

图 3-2-9　二次谐波产生过程中的走离效应

2. 90°角温度相位匹配

对式(3.2.21)进行分析，如果使相位匹配角 $\theta_{\mathrm{m}}=90°$，可以消除倍频实验中的走离效应。对于一般晶体，无法实现 90°相位匹配。但是对于某些晶体，其 n_o 与 n_e 随温度变化不同，如 $LiNbO_3$ 晶体，n_e 比 n_o 随温度变化更敏感，其塞耳迈尔方程为[8]

$$\begin{aligned}n_o^2&=4.913+1.6\times10^{-8}(T^2-88\,506.25)+\\&\frac{0.1163+0.94\times10^{-8}(T^2-88\,506.25)}{\lambda^2-[0.2201+3.98\times10^{-8}(T^2-88\,506.25)]^2}-0.0273\lambda^2\\n_e^2&=4.5567+2.72\times10^{-8}(T^2-88\,506.25)+\\&\frac{0.0917+1.93\times10^{-8}(T^2-88\,506.25)}{\lambda^2-[0.2148+5.3\times10^{-8}(T^2-88\,506.25)]^2}-0.0303\lambda^2\end{aligned} \tag{3.2.22}$$

在匹配角为 90°的情况下，通过控制温度，使 $n_e^{2\omega}=n_o^{\omega}$，达到相位匹配的目的。

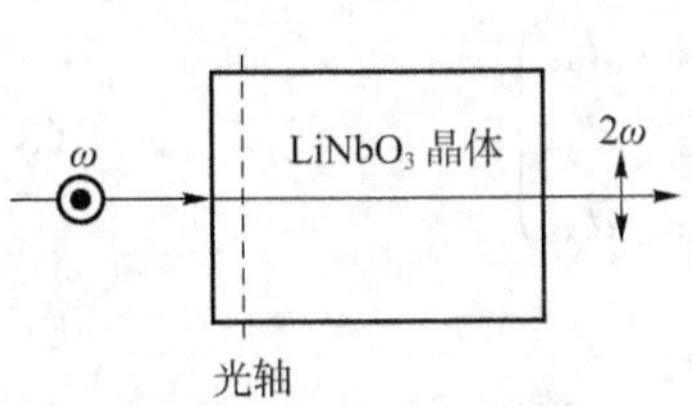

图 3-2-10　利用 $LiNbO_3$ 晶体实现 90 角温度相位匹配的安排

使用 $LiNbO_3$ 晶体并采用 90°角温度相位匹配方法时，切割晶体使光轴平行于表面，并使垂直入射的基频光偏振方向垂直于光轴，则倍频光偏振方向将平行于光轴，如图 3-2-10 所示。90°角温度相位匹配方法的优点在于消除了倍频过程中的走离效应，使基频光与倍频光充分耦合，增加倍频转换效率。从下面的分析还可以看出 90°角温度相位匹配方法的另一优点，该方法比起角度相位匹配方法，偏离相位匹配的允许角宽松了许多，允许的光束发散更大，因此将 90°角温度相位匹配称为非临界相位匹配。

在 90°角温度相位匹配下将 Δk 对 θ 在 θ_{m} 附近作泰勒展开，保留到二阶项

$$\Delta k=\Delta k\big|_{\theta=\theta_{\mathrm{m}}}+\frac{\partial(\Delta k)}{\partial\theta}\bigg|_{\theta=\theta_{\mathrm{m}}}\Delta\theta+\frac{1}{2}\frac{\partial^2(\Delta k)}{\partial\theta^2}\bigg|_{\theta=\theta_{\mathrm{m}}}\Delta\theta^2 \tag{3.2.23}$$

由于相位匹配，第一项为零。又因为 $\theta_{\mathrm{m}}=90°$，由式(3.2.15)，第二项也为零。则

$$\begin{aligned}\Delta k &= \frac{1}{2}\frac{\partial^2(\Delta k)}{\partial\theta^2}\bigg|_{\theta=\theta_m}\Delta\theta^2 = \frac{2\pi}{\lambda_1}\frac{\partial^2}{\partial\theta^2}[n_e^{2\omega}(\theta)]\Delta\theta^2\\ &= \frac{2\pi}{\lambda_1}(n_o^{\omega})^3\left[\frac{1}{(n_e^{2\omega})^2}-\frac{1}{(n_o^{2\omega})^2}\right]\Delta\theta^2\\ &\approx \frac{4\pi}{\lambda_1}(n_o^{2\omega}-n_e^{2\omega})\Delta\theta^2 \leqslant \frac{2\pi}{L}\end{aligned} \tag{3.2.24}$$

得

$$\Delta\theta \leqslant \sqrt{\frac{\lambda_1}{2L(n_o^{2\omega}-n_e^{2\omega})}} \tag{3.2.25}$$

以 $LiNbO_3$ 晶体并采用 90°角温度相位匹配方法为例，取 $L=1$ cm，$\lambda_1=1$ μm，$\Delta n=0.08$，$\Delta\theta=$ 25 mrad。比角度相位匹配整整大了一个数量级。

3.3 有效倍频极化系数

3.3.1 倍频极化张量指标的压缩和约化

倍频极化张量 $\overleftrightarrow{d}$ 有 27 个元素 d_{ijk}，$i,j,k=1,2,3$。根据非线性极化率的本征置换对称性

$$d_{ijk}(-2\omega,\omega,\omega)=d_{ikj}(-2\omega,\omega,\omega) \tag{3.3.1}$$

后两个脚标对换后没有区别。因此可以将后两个脚标 jk 压缩为一个脚标μ，倍频极化张量元素可以记为 $d_{i\mu}$。脚标压缩的规则如下：

$$\begin{cases} jk=11,22,33,(23,32),(31,13),(12,21)\\ \mu=1,2,3,4,5,6\end{cases} \tag{3.3.2}$$

这样倍频极化张量约简为 18 个元素，用 3×6 的矩阵表示为

$$(d_{i\mu})=\begin{pmatrix} d_{11} & d_{12} & d_{13} & d_{14} & d_{15} & d_{16}\\ d_{21} & d_{22} & d_{23} & d_{24} & d_{25} & d_{26}\\ d_{31} & d_{32} & d_{33} & d_{34} & d_{35} & d_{36}\end{pmatrix} \tag{3.3.3}$$

则倍频极化强度式(2.2.22)变为

$$\vec{P}^{(2)}(\boldsymbol{r},2\omega_1)=\varepsilon_0\overleftrightarrow{d}(-2\omega_1,\omega_1,\omega_1):\boldsymbol{E}(\boldsymbol{r},\omega_1)\boldsymbol{E}(\boldsymbol{r},\omega_1) \tag{3.3.4}$$

可以用矩阵表示为

$$\begin{pmatrix}P_1^{(2)}\\ P_2^{(2)}\\ P_3^{(2)}\end{pmatrix}=\varepsilon_0\begin{pmatrix} d_{11} & d_{12} & d_{13} & d_{14} & d_{15} & d_{16}\\ d_{21} & d_{22} & d_{23} & d_{24} & d_{25} & d_{26}\\ d_{31} & d_{32} & d_{33} & d_{34} & d_{35} & d_{36}\end{pmatrix}\begin{pmatrix}E_1E_1\\ E_2E_2\\ E_3E_3\\ 2E_2E_3\\ 2E_1E_3\\ 2E_1E_2\end{pmatrix} \tag{3.3.5}$$

由 2.2 节的讨论可知，由于晶体的空间对称性，$d_{i\mu}$ 的非零独立元素将进一步减少。例如具有 $\bar{4}2m$ 对称性的 KDP 晶体，其倍频极化张量的矩阵为

$$\begin{pmatrix} 0 & 0 & 0 & d_{14} & 0 & 0 \\ 0 & 0 & 0 & 0 & d_{14} & 0 \\ 0 & 0 & 0 & 0 & 0 & d_{36} \end{pmatrix}$$

考虑克莱曼对称性后，其独立元素进一步减少，倍频极化张量的矩阵为

$$\begin{pmatrix} 0 & 0 & 0 & d_{14} & 0 & 0 \\ 0 & 0 & 0 & 0 & d_{14} & 0 \\ 0 & 0 & 0 & 0 & 0 & d_{14} \end{pmatrix}$$

再例如具有 3 m 对称性 $LiNbO_3$ 晶体，其不考虑和考虑克莱曼对称性的倍频极化张量的矩阵分别为

$$\begin{pmatrix} 0 & 0 & 0 & 0 & d_{15} & -d_{22} \\ -d_{22} & d_{22} & 0 & d_{15} & 0 & 0 \\ d_{31} & d_{31} & d_{33} & 0 & 0 & 0 \end{pmatrix} \text{和} \begin{pmatrix} 0 & 0 & 0 & 0 & d_{15} & -d_{22} \\ -d_{22} & d_{22} & 0 & d_{15} & 0 & 0 \\ d_{15} & d_{15} & d_{33} & 0 & 0 & 0 \end{pmatrix}$$

具有 6 对称性 $LiIO_3$ 晶体，其不考虑和考虑克莱曼对称性的倍频极化张量的矩阵分别为

$$\begin{pmatrix} 0 & 0 & 0 & d_{14} & d_{15} & 0 \\ 0 & 0 & 0 & d_{15} & -d_{14} & 0 \\ d_{31} & d_{31} & d_{33} & 0 & 0 & 0 \end{pmatrix} \text{和} \begin{pmatrix} 0 & 0 & 0 & 0 & d_{15} & 0 \\ 0 & 0 & 0 & d_{15} & 0 & 0 \\ d_{15} & d_{15} & d_{33} & 0 & 0 & 0 \end{pmatrix}$$

表 3-3-1 列出了所有晶体的倍频极化张量形式，矩阵后面圆括号内的数字表示独立元素的个数。

表 3-3-1 所有晶体的倍频极化张量形式

中心对称类型

类型 $\bar{1}$,2/m,mmm,4/m,4mmm,$\bar{3}$,$\bar{3}$m,6/m,6mmm,m3,m3m：

$$\begin{pmatrix} 0 & 0 & 0 & 0 & 0 & 0 \\ 0 & 0 & 0 & 0 & 0 & 0 \\ 0 & 0 & 0 & 0 & 0 & 0 \end{pmatrix}$$

三斜晶系

类型 1-C_1：

$$\begin{pmatrix} d_{11} & d_{12} & d_{13} & d_{14} & d_{15} & d_{16} \\ d_{21} & d_{22} & d_{23} & d_{24} & d_{25} & d_{26} \\ d_{31} & d_{32} & d_{33} & d_{34} & d_{35} & d_{36} \end{pmatrix}(18)$$

单斜晶系

类型 m-C_a：

$$\mathrm{m}\perp x_3 \begin{pmatrix} d_{11} & d_{12} & d_{13} & 0 & 0 & d_{16} \\ d_{21} & d_{22} & d_{23} & 0 & 0 & d_{26} \\ 0 & 0 & 0 & d_{34} & d_{35} & 0 \end{pmatrix}(10)$$

类型 m-C_a：

$$m\perp x_2{}^{ⓐ} \begin{pmatrix} d_{11} & d_{12} & d_{13} & 0 & d_{15} & 0 \\ 0 & 0 & 0 & d_{24} & 0 & d_{26} \\ d_{31} & d_{32} & d_{33} & 0 & d_{35} & 0 \end{pmatrix}(10)$$

类型 2-C_2：

$$2\parallel x_3 \begin{pmatrix} 0 & 0 & 0 & d_{14} & d_{15} & 0 \\ 0 & 0 & 0 & d_{24} & d_{25} & 0 \\ d_{31} & d_{32} & d_{33} & 0 & 0 & d_{36} \end{pmatrix}(8)$$

续表

类型 2-C_2：

$$2 \parallel x_3{}^{ⓐ} \begin{pmatrix} 0 & 0 & 0 & d_{14} & 0 & d_{16} \\ d_{21} & d_{22} & d_{23} & 0 & d_{25} & 0 \\ 0 & 0 & 0 & d_{34} & 0 & d_{36} \end{pmatrix} (8)$$

正交晶系

类型 mm2-C_{2v}：

$$\begin{pmatrix} 0 & 0 & 0 & 0 & d_{15} & 0 \\ 0 & 0 & 0 & d_{24} & 0 & 0 \\ d_{31} & d_{32} & d_{33} & 0 & 0 & 0 \end{pmatrix} (5)$$

类型 222-D_2：

$$\begin{pmatrix} 0 & 0 & 0 & d_{14} & 0 & 0 \\ 0 & 0 & 0 & 0 & d_{25} & 0 \\ 0 & 0 & 0 & 0 & 0 & d_{36} \end{pmatrix} (3)$$

正方晶系

类型 4-C_4：

$$\begin{pmatrix} 0 & 0 & 0 & d_{14} & d_{15} & 0 \\ 0 & 0 & 0 & d_{15} & -d_{14} & 0 \\ d_{31} & d_{31} & d_{33} & 0 & 0 & 0 \end{pmatrix} (4)$$

类型 $\bar{4}$-S_4：

$$\begin{pmatrix} 0 & 0 & 0 & d_{14} & d_{15} & 0 \\ 0 & 0 & 0 & -d_{15} & d_{14} & 0 \\ d_{31} & -d_{31} & 0 & 0 & 0 & d_{36} \end{pmatrix} (4)$$

类型 4mm-C_{4v}：

$$\begin{pmatrix} 0 & 0 & 0 & 0 & d_{15} & 0 \\ 0 & 0 & 0 & d_{15} & 0 & 0 \\ d_{31} & d_{31} & d_{33} & 0 & 0 & 0 \end{pmatrix} (3)$$

类型 $\bar{4}$2m-D_{2d}：

$$\mathrm{m} \parallel x_1 \begin{pmatrix} 0 & 0 & 0 & d_{14} & 0 & 0 \\ 0 & 0 & 0 & 0 & d_{14} & 0 \\ 0 & -0 & 0 & 0 & 0 & d_{36} \end{pmatrix} (2)$$

类型 422-D_4：

$$\begin{pmatrix} 0 & 0 & 0 & d_{14} & 0 & 0 \\ 0 & 0 & 0 & 0 & -d_{14} & 0 \\ 0 & 0 & 0 & 0 & 0 & 0 \end{pmatrix} (1)$$

三角晶系

类型 3-C_3：

$$\begin{pmatrix} d_{11} & -d_{11} & 0 & d_{14} & d_{15} & -d_{22} \\ -d_{22} & d_{22} & 0 & d_{15} & -d_{14} & -d_{11} \\ d_{31} & d_{31} & d_{33} & 0 & 0 & 0 \end{pmatrix} (6)$$

续表

类型 $3m\text{-}C_{3v}$：

$$m\perp x_1{}^{ⓐ}\begin{pmatrix} 0 & 0 & 0 & 0 & d_{15} & -d_{22} \\ -d_{22} & d_{22} & 0 & d_{15} & 0 & 0 \\ d_{31} & d_{31} & d_{33} & 0 & 0 & 0 \end{pmatrix}(4)$$

类型 $3m\text{-}C_{3v}$：

$$m\perp x_2\begin{pmatrix} d_{11} & -d_{11} & 0 & 0 & d_{15} & 0 \\ 0 & 0 & 0 & d_{15} & 0 & -d_{11} \\ d_{31} & d_{31} & d_{33} & 0 & 0 & 0 \end{pmatrix}(4)$$

类型 $32\text{-}D_3$：

$$\begin{pmatrix} d_{11} & -d_{11} & 0 & d_{14} & 0 & 0 \\ 0 & 0 & 0 & 0 & -d_{14} & -d_{11} \\ 0 & 0 & 0 & 0 & 0 & 0 \end{pmatrix}(2)$$

六角晶系

类型 $\bar{6}-C_{3h}$：

$$\begin{pmatrix} d_{11} & -d_{11} & 0 & 0 & 0 & -d_{22} \\ -d_{22} & d_{22} & 0 & 0 & 0 & -d_{11} \\ 0 & 0 & 0 & 0 & 0 & 0 \end{pmatrix}(2)$$

类型 $6\text{-}C_6$ⓑ：

$$\begin{pmatrix} 0 & 0 & 0 & d_{14} & d_{15} & 0 \\ 0 & 0 & 0 & d_{15} & -d_{14} & 0 \\ d_{31} & d_{31} & d_{33} & 0 & 0 & 0 \end{pmatrix}(4)$$

类型 $\bar{6}m2\text{-}D_{3h}$：

$$m\perp x_1{}^{ⓐ}\begin{pmatrix} 0 & 0 & 0 & 0 & 0 & -d_{22} \\ -d_{22} & d_{22} & 0 & 0 & 0 & 0 \\ 0 & 0 & 0 & 0 & 0 & 0 \end{pmatrix}(1)$$

类型 $\bar{6}m2\text{-}D_{3h}$：

$$m\perp x_2\begin{pmatrix} d_{11} & -d_{11} & 0 & 0 & 0 & 0 \\ 0 & 0 & 0 & 0 & 0 & -d_{11} \\ 0 & 0 & 0 & 0 & 0 & 0 \end{pmatrix}(1)$$

类型 $6mm\text{-}C_{6v}$：

$$\begin{pmatrix} 0 & 0 & 0 & 0 & d_{15} & 0 \\ 0 & 0 & 0 & d_{15} & 0 & 0 \\ d_{31} & d_{31} & d_{33} & 0 & 0 & 0 \end{pmatrix}(3)$$

类型 $622\text{-}D_6$：

$$\begin{pmatrix} 0 & 0 & 0 & d_{14} & 0 & 0 \\ 0 & 0 & 0 & 0 & -d_{14} & 0 \\ 0 & 0 & 0 & 0 & 0 & 0 \end{pmatrix}(1)$$

续表

立方晶系

类型 23-T：

$$\begin{pmatrix} 0 & 0 & 0 & d_{14} & 0 & 0 \\ 0 & 0 & 0 & 0 & d_{14} & 0 \\ 0 & 0 & 0 & 0 & 0 & d_{14} \end{pmatrix}(1)$$

类型 $\bar{4}3m$-T_d：

$$\begin{pmatrix} 0 & 0 & 0 & d_{14} & 0 & 0 \\ 0 & 0 & 0 & 0 & d_{14} & 0 \\ 0 & 0 & 0 & 0 & 0 & d_{14} \end{pmatrix}(1)$$

类型 432-O：

$$\begin{pmatrix} 0 & 0 & 0 & 0 & 0 & 0 \\ 0 & 0 & 0 & 0 & 0 & 0 \\ 0 & 0 & 0 & 0 & 0 & 0 \end{pmatrix}(0)$$

ⓐ标准取向。

ⓑ与 4-C_4 类型相同。

3.3.2 有效倍频极化系数

由本章式(3.1.10)可知，二次谐波的倍频转换效率与有效倍频极化系数 d_{eff} 的平方成正比，其中 d_{eff}定义为

$$d_{\text{eff}}=\hat{e}_2\cdot[\overleftrightarrow{d}(-2\omega_1,\omega_1,\omega_1):\hat{e}_1\hat{e}_1']=\frac{1}{2}\chi_{\text{eff}}^{(2)}$$

式中，第Ⅱ类相位匹配的二个基频光偏振方向 $\hat{e}_1$、$\hat{e}_1'$ 可以不同。在直角坐标系中写成

$$d_{\text{eff}}=\sum_{i,j,k}^{3}e_{2i}d_{ijk}e_{1j}e'_{1k} \tag{3.3.6}$$

引入下列矩阵：

$$(e_{2i})=\begin{pmatrix} e_{21} \\ e_{22} \\ e_{23} \end{pmatrix} \tag{3.3.7}$$

和

$$(F_\mu)=\begin{pmatrix} e_{11}e'_{11} \\ e_{12}e'_{12} \\ e_{13}e'_{13} \\ e_{12}e'_{13}+e_{13}e'_{12} \\ e_{11}e'_{13}+e_{13}e'_{11} \\ e_{11}e'_{12}+e_{12}e'_{11} \end{pmatrix} \tag{3.3.8}$$

则有效倍频极化系数可以写成矩阵形式：

$$d_{\text{eff}}=(e_{2i})^{\mathrm{T}}(d_{i\mu})(F_\mu) \tag{3.3.9}$$

式中，$(e_{2i})^{\mathrm{T}}$ 是(e_{2i})的转置矩阵。式(3.3.9)展开写成

$$d_{\text{eff}}=(e_{21}\quad e_{22}\quad e_{23})\begin{pmatrix}d_{11}&d_{12}&d_{13}&d_{14}&d_{15}&d_{16}\\d_{21}&d_{22}&d_{23}&d_{24}&d_{25}&d_{26}\\d_{31}&d_{32}&d_{33}&d_{34}&d_{35}&d_{36}\end{pmatrix}\begin{pmatrix}e_{11}e'_{11}\\e_{12}e'_{12}\\e_{13}e'_{13}\\e_{12}e'_{13}+e_{13}e'_{12}\\e_{11}e'_{13}+e_{13}e'_{11}\\e_{11}e'_{12}+e_{12}e'_{11}\end{pmatrix}\tag{3.3.10}$$

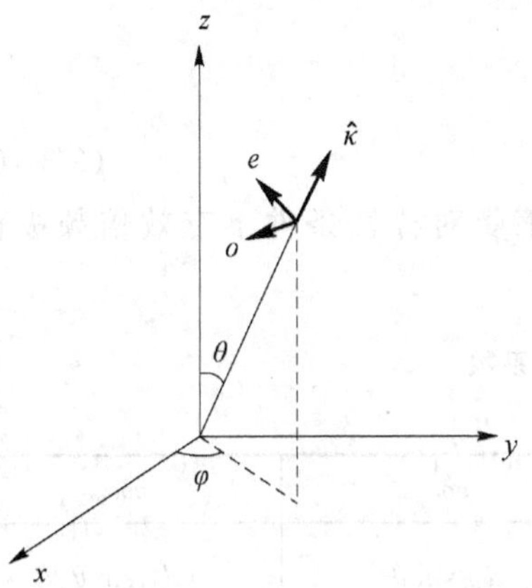

图 3-3-1　单轴晶体中已知光传输方向后 o 光与 e 光的方向关系

这里将讨论只限于单轴晶体,晶体光轴选为 z 轴。如图 3-3-1 所示,光波在晶体中的波矢方向 $\hat{\boldsymbol{\kappa}}$ 可以用方位角(θ, φ)表示。在晶体中无论基频光还是倍频光都可以分解为 o 光与 e 光。o 光的单位矢量用 $\hat{\boldsymbol{a}}$ 来表示:

$$\hat{\boldsymbol{a}}=\begin{pmatrix}a_1\\a_2\\a_3\end{pmatrix}=\begin{pmatrix}\sin\varphi\\-\cos\varphi\\0\end{pmatrix}\tag{3.3.11}$$

e 光的单位矢量用 $\hat{\boldsymbol{b}}$ 来表示:

$$\hat{\boldsymbol{b}}=\begin{pmatrix}b_1\\b_2\\b_3\end{pmatrix}=\begin{pmatrix}-\cos\varphi\cos\theta\\-\sin\varphi\cos\theta\\\sin\theta\end{pmatrix}\tag{3.3.12}$$

这样(F_{μ})有三种组合(a_ja_k)、(b_jb_k)、(a_jb_k),其中

$$(a_ja_k)=\begin{pmatrix}a_1^2\\a_2^2\\a_3^2\\2a_2a_3\\2a_1a_3\\2a_1a_2\end{pmatrix},(b_jb_k)=\begin{pmatrix}b_1^2\\b_2^2\\b_3^2\\2b_2b_3\\2b_1b_3\\2b_1b_2\end{pmatrix},(a_jb_k)=\begin{pmatrix}a_1b_1\\a_2b_2\\a_3b_3\\a_3b_2+b_3a_2\\a_1b_3+b_1a_3\\a_2b_1+b_2a_1\end{pmatrix},$$

下面分别列出单轴晶体有效倍频极化系数的计算方法。

(1) 负单轴晶体,第Ⅰ类相位匹配

匹配方式:$o+o\rightarrow e$

倍频极化强度:$P_i^e(2\omega)=\varepsilon_0\sum_{j,k}^{3}d_{ijk}a_ja_kE_j^o(\omega)E_k^o(\omega)$

有效倍频极化系数:$d_{\text{eff}}=(b_i)^{\mathrm{T}}(d_{i\mu})(a_ja_k)$　　(3.3.13)

(2) 负单轴晶体,第Ⅱ类相位匹配

匹配方式:$o+e\rightarrow e$

倍频极化强度:$P_i^e(2\omega)=\varepsilon_0\sum_{j,k}^{3}d_{ijk}a_jb_kE_j^o(\omega)E_k^e(\omega)$

有效倍频极化系数:$d_{\text{eff}}=(b_i)^{\mathrm{T}}(d_{i\mu})(a_jb_k)$　　(3.3.14)

(3) 正单轴晶体,第Ⅰ类相位匹配

匹配方式:$e+e\to o$

倍频极化强度:$P_i^o(2\omega)=\varepsilon_0\sum_{j,k}^{3}d_{ijk}b_jb_kE_j^e(\omega)E_k^e(\omega)$

有效倍频极化系数:$d_{\text{eff}}=(a_i)^{\text{T}}(d_{i\mu})(b_jb_k)$ (3.3.15)

(4) 正单轴晶体,第Ⅱ类相位匹配

匹配方式:$o+e\to o$

倍频极化强度:$P_i^o(2\omega)=\varepsilon_0\sum_{j,k}^{3}d_{ijk}a_jb_kE_j^o(\omega)E_k^e(\omega)$

有效倍频极化系数:$d_{\text{eff}}=(a_i)^{\text{T}}(d_{i\mu})(a_jb_k)$ (3.3.16)

表 3-3-2 列出了 13 类单轴晶体在不考虑和考虑克莱曼对称性条件下有效倍频极化系数。

表 3-3-2 单轴晶体有效倍频极化系数

(a) 不考虑 Kleinman 对称关系

晶体对称性	eeo	oee	ooe	eoo
6 和 4	$-d_{14}\sin 2\theta$	$\frac{1}{2}d_{14}\sin 2\theta$	$d_{31}\sin\theta$	$d_{15}\sin\theta$
622 和 422	$-d_{14}\sin 2\theta$	$\frac{1}{2}d_{14}\sin 2\theta$	0	0
6 mm 和 4 mm	0	0	$d_{31}\sin\theta$	$d_{15}\sin\theta$
$\bar{6}$m2	$d_{22}\cos^2\theta\cos 3\varphi$	$d_{22}\cos^2\theta\cos 3\varphi$	$-d_{22}\cos\theta\sin 3\varphi$	$-d_{22}\cos\theta\sin 3\varphi$
3m	$d_{22}\cos^2\theta\cos 3\varphi$	$d_{22}\cos^2\theta\cos 3\varphi$	$d_{31}\sin\theta-d_{22}\cos\theta\sin 3\varphi$	$d_{15}\sin\theta-d_{22}\cos\theta\sin 3\varphi$
$\bar{6}$	$\cos^2\theta(d_{11}\sin 3\varphi+d_{22}\cos 3\varphi)$	$\cos^2\theta(d_{11}\sin 3\varphi+d_{22}\cos 3\varphi)$	$\cos\theta(d_{11}\cos 3\varphi-d_{22}\sin 3\varphi)$	$\cos\theta(d_{11}\cos 3\varphi-d_{22}\sin 3\varphi)$
3	$\cos^2\theta(d_{11}\sin 3\varphi+d_{22}\cos 3\varphi)-d_{11}\sin 2\theta$	$\cos^2\theta(d_{11}\sin 3\varphi+d_{22}\cos 3\varphi)+\frac{1}{2}d_{14}\sin 2\theta$	$\cos\theta(d_{11}\cos 3\varphi-d_{22}\sin 3\varphi)+d_{11}\sin\theta$	$\cos\theta(d_{11}\cos 3\varphi-d_{22}\sin 3\varphi)+d_{15}\sin\theta$
32	$d_{11}\cos^2\theta\sin 3\varphi-d_{14}\sin 2\theta$	$d_{11}\cos^2\theta\sin 3\varphi+\frac{1}{2}d_{14}\sin 2\theta$	$d_{11}\cos\theta\cos 3\varphi$	$d_{11}\cos\theta\cos 3\varphi$
$\bar{4}$	$(d_{14}\cos 2\varphi-d_{15}\sin 2\varphi)\sin 2\theta$	$\frac{1}{2}(d_{14}+d_{36})\cos 2\varphi\sin 2\theta-\frac{1}{2}(d_{15}+d_{31})\sin 2\varphi\sin 2\theta$	$-\sin\theta(d_{31}\cos 2\varphi-d_{36}\sin 2\varphi)$	$-\sin\theta(d_{15}\cos 2\varphi+d_{14}\sin 2\varphi)$
$\bar{4}$2m	$d_{14}\sin 2\theta\cos 2\varphi$	$\frac{1}{2}(d_{14}+d_{36})\cos 2\varphi\sin 2\theta$	$-d_{36}\sin\theta\sin 2\varphi$	$-d_{14}\sin\theta\sin 2\varphi$

（b）考虑 Kleinman 对称关系时

晶体对称性	*eeo* 及 *oee*	*ooe* 及 *eoo*
6 和 4	0	$d_{15}\sin\theta$
622 和 422	0	0
6 mm 和 4 mm	0	$d_{15}\sin\theta$
$\bar{6}$m2	$d_{22}\cos^2\theta\cos\varphi$	$-d_{22}\cos\theta\sin 3\varphi$
3 m	$d_{22}\cos^2\theta\cos\varphi$	$d_{15}\sin\theta-d_{22}\cos\theta\sin 3\varphi$
$\bar{6}$	$\cos^2\theta(d_{11}\sin 3\varphi+d_{22}\cos 3\varphi)$	$\cos\theta(d_{11}\cos 3\varphi-d_{22}\sin 3\varphi)$
3	$\cos^2\theta(d_{11}\sin 3\varphi+d_{22}\cos 3\varphi)$	$d_{15}\sin\theta+\cos\theta(d_{11}\cos 3\varphi-d_{22}\sin 3\varphi)$
32	$d_{11}\cos^2\theta\sin 3\varphi$	$d_{11}\cos\theta\cos 3\varphi$
4	$\sin 2\theta(d_{14}\cos 2\varphi-d_{15}\sin 2\varphi)$	$-\sin\theta(d_{14}\sin 2\varphi+d_{15}\cos 2\varphi)$
$\bar{4}$2m	$d_{14}\sin 2\theta\cos 2\varphi$	$-d_{14}\sin\theta\sin 2\varphi$

【例 3-3-1】计算 KDP 晶体的有效倍频极化系数。

解：根据式(3.3.13) KDP 晶体第Ⅰ类相位匹配的有效倍频极化系数为

$$d_{\text{eff}}^{\text{I}}=(-\cos\varphi\cos\theta\quad -\sin\varphi\cos\theta\quad \sin\theta)\begin{pmatrix}0&0&0&d_{14}&0&0\\0&0&0&0&d_{14}&0\\0&0&0&0&0&d_{36}\end{pmatrix}\begin{pmatrix}\sin^2\varphi\\ \cos^2\varphi\\ 0\\ 0\\ 0\\ -2\sin\varphi\cos\varphi\end{pmatrix}$$

$$=-d_{36}\sin\theta\sin 2\varphi$$

考虑克莱曼对称性后，计算得：

$$d_{\text{eff}}^{\text{I}}=-d_{14}\sin\theta\sin 2\varphi$$

同理，KDP 晶体第Ⅱ类相位匹配的有效倍频极化系数为

$$d_{\text{eff}}^{\text{II}}=\frac{1}{2}(d_{14}+d_{36})\sin 2\theta\cos 2\varphi$$

考虑克莱曼对称性后，计算得：

$$d_{\text{eff}}^{\text{II}}=d_{14}\sin 2\theta\cos 2\varphi$$

可见，在切割晶体时，不仅要考虑相位匹配角 θ_{m}，还要考虑方位角 φ，以获得最大的倍频转换效率。具体到 KDP 晶体，采用第Ⅰ类相位匹配时，取 $\varphi=45°$；而当采用第Ⅱ类相位匹配时，$\varphi=0°$。对于 KDP 晶体切割与基频光偏振取向如图 3-2-6 和图 3-2-8 所示。

3.4　用高斯光束产生二次谐波

在 3.1 节计算倍频转换效率时，是将光束按平面波近似的，而实际激光束是高斯光束，平

面波只是实际激光束的近似表示。本节分析将光波处理成高斯光束时如何修正倍频转换效率。

关于高斯光束的简介可以参考附录D。高斯光束具有聚焦特性，如图3-4-1所示，考虑用高斯光束聚焦在倍频晶体上，产生二次谐波。下面将对倍频效率式(3.1.10)加以修正。考虑入射基频光振幅在光束横向为高斯分布

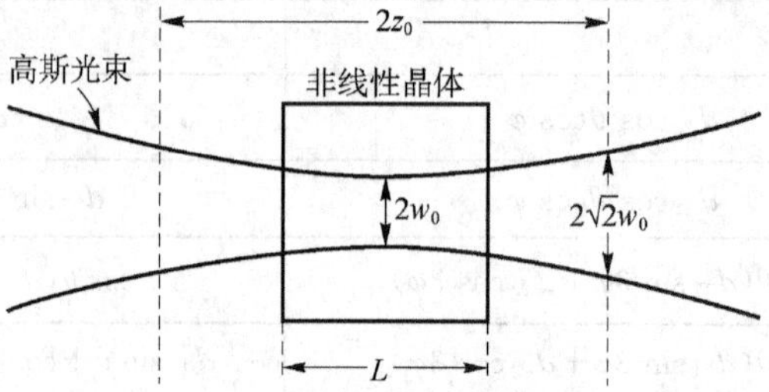

图3-4-1　高斯光束聚焦于非线性晶体

$$A_1(0)=A_{10}\exp\left(-\frac{r^2}{w_0^2}\right) \tag{3.4.1}$$

基频光光强为

$$I_1(0)=\frac{1}{2}\varepsilon_0 cn_1\ |A_1(0)|^2 \tag{3.4.2}$$

基频光光功率为

$$\begin{aligned}P_1(0)&=\int_0^\infty I_1(0)\mathrm{d}S=\frac{1}{2}\varepsilon_0 cn_1\ |A_{10}|^2\int_0^\infty \exp\left(-\frac{2r^2}{w_0^2}\right)2\pi r\,\mathrm{d}r\\&=I_{10}\left(\frac{\pi w_0^2}{2}\right)\end{aligned} \tag{3.4.3}$$

式中，$I_{10}=\frac{1}{2}\varepsilon_0 cn_1\ |A_{10}|^2$ 是基频光横截面中心的光强。

在小信号近似下，式(3.1.8)变成

$$A_2(L)=\mathrm{i}\,\frac{\omega_1}{cn_2}d_{\mathrm{eff}}LA_{10}^2(0)\exp\left(-\frac{2r^2}{w_0^2}\right)\mathrm{sinc}\left(\frac{\Delta kL}{2}\right)\exp\left(\mathrm{i}\,\frac{\Delta kL}{2}\right) \tag{3.4.4}$$

得倍频光功率

$$\begin{aligned}P_2(L)&=\int_0^\infty I_2(L)\mathrm{d}S=\frac{1}{2}\varepsilon_0 cn_2\int_0^\infty |A_2(L)|^2\mathrm{d}S\\&=\frac{2\mu_0\omega_1^2d_{\mathrm{eff}}^2L^2}{n_1^2n_2c}\left(\frac{P_1^2(0)}{\pi w_0^2}\right)\mathrm{sinc}^2\left(\frac{\Delta kL}{2}\right)\end{aligned} \tag{3.4.5}$$

则倍频转换效率为

$$\eta=\frac{P_2(L)}{P_1(0)}=\frac{2\mu_0\omega_1^2d_{\mathrm{eff}}^2L^2}{n_1^2n_2c}\left(\frac{P_1(0)}{\pi w_0^2}\right)\mathrm{sinc}^2\left(\frac{\Delta kL}{2}\right) \tag{3.4.6}$$

从式(3.4.6)进行分析，一方面，倍频转换效率正比于 L^2，促使我们使用长的晶体以提高效率；另一方面，倍频转换效率反比于高斯光束的腰粗，可以通过聚焦光束提高效率。但是当 $L>2z_0$（z_0 为瑞利范围）时，由于高斯光束的发散反而会使效率降低。当 $L\approx 2z_0$ 时会得到最大的倍频转换效率，$L=2z_0=2\left(\frac{\pi w_0^2 n}{\lambda}\right)$ 称为共焦聚焦条件。严格的分析指出，当 $L=5.68z_0$ 时，可以获得最佳的倍频转换效率。

本章参考文献

[1] Franken P, Hill A E, Peters C W, et al. Generation of optical harmonics [J]. Phys. Rev. Lett., 1961, 7(4): 118-119.

[2] Kleinman D A. Theory of second harmonic generation of light [J]. Phys. Rev., 1962, 128(4):1761-1775.

[3] Giordmaine J A. Mixing of light beams in crystals [J]. Phys. Rev. Lett., 1962, 8(1): 19-20.

[4] Maker P D, Terhune R W, Nisenoff M, et al. Effects of dispersion and focusing on the production of optical harmonics [J]. Phys. Rev. Lett., 1962, 8(1): 21-22.

[5] 波恩 M,沃尔夫 E,著.光学原理(上册)[M]. 杨葭荪,译.北京:科学出版社,1975.

[6] 波恩 M, 沃尔夫 E,著.光学原理(上册)[M]. 7 版.杨葭荪,译.北京:电子工业出版社,2005.

[7] Powers P E, Huas J W. Fundamentals of Nonlinear Optics 2nd Ed [M]. Chap. 2, Boca Raton: CRC Press, 2019.

[8] Dmitriev V G, Gurzadyan G G, Nikogosyan D N. Handbook of Nonlinear Optical Crystals [M]. Berlin: Springer-Verlag, 1999.

习　　题

3.1　列出单轴晶体倍频相位匹配表

匹配类型	Ⅰ类		Ⅱ类	
	偏振方式	匹配公式	偏振方式	匹配公式
正晶体				
负晶体				

3.2　我们知道弗兰肯首次利用红宝石激光器的 694.3 nm 的红光照射石英晶体，产生了 347.2 nm 的二次谐波。但是实际上石英晶体并不是一个好的倍频晶体，利用石英晶体作为二次谐波的晶体很难实现相位匹配。右图是石英晶体的折射率曲线图，根据这个图，说明石英晶体为什么很难实现相位匹配。

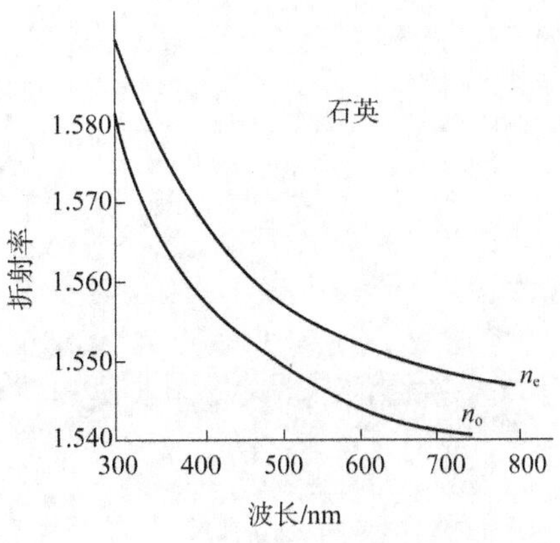

习题 3.2 图

3.3　$LiIO_3$ 晶体的色散公式为

$$n_o^2=3.4132+\frac{0.0476}{\lambda^2-0.0338}-0.0077\lambda^2$$

$$n_e^2=2.9211+\frac{0.0346}{\lambda^2-0.0320}-0.0042\lambda^2$$

λ 的单位为μm,试计算 $LiIO_3$ 晶体对半导体激光器波长 1.55 μm 倍频的匹配角。

3.4　证明以下两种情况下倍频的离散角公式：

$$负单轴晶体\ o+o\rightarrow e：\tan\alpha=\frac{1}{2}(n_o^{\omega})^2\left[\frac{1}{(n_e^{2\omega})^2}-\frac{1}{(n_o^{2\omega})^2}\right]\sin 2\theta_{\mathrm{m}}$$

$$正单轴晶体\ e+e\rightarrow o：\tan\alpha=\frac{1}{2}(n_o^{2\omega})^2\left[\frac{1}{(n_e^{\omega})^2}-\frac{1}{(n_o^{\omega})^2}\right]\sin 2\theta_{\mathrm{m}}$$

3.5　利用 $LiIO_3$ 晶体作倍频晶体，对于半导体激光器波长 1.55 μm 作为基频光以相位匹配角输入。试计算：

(1) 倍频离散角；(2)估计激光束孔径 $D=0.5$ mm，计算走离长度。

3.6　分别计算 KDP 晶体、$LiNbO_3$ 晶体和 $LiIO_3$ 第Ⅰ类和第Ⅱ类相位匹配的有效非线性系数 d_{eff}（包括不考虑以及考虑克莱曼对称性两种情况）。

第 4 章　光学参量放大和光学参量振荡

4.1　引言

在二次非线性效应中，光学参量放大和光学参量振荡过程有着重要的应用价值。光学参量放大(Optical Parametric Amplifier，OPA)可以使弱相干辐射光获得放大，而光学参量振荡器(Optical Parametric Oscillator，OPO)可以产生从可见光到红外光的很宽频带的可调谐相干辐射光。

早在 1961 年弗兰肯观察到二次谐波现象以后，从 1962 年开始金斯顿(Kingston)[1]、克罗(Kroll)[2]、阿克曼诺夫(Akhmanov)[3]和阿姆斯特朗(Armstrong)[4]等人从理论上预言了三波相互作用中存在参量增益的可能性。1965 年王(Wang)和拉奇特(Racette)[5]首先观察到三波相互作用过程中的参量增益，同年乔德曼因(Giordmaine)和米勒(Miller)制成了第一台光学参量振荡器，获得调谐范围 0.97～1.15 μm 的参量信号输出[6]。

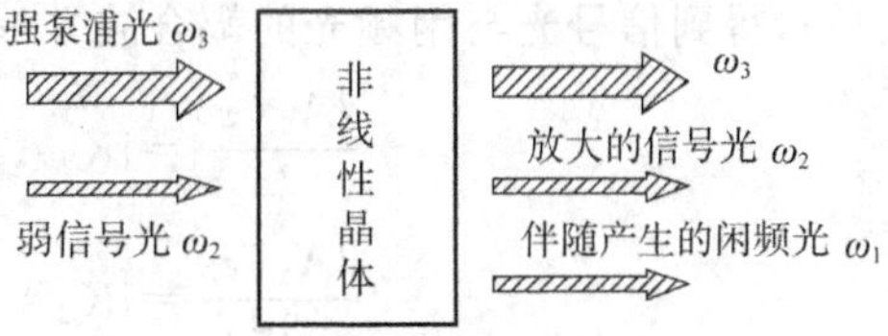

图 4-1-1

光学参量放大过程实际上是一个差频过程，如图 4-1-1 所示。向非线性晶体输入一个频率为 ω_3 的高频强泵浦光和一个频率为 ω_2 的低频弱信号光，通过三波混频过程产生一个频率为 $\omega_1=\omega_3-\omega_2$ 的差频光，同时信号光 ω_2 从泵浦光 ω_3 中获得能量被放大了。由于该过程的主要着眼点是信号光的放大，因此将伴随产生的差频光 ω_1 称为“闲频光”。若将非线性晶体放在谐振腔中，则信号光与闲频光将被反复多次放大，当增益大于损耗时，就可以产生振荡，构成光学参量振荡器。这时满足下列要求的腔内噪声辐射场中一对频率为 ω_1 和 ω_2 可以产生振荡，要求是能量守恒

$$\omega_1+\omega_2=\omega_3 \tag{4.1.1}$$

以及相位匹配条件

$$\boldsymbol{k}_1+\boldsymbol{k}_2=\boldsymbol{k}_3 \tag{4.1.2}$$

此时上述噪声光场经过多次放大形成振荡，并不需要从外界输入 ω_2 或 ω_1 光束，如图 4-1-2 所示。对于波矢共线传播情况，相位匹配条件式(4.1.2)等价于

$$n_1\omega_1+n_2\omega_2=n_3\omega_3 \tag{4.1.3}$$

这样当泵浦光频率 ω_3 固定，使 n_1、n_2、n_3 任意一个折射率发生变化，就可以使频率 ω_1 和 ω_2 发生变化，达到输出两个可调频率(波长)的相干辐射场的目的。

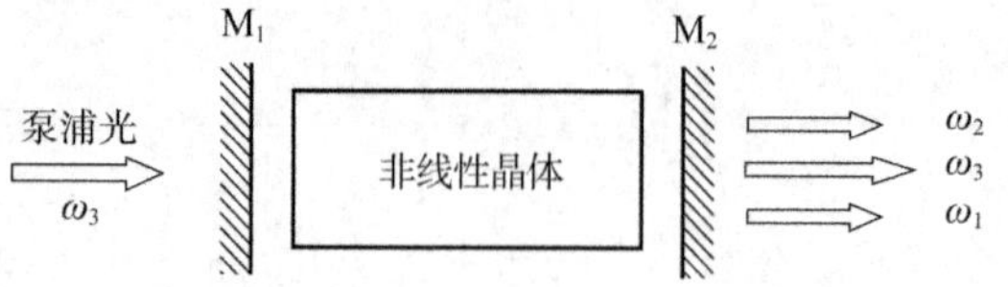

图 4-1-2

在此需要提及的是，光学参量放大和光学参量振荡从机制上说与激光的受激辐射放大和激光振荡有所不同。在激光放大和激光振荡过程中，光的增益来源于原子或分子粒子数反转能级间的受激辐射，这时，激光放大介质参与了能量的交换，介质状态发生了改变。而在光学参量放大和光学参量振荡过程中，光的增益来源于非线性介质中光波之间的相互混频作用，介质在作用前后状态没有发生改变，介质本身并不参与能量的净交换。沿用电子学中同类问题的习惯叫法，称为光学参量过程。

4.2 光学参量放大

4.2.1 光学参量放大的解

为了与 4.3 节讨论光学参量振荡相一致，假定在非线性晶体的输入端输入一个很强的泵浦光 ω_3，另外同时输入两个频率分别为 ω_1、ω_2 的光强很弱的光波。为简单起见，假定三个光波波矢共线传播(为了实现相位匹配，三个光波一般是不共线的)。一般情况泵浦光 ω_3 光强远远大于 ω_1、ω_2 的光强。则在光学参量放大过程中，即使对于 ω_1、ω_2 的光波来说它们获得了显著的放大，但泵浦光只有一小部分能量转换给 ω_1 和 ω_2，还未发生显著的减小。因此对于泵浦光的振幅，作 $A_3(z)\approx A_3(0)$ 的近似。参考 2.3 节中三波耦合波方程(2.3.15)、(2.3.16)、(2.3.17)，得到信号光与闲频光的耦合波方程

$$\begin{aligned}\frac{\partial A_1(z)}{\partial z}&=\mathrm{i}K_1A_3(0)A_2^*(z)\exp(\mathrm{i}\Delta kz)\\\frac{\partial A_2(z)}{\partial z}&=\mathrm{i}K_2A_3(0)A_1^*(z)\exp(\mathrm{i}\Delta kz)\end{aligned}\tag{4.2.1}$$

式中

$$K_i=\frac{\omega_i}{2cn_i}\chi_{\mathrm{eff}}^{(2)}\qquad i=1,\ 2\tag{4.2.2}$$

相位失配因子

$$\Delta k=k_3-k_1-k_2\tag{4.2.3}$$

令耦合波方程(4.2.1)的解为

$$\begin{aligned}A_1(z)&=C_1\exp\left[\left(m+\mathrm{i}\frac{\Delta k}{2}\right)z\right]\\A_2(z)&=C_2\exp\left[\left(m+\mathrm{i}\frac{\Delta k}{2}\right)z\right]\end{aligned}\tag{4.2.4}$$

式中，m 是待定的本征值，C_1、C_2 是积分常数。将解代入方程(4.2.1)，得到

$$\begin{aligned}&\left(m-\mathrm{i}\frac{\Delta k}{2}\right)C_1^*+\mathrm{i}K_1A_3^*(0)C_2=0\\&-\mathrm{i}K_2A_3(0)C_1^*+\left(m+\mathrm{i}\frac{\Delta k}{2}\right)C_2=0\end{aligned}\tag{4.2.5}$$

C_1、C_2不能同时为零(如果同时为零,说明介质中没有 ω_1、ω_2 的光场),它们有非零解的条件是

$$\begin{vmatrix}m-\mathrm{i}\dfrac{\Delta k}{2} & \mathrm{i}K_1A_3^*(0)\\ -\mathrm{i}K_2A_3(0) & m+\mathrm{i}\dfrac{\Delta k}{2}\end{vmatrix}=0\tag{4.2.6}$$

求解得到本征值

$$m=\pm\sqrt{K_1K_2|A_3(0)|^2-\left(\frac{\Delta k}{2}\right)^2}=\pm g\tag{4.2.7}$$

式中

$$g=\sqrt{\Gamma^2-\left(\frac{\Delta k}{2}\right)^2}\tag{4.2.8}$$

$$\Gamma^2=K_1K_2|A_3(0)|^2=\frac{\mu_0\omega_1\omega_2\ (\chi_{\mathrm{eff}}^{(2)})^2}{2cn_1n_2n_3}I_3(0)\tag{4.2.9}$$

与泵浦光光强以及有效非线性极化率有关。这样耦合波方程(4.2.1)的解为

$$\begin{aligned}A_1(z)&=(C_{1+}\exp(gz)+C_{1-}\exp(-gz))\exp\left(\mathrm{i}\frac{\Delta k}{2}z\right)\\A_2(z)&=(C_{2+}\exp(gz)+C_{2-}\exp(-gz))\exp\left(\mathrm{i}\frac{\Delta k}{2}z\right)\end{aligned}\tag{4.2.10}$$

式中,积分常数 C_{1+}、C_{1-}、C_{2+}、C_{2-} 由边界条件决定

$$\begin{cases}A_1(z)|_{z=0}=A_1(0)\\ \dfrac{\partial A_1(z)}{\partial z}\Big|_{z=0}=\mathrm{i}K_1A_3(0)A_2^*(0)\end{cases}\tag{4.2.11}$$

$$\begin{cases}A_2(z)|_{z=0}=A_2(0)\\ \dfrac{\partial A_2(z)}{\partial z}\Big|_{z=0}=\mathrm{i}K_2A_3(0)A_1^*(0)\end{cases}\tag{4.2.12}$$

可以求出

$$\begin{aligned}C_{1+}&=\left(\frac{1}{2}-\mathrm{i}\frac{\Delta k}{4g}\right)A_1(0)+\mathrm{i}\frac{1}{2g}K_1A_3(0)A_2^*(0)\\C_{1-}&=\left(\frac{1}{2}+\mathrm{i}\frac{\Delta k}{4g}\right)A_1(0)-\mathrm{i}\frac{1}{2g}K_1A_3(0)A_2^*(0)\end{aligned}\tag{4.2.13}$$

$$\begin{aligned}C_{2+}&=\left(\frac{1}{2}-\mathrm{i}\frac{\Delta k}{4g}\right)A_2(0)+\mathrm{i}\frac{1}{2g}K_2A_3(0)A_1^*(0)\\C_{2-}&=\left(\frac{1}{2}+\mathrm{i}\frac{\Delta k}{4g}\right)A_2(0)-\mathrm{i}\frac{1}{2g}K_2A_3(0)A_1^*(0)\end{aligned}\tag{4.2.14}$$

得出耦合波方程(4.2.1)的最终解如下

$$A_1(z)=\left[\left(\cosh gz-\mathrm{i}\frac{\Delta k}{2g}\sinh gz\right)A_1(0)+\mathrm{i}\frac{1}{g}K_1A_3(0)A_2^*(0)\sinh gz\right]\exp\left(\mathrm{i}\frac{\Delta k}{2}z\right)$$
$$A_2(z)=\left[\left(\cosh gz-\mathrm{i}\frac{\Delta k}{2g}\sinh gz\right)A_2(0)+\mathrm{i}\frac{1}{g}K_2A_3(0)A_1^*(0)\sinh gz\right]\exp\left(\mathrm{i}\frac{\Delta k}{2}z\right)$$
(4.2.15)

在一般参量放大过程中，没有 ω_1 光输入，因此 $A_1(0)=0$。再考虑完全相位匹配的情况 $\Delta k=0$，则由式(4.2.15)得到闲频光和信号光光强随距离的变化

$$I_1(z)=\frac{\omega_1}{\omega_2}I_2(0)\sinh^2\Gamma z$$
$$I_2(z)=I_2(0)\cosh^2\Gamma z \tag{4.2.16}$$

信号光被放大的同时产生随距离增加的闲频光，如图 4-2-1 所示。

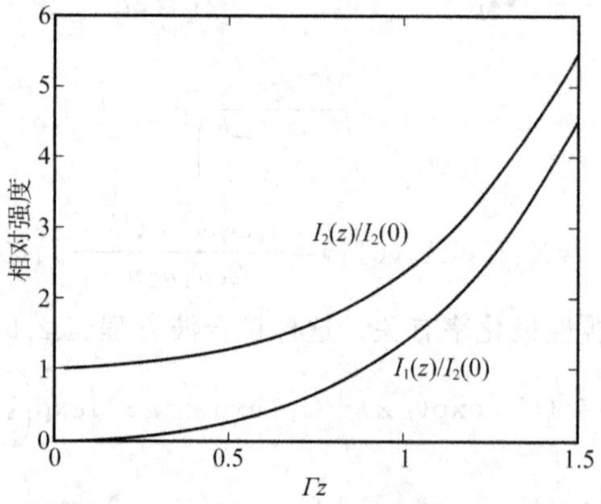

图 4-2-1　信号光与闲频光随距离的变化

4.2.2　光学参量放大的增益

可以从式(4.2.15)得到光学参量放大器的增益。当 $A_1(0)=0$ 时

$$A_2(z)=A_2(0)\left(\cosh gz-\mathrm{i}\frac{\Delta k}{2g}\sinh gz\right)\exp\left(\mathrm{i}\frac{\Delta k}{2}z\right) \tag{4.2.17}$$

信号光光强为

$$I_2(z)=I_2(0)\left[1+\left(\frac{\Gamma}{g}\right)^2\sinh^2 gz\right] \tag{4.2.18}$$

晶体长度为 L 的光参量放大器的增益为

$$G=\frac{I_2(L)-I_2(0)}{I_2(0)}=\left(\frac{\Gamma}{g}\right)^2\sinh^2 gL \tag{4.2.19}$$

4.3　光学参量振荡器

在 4.1 节曾经提到将非线性晶体放入谐振腔中，并输入泵浦光 ω_3，通过谐振腔的正反馈作用，信号光 ω_2 与闲频光 ω_1 将经过多次放大。当参量放大的增益大于损耗时，在腔内形成 ω_1 和 ω_2 的振荡。如果谐振腔只对信号光 ω_2 形成振荡，这样的参量振荡器称为单共振振荡器

(Single Resonance Oscillation,SRO)。如果谐振腔对 ω_1 和 ω_2 同时形成振荡,则称为双共振参量振荡器(Double Resonance Oscillation,DRO)。图 4-3-1 是双共振光学参量振荡器的示意图,对于泵浦光 ω_3,谐振腔两个腔镜的反射率几乎为零,而对于信号光 ω_2 和闲频光 ω_1 腔镜处于高反射率。

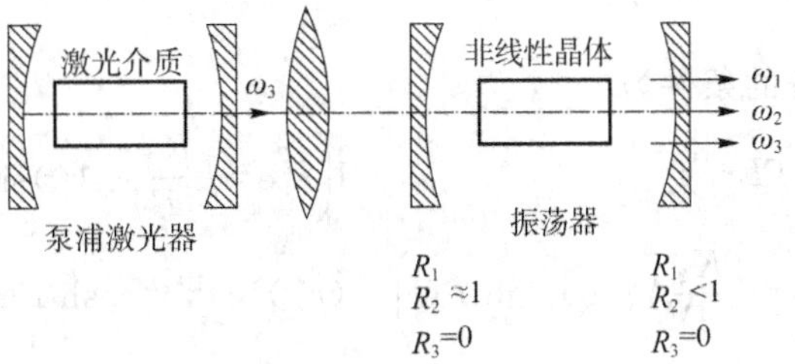

图 4-3-1　双共振参量振荡器

4.3.1　光学参量振荡器的振荡条件和阈值

如果使光场能在谐振腔内形成振荡,需要计算阈值条件。下面由谐振腔中光场的自洽要求得到光学参量振荡器的阈值条件,如图 4-3-2 所示。

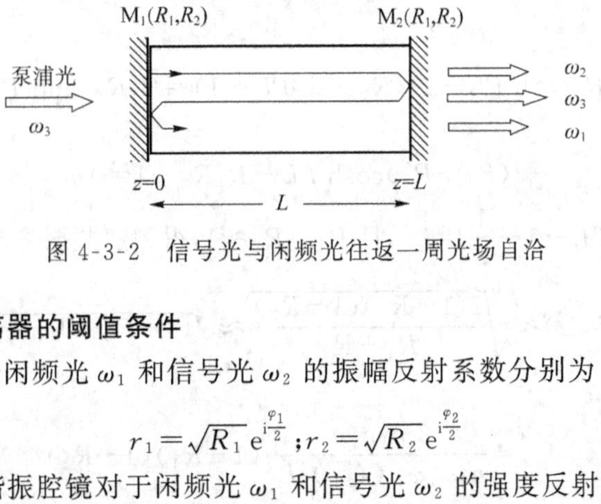

图 4-3-2　信号光与闲频光往返一周光场自洽

1. 双共振参量振荡器的阈值条件

假定谐振腔镜对于闲频光 ω_1 和信号光 ω_2 的振幅反射系数分别为

$$r_1=\sqrt{R_1}\,\mathrm{e}^{\mathrm{i}\frac{\varphi_1}{2}};r_2=\sqrt{R_2}\,\mathrm{e}^{\mathrm{i}\frac{\varphi_2}{2}} \tag{4.3.1}$$

式中,R_1 和 R_2 分别为谐振腔镜对于闲频光 ω_1 和信号光 ω_2 的强度反射系数。

假定晶体本身两边镀膜作为一个谐振腔,以反射镜 M_1 处为 $z=0$,以及 M_2 处 $z=L$。设在 $z=0$ 处闲频光和信号光振幅分别为 $A_1(0)$ 和 $A_2(0)$,则由式(4.2.15),并考虑完全相位匹配,在 $z=L$ 处的光振幅(复振幅)为

$$A_1(L)=\left(A_1(0)\cosh\Gamma L+\mathrm{i}\frac{1}{\Gamma}K_1A_3(0)A_2^*(0)\sinh\Gamma L\right)\exp(\mathrm{i}k_1L) \tag{4.3.2}$$

$$A_2(L)=\left(A_2(0)\cosh\Gamma L+\mathrm{i}\frac{1}{\Gamma}K_2A_3(0)A_1^*(0)\sinh\Gamma L\right)\exp(\mathrm{i}k_2L) \tag{4.3.3}$$

经过 M_2 反射回到 $z=0$ 处再经过 M_1 反射后的光场应该与原光场自洽,即

$$r_1^2\left(A_1(0)\cosh\Gamma L+\mathrm{i}\frac{1}{\Gamma}K_1A_3(0)A_2^*(0)\sinh\Gamma L\right)\exp(\mathrm{i}2k_1L)=A_1(0) \tag{4.3.4}$$

$$r_2^2\left(A_2(0)\cosh\Gamma L+\mathrm{i}\frac{1}{\Gamma}K_2A_3(0)A_1^*(0)\sinh\Gamma L\right)\exp(\mathrm{i}2k_2L)=A_2(0) \tag{4.3.5}$$

经过整理得

$$(r_1^2 e^{i2k_1L}\cosh\Gamma L-1)A_1(0)+i\left(r_1^2 e^{i2k_1L}\frac{K_1}{\Gamma}A_3(0)\sinh\Gamma L\right)A_2^*(0)=0 \tag{4.3.6}$$

$$-i\left((r_2^*)^2 e^{-i2k_2L}\frac{K_2}{\Gamma}A_3^*(0)\sinh\Gamma L\right)A_1(0)+((r_2^*)^2 e^{-i2k_2L}\cosh\Gamma L-1)A_2^*(0)=0 \tag{4.3.7}$$

$A_1(0)$与$A_2^*(0)$有非零解的条件为

$$\begin{vmatrix} r_1^2 e^{i2k_1L}\cosh\Gamma L-1 & i\left(r_1^2 e^{i2k_1L}\dfrac{K_1}{\Gamma}A_3(0)\sinh\Gamma L\right) \\ -i\left((r_2^*)^2 e^{-i2k_2L}\dfrac{K_2}{\Gamma}A_3^*(0)\sinh\Gamma L\right) & (r_2^*)^2 e^{-i2k_2L}\cosh\Gamma L-1 \end{vmatrix}=0 \tag{4.3.8}$$

这样得到光场自洽的振荡条件为

$$\begin{aligned}&(R_1 e^{i(2k_1L+\varphi_1)}\cosh\Gamma L-1)(R_2 e^{-i(2k_2L+\varphi_2)}\cosh\Gamma L-1)\\&=R_1R_2\sinh^2\Gamma L\, e^{i(2k_1L+\varphi_1)}e^{i(2k_2L+\varphi_2)}\end{aligned} \tag{4.3.9}$$

研究式(4.3.9)可知，当等式左边的两个相乘因子都是正实数时可得最小的Γ值，这样必须要求

$$\begin{aligned}2k_1L+\varphi_1&=2m\pi\\2k_2L+\varphi_2&=2n\pi\end{aligned} \tag{4.3.10}$$

则式(4.3.9)变成

$$(R_1\cosh\Gamma L-1)(R_2\cosh\Gamma L-1)=R_1R_2\sinh^2\Gamma L \tag{4.3.11}$$

即

$$(R_1+R_2)\cosh\Gamma L-R_1R_2-1=0 \tag{4.3.12}$$

考虑ΓL较小时，$\cosh\Gamma L\approx 1+\frac{1}{2}\Gamma^2L^2$，且$R_1$、$R_2\approx 1$，得到双共振参量振荡器的阈值条件为

$$(\Gamma_{th}L)\approx\sqrt{\frac{2(1-R_1)(1-R_2)}{R_1+R_2}}\approx\sqrt{(1-R_1)(1-R_2)} \tag{4.3.13}$$

用泵浦强度表示为

$$I_{3th}=\frac{2cn_1n_2n_3}{\mu_0\omega_1\omega_2(\chi_{eff}^{(2)})^2L^2}(1-R_1)(1-R_2) \tag{4.3.14}$$

这就是能够形成双共振时，泵浦光强需要达到的阈值强度，大于这个阈值强度，才能形成共振。假如非线性晶体为$L=1$ cm的$LiNbO_3$晶体，泵浦光波长$\lambda_3=488$ nm，信号光和闲频光波长分别为$\lambda_2=632.8$ nm，$\lambda_1=2140$ nm，n_1、n_2、$n_3\approx 2.2$，$\chi_{eff}^{(2)}=2d_{15}=2\times 5.45\times 10^{-12}$ m/V，$(1-R_1)=(1-R_2)=2\times 10^{-2}$，求出$I_{3th}=6.5\times 10^3$ W/cm^2。这是一个极普通的激光光强，即使用连续输出的激光器也可以达到这样的强度。可见双共振的参量振荡器对于泵浦阈值光强的要求很低，但是由下面的分析可知，其对谐振腔的稳定性要求较高。这是因为双共振参量振荡器不仅要求满足阈值如式(4.3.14)，三波还要求满足频率条件和式(4.3.10)的相位条件，即

$$\begin{aligned}&\omega_1+\omega_2=\omega_3\\&k_1L=\frac{\omega_1n_1L}{c}=m\pi-\frac{\varphi_1}{2}\\&k_2L=\frac{\omega_2n_2L}{c}=n\pi-\frac{\varphi_2}{2}\end{aligned} \tag{4.3.15}$$

这对于谐振腔提出了一个十分严格的要求。泵浦光 ω_3 是固定不变的，如果由于温度或外界振动等因素使腔长产生微小变化，ω_1 和 ω_2 就会漂移。要同时满足式(4.3.15)中的各式是困难的。因此双共振参量振荡器虽然阈值要求较低，但是稳定性较差。

2. 单共振参量振荡器的阈值条件

所谓单共振参量振荡器是指谐振腔只对信号光或闲频光之一形成振荡，另一频率的光不能形成振荡。如图 4-3-3 所示，是利用非共线相位匹配$\boldsymbol{k}_1+\boldsymbol{k}_2=\boldsymbol{k}_3$ 将信号光和闲频光分开，使信号光在谐振腔轴线方向形成振荡，而闲频光一次通过非线性晶体，从侧面导出腔外。

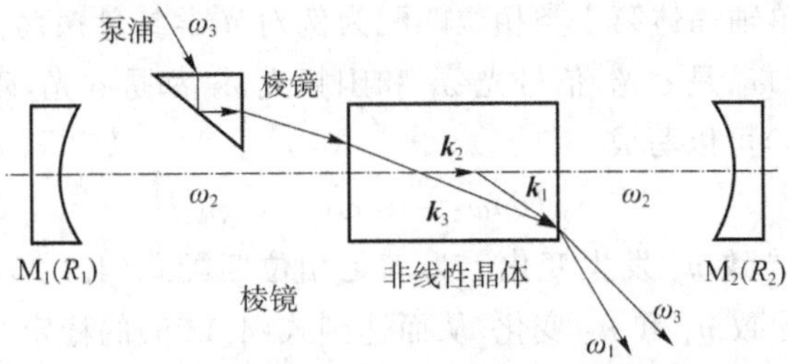

图 4-3-3　非共线相位匹配的单共振参量振荡器

在式(4.3.9)中令 $R_1=0$，得到单共振参量振荡器光场自洽的条件

$$R_2\mathrm{e}^{-\mathrm{i}(2k_2L+\varphi_2)}\cosh \Gamma L=1 \tag{4.3.16}$$

则要求同时满足相位条件

$$2k_2L+\varphi_2=2m\pi \tag{4.3.17}$$

和阈值条件

$$R_2\cosh \Gamma L=1 \tag{4.3.18}$$

如同推导式(4.3.13)同样的近似，得

$$(\Gamma_{\mathrm{th}}L)\approx\sqrt{\frac{2(1-R_2)}{R_2}}\approx\sqrt{2(1-R_2)} \tag{4.3.19}$$

用泵浦强度表示为

$$I_{3\mathrm{th}}=\frac{4cn_1n_2n_3}{\mu_0\omega_1\omega_2(\chi_{\mathrm{eff}}^{(2)})^2L^2}(1-R_2) \tag{4.3.20}$$

比较式(4.3.14)和式(4.3.20)，取 $R_1\approx R_2\approx 98\%$，则

$$\frac{[I_{3\mathrm{th}}]_{\mathrm{SRO}}}{[I_{3\mathrm{th}}]_{\mathrm{DRO}}}=\frac{2}{1-R_1}\approx 100 \tag{4.3.21}$$

这说明，单共振参量振荡器的阈值大约是双共振参量振荡器的 100 倍，但是在相位条件上的限制要比双共振参量振荡器宽松得多，稳定性更好。

4.3.2　光学参量振荡器的频率调谐

光学参量振荡器是产生频率可调谐的相干辐射光的重要方法之一，需要探究一下如何对输出的信号光与闲频光进行频率调谐。如前所述，产生振荡的信号光和闲频光必须满足频率条件：

$$\omega_3=\omega_1+\omega_2 \tag{4.3.22}$$

以及相位匹配条件：

$$\boldsymbol{k}_3=\boldsymbol{k}_1+\boldsymbol{k}_2 \tag{4.3.23}$$

在三波共线传播时，相位匹配条件等价于

$$n_3\omega_3=n_1\omega_1+n_2\omega_2 \tag{4.3.24}$$

式中，外界输入的泵浦光频率 ω_3 固定不变。各波在非线性介质中的折射率与频率、在晶体中的偏振方向（e 光）、晶体中存在的电场（电光效应）以及温度等等有关。通过有效手段，可以改变式(4.3.24)中的折射率，进而达到调谐输出信号光和闲频光频率的目的。一般可以采用改变晶体取向（角度调谐）或者改变晶体的温度（温度调谐）实现参量振荡器的频率调谐。

1. 角度调谐

为简单起见，以负单轴晶体第Ⅰ类相位匹配为例对光学参量振荡器输出光的角度频率调谐加以说明。设泵浦光 ω_3 是 e 光，信号光 ω_2 和闲频光 ω_1 都是 o 光，匹配方式为 $e_3\to o_1+o_2$。这样相位匹配式(4.3.24)可以写成

$$n_{3e}(\theta)\omega_3=n_{1o}\omega_1+n_{2o}\omega_2 \tag{4.3.25}$$

当晶体的取向变化，会导致 n_3 发生变化。为满足相位匹配式(4.3.25)，ω_1 和 ω_2 都将稍有变化，（由于色散）这又将导致 n_1 和 n_2 变化，从而达到式(4.3.25)的稳定。

假定一开始晶体取向 θ_0 时，满足相位匹配而使频率 ω_{10} 和 ω_{20} 产生振荡，相应的折射率为 n_{1o} 和 n_{2o}，则

$$n_{3e}(\theta_0)\omega_3=n_{1o}\omega_{10}+n_{2o}\omega_{20} \tag{4.3.26}$$

此时如果将晶体稍微转过一个角度，使晶体取向变为 $\theta=\theta_0+\Delta\theta$，为满足频率条件，信号光和闲频光频率分别变成 $\omega_2=\omega_{20}+\Delta\omega_2$ 和 $\omega_1=\omega_{10}-\Delta\omega_2$。要求晶体转向后仍能够满足相位匹配，即

$$\omega_3(n_{3e}(\theta_0)+\Delta n_3)=(\omega_{10}-\Delta\omega_2)(n_{1o}+\Delta n_1)+(\omega_{20}+\Delta\omega_2)(n_{2o}+\Delta n_2) \tag{4.3.27}$$

结合式(4.3.26)，并忽略 $\Delta\omega\Delta n$ 这样的二阶小量，得

$$\Delta\omega_2=\frac{\omega_3\Delta n_3-\omega_{10}\Delta n_1-\omega_{20}\Delta n_2}{n_{2o}-n_{1o}} \tag{4.3.28}$$

由于泵浦光是 e 光，且频率不变（不用考虑色散），折射率 n_3 只随 θ 变化。$\Delta\theta$ 造成 n_3 的变化为

$$\Delta n_3=\left.\frac{\partial n_{3e}(\theta)}{\partial\theta}\right|_{\theta_0}\Delta\theta \tag{4.3.29}$$

信号光和闲频光是 o 光，折射率 n_1 和 n_2 与 θ 无关，（由于色散）只是频率的函数，其变化

$$\begin{aligned}\Delta n_1&=\left.\frac{\partial n_{1o}}{\partial\omega}\right|_{\omega_{10}}\Delta\omega_1\\ \Delta n_2&=\left.\frac{\partial n_{2o}}{\partial\omega}\right|_{\omega_{20}}\Delta\omega_2\end{aligned} \tag{4.3.30}$$

将式(4.3.29)和式(4.3.30)代入式(4.3.28)，并注意到 $\Delta\omega_2=-\Delta\omega_1$，得到

$$\frac{\partial\omega_2}{\partial\theta}=\frac{\omega_3\left(\dfrac{\partial n_{3e}(\theta)}{\partial\theta}\right)}{(n_{2o}-n_{1o})+\left[\omega_{20}\left(\dfrac{\partial n_{2o}}{\partial\omega}\right)-\omega_{10}\left(\dfrac{\partial n_{1o}}{\partial\omega}\right)\right]} \tag{4.3.31}$$

根据 1.1 节单轴晶体公式(1.1.42)，得

$$\frac{\partial n_{3e}(\theta)}{\partial\theta}=-\frac{n_{3e}^3(\theta)}{2}\sin 2\theta\left[\frac{1}{n_{3e}^2}-\frac{1}{n_{3o}^2}\right] \tag{4.3.32}$$

式中，n_{3o}和n_{3e}分别为晶体对泵浦光频率ω_3的主折射率。将式(4.3.32)代入式(4.3.31)，得到角度改变的频率调谐公式

$$\frac{\partial\omega_2}{\partial\theta}=-\frac{\frac{1}{2}\omega_3 n_{3e}^3(\theta)\left[\left(\frac{1}{n_{3e}}\right)^2-\left(\frac{1}{n_{3o}}\right)^2\right]\sin 2\theta}{(n_{2o}-n_{1o})+\left[\omega_{20}\left(\frac{\partial n_{2o}}{\partial\omega}\right)-\omega_{10}\left(\frac{\partial n_{1o}}{\partial\omega}\right)\right]} \tag{4.3.33}$$

图 4-3-4 是用 ADP 晶体作为非线性介质的参量振荡器信号光角度调谐的实验曲线[7]，图中还给出了在式(4.3.33)做二级近似下的理论曲线，其中用到了 ADP 晶体的色散公式(n 与 λ 的塞耳迈尔方程)。

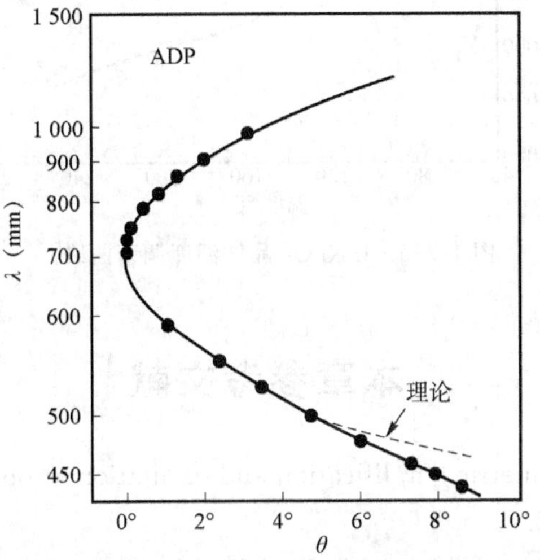

图 4-3-4　ADP 晶体的角度调谐曲线[7]

2. 温度调谐

对于 $LiNbO_3$ 这样折射率对温度敏感的晶体，在非临界的 90°角温度相位匹配情况下，利用改变温度实现光学参量振荡器输出频率可调谐的目的。

对于温度调谐的理论分析仍然从公式(4.3.28)出发，只不过折射率的改变由温度改变引起

$$\begin{aligned}\Delta n_1&=\left.\frac{\partial n_{1o}}{\partial T}\right|_{T_0}\Delta T\\ \Delta n_2&=\left.\frac{\partial n_{2o}}{\partial T}\right|_{T_0}\Delta T\\ \Delta n_3&=\left[\left(\frac{\partial n_{3e}(\theta)}{\partial n_{3o}}\right)\left.\left(\frac{\partial n_{3o}}{\partial T}\right)\right|_{T_0}+\left(\frac{\partial n_{3e}(\theta)}{\partial n_{3e}}\right)\left.\left(\frac{\partial n_{3e}}{\partial T}\right)\right|_{T_0}\right]\Delta T\end{aligned} \tag{4.3.34}$$

式中，$\left.\frac{\partial n_o}{\partial T}\right|_{T_0}$ 和 $\left.\frac{\partial n_e}{\partial T}\right|_{T_0}$ 可以由晶体的塞耳迈尔色散公式求得。将式(4.3.34)代入式(4.3.28)，最后得到温度调谐公式

$$\frac{\partial\omega_2}{\partial T}=\frac{\omega_3\left[\cos^2\theta\left(\frac{n_{3e}(\theta)}{n_{3o}}\right)^3\frac{\partial n_{3o}}{\partial T}+\sin^2\theta\left(\frac{n_{3e}(\theta)}{n_{3e}}\right)^3\frac{\partial n_{3e}}{\partial T}\right]-\omega_{10}\frac{\partial n_{1o}}{\partial T}-\omega_{20}\frac{\partial n_{2o}}{\partial T}}{n_{2o}-n_{1o}} \tag{4.3.35}$$

图 4-3-5 是 $LiNbO_3$ 作为参量振荡器的非线性晶体的温度调谐实验曲线[8]。

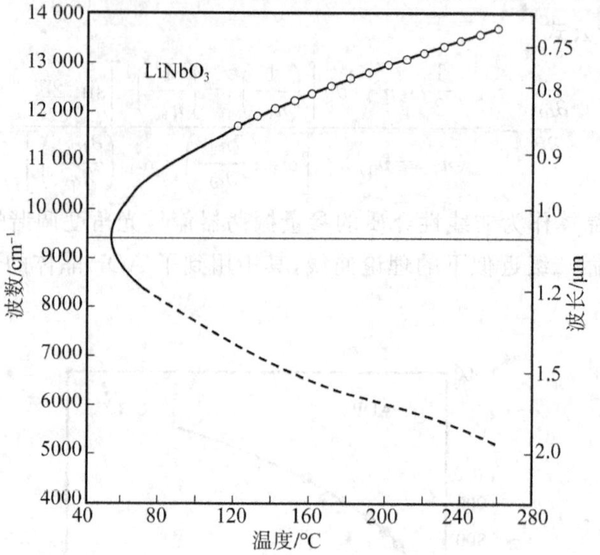

图 4-3-5 $LiNbO_3$ 晶体温度调谐曲线[8]

本章参考文献

[1] Kingston R H. Parametric amplification and oscillation at optical frequencies [J]. Proc. IRA, 1962, 50: 472.

[2] Kroll N M. Parametric amplification in spatially extended media and the application to the design of tunable oscillators at optical frequencies [J]. Phys. Rev., 1962, 127: 1027-1211.

[3] Akhmanov S A, Khokhlov R V. Concerning one possibility of amplification [J]. Sov. Phys., JEPT, 1963, 16: 252-257.

[4] Armstrong J A, Bloembergen N, Ducuing J, et al. Interaction between light waves in a nonlinear dielectric [J]. Phys. Rev., 1962, 127: 1918-1939.

[5] Wang C C, Racette G W. Measurement of parametric gain accompanying optical difference frequency generation [J]. Appl. Phys. Lett., 1965, 6: 169-171.

[6] Giordmaine J A, Miller R C. Tunable coherent parametric oscillation in $LiNbO_3$ at optical frequencies [J]. Phys. Rev. Lett., 1965, 14: 973.

[7] Magde D, Mahr H. Study in ammonium dihyrogen phosphate of spontaneous parametric interaction tunable from 4400 to 16000 Å [J]. Phys. Rev. Lett., 1967, 18(21): 905-907.

[8] Giordmaine J A, Miller R C. Optical parametric oscillation in the visible spectrum [J]. Appl. Phys. Lett., 1966, 9: 298.

习　题

4.1 在 4.2.1 节中给出了参量放大 $A_1(z)$、$A_2(z)$ 的解式，在相位匹配下证明关系：

$$\frac{|A_1(z)|^2-|A_1(0)|^2}{\kappa_1}=\frac{|A_2(z)|^2-|A_2(0)|^2}{\kappa_2}$$

并解释上式的物理意义。其中 $\kappa_i=\frac{\omega_i}{cn_i}\chi_{\rm eff}^{(2)}$。

4.2　采用某晶体作参量振荡器的非线性材料。已知折射率 $n_1\approx n_2\approx n_3=1.5$，有效非线性系数 $\chi_{\rm eff}=1\times10^{-11}$ m/V；波长 $\lambda_1\approx\lambda_2=1$ μm；腔镜反射率 $R_1\approx R_2=0.98$，试计算晶体长度分别为 1 cm 和 10 cm 时的阈值功率密度。

4.3　推导光参量振荡器角度调谐公式：

$$\Delta\omega_{\rm s}=\frac{-\frac{1}{2}\omega_{\rm p}\left[n_{\rm p}(\theta_0)\right]^3\left[\frac{1}{(n_{\rm e}^{p})^2}-\frac{1}{(n_{\rm o}^{p})^2}\right]\sin 2\theta_0}{(n_{\rm s0}-n_{\rm i0})+\left[\omega_{\rm s0}\left(\frac{\partial n_{\rm s}}{\partial\omega_{\rm s}}\right)\bigg|_{\omega_{\rm s0}}-\omega_{\rm i0}\left(\frac{\partial n_{\rm i}}{\partial\omega_{\rm i}}\right)\bigg|_{\omega_{\rm i0}}\right]}\Delta\theta$$

式中，字母 p、s、i 分别代表泵浦光、信号光和闲频光。

4.4　KDP 晶体的色散公式为

$$\left.\begin{aligned}n_o^2&=2.259\,276+\frac{0.780\,56}{77.264\,08\lambda^2-1}+\frac{0.032\,513\lambda^2}{0.0025\lambda^2-1}\\n_e^2&=2.132\,668+\frac{0.703\,319}{81.426\,31\lambda^2-1}+\frac{0.008\,07\lambda^2}{0.0025\lambda^2-1}\end{aligned}\right\}\lambda(\mu\text{m})$$

(1) 证明 $\lambda_{\rm p}=347.2$ nm，$\lambda_{\rm s0}=\lambda_{\rm i0}=694.4$ nm 时，光参量振荡的相位匹配角 $\theta_0=50.4°$。

(2) 用你熟悉的计算机语言画出当角度变化 0～8°范围内的角度调谐曲线，以波长(nm)为横坐标，以 $\Delta\theta=\theta-\theta_0$(°)为纵坐标。$\lambda_{\rm s}$ 和 $\lambda_{\rm i}$ 的调谐范围是多少？

第 5 章 三阶非线性效应概述与四波混频

5.1 三阶非线性效应概述

从这一章起开始将讨论三阶非线性现象。三阶非线性效应包括三次谐波、四波混频、受激拉曼散射、受激布里渊散射以及非线性折射率效应等。三阶非线性效应由三阶非线性极化率 $\overleftrightarrow{\chi}^{(3)}$ 描述，一般来讲，$\chi^{(3)}$ 的数值比 $\chi^{(2)}$ 小得多，因此三阶非线性效应比二阶效应弱得多。第 2 章中提到，在偶极近似下，具有对称中心的或者各向同性的介质，其二阶非线性极化率 $\chi^{(2)}$ 为零，因此这类介质中没有二阶非线性效应，这样三阶非线性效应就凸显出来。

5.1.1 三阶非线性效应的非线性极化强度

三阶非线性效应对应于三阶非线性极化，由第 2 章，三阶非线性极化强度可以写成

$$\vec{P}^{(3)}(\boldsymbol{r},\omega_\alpha)=\frac{1}{4}\varepsilon_0\sum_{\omega_\alpha=\omega_l+\omega_m+\omega_n}\overleftrightarrow{\chi}^{(3)}(-\omega_\alpha,\omega_1,\omega_m,\omega_n)\vdots\boldsymbol{E}(\boldsymbol{r},\omega_1)\boldsymbol{E}(\boldsymbol{r},\omega_m)\boldsymbol{E}(\boldsymbol{r},\omega_n) \tag{5.1.1}$$

式中，ω_1、ω_m 和 ω_n 是介质中参与作用的光场的频率，ω_α 是耦合出来的非线性极化强度的频率，它们之间的关系为 $\omega_\alpha=\omega_l+\omega_m+\omega_n$。

下面列举一些三阶非线性过程的极化强度。

1. 三次谐波(Third Harmonic Generation，THG)

当一束频率为 ω 的光入射到非线性介质中，在合适的条件下，在介质中激发了一束三倍频 3ω 的光场，称为三次谐波效应。在式(5.1.1)中，参与作用的光场就是入射的光场，此时，$\omega_l=\omega_m=\omega_n=\omega$，$\omega_\alpha=\omega_l+\omega_m+\omega_n=3\omega$，相应的非线性极化强度为

$$\vec{P}^{(3)}(\boldsymbol{r},3\omega)=\frac{1}{4}\varepsilon_0\overleftrightarrow{\chi}^{(3)}(-3\omega,\omega,\omega,\omega)\vdots\boldsymbol{E}(\boldsymbol{r},\omega)\boldsymbol{E}(\boldsymbol{r},\omega)\boldsymbol{E}(\boldsymbol{r},\omega) \tag{5.1.2}$$

这里简并因子 $D=1$。

2. 受激拉曼散射(Stimulated Raman Scattering，SRS)

当一束频率为 ω_p 的强泵浦光入射到非线性介质中，与介质相互作用，产生一种频率下移

$\omega_s=\omega_p-\omega_v$，或者频率上移 $\omega_{as}=\omega_p+\omega_v$ 的散射光。ω_v 是介质的喇曼频率，散射光 ω_s 称为斯托克斯散射光，而散射光 ω_{as} 称为反斯托克斯散射光。激发斯托克斯散射光的非线性极化强度可以写成

$$\vec{P}^{(3)}(\boldsymbol{r},\omega_s)=\frac{3}{2}\varepsilon_0\ \overleftrightarrow{\chi}^{(3)}(-\omega_s,\omega_p,-\omega_p,\omega_s)\vdots\boldsymbol{E}_p(\boldsymbol{r},\omega_p)\boldsymbol{E}_p^*(\boldsymbol{r},\omega_p)\boldsymbol{E}_s(\boldsymbol{r},\omega_s)\quad(5.1.3)$$

这里简并因子 $D=6$。

3. 光克尔效应

当一束强光入射非线性介质，由于强光与介质的非线性相互作用使得介质折射率发生变化，在原来的线性折射率之外又叠加了一个与光强有关的非线性折射率，$\bar{n}=n+n_2|\boldsymbol{E}|^2$，这种非线性效应类似于电光效应中的克尔效应，它们都是由电场的二次方导致的折射率的改变。这里造成折射率改变的电场是光场本身，因此称为光克尔效应。光克尔效应可以在介质中产生自聚焦和自相位调制等现象。光克尔效应的非线性极化强度可以写成

$$\vec{P}^{(3)}(\boldsymbol{r},\omega)=\frac{3}{4}\varepsilon_0\ \overleftrightarrow{\chi}^{(3)}(-\omega,\omega,-\omega,\omega)\vdots\boldsymbol{E}(\boldsymbol{r},\omega)\boldsymbol{E}^*(\boldsymbol{r},\omega)\boldsymbol{E}(\boldsymbol{r},\omega)\quad(5.1.4)$$

这里简并因子 $D=3$。

4. 一般四波混频

一般情况下，三阶非线性效应是介质中四个光波 ω_1、ω_2、ω_3 与 ω_4 的耦合，它们满足 $\omega_4=\omega_1+\omega_2+\omega_3$。激发 ω_4 波的非线性极化强度可以写成

$$\vec{P}^{(3)}(\boldsymbol{r},\omega_4)=\frac{D}{4}\varepsilon_0\ \overleftrightarrow{\chi}^{(3)}(-\omega_4,\omega_1,\omega_2,\omega_3)\vdots\boldsymbol{E}(\boldsymbol{r},\omega_1)\boldsymbol{E}(\boldsymbol{r},\omega_2)\boldsymbol{E}(\boldsymbol{r},\omega_3)\quad(5.1.5)$$

D 为简并因子，它来源于三阶非线性极化张量 $\chi_{ijkl}^{(3)}(-\omega_4,\omega_1,\omega_2,\omega_3)$ 的本征置换对称性，D 的数值视参与作用的各光场可以出现的排列组合不同而不同。

5.1.2　各种对称性材料的三阶非线性极化张量

曾经在 2.2 节讨论了二阶非线性极化张量的对称性问题。因为非线性极化张量的这种对称性，可以使非零元素和独立元素大大减少，使得在非线性极化强度的计算中求和数大大减少。在 3.3 节的表 3-3-1 给出了不同对称性材料的倍频极化张量的形式。

对于三阶非线性极化张量，其对称性有相似的特点。表 5-1-1 给出不同对称性材料的三阶非线性极化张量的形式。

表 5-1-1　不同对称性材料的三阶非线性极化张量的形式

对称类型	非零元素个数	三阶非线性极化张量形式
三斜　1，$\bar{1}$	81	$\chi_{ijkl}^{(3)}(i=x,y,z;\ j=x,y,z;\ k=x,y,z;\ l=x,y,z)$
单斜　2，m，2/m	41	$\chi_{iiii}^{(3)}(i=x,y,z)$ $\chi_{iijj}^{(3)},\chi_{ijij}^{(3)},\chi_{ijji}^{(3)}(i=x,\ j=y,z;\ i=y,\ j=x,z;\ i=z,j=x,y)$ $\chi_{ijyy}^{(3)},\chi_{yyij}^{(3)},\chi_{iyjy}^{(3)},\chi_{yiyj}^{(3)},\chi_{yijy}^{(3)},\chi_{iyyj}^{(3)}(i=x,\ j=z;\ i=z,\ j=x)$ $\chi_{iiij}^{(3)},\chi_{iiji}^{(3)},\chi_{ijii}^{(3)},\chi_{jiii}^{(3)}(i=x,\ j=z;\ i=z,\ j=x)$

续表

对称类型	非零元素个数	三阶非线性极化张量形式
正交 2mm,222,mmm	21	$\chi^{(3)}_{iiii}$ ($i=x,y,z$) $\chi^{(3)}_{iijj}$, $\chi^{(3)}_{ijij}$, $\chi^{(3)}_{ijji}$ ($i=x$, $j=y,z$; $i=y$, $j=x,z$; $i=z$, $j=x,y$)
正方 4,$\bar{4}$,4/m	41	$\chi^{(3)}_{xxxx}=\chi^{(3)}_{yyyy},\chi^{(3)}_{zzzz}$ $\chi^{(3)}_{xxyy}=\chi^{(3)}_{yyxx},\chi^{(3)}_{xyxy}=\chi^{(3)}_{yxyx},\chi^{(3)}_{xyyx}=\chi^{(3)}_{yxxy}$ $\chi^{(3)}_{xxxy}=-\chi^{(3)}_{yyyx},\chi^{(3)}_{xxyx}=-\chi^{(3)}_{yyxy},\chi^{(3)}_{xyxx}=-\chi^{(3)}_{yxyy},\chi^{(3)}_{yxxx}=-\chi^{(3)}_{xyyy}$ $\chi^{(3)}_{xxzz}=\chi^{(3)}_{yyzz},\chi^{(3)}_{zzxx}=\chi^{(3)}_{zzyy},\chi^{(3)}_{xzxz}=\chi^{(3)}_{yzyz},\chi^{(3)}_{zxzx}=\chi^{(3)}_{zyzy},\chi^{(3)}_{xzzx}=\chi^{(3)}_{yzzy},\chi^{(3)}_{zxxz}=\chi^{(3)}_{zyyz}$ $\chi^{(3)}_{xyzz}=-\chi^{(3)}_{yxzz},\chi^{(3)}_{zzxy}=-\chi^{(3)}_{zzyx},\chi^{(3)}_{xzyz}=-\chi^{(3)}_{yzxz},\chi^{(3)}_{zxzy}=-\chi^{(3)}_{zyzx},\chi^{(3)}_{zxyz}=$ $-\chi^{(3)}_{zyxz},\chi^{(3)}_{zxxy}=-\chi^{(3)}_{yzzx}$
正方 422,4mm,$\bar{4}$2 m,4/mm	21	$\chi^{(3)}_{xxxx}=\chi^{(3)}_{yyyy},\chi^{(3)}_{zzzz}$ $\chi^{(3)}_{xxyy}=\chi^{(3)}_{yyxx},\chi^{(3)}_{xyxy}=\chi^{(3)}_{yxyx},\chi^{(3)}_{xyyx}=\chi^{(3)}_{yxxy}$ $\chi^{(3)}_{xxzz}=\chi^{(3)}_{yyzz},\chi^{(3)}_{zzxx}=\chi^{(3)}_{zzyy},\chi^{(3)}_{zxxz}=\chi^{(3)}_{zyyz}$ $\chi^{(3)}_{xzzx}=\chi^{(3)}_{yzzy},\chi^{(3)}_{xzxz}=\chi^{(3)}_{yzyz},\chi^{(3)}_{zxzx}=\chi^{(3)}_{zyzy}$
三角 3,$\bar{3}$	73	$\chi^{(3)}_{xxxx}=\chi^{(3)}_{yyyy},\chi^{(3)}_{zzzz}$ $\chi^{(3)}_{xxxx}=\chi^{(3)}_{xxyy}+\chi^{(3)}_{xyyx}+\chi^{(3)}_{xyxy}$ $\chi^{(3)}_{xxyy}=\chi^{(3)}_{yyxx},\chi^{(3)}_{xyyx}=\chi^{(3)}_{yxxy},\chi^{(3)}_{xyxy}=\chi^{(3)}_{yxyx}$ $\chi^{(3)}_{xxzz}=\chi^{(3)}_{yyzz},\chi^{(3)}_{zzxx}=\chi^{(3)}_{zzyy},\chi^{(3)}_{xzzx}=\chi^{(3)}_{yzzy},\chi^{(3)}_{zxxz}=\chi^{(3)}_{zyyz},\chi^{(3)}_{xzxz}=\chi^{(3)}_{yzyz},\chi^{(3)}_{zxzx}=\chi^{(3)}_{zyzy}$ $\chi^{(3)}_{xyzz}=-\chi^{(3)}_{yxzz},\chi^{(3)}_{zzxy}=-\chi^{(3)}_{zzyx},\chi^{(3)}_{zxxy}=-\chi^{(3)}_{yzzx},\chi^{(3)}_{xzyz}=-\chi^{(3)}_{yzxz},\chi^{(3)}_{zxzy}=-\chi^{(3)}_{zyzx},\chi^{(3)}_{zxyz}=-\chi^{(3)}_{zyxz}$ $\chi^{(3)}_{xxxy}=-\chi^{(3)}_{yyyx}=\chi^{(3)}_{yyxy}+\chi^{(3)}_{yxyy}+\chi^{(3)}_{xyyy}$ $\chi^{(3)}_{xxyx}=-\chi^{(3)}_{yyxy},\chi^{(3)}_{xyxx}=-\chi^{(3)}_{yxyy},\chi^{(3)}_{xyyy}=-\chi^{(3)}_{yxxx}$ $\chi^{(3)}_{xxxz}=-\chi^{(3)}_{xyyz}=-\chi^{(3)}_{yxyz}=-\chi^{(3)}_{yyxz},\chi^{(3)}_{xxzx}=-\chi^{(3)}_{xyzy}=-\chi^{(3)}_{yxzy}=-\chi^{(3)}_{yyzx}$ $\chi^{(3)}_{xzxx}=-\chi^{(3)}_{yzxy}=-\chi^{(3)}_{yzyx}=-\chi^{(3)}_{xzyy},\chi^{(3)}_{zxxx}=-\chi^{(3)}_{zxyy}=-\chi^{(3)}_{zyxy}=-\chi^{(3)}_{zyyx}$ $\chi^{(3)}_{yyyz}=-\chi^{(3)}_{yxxz}=-\chi^{(3)}_{xyxz}=-\chi^{(3)}_{xxyz},\chi^{(3)}_{yyzy}=-\chi^{(3)}_{yxzx}=-\chi^{(3)}_{xyzx}=-\chi^{(3)}_{xxzy}$ $\chi^{(3)}_{yzyy}=-\chi^{(3)}_{yzxx}=-\chi^{(3)}_{xzyx}=-\chi^{(3)}_{xzxy},\chi^{(3)}_{zyyy}=-\chi^{(3)}_{zyxx}=-\chi^{(3)}_{zxyx}=-\chi^{(3)}_{zxxy}$
三角 32,3m,$\bar{3}$m	37	$\chi^{(3)}_{xxxx}=\chi^{(3)}_{yyyy},\chi^{(3)}_{zzzz}$ $\chi^{(3)}_{xxxx}=\chi^{(3)}_{xxyy}+\chi^{(3)}_{xyyx}+\chi^{(3)}_{xyxy}$ $\chi^{(3)}_{xxyy}=\chi^{(3)}_{yyxx},\chi^{(3)}_{xyyx}=\chi^{(3)}_{yxxy},\chi^{(3)}_{xyxy}=\chi^{(3)}_{yxyx}$ $\chi^{(3)}_{xxzz}=\chi^{(3)}_{yyzz},\chi^{(3)}_{zzxx}=\chi^{(3)}_{zzyy},\chi^{(3)}_{xzzx}=\chi^{(3)}_{yzzy},\chi^{(3)}_{zxxz}=\chi^{(3)}_{zyyz}$ $\chi^{(3)}_{xxxz}=-\chi^{(3)}_{xyyz}=-\chi^{(3)}_{yxyz}=-\chi^{(3)}_{yyxz},\chi^{(3)}_{xxzx}=-\chi^{(3)}_{xyzy}=-\chi^{(3)}_{yxzy}=-\chi^{(3)}_{yyzx}$ $\chi^{(3)}_{xzxx}=-\chi^{(3)}_{xzyy}=-\chi^{(3)}_{yzxy}=-\chi^{(3)}_{yzyx},\chi^{(3)}_{zxxx}=-\chi^{(3)}_{zxyy}=-\chi^{(3)}_{zyxy}=-\chi^{(3)}_{zyyx}$ $\chi^{(3)}_{xzxz}=\chi^{(3)}_{yzyz},\chi^{(3)}_{zxzx}=\chi^{(3)}_{zyzy}$

续表

对称类型	非零元素个数	三阶非线性极化张量形式
六角　6，$\bar{6}$，6/m	41	$\chi^{(3)}_{xxxx}=\chi^{(3)}_{yyyy},\chi^{(3)}_{zzzz}$ $\chi^{(3)}_{xxxx}=\chi^{(3)}_{xxyy}+\chi^{(3)}_{xyyx}+\chi^{(3)}_{xyxy}$ $\chi^{(3)}_{xxyy}=\chi^{(3)}_{yyxx},\chi^{(3)}_{xyyx}=\chi^{(3)}_{yxxy},\chi^{(3)}_{xyxy}=\chi^{(3)}_{yxyx}$ $\chi^{(3)}_{xxzz}=\chi^{(3)}_{yyzz},\chi^{(3)}_{zzxx}=\chi^{(3)}_{zzyy},\chi^{(3)}_{xzzx}=\chi^{(3)}_{yzzy},\chi^{(3)}_{zxxz}=\chi^{(3)}_{zyyz},\chi^{(3)}_{xzxz}=\chi^{(3)}_{yzyz},\chi^{(3)}_{zxzx}=\chi^{(3)}_{zyzy}$ $\chi^{(3)}_{xyzz}=-\chi^{(3)}_{yxzz},\chi^{(3)}_{zzxy}=-\chi^{(3)}_{zzyx},\chi^{(3)}_{xzyz}=-\chi^{(3)}_{yzxz},\chi^{(3)}_{zxzy}=-\chi^{(3)}_{zyzx},\chi^{(3)}_{xzzy}=$ $-\chi^{(3)}_{yzzx},\chi^{(3)}_{zxyz}=-\chi^{(3)}_{zyxz}$ $\chi^{(3)}_{xxxy}=-\chi^{(3)}_{yyyx}=\chi^{(3)}_{yyxy}+\chi^{(3)}_{yxyy}+\chi^{(3)}_{xyyy}$ $\chi^{(3)}_{xxyx}=-\chi^{(3)}_{yyxy},\chi^{(3)}_{xyxx}=-\chi^{(3)}_{yxyy},\chi^{(3)}_{xyyy}=-\chi^{(3)}_{yxxx}$
六角 622,6mm，$\bar{6}$m2	21	$\chi^{(3)}_{xxxx}=\chi^{(3)}_{yyyy},\chi^{(3)}_{zzzz}$ $\chi^{(3)}_{xxxx}=\chi^{(3)}_{xxyy}+\chi^{(3)}_{xyyx}+\chi^{(3)}_{xyxy}$ $\chi^{(3)}_{xxyy}=\chi^{(3)}_{yyxx},\chi^{(3)}_{xyyx}=\chi^{(3)}_{yxxy},\chi^{(3)}_{xyxy}=\chi^{(3)}_{yxyx}$ $\chi^{(3)}_{xxzz}=\chi^{(3)}_{yyzz},\chi^{(3)}_{zzxx}=\chi^{(3)}_{zzyy},\chi^{(3)}_{xzzx}=\chi^{(3)}_{yzzy},\chi^{(3)}_{zxxz}=\chi^{(3)}_{zyyz},\chi^{(3)}_{xzxz}=\chi^{(3)}_{yzyz},\chi^{(3)}_{zxzx}=\chi^{(3)}_{zyzy}$
立方　23，m3	21	$\chi^{(3)}_{xxxx}=\chi^{(3)}_{yyyy}=\chi^{(3)}_{zzzz}$ $\chi^{(3)}_{xxyy}=\chi^{(3)}_{yyzz}=\chi^{(3)}_{zzxx}$ $\chi^{(3)}_{yyxx}=\chi^{(3)}_{zzyy}=\chi^{(3)}_{xxzz}$ $\chi^{(3)}_{xyxy}=\chi^{(3)}_{yzyz}=\chi^{(3)}_{zxzx}$ $\chi^{(3)}_{yxyx}=\chi^{(3)}_{zyzy}=\chi^{(3)}_{xzxz}$ $\chi^{(3)}_{xyyx}=\chi^{(3)}_{yzzy}=\chi^{(3)}_{zxxz}$ $\chi^{(3)}_{yxxy}=\chi^{(3)}_{xyyx}=\chi^{(3)}_{xzzx}$
立方 432,m3m，$\bar{4}$3 m	21	$\chi^{(3)}_{xxxx}=\chi^{(3)}_{yyyy}=\chi^{(3)}_{zzzz}$ $\chi^{(3)}_{xxyy}=\chi^{(3)}_{yyxx}=\chi^{(3)}_{xxzz}=\chi^{(3)}_{zzxx}=\chi^{(3)}_{yyzz}=\chi^{(3)}_{zzyy}$ $\chi^{(3)}_{xyxy}=\chi^{(3)}_{yxyx}=\chi^{(3)}_{xzxz}=\chi^{(3)}_{zxzx}=\chi^{(3)}_{yzyz}=\chi^{(3)}_{zyzy}$ $\chi^{(3)}_{xyyx}=\chi^{(3)}_{yxxy}=\chi^{(3)}_{xzzx}=\chi^{(3)}_{zxxz}=\chi^{(3)}_{yzzy}=\chi^{(3)}_{zyyz}$
各项同性	21	$\chi^{(3)}_{xxxx}=\chi^{(3)}_{yyyy}=\chi^{(3)}_{zzzz}$ $\chi^{(3)}_{xxxx}=\chi^{(3)}_{xxyy}+\chi^{(3)}_{xyyx}+\chi^{(3)}_{xyxy}$ $\chi^{(3)}_{xxyy}=\chi^{(3)}_{yyxx}=\chi^{(3)}_{xxzz}=\chi^{(3)}_{zzxx}=\chi^{(3)}_{yyzz}=\chi^{(3)}_{zzyy}$ $\chi^{(3)}_{xyxy}=\chi^{(3)}_{yxyx}=\chi^{(3)}_{xzxz}=\chi^{(3)}_{zxzx}=\chi^{(3)}_{yzyz}=\chi^{(3)}_{zyzy}$ $\chi^{(3)}_{xyyx}=\chi^{(3)}_{yxxy}=\chi^{(3)}_{xzzx}=\chi^{(3)}_{zxxz}=\chi^{(3)}_{yzzy}=\chi^{(3)}_{zyyz}$

表中可见，总体来说，材料的对称性越高，其三阶非线性极化张量非零元素以及独立元素越少。

5.1.3　三阶非线性效应的耦合波方程

三阶非线性效应是四波相互作用的过程。2.3 节讨论过二阶效应的三波耦合波方程，现在遵循 2.3 节的方法，建立四波的耦合波方程。

设介质中各光场可以表示为

$$\boldsymbol{E}(\boldsymbol{r},\omega_\alpha)=\hat{e}_\alpha A_\alpha(\boldsymbol{r})\exp(\mathrm{i}\boldsymbol{k}_\alpha\cdot\boldsymbol{r}),\quad \alpha=1,2,3,4 \tag{5.1.6}$$

式中，$\hat{e}_\alpha$、$A_\alpha(\boldsymbol{r})$、和 $\boldsymbol{k}_\alpha$ 分别是第 α 波的偏振方向、复振幅和波矢。$\boldsymbol{E}(\boldsymbol{r},\omega_\alpha)$满足非线性波动方程(2.1.6)的傅里叶分解方程

$$\nabla^2\boldsymbol{E}(\boldsymbol{r},\omega_\alpha)+(k_\alpha^2+\mathrm{i}k_\alpha\alpha_\alpha)\boldsymbol{E}(\boldsymbol{r},\omega_\alpha)=-\mu_0\omega_\alpha^2\vec{P}^{(3)}(\boldsymbol{r},\omega_\alpha) \tag{5.1.7}$$

式中，α_α 是第 α 波的吸收系数。三阶非线性极化强度可以写成

$$\begin{aligned}\vec{P}^{(3)}(\boldsymbol{r},\omega_\alpha)&=\frac{D}{4}\varepsilon_0\left[\overleftrightarrow{\chi}^{(3)}(-\omega_\alpha,\omega_1,\omega_\mathrm{m},\omega_\mathrm{n})\vdots\hat{e}_1\hat{e}_\mathrm{m}\hat{e}_\mathrm{n}\right]\\&\quad A_1(\boldsymbol{r})A_\mathrm{m}(\boldsymbol{r})A_\mathrm{n}(\boldsymbol{r})\exp[\mathrm{i}(\boldsymbol{k}_1+\boldsymbol{k}_\mathrm{m}+\boldsymbol{k}_\mathrm{n})\cdot\boldsymbol{r}]\\\omega_\alpha&=\omega_l+\omega_m+\omega_n\end{aligned} \tag{5.1.8}$$

设所有光波都沿 z 方向传播。将式(5.1.6)和式(5.1.8)代入式(5.1.7)，得到四波的耦合波方程

$$\frac{\partial A_\alpha(z)}{\partial z}=\mathrm{i}\frac{\omega_\alpha}{2\varepsilon_0 cn_\alpha}[\hat{e}_\alpha\cdot\vec{P}^{(3)}(z,\omega_\alpha)]\exp(-\mathrm{i}k_\alpha z) \tag{5.1.9}$$

定义有效非线性极化率

$$\chi_{\mathrm{eff}}^{(3)}=\hat{e}_\alpha\cdot[\overleftrightarrow{\chi}^{(3)}(-\omega_\alpha,\omega_1,\omega_\mathrm{m},\omega_\mathrm{n})\vdots\hat{e}_1\hat{e}_\mathrm{m}\hat{e}_\mathrm{n}] \tag{5.1.10}$$

耦合波方程变为

$$\frac{\partial A_\alpha(z)}{\partial z}=\mathrm{i}\frac{D\omega_\alpha}{8cn_\alpha}\chi_{\mathrm{eff}}^{(3)}A_1(z)A_\mathrm{m}(z)A_\mathrm{n}(z)\exp(-\mathrm{i}\Delta kz) \tag{5.1.11}$$

式中，D 是简并因子

$$\Delta\boldsymbol{k}=\boldsymbol{k}_\alpha-\boldsymbol{k}_1-\boldsymbol{k}_\mathrm{m}-\boldsymbol{k}_\mathrm{n} \tag{5.1.12}$$

为四波耦合的相位失配因子，四波之间的相互耦合的强弱决定于相位是匹配还是失配。

5.1.4 参量过程与非参量过程

到目前为止，只是将非线性过程区分为二阶非线性效应和三阶非线性效应，然而非线性效应或者非线性过程可以按照相互作用的过程特征将它们进行分类，即分成参量过程与非参量过程，又称为非激活过程与激活过程。参量过程与非参量过程有以下的不同点。

1. 考查过程前后非线性介质的状态

在一个非线性光学过程中，如果在过程前后，非线性介质的终态与其初态相同，这个过程就称为参量过程。比如前面讲过的二次谐波过程、和频与差频过程、三次谐波过程以及后面要讲到的四波混频过程，都是参量过程。在参量过程中，介质并不参与相互作用过程中的能量交换，只在几个光场之间的能量交换中起媒介作用，介质与光场相互作用后仍然恢复到初态，介质内部一般不感生任何实质性的激发。

如果过程前后，非线性介质的状态发生了变化，这个过程称为非参量过程。像饱和吸收过程、双光子吸收过程以及第 6 章要讲到的受激拉曼散射过程，都属于非参量过程。在非参量过程中，介质本身不仅起到能量交换的媒介作用，并且直接参与了能量交换，介质与光场相互作用后不能恢复到初态。比如受激拉曼散射过程中，处于振动基态的介质吸收一个泵浦光光子能量 $\hbar\omega_p$，产生一个斯托克斯光子 $\hbar\omega_s$ 与一个光学声子 $\hbar\omega_v$，过程之后介质处于振动的激发态。

在参量过程中，能量只在光场之间进行转换，介质状态始终不变，因此光场总能量保持不变，这正是满足门莱—罗关系的原因。比如，和频过程 $\omega_3=\omega_1+\omega_2$，满足

$$I_1(z)+I_2(z)+I_3(z)=I_1(0)+I_2(0)+I_3(0)=\text{常数} \tag{5.1.13}$$

而在非参量过程中，比如受激拉曼散射过程，介质参与了能量交换，泵浦光光子能量除了用来产生斯托克斯光子能量之外，还有一部分转为介质的振动激发能，门莱—罗关系不再成立。但是过程前后光子数是守恒的，有

$$\frac{I_{\mathrm{p}}(z)}{\hbar\omega_{\mathrm{p}}}+\frac{I_{\mathrm{s}}(z)}{\hbar\omega_{\mathrm{s}}}=\frac{I_{\mathrm{p}}(0)}{\hbar\omega_{\mathrm{p}}}+\frac{I_{\mathrm{s}}(0)}{\hbar\omega_{\mathrm{s}}}=\text{常数} \tag{5.1.14}$$

2. 考查相位匹配问题

对于非参量过程，因为介质既然参与了能量的交换，必然也参与了动量交换，介质中的物质波(比如受激拉曼散射和受激布里渊散射中的声波)可以参与波矢调节，因此过程中相位总是能自行匹配的。比如受激拉曼散射中斯托克斯光场的耦合波方程为

$$\begin{aligned}\frac{\partial A_{\mathrm{s}}(z)}{\partial z}&=\mathrm{i}\,\frac{\omega_{\mathrm{s}}}{2\varepsilon_0 c n_{\mathrm{s}}}\left[\hat{e}_{\mathrm{s}}\cdot\vec{P}_{\mathrm{s}}^{(3)}(z,\omega_s)\right]\exp(-\mathrm{i}k_{\mathrm{s}}z)\\&=\frac{3\omega_{\mathrm{s}}}{4cn_{\mathrm{s}}}\chi_{\mathrm{eff}}^{(3)}(-\omega_{\mathrm{s}},\omega_{\mathrm{p}},-\omega_{\mathrm{p}},\omega_{\mathrm{s}})\left|A_{\mathrm{p}}(z)\right|^2A_{\mathrm{s}}(z)\exp(-\mathrm{i}k_{\mathrm{s}}z+\mathrm{i}k_{\mathrm{s}}z)\\&=\frac{3\omega_{\mathrm{s}}}{4cn_{\mathrm{s}}}\chi_{\mathrm{eff}}^{(3)}(-\omega_{\mathrm{s}},\omega_{\mathrm{p}},-\omega_{\mathrm{p}},\omega_{\mathrm{s}})\left|A_{\mathrm{p}}(z)\right|^2A_{\mathrm{s}}(z)\end{aligned} \tag{5.1.15}$$

耦合波方程的右端不出现像式(5.1.11)那样的相位失配因子 $\exp(-\mathrm{i}\Delta kz)$。之所以能够相位匹配，是由于介质中的声子介入了相互作用过程，声子波矢参与了波矢调节，于是相位匹配自动满足。

而对于参量过程，由于介质不介入过程的能量、动量交换，波矢调节只发生在参与过程的光场之间，相位匹配不会自动满足，其耦合波方程都会出现失配因子 $\exp(-\mathrm{i}\Delta kz)$，需要考虑相位匹配问题。下面列出一些参量过程的相位失配因子

三次谐波： $\Delta\boldsymbol{k}=\boldsymbol{k}_{3\omega}-3\boldsymbol{k}_{\omega}$

二次谐波： $\Delta\boldsymbol{k}=\boldsymbol{k}_{2\omega}-2\boldsymbol{k}_{\omega}$

四波混频： $\Delta\boldsymbol{k}=\boldsymbol{k}_4-(\boldsymbol{k}_1+\boldsymbol{k}_2+\boldsymbol{k}_3)$

5.2 四波混频概述

四波混频是一个很广泛的概念，某些三阶非线性效应既可以归类为四波混频，也可以归为特定的非线性效应。比如三次谐波、光克尔效应都是四波混频的特例。一般的四波混频概念是指介质中四个光波之间的非线性相互作用过程，其非线性极化率可以用三阶非线性极化描述。

四波混频有各种各样的相互作用形式，一般可以分成如图 5-2-1 所示的四大类。下面的讨论均假定非线性介质是光学各向同性的，并且假定泵浦光损耗可以忽略，输出光场沿±z 方向传播。

5.2.1 三个泵浦光相互作用产生信号光的情况(图 5-2-1(a)情况)

这是四波混频最普遍的情况。假定介质中有三个泵浦光场，表示成

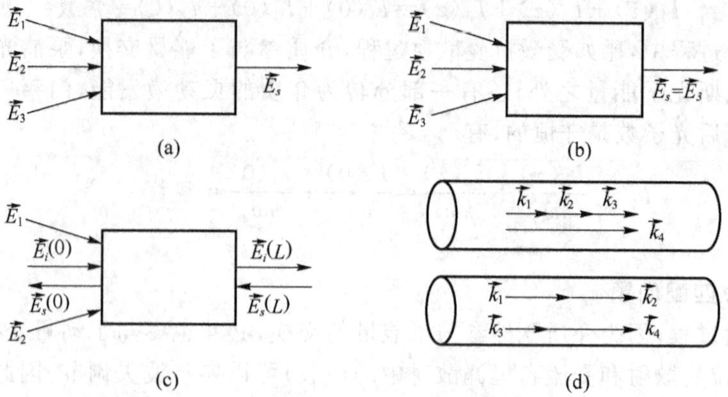

图 5-2-1 四波混频的四种方式

$$\begin{aligned}\boldsymbol{E}_i(z,t)&=\frac{1}{2}\boldsymbol{E}_i(z,\omega_i)\exp(-\mathrm{i}\omega_i t)+\mathrm{c.c.}\\&=\frac{1}{2}\hat{e}_iA_i(z)\exp[-\mathrm{i}(\omega_i t-\boldsymbol{k}_i\cdot\boldsymbol{r})]+\mathrm{c.c.}\end{aligned}\qquad i=1,2,3 \tag{5.2.1}$$

式中,c.c.代表前面一项的复共轭。三个泵浦光场相互作用,产生非线性极化强度

$$\begin{aligned}\vec{P}^{(3)}(z,\omega_s)=\frac{D}{4}\varepsilon_0\Big[&\overleftrightarrow{\chi}^{(3)}(-\omega_s,\omega_1,\omega_2,\omega_3)\vdots\hat{e}_1\hat{e}_2\hat{e}_3\\&A_1(z)A_2(z)A_3(z)\exp[i(\boldsymbol{k}_1+\boldsymbol{k}_2+\boldsymbol{k}_3)\cdot\boldsymbol{r}]\Big]\end{aligned} \tag{5.2.2}$$

D 为简并因子。假定极化强度激发信号光场为

$$\begin{aligned}\boldsymbol{E}_s(\boldsymbol{r},t)&=\frac{1}{2}\boldsymbol{E}_s(\boldsymbol{r},\omega_s)\exp(-\mathrm{i}\omega_s t)+\mathrm{c.c.}\\&=\frac{1}{2}\hat{e}_sA_s(\boldsymbol{r})\exp[-\mathrm{i}(\omega_s t-\boldsymbol{k}_s\cdot\boldsymbol{r})]+\mathrm{c.c.}\end{aligned}\qquad \omega_s=\omega_1+\omega_2+\omega_3 \tag{5.2.3}$$

得到信号光复振幅满足的方程

$$\begin{aligned}\frac{\partial A_s}{\partial z}&=\mathrm{i}\,\frac{\omega_s}{2\varepsilon_0 cn_s}[\hat{e}_s\cdot\vec{P}^{(3)}(z,\omega_s)]\exp[-\mathrm{i}\boldsymbol{k}_s\cdot\hat{e}_z z]\\&=\mathrm{i}\,\frac{D\omega_s}{8cn_s}\chi_{\mathrm{eff}}^{(3)}A_1(z)A_2(z)A_3(z)\exp[\mathrm{i}\Delta\boldsymbol{k}\cdot\hat{e}_z z]\end{aligned} \tag{5.2.4}$$

式中,相位失配因子

$$\Delta\boldsymbol{k}=\boldsymbol{k}_1+\boldsymbol{k}_2+\boldsymbol{k}_3-\boldsymbol{k}_s \tag{5.2.5}$$

有效非线性极化率

$$\chi_{\mathrm{eff}}^{(3)}=\hat{e}_s\cdot\left[\overleftrightarrow{\chi}^{(3)}(-\omega_s,\omega_1,\omega_2,\omega_3)\vdots\hat{e}_1\hat{e}_2\hat{e}_3\right] \tag{5.2.6}$$

小信号增益情况,假定泵浦光损失忽略不计,$A_1(z)=A_1(0)$、$A_2(z)=A_2(0)$、$A_3(z)=A_3(0)$,初始条件 $A_s(\omega_s,z=0)=0$,得到 z 处的信号光复振幅

$$A_s(z)=\frac{D\omega_s}{8cn_s(\Delta\boldsymbol{k}\cdot\hat{e}_z)}\chi_{\mathrm{eff}}^{(3)}A_1(0)A_2(0)A_3(0)(\mathrm{e}^{\mathrm{i}(\Delta\boldsymbol{k}\cdot\hat{e}_z)z}-1) \tag{5.2.7}$$

则出射的信号光强度

$$I_s(z)\propto|A_s(z)|^2\propto z^2\ \mathrm{sinc}^2\left[\frac{\Delta\boldsymbol{k}\cdot\hat{e}_z}{2}z\right] \tag{5.2.8}$$

由式(5.2.8)可见，为有效地产生信号光，相位匹配 $\Delta\boldsymbol{k}=0$ 是关键因素。可以通过调节三个泵浦波的传播方向达到相位匹配的目的。在相位匹配 $\Delta\boldsymbol{k}=0$ 时，出射信号光的强度随 z^2 增强。

5.2.2　两个泵浦光，输出信号光与输入光具有相同的模式的情况(图 5-2-1(b)情况)

这种情况相当于两个泵浦光提供能量，将信号光放大或者衰减的情况。假定两个泵浦光强度足够强，其参与四波混频过程中的损失可忽略，即 $\boldsymbol{E}_1(z,\omega_1)\approx\boldsymbol{E}_1(0,\omega_1)$，$\boldsymbol{E}_2(z,\omega_2)\approx\boldsymbol{E}_2(0,\omega_2)$。输出信号光与输入光场 3 具有相同的模式，$\omega_s=\omega_3$，$\boldsymbol{k}_s=\boldsymbol{k}_3$，则

$$\boldsymbol{E}_s(0,\omega_s)=\boldsymbol{E}_3(0,\omega_3) \tag{5.2.9}$$

由频率关系 $\omega_s=\omega_1+\omega_2+\omega_3=\omega_3$，以及波矢关系 $\Delta\boldsymbol{k}=\boldsymbol{k}_1+\boldsymbol{k}_2+\boldsymbol{k}_3-\boldsymbol{k}_s$，得到

$$\begin{aligned}\omega_2&=-\omega_1\\ \Delta\boldsymbol{k}'&=\boldsymbol{k}_1+\boldsymbol{k}_2\end{aligned} \tag{5.2.10}$$

因而，两个泵浦光可以看成分别来自同一频率 ω_1 的泵浦光场，其中

$$\boldsymbol{E}_2(z,\omega_2)=\boldsymbol{E}_1(z,-\omega_1)=\boldsymbol{E}_1^*(z,\omega_1) \tag{5.2.11}$$

得到输出信号光满足的方程

$$\frac{\partial A_s}{\partial z}=\mathrm{i}\frac{D\omega_s}{8cn_s}\chi_{\mathrm{eff}}^{(3)}|A_1(0)|^2A_s(z)\exp[\mathrm{i}\Delta\boldsymbol{k}\cdot\hat{e}_z z] \tag{5.2.12}$$

解方程得到

$$A_s(z)=A_s(0)\exp[g_s(z)] \tag{5.2.13}$$

其中因子

$$g_s(z)=\frac{D\omega_s}{8cn_s(\Delta\boldsymbol{k}\cdot\hat{e}_z)}\chi_{\mathrm{eff}}^{(3)}|A_1(0)|^2[\mathrm{e}^{\mathrm{i}(\Delta\boldsymbol{k}'\cdot\hat{e}_z)z}-1] \tag{5.2.14}$$

如果传输距离 z 很短，指数因子 $(\Delta\boldsymbol{k}\cdot\hat{e}_z)z\ll1$，$\mathrm{e}^{\mathrm{i}(\Delta\boldsymbol{k}'\cdot\hat{e}_z)z}-1\approx\mathrm{i}(\Delta\boldsymbol{k}'\cdot\hat{e}_z)z$，则

$$g_s(z)\approx\mathrm{i}\frac{D\omega_s}{8cn_s}\chi_{\mathrm{eff}}^{(3)}|A_1(0)|^2z \tag{5.2.15}$$

这里 $g_s(z)$ 的实部代表信号光的增益，它与 $\chi_{\mathrm{eff}}^{(3)}$ 的虚部相关。

$$\mathrm{Re}[g_s(z)]\approx-\frac{D\omega_s}{8cn_s}\mathrm{Im}[\chi_{\mathrm{eff}}^{(3)}]|A_1(0)|^2z \tag{5.2.16}$$

这种情况实际上是通过非线性相互作用，信号光发生增益或衰减的过程，$\mathrm{Im}[\chi_{\mathrm{eff}}^{(3)}]$的正负决定了信号光是增益还是衰减。还要求至少有一个光场与介质发生共振或者近共振的情况，此时才有 $\mathrm{Im}[\chi_{\mathrm{eff}}^{(3)}]\neq0$。

5.2.3　后向参量放大和振荡(图 5-2-1(c)情况)

这种情况是，输入两个强泵浦光，使两个相向传播的弱光得到放大。这类似于第 4 章中讨论的三波参量放大过程，所不同的是三波参量过程只有一个泵浦光，信号光得到放大的同时产生一个闲频光；而四波参量放大有两个泵浦光，“信号光”(后向传播)与“闲频光”(前向传播)同时得到放大。在一定条件下，信号光与闲频光可以产生振荡，就像三波参量振荡一样。

仍然假定两个泵浦光足够强，其损失可忽略，$\boldsymbol{E}_1(z,\omega_1)\approx\boldsymbol{E}_1(0,\omega_1)$，$\boldsymbol{E}_2(z,\omega_2)\approx\boldsymbol{E}_2(0,\omega_2)$。四个波之间的频率关系和波矢关系为

$$\Delta \boldsymbol{k}=\boldsymbol{k}_1+\boldsymbol{k}_2+\boldsymbol{k}_3-\boldsymbol{k}_s=\boldsymbol{k}_1+\boldsymbol{k}_2+\boldsymbol{k}_i-\boldsymbol{k}_s$$
$$\omega_3=\omega_i=\omega_s-\omega_1-\omega_2 \tag{5.2.17}$$

式中，i 代表闲频光的脚标。这里 $\boldsymbol{k}_s$ 与其他几个波方向相反。类似于式(5.2.4)，得到耦合波方程

$$\frac{\partial A_s(z)}{\partial z}=\mathrm{i}\frac{D\omega_s}{8cn_s}\chi_{\text{eff}}^{(3)}A_1(0)A_2(0)A_3(z)\exp[\mathrm{i}(\Delta \boldsymbol{k}\cdot\hat{e}_z)z]$$
$$\frac{\partial A_3(z)}{\partial z}=\mathrm{i}\frac{D\omega_3}{8cn_3}\chi_{\text{eff}}^{(3)}A_1^*(0)A_2^*(0)A_s(z)\exp[-\mathrm{i}(\Delta \boldsymbol{k}\cdot\hat{e}_z)z] \tag{5.2.18}$$

在完全相位匹配的情况下，可以解上述方程组。由于信号光反向传播，这种情况的四波混频相位匹配相对容易实现。将公式两边再进行一次微商，得到

$$\begin{aligned}\frac{\partial^2 A_s(z)}{\partial z^2}&=\mathrm{i}\frac{D\omega_s}{8cn_s}\chi_{\text{eff}}^{(3)}A_1(0)A_2(0)\frac{\partial A_3}{\partial z}\\&=-\frac{D^2\omega_s\omega_3}{64c^2n_sn_3}|\chi_{\text{eff}}^{(3)}|^2|A_1(0)|^2|A_2(0)|^2A_s(z)\end{aligned} \tag{5.2.19}$$

$$\begin{aligned}\frac{\partial^2 A_3(z)}{\partial z^2}&=\mathrm{i}\frac{D\omega_3}{8cn_3}\chi_{\text{eff}}^{(3)}A_1^*(0)A_2^*(0)\frac{\partial A_s}{\partial z}\\&=-\frac{D^2\omega_s\omega_3}{64c^2n_sn_3}|\chi_{\text{eff}}^{(3)}|^2|A_1(0)|^2|A_2(0)|^2A_3(z)\end{aligned} \tag{5.2.20}$$

令

$$\kappa^2=\frac{D^2\omega_s\omega_3}{n_sn_3}\left|\frac{\chi_{\text{eff}}^{(3)}A_1(0)A_2(0)}{8c}\right|^2 \tag{5.2.21}$$

则式(5.2.19)、式(5.2.20)可以写成矩阵形式

$$\left(\frac{\mathrm{d}^2}{\mathrm{d}z^2}+\kappa^2\right)\begin{pmatrix}A_s\\A_3\end{pmatrix}=0 \tag{5.2.22}$$

考虑边界条件：$A_s(L)$，$A_3(0)$，可以得到方程组(5.2.22)的解

$$\begin{cases}A_s(0)=\dfrac{A_s(L)}{\cos\kappa L}+\mathrm{i}\dfrac{\omega_s}{\omega_3}\sqrt{\dfrac{k_3}{k_s}}A_3^*(0)\tan\kappa L\\A_3^*(L)=-\mathrm{i}\dfrac{\omega_3}{\omega_s}\sqrt{\dfrac{k_s}{k_3}}A_s(L)\tan\kappa L+\dfrac{A_3^*(0)}{\cos\kappa L}\end{cases} \tag{5.2.23}$$

可以证明：式(5.2.23)中的 $|A_s(0)|^2$ 和 $|A_3(L)|^2$ 都是得到放大的。特别是，当 $\kappa L\to\pi/2$ 时，$|A_s(0)|^2$ 和 $|A_3(L)|^2$ 都趋于无穷，也说明，此时发生了无腔振荡，意味着此时即使没有输入 $A_s(L)$ 和 $A_3(0)$，也会产生 $A_s(0)$ 和 $A_3(L)$ 的振荡输出。

5.2.4 光纤中的四波混频(图 5-2-1(d)情况)

图 5-2-1(d)显示的是光纤中的四波混频情况。由于光纤里光波都是沿着轴线传输的，不像在块状非线性介质中那样可以安排光波离轴实现相位匹配，因此在光纤中实现相位匹配相对来讲困难。图 5-2-1(d)上面的图相应于图 5-2-1(a)里块状非线性介质里三个同频泵浦波混频产生信号波的情况，这种情况相位匹配很难完成，因此此种情况是不常用的。图 5-2-1(d)下面的图，两泵浦波来源于同一束光波，分别产生信号光 ω_3 和闲频光 ω_4。这种情况的四波混频，在

光纤中相位匹配比较容易实现,是光纤中经常发生的四波混频现象。光纤中的四波混频以及利用光纤四波混频进行参量放大等内容,将在 9.3 节中详细介绍,这里不再赘述。

5.3　相位共轭波

入射光波的相位共轭波是一个很重要的概念,即产生入射光波复振幅的相位复共轭波,这种波实际上是入射光波的时间反演波,当其波前在非均匀介质中传播产生畸变后,能够自动地完全恢复原来的光波。下面首先介绍相位共轭波的概念。

5.3.1　相位共轭波的概念

设有一单色平面波的入射光信号

$$\begin{aligned} \boldsymbol{E}_s(\boldsymbol{r},t) &= \frac{1}{2}\boldsymbol{A}_s(\boldsymbol{r})\mathrm{e}^{-\mathrm{i}(\omega_s t-\boldsymbol{k}_s\cdot\boldsymbol{r})}+\mathrm{c.c.} \\ &= \frac{1}{2}\boldsymbol{E}_s(\boldsymbol{r},\omega_s)\mathrm{e}^{-\mathrm{i}\omega_s t}+\mathrm{c.c.} \end{aligned} \tag{5.3.1}$$

如果该信号光经过一个系统或者装置,使输出光场的复振幅恰好是输入光场 $\boldsymbol{E}_s(\boldsymbol{r},\omega_s)$ 的复共轭,则称此输出光波是输入光波的相位共轭波,将输入光波变为相位共轭波的装置称为相位共轭镜。经过相位共轭镜后,输出光复振幅变为

$$\boldsymbol{E}_{pc}(\boldsymbol{r},\omega_s)=\boldsymbol{E}_s^*(\boldsymbol{r},\omega_s) \tag{5.3.2}$$

式中,脚标 pc 是 phase conjugation 的缩写。

下面从另一角度看一看相位共轭波的物理图像。将相位共轭波做如下处理

$$\begin{aligned} \boldsymbol{E}_{pc}(\boldsymbol{r},t) &= \frac{1}{2}\boldsymbol{E}_{pc}(\boldsymbol{r},\omega_s)\mathrm{e}^{-\mathrm{i}\omega_s t}+\mathrm{c.c.} \\ &= \frac{1}{2}\boldsymbol{E}_s^*(\boldsymbol{r},\omega_s)\mathrm{e}^{-\mathrm{i}\omega_s t}+\mathrm{c.c.} \\ &= \frac{1}{2}\boldsymbol{A}_s^*(\boldsymbol{r})\mathrm{e}^{-\mathrm{i}(\omega_s t+\boldsymbol{k}_s\cdot\boldsymbol{r})}+\mathrm{c.c.} \\ &= \frac{1}{2}\boldsymbol{A}_s(\boldsymbol{r})\mathrm{e}^{\mathrm{i}(\omega_s t+\boldsymbol{k}_s\cdot\boldsymbol{r})}+\mathrm{c.c.} \\ &= \frac{1}{2}\boldsymbol{E}_s(\boldsymbol{r},\omega_s)\mathrm{e}^{\mathrm{i}\omega_s t}+\mathrm{c.c.} \end{aligned}$$

在式中第三个等号后面将复光场与其复共轭(c.c.)进行了互换。可以发现

$$\boldsymbol{E}_{pc}(\boldsymbol{r},t)=\boldsymbol{E}_s(\boldsymbol{r},-t) \tag{5.3.3}$$

从上面的处理可以得出:

(1) 相位共轭波的传播方向 $\boldsymbol{k}_{pc}=-\boldsymbol{k}_s$,恰好是原信号波的相反方向;

(2) 相位共轭波是原信号波的时间反演波。

下面用几个特殊例子,来理解相位共轭波的行为。图 5-3-1 体现了点光源发出的球面波分别经过普通平面镜或者相位共轭镜的不同反射行为。如图 5-3-1(a)所示,由 S 发出的球面光波经过普通平面镜以后会继续发散,好像是从 S 在镜面中的像 S′发出的球面波一样。而由

S发出球面波经过相位共轭镜后，产生的相位共轭波传播方向与入射波相反，且是入射球面波的时间反演，因此反射波如图 5-3-1(b)所示是会聚波，且最终会聚到点光源所处的发射点。图 5-3-2 显示一个平面光波通过一个相位延迟板后，平面波前发生了畸变。当其经过普通平面镜后，再次通过这个相位延迟板，其相位畸变将加倍，如图 5-3-2(a)所示。如果经过的不是普通平面镜，而是如图 5-3-2(b)所示的相位共轭镜，之后再次通过相位延迟板，相位的畸变将消除，平面波恢复了原状。图 5-3-3 所示的入射波是一个右旋圆偏振光，经过普通平面镜后，反射光将变成左旋圆偏振光。而如果入射波经过相位共轭镜，反射光将仍然保持右旋圆偏振光。

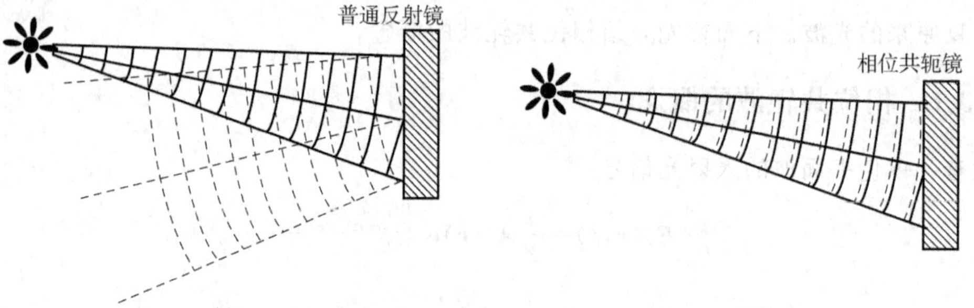

图 5-3-1　点光源发射光经过平面镜或相位共轭镜的变化

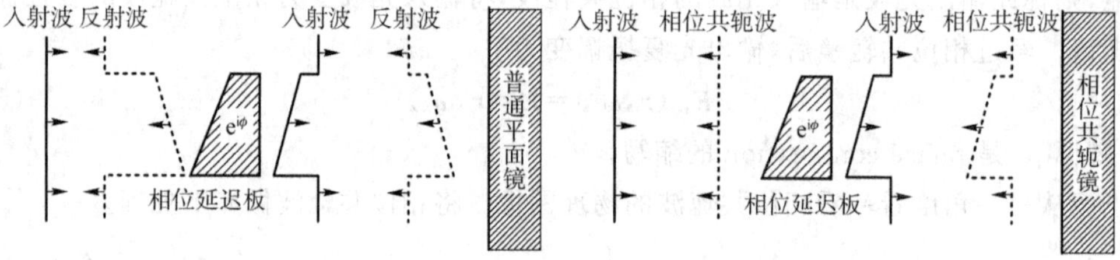

图 5-3-2　一平面波通过一相位延迟板，再经过平面镜或相位共轭镜后的变化

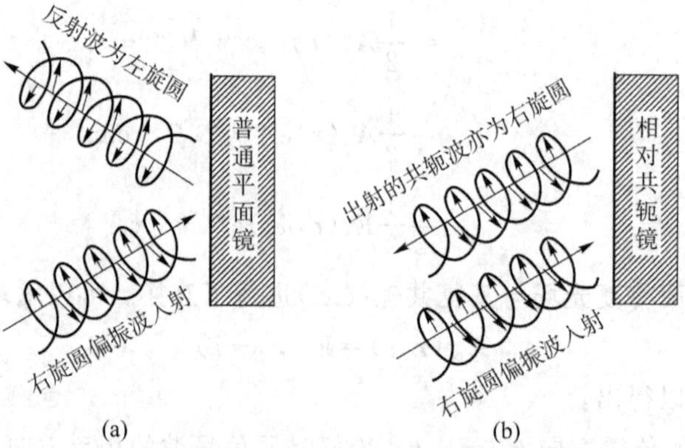

图 5-3-3　一右旋光经过平面镜或相位共轭镜后的变化

1982 年费恩伯格(Feinberg)的"猫镜"实验是一个著名的利用相位共轭波恢复严重畸变的照片的实验[1]。图 5-3-4 是费恩伯格实验的效果图，他比较一张拍有猫脸的透明照片，分别经普通反射镜或者相位共轭镜反射后照片的成像效果。图 5-3-4(a)是猫的照片直接经

过普通反射镜反射成像的照片，由于光路中没有让光波畸变的物体，所以成像十分清晰。如果在光路中加入一块相位干扰板，再经过普通反射镜反射成像的照片如图 5-3-4(b)所示，由于相位干扰板的引入，光波严重畸变，从照片里已经看不到任何猫的影子。但是虽然光路中存在相位干扰板，如果经相位共轭镜反射，光波的畸变还是能恢复的，形成了非常清晰的猫的图像，如图 5-3-4(c)所示。

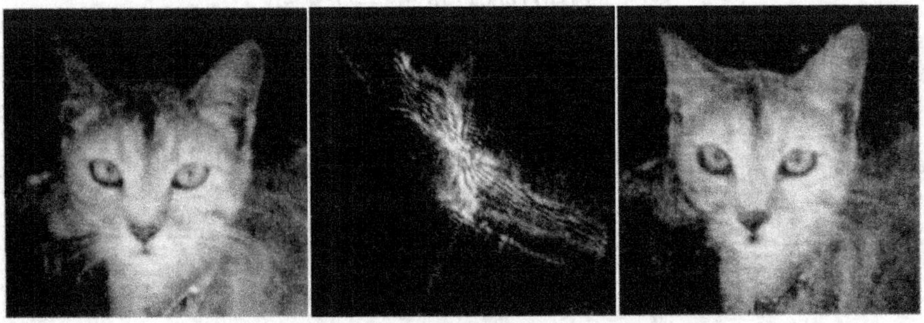

(a)　　(b)　　(c)

图 5-3-4

(a) 猫的照片经过普通反射镜得到的反射成像照片；

(b) 在光路上加入一个相位干扰板后，经普通反射镜反射成像的照片，光场已经畸变；

(c) 光路上加入一个相位干扰板，但是经过相位共轭镜反射之后成像的猫的照片，照片得到恢复

5.3.2　利用相位共轭装置补偿光纤色散[2]

相位共轭波的一个重要应用是在长距离光纤通信系统中补偿光纤色散，光纤色散是限制高速光信号在光纤中长距离传输的重要因素之一。这里所说的光纤色散是指色度色散，其主要是指群速度色散。关于光纤色散的详细内容将在第 8 章进行讨论，在本章中只是进行简单介绍，以在本章够用为标准。光纤色度色散的大小由光纤的群速色散参量 β_2 决定，它用光信号在光纤中传输的传输常数 β 对圆频率的二阶导数来定义

$$\beta_2=\frac{\mathrm{d}^2\beta}{\mathrm{d}\omega^2}=\frac{\mathrm{d}}{\mathrm{d}\omega}\left(\frac{1}{\mathrm{d}\omega/\mathrm{d}\beta}\right)=\frac{\mathrm{d}}{\mathrm{d}\omega}\left(\frac{1}{v_g}\right) \tag{5.3.4}$$

光纤具有色度色散(β_2 不为零)，意味着光信号不同频率成分的传输群速度不同，造成光信号经过一段传输后脉冲展宽。假如光脉冲的复振幅用 $U(z,T)$ 表示，其中 $T=t-\frac{z}{v_g}$(即所谓随同脉冲一同前进的时间坐标)，如果只考虑色散效应，复振幅 U 满足的方程是(请参阅 8.2 节的式(8.2.27))

$$\mathrm{i}\frac{\partial U}{\partial z}=\frac{1}{2}\beta_2\frac{\partial^2 U(z,T)}{\partial T^2} \tag{5.3.5}$$

将式(5.3.5)做傅里叶变换，可得

$$\mathrm{i}\frac{\partial \tilde{U}}{\partial z}=-\frac{1}{2}\beta_2\Omega^2\tilde{U} \tag{5.3.6}$$

式中，$\tilde{U}$ 是 U 的傅里叶变换，$\Omega=\omega-\omega_0$ 是光脉冲相对于中心圆频率 ω_0 的圆频率偏移。

如果入射光脉冲为$U(0,T)$，可以按照傅里叶频谱展开

$$U(0,T)=\int_{-\infty}^{\infty}\widetilde{U}(0,\Omega)\mathrm{e}^{-\mathrm{i}\Omega T}\mathrm{d}\Omega \tag{5.3.7}$$

$\widetilde{U}(0,\Omega)$是初始光脉冲$U(0,T)$的傅里叶变换。光脉冲在光纤中经过z的路程传输，根据式(5.3.6)，可得

$$\widetilde{U}(z,\Omega)=\widetilde{U}(0,\Omega)\exp\left(\frac{\mathrm{i}}{2}\Omega^2\beta_2 z\right) \tag{5.3.8}$$

可以证明，如果入射光脉冲为高斯脉冲，亦即

$$U(z,T)\propto \mathrm{e}^{-\frac{T^2}{2t_0^2}} \tag{5.3.9}$$

式中，t_0是入射光脉冲功率的$1/e$半脉宽，则可以证明，经过光纤长度z以后，脉冲展宽为(参见8.3节)

$$t_1=t_0\sqrt{1+\left(\frac{z}{L_{\mathrm{D}}}\right)^2} \tag{5.3.10}$$

式中

$$L_{\mathrm{D}}=\frac{t_0^2}{|\beta_2|} \tag{5.3.11}$$

称为色散长度，表示光脉冲在光纤中传输时色散开始起作用的距离。

下面介绍如何利用相位共轭方法补偿由光纤色散造成的光脉冲展宽。如图5-3-5所示，光脉冲$U(0,T)$在位置①入射色散参量为β_2'的一段光纤，经过L_1距离传输后，在位置②得到展宽的脉冲，其复振幅的傅里叶变换为

$$\widetilde{U}(L_1,\Omega)=\widetilde{U}(0,\Omega)\exp\left(\frac{\mathrm{i}}{2}\Omega^2\beta_2' L_1\right) \tag{5.3.12}$$

如果在位置②后面放置一相位共轭装置，可以使此处的光脉冲$\widetilde{U}(L_1,\omega)$在位置③变成其相位共轭波

$$\widetilde{U}^*(L_1,\Omega)=\widetilde{U}^*(0,\Omega)\exp\left(-\frac{\mathrm{i}}{2}\Omega^2\beta_2' L_1\right) \tag{5.3.13}$$

再经过色散参量为β_2''、长度为L_2一段光纤后，光脉冲在位置④变为

$$\widetilde{U}(L_1+L_2,\Omega)=\widetilde{U}^*(0,\Omega)\exp\left(-\frac{\mathrm{i}}{2}\Omega^2\beta_2' L_1\right)\exp\left(\frac{\mathrm{i}}{2}\Omega^2\beta_2'' L_2\right) \tag{5.3.14}$$

此时，如果有

$$\beta_2' L_1=\beta_2'' L_2 \tag{5.3.15}$$

则在位置④的光脉冲变为

$$\widetilde{U}(L_1+L_2,\Omega)=\widetilde{U}^*(0,\Omega) \tag{5.3.16}$$

将其还原为时域形式，得

$$\begin{aligned}U(L_1+L_2,T)&=\int_{-\infty}^{\infty}\widetilde{U}(L_1+L_2,\Omega)\mathrm{e}^{-\mathrm{i}\Omega T}\mathrm{d}\Omega\\&=\int_{-\infty}^{\infty}\widetilde{U}^*(0,\Omega)\mathrm{e}^{-\mathrm{i}\Omega T}\mathrm{d}\Omega=U^*(0,T)\end{aligned} \tag{5.3.17}$$

可见，位于位置④的光脉冲，其复振幅是处于位置①的入射光脉冲的复共轭，它们的脉宽相同，这样，利用相位共轭的方法补偿了由于光纤色散造成的脉冲展宽。

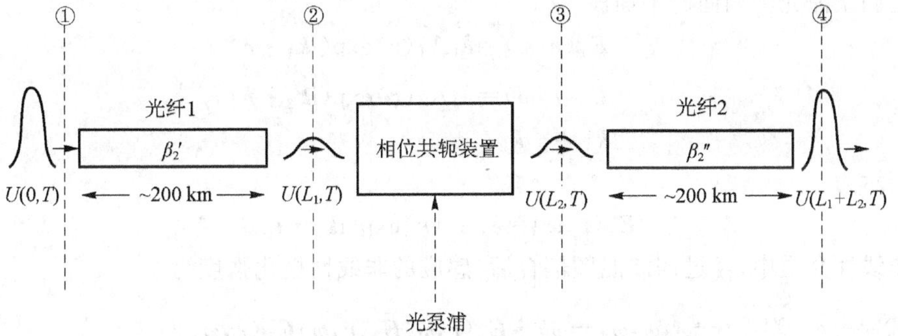

图 5-3-5　利用相位共轭波方法补偿色散的示意图

5.4　利用简并四波混频产生相位共轭波

虽然利用非线性效应实时地产生相位共轭波最早是 1972 年由苏联科学家泽尔多维奇(Zel'Dovich)团队在做受激布里渊散射实验时发现的[3,4]，然而人们发现利用四波混频产生的相位共轭波可以自动纠正波前严重畸变的入射波。利用四波混频产生相位共轭波最早由美国赫尔沃斯(R. W. Hellwarth)于 1977 年提出[5]，紧接着由雅里夫(A. Yariv)与佩珀(D. M. Pepper)完善了理论[6]。

5.4.1　简并四波混频产生相位共轭波的原理

四波混频的重要问题之一是相位匹配问题，采用简并的四波混频方式可以自动达到相位匹配。雅里夫(Yariv)提出的简并四波混频产生相位共轭波的实验结构如图 5-4-1 所示[6]，$\boldsymbol{E}_1$ 与 $\boldsymbol{E}_2$ 作为泵浦光反向共线入射到介质，信号光 $\boldsymbol{E}_3$ 沿 z 轴正向射入介质，反射光为 $\boldsymbol{E}_4$。所谓简并光是说参与非线性相互作用的四个光波的频率相同，即

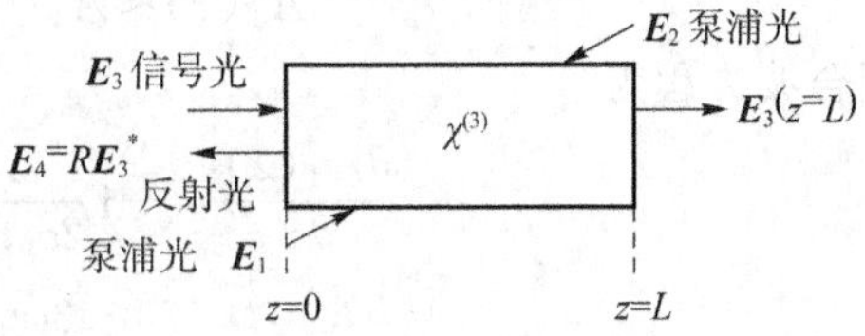

图 5-4-1　简并四波混频产生相位共轭波

$$\omega_1=\omega_2=\omega_3=\omega_4=\omega \tag{5.4.1}$$

具有关系

$$\omega_4=\omega_1+\omega_2-\omega_3 \quad \Leftrightarrow \quad \omega=\omega+\omega-\omega \tag{5.4.2}$$

这就是简并的四波混频。这样，在耦合波方程中，相位失配因子为

$$\Delta \boldsymbol{k}=\boldsymbol{k}_4-(\boldsymbol{k}_1+\boldsymbol{k}_2-\boldsymbol{k}_3) \tag{5.4.3}$$

按照图 5-4-1 中的布局，两泵浦光传播方向相反

$$\boldsymbol{k}_1=-\boldsymbol{k}_2 \tag{5.4.4}$$

另外，反射波沿与入射波相反方向传播

$$\boldsymbol{k}_4=-\boldsymbol{k}_3 \tag{5.4.5}$$

这样相位匹配得到满足

$$\Delta \boldsymbol{k}=0 \tag{5.4.6}$$

假定两泵浦光为相向的平面波

$$\begin{aligned}\boldsymbol{E}_1(\boldsymbol{r},\omega)&=\hat{e}_1A_1(\boldsymbol{r})\exp(\mathrm{i}\boldsymbol{k}_1\cdot\boldsymbol{r})\\ \boldsymbol{E}_2(\boldsymbol{r},\omega)&=\hat{e}_2A_2(\boldsymbol{r})\exp(\mathrm{i}\boldsymbol{k}_2\cdot\boldsymbol{r})\\ \boldsymbol{k}_1&=-\boldsymbol{k}_2\end{aligned}\tag{5.4.7}$$

信号光表示为

$$\boldsymbol{E}_3(\boldsymbol{r},\omega)=\hat{e}_3A_3(\boldsymbol{r})\exp(\mathrm{i}\boldsymbol{k}_3\cdot\boldsymbol{r})\tag{5.4.8}$$

在非线性介质中,经过四波混频耦合后,感应的非线性极化强度为

$$\begin{aligned}\boldsymbol{P}_4^{\mathrm{NL}}(\boldsymbol{r},\omega)&=\frac{3}{4}\varepsilon_0\overleftrightarrow{\chi}^{(3)}(-\omega,\omega,\omega,-\omega)\vdots\boldsymbol{E}_1(\boldsymbol{r},\omega)\boldsymbol{E}_2(\boldsymbol{r},\omega)\boldsymbol{E}_3^*(\boldsymbol{r},\omega)\\ &=\frac{3}{4}\varepsilon_0\left[\overleftrightarrow{\chi}^{(3)}(-\omega,\omega,\omega,-\omega)\vdots\hat{e}_1\hat{e}_2\hat{e}_3\right]A_1(\boldsymbol{r})A_2(\boldsymbol{r})A_3^*(\boldsymbol{r})\exp[\mathrm{i}(\boldsymbol{k}_1+\boldsymbol{k}_2-\boldsymbol{k}_3)\cdot\boldsymbol{r}]\end{aligned}\tag{5.4.9}$$

利用式(5.4.4)、式(5.4.5)和式(5.4.6),则式(5.4.9)变为

$$\boldsymbol{P}_4^{\mathrm{NL}}(\boldsymbol{r},\omega)=\frac{3}{4}\varepsilon_0\left[\overleftrightarrow{\chi}^{(3)}(-\omega,\omega,\omega,-\omega)\vdots\hat{e}_1\hat{e}_2\hat{e}_3\right]A_1(\boldsymbol{r})A_2(\boldsymbol{r})A_3^*(\boldsymbol{r})\exp[-\mathrm{i}\boldsymbol{k}_3\cdot\boldsymbol{r}]\tag{5.4.10}$$

说明由非线性极化产生的电场 $\boldsymbol{E}_4$ 是沿信号光的反方向 $-\boldsymbol{k}_3$ 传播,相位匹配自动满足。

设信号光沿着 z 轴方向传播,则反射光沿 $-z$ 轴传播。信号光和反射光可以表示为

$$\boldsymbol{E}_3(z,\omega)=\hat{e}_3A_3(z)\exp(\mathrm{i}k_3z)$$

$$\boldsymbol{E}_4(z,\omega)=\hat{e}_4A_4(z)\exp(-\mathrm{i}k_3z)$$

假设两泵浦光光强较强,则泵浦光在非线性相互作用中的损耗可以忽略

$$A_1(z)\approx A_1(0),\quad A_2(z)\approx A_2(0)$$

则耦合波方程为

$$\begin{aligned}\frac{\partial A_4(z)}{\partial z}&=-\mathrm{i}\frac{\omega}{2\varepsilon_0cn}[\hat{e}_4\cdot\boldsymbol{P}_4^{\mathrm{NL}}(z,\omega)]\exp(\mathrm{i}k_3z)\\ &=-\mathrm{i}\frac{3\omega}{8cn}\chi_{\mathrm{eff}}^{(3)}A_1(0)A_2(0)A_3^*(z)\end{aligned}\tag{5.4.11}$$

$$\frac{\partial A_3(z)}{\partial z}=\mathrm{i}\frac{3\omega}{8cn}\chi_{\mathrm{eff}}^{(3)}A_1(0)A_2(0)A_4^*(z)\tag{5.4.12}$$

式中

$$\chi_{\mathrm{eff}}^{(3)}=\hat{e}_4\cdot\left(\overleftrightarrow{\chi}^{(3)}\vdots\hat{e}_1\hat{e}_2\hat{e}_3\right)\tag{5.4.13}$$

另外引入

$$\kappa^*=\frac{3\omega}{8cn}\chi_{\mathrm{eff}}^{(3)}A_1(0)A_2(0)\tag{5.4.14}$$

则方程(5.4.11)与方程(5.4.12)可以简化为

$$\begin{aligned}\frac{\partial A_4(z)}{\partial z}&=-\mathrm{i}\kappa^*A_3^*(z)\\ \frac{\partial A_3^*(z)}{\partial z}&=-\mathrm{i}\kappa A_4(z)\end{aligned}\tag{5.4.15}$$

方程组(5.4.15)的通解为

$$
\begin{aligned}
A_4(z) &= C_1\cos(|\kappa|z)+C_2\sin(|\kappa|z) \\
A_3^*(z) &= C_3\cos(|\kappa|z)+C_4\sin(|\kappa|z)
\end{aligned}
\tag{5.4.16}
$$

式中，C_1、C_2、C_3、C_4是待定常数，由边界条件决定。从图 5-4-1 可知边界条件为

$$
A_4(z=L)=0,\quad A_3^*(z=0)=A_3^*(0) \tag{5.4.17}
$$

还有

$$
\left.\frac{\partial A_4(z)}{\partial z}\right|_{z=0}=-\mathrm{i}\kappa^* A_3^*(0),\qquad \left.\frac{\partial A_3^*(z)}{\partial z}\right|_{z=L}=-\mathrm{i}\kappa A_4(L)=0 \tag{5.4.18}
$$

将式(5.4.17)和式(5.4.18)代入式(5.4.16)，求出待定常数，最后得方程组(5.4.15)解为

$$
\begin{aligned}
A_4(z) &= \mathrm{i}\frac{\kappa^*}{|\kappa|}A_3^*(0)[\tan(|\kappa|L)\cos(|\kappa|z)-\sin(|\kappa|z)] \\
A_3^*(z) &= A_3^*(0)[\cos(|\kappa|z)+\tan(|\kappa|L)\sin(|\kappa|z)]
\end{aligned}
\tag{5.4.19}
$$

在 $z=0$ 处，反射波复振幅与入射信号波的复振幅之间关系为

$$
A_4(0)=\mathrm{i}\frac{\kappa^*}{|\kappa|}\tan(|\kappa|L)A_3^*(0)=\text{常数}\times A_3^*(0)\propto A_3^*(0) \tag{5.4.20}
$$

因此，在 $z<0$ 的范围内，反射波复振幅与入射信号波的复振幅之间关系为

$$
A_4(z)=\text{常数}\times A_3^*(z)\propto A_3^*(z) \tag{5.4.21}
$$

可见，反射波是入射波的相位共轭波。这样，利用简并四波混频方法产生了相位共轭波。

在上面的讨论中假定了信号光 $\boldsymbol{E}_3$ 为平面波。实际上，信号光是经历了畸变的光波，利用简并四波混频方法产生相位共轭波来恢复被畸变了的光波。考虑信号光为畸变的光波，这个畸变的光波可以看成沿不同波矢 $\boldsymbol{k}_3$ 方向传播的平面波的叠加(角谱)

$$
\boldsymbol{E}_3(\boldsymbol{r},t)=\frac{1}{2}\hat{e}_3\int A_3(\boldsymbol{r})\exp(\mathrm{i}\boldsymbol{k}_3\cdot\boldsymbol{r})\mathrm{d}^3\boldsymbol{k}_3+\mathrm{c.c.} \tag{5.4.22}
$$

由于对应每一个空间波矢 $\boldsymbol{k}_3$ 的平面波，图 5-4-1 的装置都会产生由式(5.4.21)决定的相应相位共轭波 $A_4(z)$，因此叠加后得

$$
\begin{aligned}
\boldsymbol{E}_4(\boldsymbol{r},t) &= \frac{1}{2}\hat{e}_4\int A_4(\boldsymbol{r})\exp(\mathrm{i}\boldsymbol{k}_4\cdot\boldsymbol{r})\mathrm{d}^3\boldsymbol{k}_4+\mathrm{c.c.} \\
&\propto \frac{1}{2}\hat{e}_4\int A_3^*(\boldsymbol{r})\exp(-\mathrm{i}\boldsymbol{k}_3\cdot\boldsymbol{r})\mathrm{d}^3\boldsymbol{k}_3+\mathrm{c.c.}
\end{aligned}
\tag{5.4.23}
$$

在每一个空间波矢 $\boldsymbol{k}_3$ 的方向上，相位匹配都是自动满足的，保证了信号光畸变很大时，这种方法产生的反射波 $\boldsymbol{E}_4(\boldsymbol{r},t)$是信号光 $\boldsymbol{E}_3(\boldsymbol{r},t)$的相位共轭波。而且，从下面的分析可知，这个相位共轭波可以是信号光的放大波，这在实际当中非常有用。

下面讨论图 5-4-1 所示的相位共轭反射镜的反射率

$$
R=\frac{|A_4(0)|^2}{|A_3(0)|^2}=\tan^2(|\kappa|L) \tag{5.4.24}
$$

可见，相位共轭镜的反射率与参数 κ 以及非线性介质长度 L 相关。而

$$
\begin{aligned}
|\kappa|^2 &= \left(\frac{3\omega}{8cn}\right)^2|\chi_{\mathrm{eff}}^{(3)}|^2|A_1(0)|^2|A_2(0)|^2 \\
&\propto |\chi_{\mathrm{eff}}^{(3)}|^2 I_1 I_2
\end{aligned}
$$

因此该相位共轭镜的反射率与泵浦光强度 I_1 和 I_2、介质的有效非线性极化系数 $\chi_{\mathrm{eff}}^{(3)}$ 和介质长度 L 有关。在光波频率 ω 远离介质吸收区时 $\chi_{\mathrm{eff}}^{(3)}$ 较小，但是通过增加 I_1、I_2 和 L，可以使 $\pi/4<|\kappa|L<3\pi/4$，此时相位共轭镜的反射率 $R>1$ ，亦即，可以获得放大的反射相位共轭波。

在获得反射波的同时，在透射端还可以产生信号光的透射波，且透射率大于1

$$T=\frac{|A_3(L)|^2}{|A_3(0)|^2}=\frac{1}{\cos^2(|\kappa|L)}>1 \tag{5.4.25}$$

可见图5-4-1所示的装置在$\pi/4<|\kappa|L<3\pi/4$范围内，既可作为放大信号的相位共轭反射镜，同时可以作为信号光的相干放大器，这实际上是一种四波混频的参量放大过程。其信号光与反射光的强度在介质内的变化如图5-4-2所示。

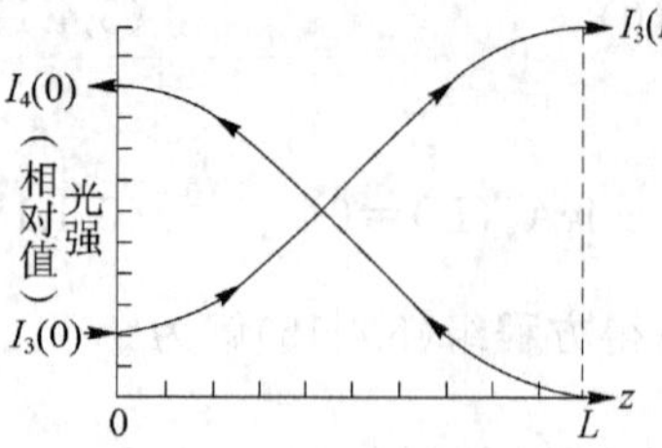

图5-4-2　信号光和反射光强度在介质内的分布

当介质长度L固定时，调整泵浦光的强度I_1和I_2，使得$|\kappa|L=\pi/2$，此时

$$R\to\infty,\quad T\to\infty \tag{5.4.26}$$

此时，发生无腔的自振荡现象。这意味着即使没有信号光的输入也可以激起振荡，在介质两端也有$\boldsymbol{E}_3$与$\boldsymbol{E}_4$的输出，如图5-4-3所示。但是这种情况实际上是不会发生的，因为在本节的计算中利用的是小泵浦光强度损耗近似。当发生自振荡时，泵浦光的损耗会很大，耦合波方程就不止剩下(5.4.11)和(5.4.12)两个方程，而是4个耦合波方程，因此以上的计算都将发生变化。然而自振荡条件$|\kappa|L=\pi/2$可以用来估算简并四波混频中所用介质的有效长度。

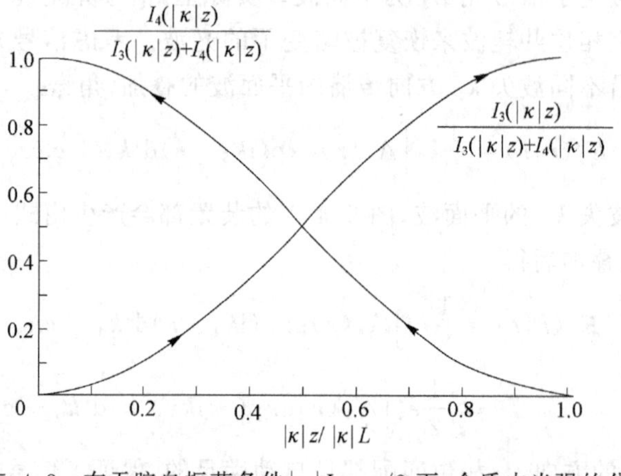

图5-4-3　在无腔自振荡条件$|\kappa|L=\pi/2$下，介质内光强的分布

5.4.2　耦合系数κ数值估计

从耦合波方程(5.4.15)以及其解式(5.4.20)，特别是式(5.4.24)可见，利用简并四波混频装置产生相位共轭波的效率决定于参数$|\kappa|L$，产生相位共轭波的反射率为$\tan^2(|\kappa|L)$。因此，给出参数$|\kappa|L$的数值估算是有益的。

以非线性介质为CS_2为例，其非线性极化系数分量

$$\chi^{(3)}_{yxxy}(-\omega,\omega,\omega,-\omega)=2.73\times10^{-13}(\text{esu})=3.81\times10^{-21}(\text{SI}) \tag{5.4.27}$$

其脚标代表两泵浦波均沿x方向偏振，信号波与相位共轭波沿y方向偏振，在式(5.4.14)中设两泵浦光光强相等。由光强与复振幅的关系式(2.3.21)，有

$$|\kappa|=\frac{3\pi\chi^{(3)}_{yxxy}}{2\varepsilon_0 cn^2\lambda}I \tag{5.4.28}$$

取 $\lambda=1\ \mu\mathrm{m}$，$n=1.62$，$\varepsilon_0=8.85\times10^{-12}\ \mathrm{C^2/N\cdot m^2}$，代入式(5.4.28)得

$$|\kappa|=0.026\ I(\mathrm{MW/cm^2/m}) \tag{5.4.29}$$

这样，为了达到 $|\kappa|L=1$，当 $L\approx10$ cm，泵浦光强 I 要达到 GW/cm^2 量级，这通常只有脉冲激光器才能达到。如果使用共振增强 $\chi^{(3)}$ 的介质，可以在本实验中使用连续波激光器[7]。

5.4.3　简并四波混频产生相位共轭波的全息光栅描述[8,9]

简并四波混频产生相位共轭波可以由全息光栅再现理论来解释，最初这是由亚里夫(A. Yariv)首先提出的。

上述简并四波混频产生过程十分类似全息成像过程。全息成像过程分两步进行，如图 5-4-4 所示，首先物光与参考光干涉，在底片上形成干涉条纹图样并记录下来。然后用另一参考光照射含有干涉图样的底片，重建形成物波反向的相位共轭波。

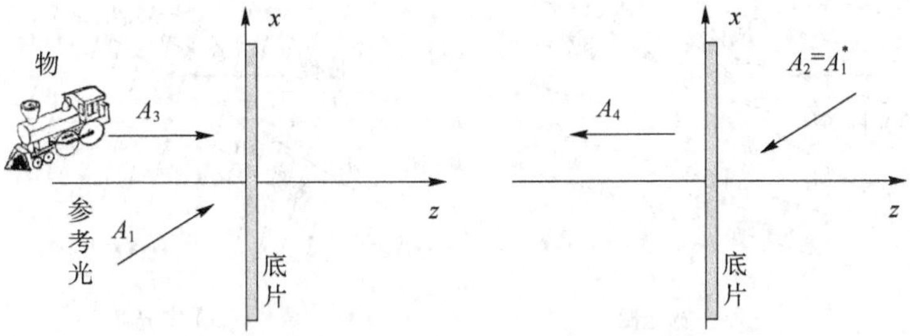

(a) 全息术的记录过程　　(b) 全息术的重建过程

图 5-4-4　全息成像过程

在全息记录过程中，底片上形成的干涉条纹强度分布为

$$T\propto(A_3+A_1)(A_3+A_1)^*=|A_3|^2+|A_1|^2+A_3A_1^*+A_1A_3^* \tag{5.4.30}$$

式中，A_3 和 A_1 分别是物波与参考波在 $z=0$ 处的复振幅。

在重建过程中，用参考波 A_2 从右侧照射底片，由于参考波 A_1 和 A_2 都为平面波，且传播方向相反，则 $A_2=A_1^*$。在底片左侧的衍射波可表示为

$$A_4=TA_2\propto(|A_3|^2+|A_1|^2)A_1^*+(A_1^*)^2A_3+|A_1|^2A_3^* \tag{5.4.31}$$

式(5.4.31)的第一项正比于 $A_2(=A_1^*)$，传播方向沿 A_2 方向，与本讨论无关，略去不提。第二项 $(A_1^*)^2A_3$ 具有相位因子 $\exp[\mathrm{i}(\boldsymbol{k}_3-2\boldsymbol{k}_1)\cdot\boldsymbol{r}]$，相位不匹配，在厚的全息底片中无法有效辐射，也可以忽略不计。此处关心的是第三项

$$A_4\propto|A_1|^2A_3^*=|A_1A_2|A_3^* \tag{5.4.32}$$

这是一个与物波反向传播的，物波的时间反演相位共轭波。

回到简并四波混频产生相位共轭波的情形。如图 5-4-5 所示，认为其中一束泵浦光与信号光发生干涉，在介质中形成全息干涉条纹，从而使得非线性介质的折射率按照干涉条纹的变化而变化，建立起一种感应全息光栅。另外的一束泵浦光作为读取光束，经过已经建立起的感应全息光栅发生衍射，从而产生信号光的相位共轭波。从图 5-4-5(a)和(b)可以进一步看出，有两套这样的感应全息光栅，对形成相位共轭波都有贡献。

以图 5-4-5(a)为例，泵浦光与信号光在空中叠加形成取向平分两光束夹角的系列条纹，感应出折射率全息光栅。条纹的空间周期为

$$\Lambda_{13}=\frac{\lambda}{2n\sin(\theta/2)} \tag{5.4.33}$$

式中，θ 是两光束 A_1 和 A_3 之间的夹角。相对于读取光束 A_2 而言，上述的全息光栅构成如式(5.4.30)一样的强度分布。A_2 通过这个光栅产生衍射，其衍射场如式(5.4.31)。这里关注的是该式中的第三项 $A_4 \propto |A_1A_2|A_3^*$。根据式(5.4.20)，当 $|\kappa|L \ll 1$ 时(介质是薄膜)，反射波具有下面的形式

$$A_4(0)=\mathrm{i}\,\frac{\kappa^*}{|\kappa|}\tan(|\kappa|L)A_3^*(0)\approx \mathrm{i}\kappa^* LA_3^*(0)\propto A_1A_2A_3^*(0) \tag{5.4.34}$$

这与式(5.4.32)是完全一致的。可见，全息光栅再现理论与非线性极化率理论得到同样的结论。

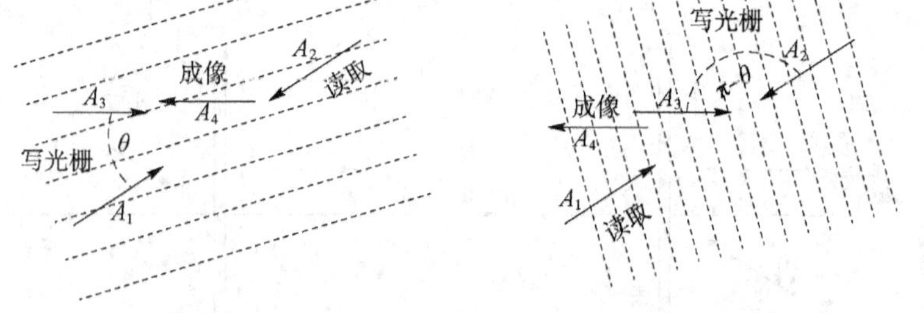

(a) 宽光栅　　(b) 窄光栅

图 5-4-5　简并四波混频产生相位共轭波的感应全息光栅图解

5.4.4　各向同性介质中四波混频偏振态之间的关系

要使四波混频获得最大的变换效率，相位匹配是第一位的。其次，四个波的相互作用对偏振也有要求，这是因为要求

$$\chi_{\text{eff}}^{(3)}=\hat{e}_4\cdot\left(\overleftrightarrow{\chi^{(3)}}\,\vdots\,\hat{e}_1\hat{e}_2\hat{e}_3\right)\neq 0 \tag{5.4.35}$$

比如对于各项同性介质，如表 5-1-1 所示，$\overleftrightarrow{\chi^{(3)}}$ 的元素只有 21 个非零，且只有 3 个是独立的。非零元素为

$$\chi_{xxxx}^{(3)}=\chi_{yyyy}^{(3)}=\chi_{zzzz}^{(3)} \tag{5.4.36}$$

$$\chi_{yyzz}^{(3)}=\chi_{zzyy}^{(3)}=\chi_{zzxx}^{(3)}=\chi_{xxzz}^{(3)}=\chi_{xxyy}^{(3)}=\chi_{yyxx}^{(3)} \tag{5.4.37}$$

$$\chi_{yzyz}^{(3)}=\chi_{zyzy}^{(3)}=\chi_{zxzx}^{(3)}=\chi_{xzxz}^{(3)}=\chi_{xyxy}^{(3)}=\chi_{yxyx}^{(3)} \tag{5.4.38}$$

$$\chi_{yzzy}^{(3)}=\chi_{zyyz}^{(3)}=\chi_{zxxz}^{(3)}=\chi_{xzzx}^{(3)}=\chi_{xyyx}^{(3)}=\chi_{yxxy}^{(3)} \tag{5.4.39}$$

且有关系

$$\chi_{xxxx}^{(3)}=\chi_{xxyy}^{(3)}+\chi_{xyxy}^{(3)}+\chi_{xyyx}^{(3)} \tag{5.4.40}$$

如果要求

$$\chi_{\text{eff}}^{(3)}=\hat{e}_4\cdot\left(\overleftrightarrow{\chi^{(3)}}\,\vdots\,\hat{e}_1\hat{e}_2\hat{e}_3\right)=\sum_{ijkl}\chi_{ijkl}^{(3)}e_{4i}e_{1j}e_{2k}e_{3l}\neq 0 \tag{5.4.41}$$

显然需要 $\chi_{ijkl}^{(3)}$ 的脚标两两相同才有可能，这对四个波的偏振方向也有要求。

下面举例说明，如图 5-4-6 所示，假如泵浦光以及入射信号光都沿 y 轴偏振，即

$$\hat{e}_1=\hat{e}_2=\hat{e}_3=\hat{e}_y$$

必然有 $\hat{e}_4=\hat{e}_y$，才能有 $\chi_{\text{eff}}^{(3)}=\chi_{yyyy}^{(3)}\neq 0$。因此，即使是各向同性介质，如果欲在其中进行四波混频实验，各个光波的偏振方向也是要精心设计的。

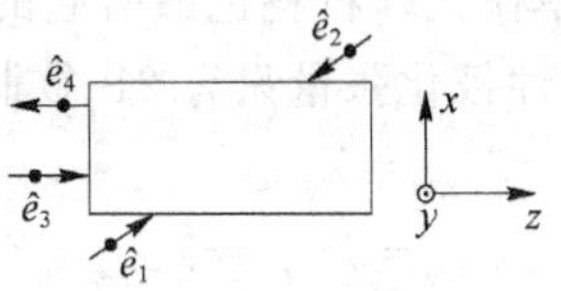

图 5-4-6　各项同性介质中四波混频各波的偏振态安排的一个例子

本章参考文献

[1] Feinberg J. Self-pumped, continuous-wave phase conjugator using internal reflection [J]. Opt. Letts, 1982, 7(10): 486-488.

[2] Yariv A, Yeh P. Photonics: Optical Electronics in Modern Communications, 6th ed. [M]. New York: Oxford University Press, 2007.

[3] Zel'Dovich B Y, Popovichev V I, Ragulsky V V, et al.On relation between wavefronts of reflected and exciting radiation in stimulated Brillouin scattering [J]. Zh. Eksp. Teor. Fiz. Pis'ma Red., 1972, 15: 160. [English translation: JETP Letters, 1972, 15: 109.

[4] Nosach O Y, Popovichev V I, Ragulsky V V, et al. Compensation of phase distortions in an amplifying medium be a "Brillouin mirror" [J]. Zh. Eksp. Teor. Fiz. Pis'ma Red., 1972, 16: 617. [English translation: JETP Letters, 1972, 16: 435.]

[5] Hellwarth R W. Generation of time-reversed wave fronts by nonlinear refraction [J]. J. Opt. Soc. Am., 1977, 67(1): 1-3.

[6] Yariv A, Pepper D M. Amplified reflection, phase conjugation, and oscillation in degenerate four-wave mixing [J]. Opt. Lett., 1977, 1(1): 16-18.

[7] Abrams R L, Lind R C. Degenerate four-wave mixing in absorbing media [J]. Opt. Lett., 1978, 2: 94-96.

[8] Pepper D M, Yariv A. Optical phase conjugation using three-wave and four-wave mixing via elastic photon scattering in transparent media, in Optical Phase Conjugation [M]. ed by Fisher R A, New York: Academic Press, 1983.

[9] 赫光生，刘颂豪.强光光学 [M]. 北京：科学出版社，2011.

习　　题

5.1　光纤中的四波混频耦合波方程为

$$\frac{\partial A_3(z)}{\partial z}=\mathrm{i}\,\frac{\omega_3}{8cn_3}\chi_{\text{eff}}^{(3)}A_{\mathrm{p}}^2(0)A_4^*(z)\exp(-\mathrm{i}\Delta kz)$$

$$\frac{\partial A_4(z)}{\partial z}=\mathrm{i}\,\frac{\omega_4}{8cn_4}\chi_{\text{eff}}^{(3)}A_{\mathrm{p}}^2(0)A_3^*(z)\exp(-\mathrm{i}\Delta kz)$$

试求解此方程。

5.2　人用相位共轭镜照着脸时将看到什么？

5.3　试比较简并四波混频与全息术之间的异同点。

5.4　试说明相位共轭镜补偿单模光纤材料色散引起的脉冲展宽的机制。

5.5　在各向同性介质中，非线性极化张量只有 21 个非零元素，其中 3 个独立

$$\chi_{xxxx}=\chi_{yyyy}=\chi_{zzzz}$$

$$\chi_{yyzz}=\chi_{zzyy}=\chi_{zzxx}=\chi_{xxzz}=\chi_{xxyy}=\chi_{yyzz}$$

$$\chi_{yzyz}=\chi_{zyzy}=\chi_{zxzx}=\chi_{xzxz}=\chi_{xyxy}=\chi_{yxyx}$$

$$\chi_{yzzy}=\chi_{zyyz}=\chi_{zxxz}=\chi_{xzzx}=\chi_{xyyx}=\chi_{yxxy}$$

$$\chi_{xxxx}=\chi_{xxyy}+\chi_{xyxy}+\chi_{xyyx}$$

试计算两图中的有效非线性极化率 χ_{eff}。设 $\boldsymbol{k}_1$ 与 $\boldsymbol{k}_2$ 与 z 轴夹 θ 角。

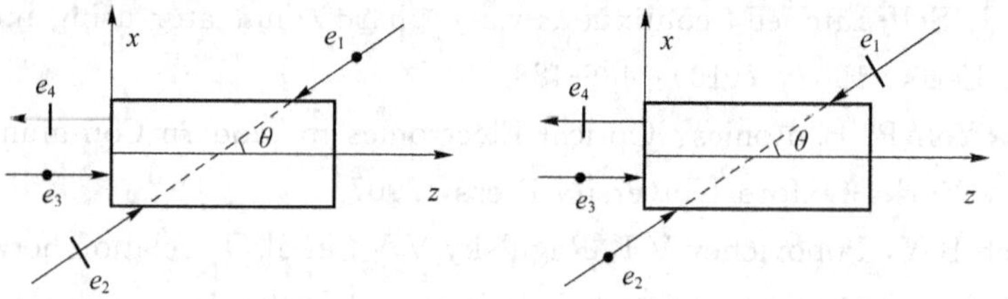

第6章　受激光散射

6.1　光散射现象概述

6.1.1　光散射的简单机理

光通过某种介质时，有一部分能量的光偏离原来的传播方向，而向空间的其他方向弥散开来的现象称为光散射现象。粗略地说，引起光散射的原因是光传输介质中的光学不均匀性或折射率不均匀性造成的。当介质中某些局部区域的光学性质或折射率与周围大部分区域相比有一定差异时，这些局部区域就变成了散射中心。按照经典光学理论，介质在入射光波作用下产生感生电偶极矩，这些感生电偶极矩作为次级子波的辐射源发射次级子波。当介质内感生电偶极矩的空间分布是完全均匀时，这些次级子波的干涉结果，使介质内沿入射光波前进方向各子波相长干涉，从而光强最大，而在其余方向上则由于各次级子波彼此干涉相消而光强趋于零，这时不产生光散射现象。如果介质内折射率等光学性质的分布均匀性受到一定程度的破坏时，介质中感生电偶极矩的空间分布均匀性也受到破坏，这样次级子波的干涉结果，造成其他方向上的光强不再为零，从而形成了光散射。

6.1.2　光散射现象的分类

光散射的原因和表现形式多种多样，从不同角度出发可以有多种分类形式。下面从散射介质的组成特性和散射的物理原因大体做个分类。

1. 非纯净介质中的光散射

对大多数透明光学介质来说，无论气体、液体、固体，绝对的纯净是不存在的，总是含有灰尘、悬浮颗粒、杂质颗粒、介质本身的微结构缺陷等，这些不纯净颗粒构成了对入射光的散射中心，形成光散射。这种散射现象不是介质本身固有的，而是强烈依赖于散射中心的性质或介质本身的纯净程度，其光散射的特点为：

（1）散射光的频率与入射光的频率相同；

（2）散射光强度与入射光波长有关：

$$I_s \propto \frac{1}{\lambda^\sigma} \tag{6.1.1}$$

式中，参数 σ 与散射中心的尺度 a 有关。当 $a \gg \lambda$ 时，即散射颗粒尺寸较大时，$\sigma \to 0$；当 $a \ll \lambda$ 时，即散射颗粒尺寸非常小时，$\sigma \to 4$；当尺寸 a 处于可以与入射光波长相比拟的范围内，则 σ 在 0～4 之间取值。

2. 纯净介质中的光散射

即使散射介质是完全纯净的，仍然存在一些介质固有的内在机制造成光散射。这类纯净介质的光散射主要有以下几种。

1）瑞利散射(Rayleigh Scattering)

瑞利散射起源于原子或分子密度分布局部随机性的起伏。假定纯净介质由相同的原子或分子组成，其宏观折射率分布在热平衡下是均匀的。即使如此，在远远大于分子尺寸又远远小于光波长的小区域内，由于分子迁移运动和热碰撞，造成此区域内局部分子密度乃至局部折射率发生随机起伏，引起光散射，即瑞利散射。

地球周围充满着大气层，大气中的分子可以作为散射中心，太阳光射入时会引起瑞利散射，如图 6-1-1 所示。

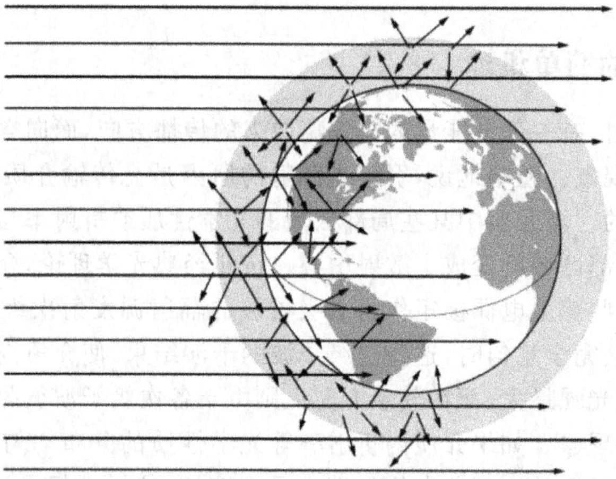

图 6-1-1　大气分子对于太阳光的瑞利散射

瑞利散射的主要特点是：

(1) 散射光频率与入射光频率相同，散射前后介质内部原子或分子的内部能量不发生改变，这样的光散射称为弹性散射；

(2) 散射光强度与入射光波长的四次方成反比：

$$I_s \propto \frac{1}{\lambda^4} \tag{6.1.2}$$

瑞利散射强度反比于波长的四次方，这可以解释为什么天空呈蓝色。太阳光实质上是白光，蓝光波长 $\lambda_{蓝}$ 短，红光波长 $\lambda_{红}$ 长，$(\lambda_{红}/\lambda_{蓝})^4 \approx (700\ \text{nm}/400\ \text{nm})^4 = 9.4$，蓝光更容易被大气散射，因此我们看天空是呈蓝色的，如图 6-1-2 所示。

制作石英光纤的材料是 SiO_2，光波在光纤中传播时，瑞利散射是光纤材料的本征散射。瑞利散射在单模光纤中总损耗中构成损耗的本底，如图 6-1-3 所示。其中损耗实测曲线中的若干个尖峰是光纤中杂质氢氧根离子(OH^-)的吸收峰，它们位于 0.95 μm、1.24 μm 和

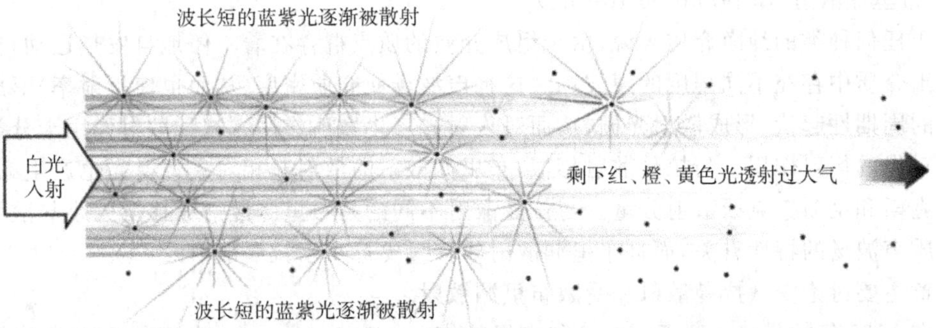

图 6-1-2 太阳光(白光)射入大气,大部分蓝色光被散射,经过大气层,更多的红色光透过

1.39 μm 波长处。避开这些强吸收峰形成光纤通信的三个低损耗窗口:0.85 μm、1.3 μm、1.55 μm。随着技术的不断发展,人们采用严格的脱水技术消除了氢氧根离子的吸收峰,制成了 1.28～1.625 μm 范围内所有波长都能传输光的全波光纤(AllWave™)。这样瑞利散射就成了本底损耗,可以认为这个本底损耗是单模光纤损耗所能减小到的理论极限值。另外,工程上测量光纤损耗的光时域反射计(Optical Time Domain Reflectometer,OTDR)也是利用光纤中背向的瑞利散射原理制成的。

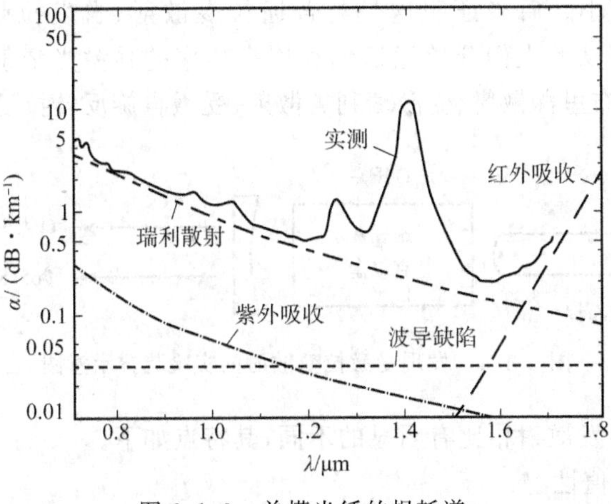

图 6-1-3 单模光纤的损耗谱

2) 拉曼散射(Raman Scattering)

这种散射现象主要发生在由分子组成的纯净介质中。组成分子的内部原子或离子总在周期性地相对运动(振动或转动),这种分子内部的相对运动导致分子感生电偶极矩随时间产生周期性调制,从而可以产生对入射光的散射作用。在单色光入射情况下,由于分子感生电极化特性随时间周期性变化(变化频率表现为固有频率 ω_v)的结果,使散射光的频率相对于入射光频率 ω_p 发生一定的移动,变为 $\omega_p \pm \omega_v$,其频移量大小正好等于上述的调制频率 ω_v。其中频率为 $\omega_p - \omega_v$ 的散射分量称为斯托克斯(Stokes)散射,而频率为 $\omega_p + \omega_v$ 的散射分量称为反斯托克斯(anti-Stokes)散射。

相对于瑞利散射而言,拉曼散射主要的特点是:(1)散射前后分子能量发生改变,因此属于非弹性散射;(2)散射光的频移量 ω_v 与分子内部的结构有关。

3) 布里渊散射(Brillouin Scattering)

对于任何种类的纯净介质来说,由于组成介质的质点群存在着不停地自发热运动,在宏观上显现出介质中存在不同程度的声波场。这种声波场使介质密度(从而也使折射率)形成时间和空间的周期性起伏,形成散射光栅,从而对入射光产生散射作用。这种散射作用十分类似于超声波对光的衍射作用。与拉曼散射相似,布里渊散射的散射光相对于入射光也产生频移,也有斯托克斯和反斯托克斯散射分量。与拉曼散射不同的是布里渊散射频移量大小与散射角以及与介质声波场的特性有关,而且布里渊散射频移量要远小于拉曼散射。

本章主要讨论受激拉曼散射和受激布里渊散射。

早在1928年拉曼(V. V. Raman)和克里施南(K. S. Krishman)首先在CCl_4液体的散射光中发现了频移现象[1],从那以后人们对拉曼散射现象进行了大量的研究。但是当时使用的光源强度低,单色性、方向性和相干性都很差。在激光发明的第三年(1962年),当伍德伯格(E. J. Woodburg)和吴(W. K. Ng)用充满硝基苯液体克尔盒作为红宝石激光器的Q开关元件时,除了看到波长694.3 nm(431.8 THz)的红宝石激光输出外,还发现了波长为765.8 nm(391.5 THz)的光输出[2],如图6-1-4所示。他们还发现如果去掉克尔盒,就只有694.3 nm的光输出了。经分析发现765.8 nm的输出光就是硝基苯液体的拉曼散射斯托克斯谱线(拉曼频移431.8 THz −391.5 THz=40.3 THz)。与以前拉曼散射实验不同的是,Woodburg实验光源是强激光。实验还发现,当激光光强$I>1\ \mathrm{MW/cm^2}$时,765.8 nm的谱线强度显著增强,谱线显著变窄,发散角也变小。后来证明这是与普通拉曼散射(自发拉曼散射)不同的散射现象——受激拉曼散射。从此人们开始意识到利用高功率的强激光辐射去激励不同的散射介质,并陆续发现了受激布里渊散射、受激瑞利翼散射、受激自旋反转拉曼散射等。

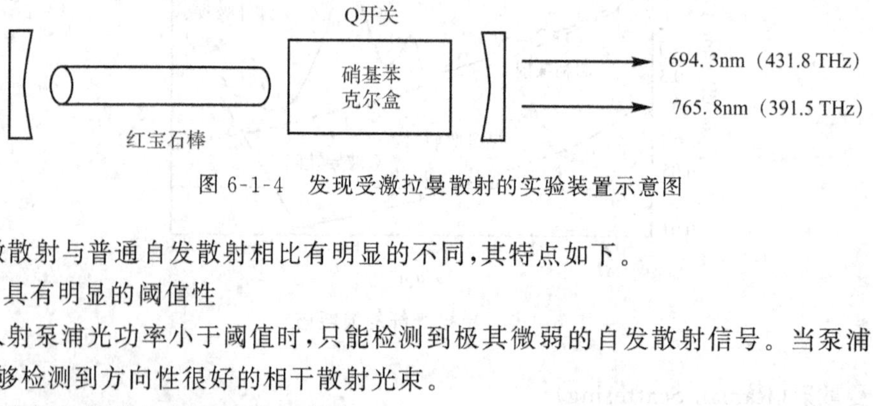

图6-1-4 发现受激拉曼散射的实验装置示意图

受激散射与普通自发散射相比有明显的不同,其特点如下。

(1) 具有明显的阈值性

当入射泵浦光功率小于阈值时,只能检测到极其微弱的自发散射信号。当泵浦光大于阈值后,能够检测到方向性很好的相干散射光束。

(2) 受激散射光具有明显的定向性

泵浦光超过阈值后,散射光束的空间发散角明显变小,一般可达到与入射泵浦激光相近的发散角。

(3) 受激散射光的高单色性

泵浦光超过阈值后,散射光谱的宽度明显变窄,可达到与入射泵浦激光相当或更窄的程度。

(4) 受激散射光的时间特点

如果入射泵浦激光是脉冲激光,泵浦光强在阈值以上,则散射光脉冲随时间变化的特性一般与入射光相似,有时散射光脉冲宽度甚至小于入射激光。

6.2　受激拉曼散射的经典模型

本节开始讨论受激拉曼散射。受激拉曼散射有多种理论框架来解释，比如感生分子极化的经典解释、采用密度矩阵的半经典理论、全量子理论等。本节采用经典的感生分子极化的观点解释受激拉曼散射，这里采用了雅里夫的讲法[3,4]。该讲法重点关注怎样从光场感应下分子极化的电偶极矩非线性变化得出拉曼非线性极化强度与光场的关系，从而得到拉曼散射的非线性极化率与分子非线性极化的关系，以得到拉曼增益等特征系数。

如前所述，组成介质的分子在外电场 E 作用下产生感生电偶极矩

$$\mu=\varepsilon_0\alpha E \tag{6.2.1}$$

式中，α 是分子极化率。以双原子分子为例，如图 6-2-1 所示。双原子之间有周期性的相对振动，其简正坐标 $X=X_0\cos\omega_v t$ 周期性变化，ω_v 为原子之间的振动的固有频率。α 随简正坐标 X 变化。将 α 对简正坐标 X 按级数展开，并保留到 X 的一次项

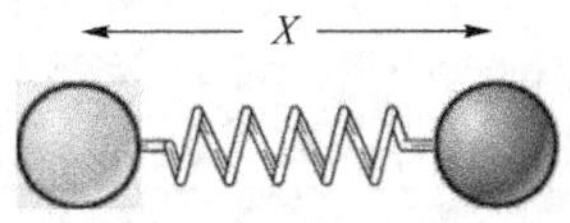

图 6-2-1　认为介质分子为双原子分子，简正坐标为 X

$$\alpha=\alpha_0+\left(\frac{\partial\alpha}{\partial X}\right)_0 X=\alpha_0+\alpha_1\cos\omega_v t \tag{6.2.2}$$

在外电场 $E=E_p\cos\omega_p t$ 作用下，分子产生的感生电偶极矩

$$\mu=\varepsilon_0\alpha_0 E_p\cos\omega_p t+\frac{1}{2}\varepsilon_0\alpha_1 E_p[\cos(\omega_p-\omega_v)t+\cos(\omega_p+\omega_v)t] \tag{6.2.3}$$

可见，分子感生电偶极矩 μ 的振动不仅包含有入射光频率 ω_p，而且在 ω_p 两侧还有 $\omega_p\pm\omega_v$ 的新频率出现，它们起源于分子内部原子或离子的振动或转动对分子极化率的调制。式(6.2.3)中的第一项对应于频率不发生变化的弹性光散射(如瑞利散射)，后面两项对应于频率发生移动的非弹性散射，分别代表拉曼散射的斯托克斯(Stokes：$\omega_s=\omega_p-\omega_v$)散射分量和反斯托克斯(anti-Stokes：$\omega_{as}=\omega_p+\omega_v$)散射分量，如图 6-2-2 所示。

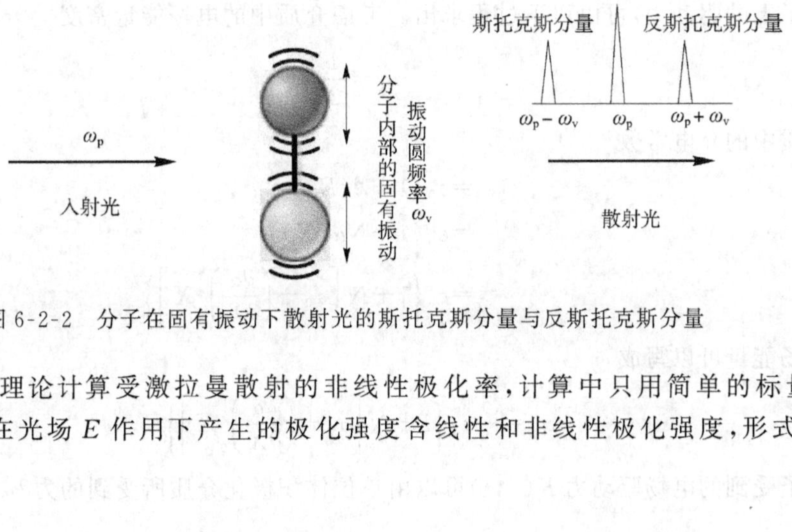

图 6-2-2　分子在固有振动下散射光的斯托克斯分量与反斯托克斯分量

下面用经典理论计算受激拉曼散射的非线性极化率，计算中只用简单的标量近似。思路如下，介质在光场 E 作用下产生的极化强度含线性和非线性极化强度，形式上可以写成：

$$\begin{aligned} P &= \varepsilon_0 \chi(E) E \\ &= P^{L} + P^{\mathrm{NL}}_{\mathrm{Raman}} \\ &= \varepsilon_0 (\chi^{(1)} + \chi^{(3)}_{\mathrm{Raman}} EE) E \end{aligned} \tag{6.2.4}$$

式中

$$P^{\mathrm{NL}}_{\mathrm{Raman}} = \chi^{(3)}_{\mathrm{Raman}} EEE \tag{6.2.5}$$

另一方面由极化强度的定义，它是单位体积 ΔV 内的感生电偶极矩之和

$$P = \frac{\sum_i \mu_i}{\Delta V} = N\mu = \varepsilon_0 N\alpha(X)E \tag{6.2.6}$$

式中，N 是介质单位体积内的分子数。式(6.2.6)的计算中用到了(6.2.1)。从公式(6.2.6)，可得

$$\begin{aligned} P &= P^{L} + P^{\mathrm{NL}}_{\mathrm{Raman}} \\ &= \varepsilon_0 N\left[\alpha_0 + \left(\frac{\partial \alpha}{\partial X}\right)_0 X\right]E \\ &= \varepsilon_0 N\alpha_0 E + \varepsilon_0 N\left(\frac{\partial \alpha}{\partial X}\right)_0 XE \end{aligned} \tag{6.2.7}$$

则

$$P^{\mathrm{NL}}_{\mathrm{Raman}} = \varepsilon_0 N\left(\frac{\partial \alpha}{\partial X}\right)_0 XE \tag{6.2.8}$$

拉曼散射引起的非线性极化强度正比于分子极化率按照简正坐标的一阶展开项。这样，如果求得简正坐标的形式，就可以得到受激拉曼散射的非线性极化强度 P^{NL}，从而求得 $\chi^{(3)}_{\mathrm{Raman}}$。

仍以双原子分子为例，其中原子的简正坐标在光场作用下做受迫振动，满足如下的分子振动的运动方程：

$$\frac{\mathrm{d}^2 X(z,t)}{\mathrm{d}t^2} + \gamma \frac{\mathrm{d}X(z,t)}{\mathrm{d}t} + \omega_{\mathrm{v}}^2 X(z,t) = \frac{F(z,t)}{m} \tag{6.2.9}$$

式中，γ 是阻尼常数，ω_{v} 是分子内部振动的固有频率，m 是分子的折合质量，$F(z,t)$是光场作用在分子上的驱动力，可由以下过程求出。考虑介质中的电场能量密度

$$w_{\mathrm{e}} = \frac{1}{2}\varepsilon E^2 \tag{6.2.10}$$

其中介质中的介电常数

$$\begin{aligned} \varepsilon &= \varepsilon_0 (1 + \chi(E)) \\ &= \varepsilon_0 (1 + N\alpha(X)) \\ &= \varepsilon_0 \left\{1 + N\left[\alpha_0 + \left(\frac{\partial \alpha}{\partial X}\right)_0 X\right]\right\} \end{aligned} \tag{6.2.11}$$

这样电场能量可以写成

$$w_{\mathrm{e}} = \frac{1}{2}\varepsilon_0 \left\{1 + N\left[\alpha_0 + \left(\frac{\partial \alpha}{\partial X}\right)_0 X\right]\right\} E^2 \tag{6.2.12}$$

每个分子受到的电场驱动力 $F(z,t)$可以由单位体积极化介质所受到的力$\partial w_{\mathrm{e}}/\partial X$，再用 N 来除求得

$$F(z,t)=\frac{1}{N}\frac{\partial w_e}{\partial X}$$
$$=\frac{1}{2}\varepsilon_0\left(\frac{\partial \alpha}{\partial X}\right)_0\langle E^2(z,t)\rangle \tag{6.2.13}$$

式中,⟨⟩表示在几个光波振荡周期内的平均,因为分子对于光频来不及响应,光波对其作用是平均效果。

下面说明分子振动 $X(z,t)$ 产生的感生极化场是如何反作用于光场的。根据式(6.2.11),频率为 ω_v 的分子振动会引起介电常数 ε 被 ω_v 调制。这样就导致其对介质中辐射场的相位调制,从而产生频移为 ω_v 的旁带。换句话说,由分子振动引起 ε 被 ω_v 调制,可导致电磁场在间隔 ω_v 整数倍的不同频率分量之间进行能量交换,例如泵浦场 ω_p 和斯托克斯光场 $\omega_s=\omega_p-\omega_v$ 之间的能量交换。

设介质中总光场包含泵浦场 ω_p 和斯托克斯光场 ω_s

$$E(z,t)=\frac{1}{2}E_p(z,\omega_p)e^{-i\omega_p t}+\frac{1}{2}E_s(z,\omega_s)e^{-i\omega_s t}+\text{c.c.} \tag{6.2.14}$$

经过平方与取时间平均值,忽略高频项和直流项以后,得到

$$\langle E^2(z,t)\rangle=\frac{1}{2}E_p(z,\omega_p)E_s^*(z,\omega_s)e^{-i(\omega_p-\omega_s)t}+\text{c.c.} \tag{6.2.15}$$

令 $\Omega=\omega_p-\omega_s$,则

$$F(z,t)=\frac{1}{4}\varepsilon_0\left(\frac{\partial \alpha}{\partial X}\right)_0\left[E_p(z,\omega_p)E_s^*(z,\omega_s)e^{-i\Omega t}+\text{c.c.}\right]$$
$$=C_1\left[E_p(z,\omega_p)E_s^*(z,\omega_s)e^{-i\Omega t}+\text{c.c.}\right] \tag{6.2.16}$$

式中,$C_1=\frac{1}{4}\varepsilon_0\left(\frac{\partial \alpha}{\partial X}\right)_0$。设分子振动运动方程(6.2.9)的解为

$$X(z,t)=\frac{1}{2}X(z)e^{-i\Omega t}+\text{c.c.} \tag{6.2.17}$$

将式(6.2.16)和式(6.2.17)代入式(6.2.9),得简正坐标的复振幅解

$$X(z)=\frac{2C_1}{m}\frac{E_p(z,\omega_p)E_s^*(z,\omega_s)}{\omega_v^2-\Omega^2-i\gamma\Omega} \tag{6.2.18}$$

得到简正坐标的解以后,就可以得到介质中感生的极化强度为

$$P(z,t)=N\mu(z,t)=\varepsilon_0 N\alpha E(z,t)$$
$$=\varepsilon_0 N\left[\alpha_0+\left(\frac{\partial \alpha}{\partial X}\right)_0 X(z,t)\right]E(z,t) \tag{6.2.19}$$
$$=P^L(z,t)+P^{NL}(z,t)$$

式中,非线性极化强度为

$$P^{NL}(z,t)=\varepsilon_0 N\left(\frac{\partial \alpha}{\partial X}\right)_0\left[\frac{1}{2}X(z)e^{-i(\omega_p-\omega_s)t}+\frac{1}{2}X(z)^*e^{i(\omega_p-\omega_s)t}\right]$$
$$\times\left[\frac{1}{2}E_p(z,\omega_p)e^{-i\omega_p t}+\frac{1}{2}E_s(z,\omega_s)e^{-i\omega_s t}+\text{c.c.}\right] \tag{6.2.20}$$

式中,包括了在 ω_p、ω_s、$2\omega_p-\omega_s$ 和 $2\omega_s-\omega_p$ 频率处振荡的极化强度。这里只考虑介质中引起斯托克斯散射的极化强度,其频率为 ω_s

$$P^{\mathrm{NL}}(z,t)=\frac{1}{2}P^{\mathrm{NL}}(z,\omega_s)\mathrm{e}^{-\mathrm{i}\omega_s t}+\mathrm{c.c.} \tag{6.2.21}$$

将其代入式(6.2.20)左边，等号右边只保留含有频率 ω_s 的项，得

$$P^{\mathrm{NL}}(z,\omega_s)=\varepsilon_0 C_2\frac{E_p(z,\omega_p)E_p^*(z,\omega_p)E_s(z,\omega_s)}{\omega_v^2-\Omega^2+\mathrm{i}\gamma\Omega} \tag{6.2.22}$$

式中，$C_2=\frac{C_1}{m}N\left(\frac{\partial\alpha}{\partial X}\right)_0=\frac{N\varepsilon_0}{4m}\left(\frac{\partial\alpha}{\partial X}\right)_0^2$。

从 5.1 节给出的拉曼非线性极化率、极化强度和电场之间的关系

$$P^{\mathrm{NL}}(z,\omega_s)=\frac{3}{2}\varepsilon_0\chi_{\mathrm{Raman}}^{(3)}(-\omega_s,\omega_p,-\omega_p,\omega_s)E_p(z,\omega_p)E_p^*(z,\omega_p)E_s(z,\omega_s) \tag{6.2.23}$$

可得拉曼散射的非线性极化率

$$\begin{aligned}\chi_{\mathrm{Raman}}^{(3)}(-\omega_s,\omega_p,-\omega_p,\omega_s)&=\frac{2}{3}\frac{C_2}{(\omega_v^2-\Omega^2+\mathrm{i}\gamma\Omega)}\\&=\frac{\varepsilon_0 N\left(\frac{\partial\alpha}{\partial X}\right)_0^2}{6m[\omega_v^2-(\omega_p-\omega_s)^2+\mathrm{i}\gamma(\omega_p-\omega_s)]}\end{aligned} \tag{6.2.24}$$

可见，拉曼非线性极化率是复数，将其写成实部与虚部之和

$$\chi_{\mathrm{Raman}}^{(3)}(-\omega_s,\omega_p,-\omega_p,\omega_s)=\chi^{(3)\prime}+\mathrm{i}\chi^{(3)\prime\prime} \tag{6.2.25}$$

式中

$$\begin{aligned}\chi^{(3)\prime}&=\frac{\varepsilon_0 N\left(\frac{\partial\alpha}{\partial X}\right)_0^2}{6m}\frac{\omega_v^2-(\omega_p-\omega_s)^2}{[\omega_v^2-(\omega_p-\omega_s)^2]^2+\gamma^2(\omega_p-\omega_s)^2}\\\chi^{(3)\prime\prime}&=-\frac{\varepsilon_0 N\left(\frac{\partial\alpha}{\partial X}\right)_0^2}{6m}\frac{\gamma(\omega_p-\omega_s)}{[\omega_v^2-(\omega_p-\omega_s)^2]^2+\gamma^2(\omega_p-\omega_s)^2}\end{aligned} \tag{6.2.26}$$

人们关心的是频移量 $\Omega=\omega_p-\omega_s$ 在 ω_v 附近的近共振情况，此时 $\Omega=\omega_p-\omega_s\approx\omega_v$，则有 $\omega_v+\Omega\approx 2\omega_v$

$$\begin{aligned}\chi^{(3)\prime}&=C_3\frac{(\omega_v+\Omega)(\omega_v-\Omega)}{(\omega_v+\Omega)^2(\omega_v-\Omega)^2+\gamma^2\Omega^2}\approx C_3\frac{\omega_v-\Omega}{2\omega_v[(\omega_v-\Omega)^2+\gamma^2/4]}\\\chi^{(3)\prime\prime}&=-C_3\frac{\gamma\Omega}{(\omega_v+\Omega)^2(\omega_v-\Omega)^2+\gamma^2\Omega^2}\approx -C_3\frac{(\gamma/2)}{2\omega_v[(\omega_v-\Omega)^2+\gamma^2/4]}<0\end{aligned} \tag{6.2.27}$$

式中，$C_3=\frac{\varepsilon_0 N\left(\frac{\partial\alpha}{\partial X}\right)_0^2}{6m}$。注意此时 $\chi^{(3)\prime\prime}<0$，这是受激拉曼散射放大的基础。

式(6.2.27)是洛仑兹线型，其半功率点对应$\Omega=\pm\gamma/2$ 的地方，因此拉曼共振谱宽为 $\Delta\omega=\gamma$。受激拉曼散射的极化率主要由共振极化率贡献，然而实际上还存在有非共振的极化率，即受激拉曼散射非线性极化率有共振项$(\chi^{(3)})_R$ 和非共振项$(\chi^{(3)})_{NR}$，而非共振项体现在实部，则

$$\begin{aligned}\chi_{\mathrm{Raman}}^{(3)}&=(\chi^{(3)})_{NR}+(\chi^{(3)})_R\\&=\chi^{(3)\prime}+\chi_{NR}^{(3)\prime}+i\chi^{(3)\prime\prime}\end{aligned} \tag{6.2.28}$$

图 6-2-3 画出了受激拉曼散射非线性极化率的实部与虚部。

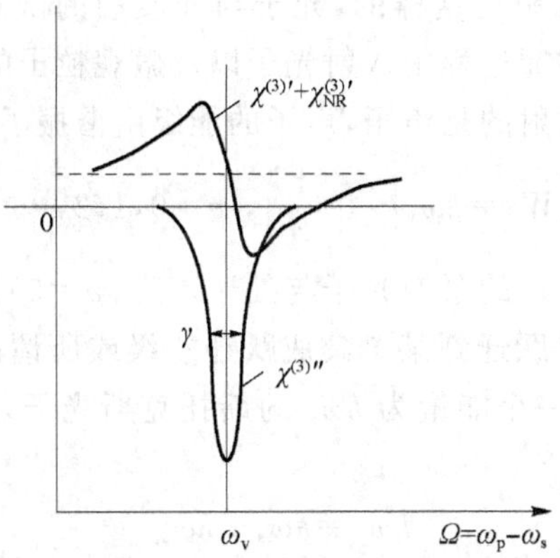

图 6-2-3 受激拉曼非线性极化率的实部与虚部

当斯托克斯光在拉曼介质中传输时，其电位移矢量

$$\begin{aligned}\boldsymbol{D}_s&=\varepsilon_0\boldsymbol{E}_s+\boldsymbol{P}^L+\boldsymbol{P}_{\text{Raman}}^{\text{NL}}=\varepsilon\boldsymbol{E}_s+\boldsymbol{P}_{\text{Raman}}^{\text{NL}}\\&=\varepsilon\boldsymbol{E}_s+\frac{3}{2}\varepsilon_0\chi_{\text{Raman}}^{(3)}|E_p|^2\boldsymbol{E}_s\\&=\varepsilon'\boldsymbol{E}_s\end{aligned}\tag{6.2.29}$$

式中

$$\varepsilon'=\varepsilon\left(1+\frac{3}{2}\frac{\varepsilon_0}{\varepsilon}\chi_{\text{Raman}}^{(3)}|E_p|^2\right)\tag{6.2.30}$$

则斯托克斯光的传输常数为

$$\begin{aligned}k_s'&=\omega_s\sqrt{\mu\varepsilon'}=\omega_s\sqrt{\mu\varepsilon}\left(1+\frac{3}{2}\frac{\varepsilon_0}{\varepsilon}\chi_{\text{Raman}}^{(3)}|E_p|^2\right)^{\frac{1}{2}}\\&\approx k_s\left(1+\frac{3}{4}\frac{\varepsilon_0}{\varepsilon}\chi_{\text{Raman}}^{(3)}|E_p|^2\right)\end{aligned}\tag{6.2.31}$$

沿 z 方向传输的斯托克斯光电场强度为

$$\begin{aligned}E_s(z)&=E_s(0)\exp\left[\mathrm{i}k_s\left(1+\frac{3}{4n_s^2}\chi_{\text{Raman}}^{(3)}|E_p|^2\right)z\right]\\&=E_s(0)\exp\left[\mathrm{i}k_s\left(1+\frac{3}{4n_s^2}\chi^{(3)\prime}|E_p|^2\right)z\right]\exp\left(-\frac{3k_s}{4n_s^2}\chi^{(3)\prime\prime}|E_p|^2z\right)\end{aligned}\tag{6.2.32}$$

斯托克斯光光强为

$$I_s(z)=I_s(0)\exp(Gz)\tag{6.2.33}$$

斯托克斯光的拉曼增益

$$G=-\frac{3k_s}{2n_s^2}\chi^{(3)\prime\prime}|E_p|^2=-\frac{3\omega_s}{2n_sc}\chi^{(3)\prime\prime}|E_p|^2>0\tag{6.2.34}$$

6.3 受激拉曼散射的量子解释

6.2 节中利用经典电磁学的分子非线性极化的观点解释了拉曼散射产生斯托克斯分量与反斯托克斯分量，本节将从简单的量子观点解释拉曼散射。

从量子观点看光散射的机制是这样的，光子与介质中的微观粒子（原子、分子、电子和声子）发生了非弹性碰撞，使得碰撞过程中入射光子以及微观粒子的能量和动量都发生了变化。

比如介质中对光子产生散射的是声子，声子的能级由谐振子模型描述

$$W_v=\hbar\omega_v\left(v+\frac{1}{2}\right),\ v=0,1,2,\cdots \tag{6.3.1}$$

如图 6-3-1(a)所示，当频率为 ω_p 的泵浦光子与处于基态（$v=0$）的分子相互碰撞时，分子吸收能量为 $\hbar\omega_p$ 的泵浦光子而向上跃迁到某个禁戒跃迁能级或所谓虚能级之上，马上向下跃迁到第一激发态（$v=1$），此时发射一个能量为 $\hbar\omega_s$ 的斯托克斯光子，同时产生一个声子 $\hbar\omega_v$，满足能量守恒关系：

$$\hbar\omega_p=\hbar\omega_s+\hbar\omega_v \tag{6.3.2}$$

此时，散射光频率 ω_s 小于入射光频率 ω_p，称为斯托克斯(Stokes)散射。

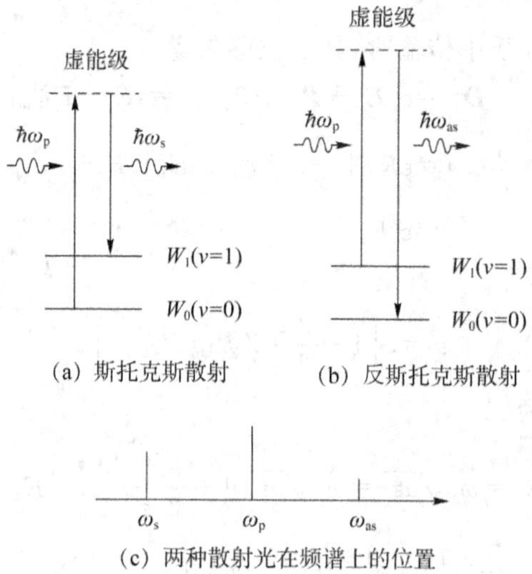

图 6-3-1　光散射的量子跃迁图像以及相应的频谱图

如图 6-3-1(b)所示，当频率为 ω_p 泵浦光子与处于第一激发态（$v=1$）的分子相互碰撞时，分子吸收能量为 $\hbar\omega_p$ 的泵浦光子而处于某个禁戒跃迁能级或虚能级之上，马上向基态（$v=0$）跃迁，发射一个能量为 $\hbar\omega_{as}$ 的反斯托克斯光子，同时湮灭一个声子 $\hbar\omega_v$，满足能量守恒关系：

$$\hbar\omega_p=\hbar\omega_{as}-\hbar\omega_v \tag{6.3.3}$$

此时，散射光频率 ω_{as} 大于入射光频率 ω_p，称为反斯托克斯(Anti-Stokes)散射。

对于自发散射，散射粒子的运动是无规则的，满足热平衡的 Boltzmann 分布，处于第一激发态上的分子数密度与处于基态的分子数密度满足

$$\frac{N_1}{N_0}=\exp\left(-\frac{\hbar\omega_v}{k_B T}\right) \tag{6.3.4}$$

式中，k_B 是 Boltzmann 常数。可见处于第一激发态上的分子数密度远远小于基态分子数密度，因此对于自发拉曼散射，反斯托克斯光大大弱于斯托克斯光，如图 6-3-1(c)所示。

更加细致的能级跃迁过程如图 6-3-2 所示。双原子分子的振动势能曲线如图，当两个原子靠近时显现强相互作用，呈现斥力。两个原子远离时呈现库仑吸引力。势能曲线的最低点是平衡位置 r_0，双原子分子振动的简正坐标 X 在这里就是相对于平衡位置 r_0 的偏离量。振动势能下的谐振子振动能级如图 6-3-2 所示。当分子处于振动基态时，分子吸收泵浦光子 $\hbar\omega_p$

跃迁到虚能级，再向下跃迁到第一激发态（$v=1$）时，引发斯托克斯散射光子 $\hbar\omega_s$，同时产生一个声子 $\hbar\omega_v$。处于振动第一激发态的分子，当吸收一个泵浦光光子 $\hbar\omega_p$ 跃迁到虚能级，再向下跃迁到振动基态，引发一个反斯托克斯光子 $\hbar\omega_{as}$，同时湮灭一个声子 $\hbar\omega_v$。

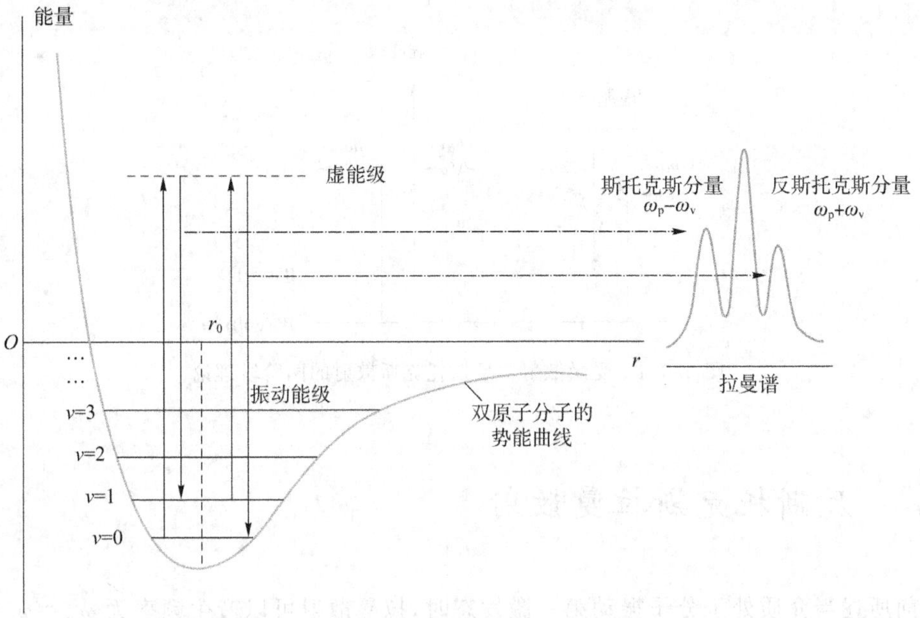

图 6-3-2　双原子分子的振动能级图，以及斯托克斯散射与反斯托克斯散射的跃迁过程
右侧的插入图显示了拉曼散射频谱，中心谱是瑞利散射
左侧和右侧是斯托克斯散射谱和反斯托克斯散射谱

当入射激光很强时，将发生受激拉曼散射，这实际上是一个两阶段过程。如图 6-3-3 所示，一个泵浦光子被吸收，使分子处于虚能级之上做一个短暂停留，这时一个其他地方产生的斯托克斯光子参与碰撞，产生受激跃迁，使分子回到第一激发态，产生另一个斯托克斯光子和一个声子。由于受激跃迁，这个斯托克斯光子与先前的斯托克斯光子在前进方向、频率、相位与偏振完全一样，两者是相干的。这个过程将继续下去，产生一系列的相干斯托克斯光子。在这个两阶段过程中，能量守恒关系为

$$\hbar\omega_p+\hbar\omega_s=2\hbar\omega_s+\hbar\omega_v \tag{6.3.5}$$

在实验上，对于受激散射，斯托克斯散射和反斯托克斯散射可以同时发生。当一个能量为 $\hbar\omega_p$ 泵浦光子激发了一个能量为 $\hbar\omega_s$ 斯托克斯光子后，分子处于第一激发态（$v=1$），此时又一个能量为 $\hbar\omega_p$ 的泵浦光子参与碰撞，激发一个能量为 $\hbar\omega_{as}$ 的反斯托克斯光子，分子返回基态，如图 6-3-4 所示。在这一过程中，分子能态没有改变，实际上是一个参量过程。过程中的能量守恒关系为

$$2\hbar\omega_p=\hbar\omega_s+\hbar\omega_{as} \tag{6.3.6}$$

介质能量并没有损失。既然反斯托克斯是参量过程，这个过程必然要求相位匹配

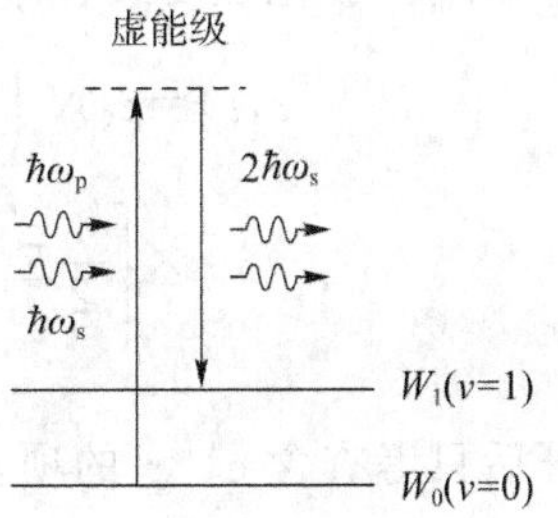

图 6-3-3　受激斯托克斯散射的两阶段过程

$$\boldsymbol{k}_{as}=2\boldsymbol{k}_p-\boldsymbol{k}_s \tag{6.3.7}$$

这里

$$|k_p|=\frac{\omega_p n_p}{c},\ |k_s|=\frac{\omega_s n_s}{c},\ |k_{as}|=\frac{\omega_{as} n_{as}}{c}$$

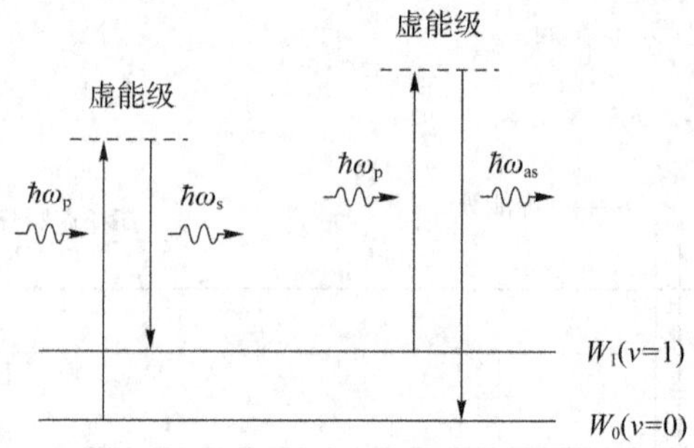

图 6-3-4 受激散射中反斯托克斯散射的两阶段理论

6.4 反斯托克斯拉曼散射

如前所述当介质处于分子振动第一激发态时，拉曼散射可以产生频率为 $\omega_{as}=\omega_p+\omega_v$ 的反斯托克斯光。本节将按照 6.2 处理斯托克斯光同样的经典方法处理反斯托克斯拉曼散射。假定在拉曼介质中存在下列光场：

$$E(z,t)=\frac{1}{2}E_p(z,\omega_p)e^{-i\omega_p t}+\frac{1}{2}E_s(z,\omega_s)e^{-i\omega_s t}+\frac{1}{2}E_{as}(z,\omega_{as})e^{-i\omega_{as} t}+\text{c.c.} \tag{6.4.1}$$

式中，$\omega_{as}-\omega_p=\omega_p-\omega_s$。

这个光场驱动分子进行频率为 $\Omega=\omega_{as}-\omega_p=\omega_p-\omega_s$ 简谐振动，其简正坐标 $X(z,t)$ 仍满足方程(6.2.9)。此时为得到电磁驱动力而求 $\langle E^2(z,t)\rangle$ 时保留含频率 Ω 项时有两种情况可选，一种为 $\Omega=\omega_{as}-\omega_p$，另一种为 $\Omega=\omega_p-\omega_s$。

首先选择 $\Omega=\omega_{as}-\omega_p$，则类似式(6.2.18)的处理，简正坐标解为

$$X(z,t)=\frac{C_1}{m}\frac{E_p^*(z,\omega_p)E_{as}(z,\omega_{as})}{\omega_v^2-\Omega^2-i\gamma\Omega}e^{-i(\omega_{as}-\omega_p)t}+\text{c.c.} \tag{6.4.2}$$

这样非线性极化强度式(6.2.20)将改为

$$\begin{aligned}P^{NL}(z,t)=&\varepsilon_0 N\left(\frac{\partial\alpha}{\partial X}\right)_0\left[\frac{1}{2}X(z)e^{-i(\omega_{as}-\omega_p)t}+\text{c.c.}\right]\\&\times\left[\frac{1}{2}E_p(z,\omega_p)e^{-i\omega_p t}+\frac{1}{2}E_s(z,\omega_s)e^{-i\omega_s t}+\frac{1}{2}E_{as}(z,\omega_{as})e^{-i\omega_{as} t}+\text{c.c.}\right]\end{aligned} \tag{6.4.3}$$

展开后只考查含 $e^{-i\omega_{as}t}$ 的项，得

$$P^{NL}(z,\omega_{as})=\varepsilon_0 C_2\frac{E_p(z,\omega_p)E_p^*(z,\omega_p)E_{as}(z,\omega_{as})}{\omega_v^2-\Omega^2-i\gamma\Omega} \tag{6.4.4}$$

与式(6.2.22)相类似，式(6.4.5)里相位匹配 $\boldsymbol{k}_{as}=\boldsymbol{k}_p-\boldsymbol{k}_p+\boldsymbol{k}_{as}$ 是自动满足的，所不同的是分母虚部的符号相反，则其非线性极化率虚部

$$\chi^{(3)''}=\frac{\varepsilon_0 N\left(\frac{\partial\alpha}{\partial X}\right)_0^2}{6m}\frac{\gamma\Omega}{[\omega_v^2-\Omega^2]^2+\gamma^2\Omega^2}>0 \tag{6.4.5}$$

相应反斯托克斯光传输增益为

$$G=-\frac{3\omega_{as}}{2n_{as}c}\chi^{(3)''}|E_p|^2<0 \tag{6.4.6}$$

此时增益是负的，即如果没有斯托克斯光的参与，反斯托克斯光与泵浦光直接耦合情况下将迅速衰减，因此前面选择 $\Omega=\omega_{as}-\omega_p$ 是有问题的。

现在改为选取斯托克斯光参与驱动分子振动的项，即在计算简正坐标时选 $\Omega=\omega_p-\omega_s$，得简正坐标解

$$X(z,t)=\frac{C_1}{m}\frac{E_p(z,\omega_p)E_s^*(z,\omega_s)}{\omega_v^2-\Omega^2-i\gamma\Omega}e^{-i(\omega_p-\omega_s)t}+c.c. \tag{6.4.7}$$

非线性极化强度为

$$P^{NL}(z,\omega_{as})e^{-i(\omega_{as}t-\boldsymbol{k}_{as}\cdot\boldsymbol{r})}=\varepsilon_0 C_2\frac{E_p^2(z,\omega_p)E_s^*(z,\omega_s)}{\omega_v^2-\Omega^2-i\gamma\Omega}e^{-i[(2\omega_p-\omega_s)t-(2\boldsymbol{k}_p-\boldsymbol{k}_s)\cdot\boldsymbol{r}]} \tag{6.4.8}$$

此公式的含义是：介质拉曼散射的反斯托克斯极化在斯托克斯光参与下激发，斯托克斯光按指数增强，因此伴随产生较强的反斯托克斯光。从上一节受激拉曼散射的两阶段量子解释（参见图 6-3-4）也很好理解式(6.4.8)。首先一泵浦光子与介质作用产生一斯托克斯光子，使介质处于振动第一激发态，另一泵浦光子刺激介质跃迁回到基态（实际上中间还经历了中间的虚能态），同时产生一反斯托克斯光子。能量转化过程为 $2\hbar\omega_p=\hbar\omega_s+\hbar\omega_{as}$，或 $\omega_{as}=2\omega_p-\omega_s$。

值得注意的是，此时相位匹配不再自动满足。只有满足

$$\boldsymbol{k}_{as}=2\boldsymbol{k}_p-\boldsymbol{k}_s \tag{6.4.9}$$

的方向上才会观察到反斯托克斯光散射。其实这也很好理解，实际上受激的反斯托克斯散射是两阶段跃迁过程，而从整个散射过程来看，最终介质回到原来状态，等价于介质没有参与能量（以及动量）交换，所以是参量过程，而参量过程是需要考虑相位匹配的。

设入射泵浦光沿 z 方向传播，一个泵浦光子(ω_p)湮灭，产生一个斯托克斯光子(ω_s)和一个受激声子(ω_v)。能量关系为 $\hbar\omega_p=\hbar\omega_s+\hbar\omega_v$，动量关系要求它们的波矢满足

$$\boldsymbol{k}_p=\boldsymbol{k}_s+\boldsymbol{k}_v \tag{6.4.10}$$

如图 6-4-1 所示，泵浦光波矢 $\boldsymbol{k}_p$ 沿着 z 方向，散射斯托克斯光的波矢 $\boldsymbol{k}_s$ 的端点处于半径为 $|\boldsymbol{k}_s|=\omega_s n_s/c$ 球面上，产生的声子波矢 $\boldsymbol{k}_v$ 随着 $\boldsymbol{k}_s$ 的方向而定。这时另一泵浦光子吸收上一过程产生的某些受激声子（其波矢为 $\boldsymbol{k}_v$），相互作用产生反斯托克斯光子(ω_{as})，能量关系是 $\hbar\omega_p+\hbar\omega_v=\hbar\omega_{as}$。而在此过程中，能被吸收的声子仅限于满足下面波矢关系的受激声子。

$$\boldsymbol{k}_p+\boldsymbol{k}_v=\boldsymbol{k}_{as} \tag{6.4.11}$$

其他不满足上面关系的声子并不导致产生反斯托克斯光子，如图 6-4-1 所示。由此可见，反斯托克斯光散射只发生在确定的方向上，它是以入射泵浦光为轴、半顶角为 β 的圆锥面上。图 6-4-2 是观察受激拉曼散射实验装置的示意图，图 6-4-3 显示了斯托克斯谱线与反斯托克斯谱线与散射角的关系，其中 S_1、AS_1 分别是 1 阶的斯托克斯、反斯托克斯光散射强度曲线，S_2 和 S_3 分别是 2 阶和 3 阶斯托克斯散射曲线。图

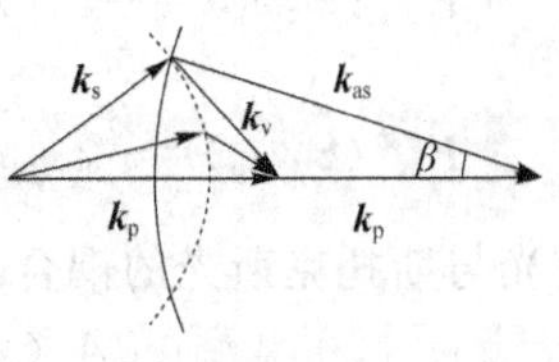

图 6-4-1　反斯托克斯散射时的各波矢关系

中可见，1 阶斯托克斯光在很大的散射范围内都有较强的散射，当然还是在原泵浦光方向散射最强。而反斯托克斯散射并不发生在入射泵浦光束方向，只在满足相位匹配的方向上有较大的散射，并且总体上反斯托克斯光比 1 阶斯托克斯光强度弱很多。

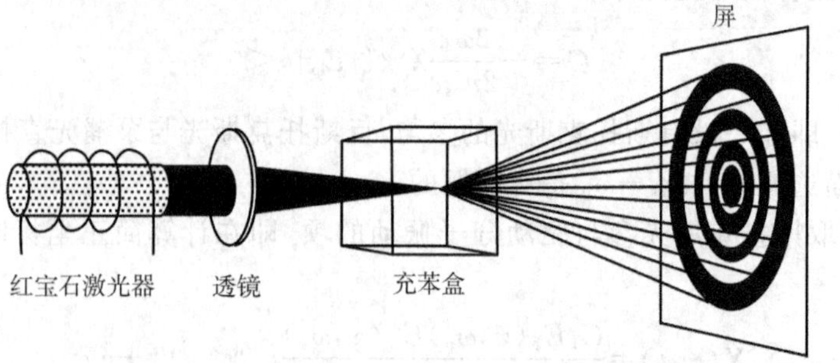

图 6-4-2　观察受激拉曼散射实验装置示意图

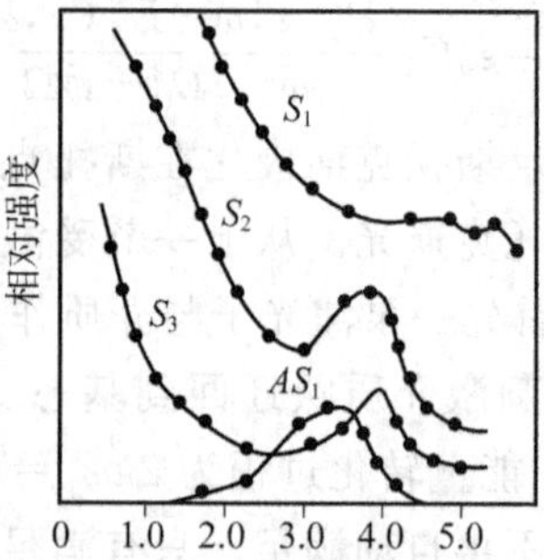

图 6-4-3　斯托克斯谱线与反斯托克斯谱线强度的角分布图

6.5　稳态受激拉曼散射的耦合波理论

光在非线性介质中产生受激拉曼散射的过程由各光波之间的耦合波方程来描述，本节给出稳态受激拉曼散射的耦合波理论，得到泵浦光和斯托克斯光的光强在非线性介质中的变化情况。

为简化起见，设各种光波均沿 z 方向传播。受激拉曼散射过程中介质产生斯托克斯波的极化和泵浦波的极化

$$\begin{aligned}\vec{P}_{\mathrm{s}}^{(3)}(z,\omega_{\mathrm{s}})&=\frac{3}{2}\varepsilon_0\overset{\leftrightarrow}{\chi}{}^{(3)}(-\omega_{\mathrm{s}},\omega_{\mathrm{p}},-\omega_{\mathrm{p}},\omega_{\mathrm{s}})\vdots\boldsymbol{E}_{\mathrm{p}}(z,\omega_{\mathrm{p}})\boldsymbol{E}_{\mathrm{p}}^{*}(z,\omega_{\mathrm{p}})\boldsymbol{E}_{\mathrm{s}}(z,\omega_{\mathrm{s}})\\ \vec{P}_{\mathrm{p}}^{(3)}(z,\omega_{\mathrm{p}})&=\frac{3}{2}\varepsilon_0\overset{\leftrightarrow}{\chi}{}^{(3)}(-\omega_{\mathrm{p}},\omega_{\mathrm{s}},-\omega_{\mathrm{s}},\omega_{\mathrm{p}})\vdots\boldsymbol{E}_{\mathrm{s}}(z,\omega_{\mathrm{s}})\boldsymbol{E}_{\mathrm{s}}^{*}(z,\omega_{\mathrm{s}})\boldsymbol{E}_{\mathrm{p}}(z,\omega_{\mathrm{p}})\end{aligned}\tag{6.5.1}$$

泵浦光与斯托克斯光的耦合波方程为（参见式(2.3.11)）

$$\begin{aligned}\frac{\partial A_{\mathrm{s}}(z)}{\partial z}&=\mathrm{i}\frac{\omega_{\mathrm{s}}}{2\varepsilon_0 c n_{\mathrm{s}}}[\hat{e}_{\mathrm{s}}\cdot\boldsymbol{P}_{\mathrm{s}}^{(3)}(z,\omega_{\mathrm{s}})]\exp(-\mathrm{i}k_{\mathrm{s}}z)\\ \frac{\partial A_{\mathrm{p}}(z)}{\partial z}&=\mathrm{i}\frac{\omega_{\mathrm{p}}}{2\varepsilon_0 c n_{\mathrm{p}}}[\hat{e}_{\mathrm{p}}\cdot\boldsymbol{P}_{\mathrm{p}}^{(3)}(z,\omega_{\mathrm{p}})]\exp(-\mathrm{i}k_{\mathrm{p}}z)\end{aligned}\tag{6.5.2}$$

引入有效非线性极化率，利用2.2节非线性极化率的复数对称性以及置换全对称性，可以证明

$$\begin{aligned}\chi_{\text{eff}}^{(3)}&=\hat{e}_{\text{s}}\cdot[\overleftrightarrow{\chi}^{(3)}(-\omega_{\text{s}},\omega_{\text{p}},-\omega_{\text{p}},\omega_{\text{s}})\vdots\hat{e}_{\text{p}}\hat{e}_{\text{p}}\hat{e}_{\text{s}}]\\&=\hat{e}_{\text{p}}\cdot[\overleftrightarrow{\chi}^{(3)*}(-\omega_{\text{p}},\omega_{\text{s}},-\omega_{\text{s}},\omega_{\text{p}})\vdots\hat{e}_{\text{s}}\hat{e}_{\text{s}}\hat{e}_{\text{p}}]\end{aligned}\tag{6.5.3}$$

如果假定泵浦光和斯托克斯光偏振方向相同，则 $\chi_{\text{eff}}^{(3)}$ 就由6.2节的式(6.2.24)、式(6.2.25)和式(6.2.26)表示。

引入有效非线性极化率以后，耦合波方程(6.5.2)可以写成

$$\begin{aligned}\frac{\partial A_{\text{s}}(z)}{\partial z}&=\mathrm{i}\,\frac{3\omega_{\text{s}}}{4cn_{\text{s}}}\chi_{\text{eff}}^{(3)}|A_{\text{p}}(z)|^2A_{\text{s}}(z)\\\frac{\partial A_{\text{p}}(z)}{\partial z}&=\mathrm{i}\,\frac{3\omega_{\text{p}}}{4cn_{\text{p}}}\chi_{\text{eff}}^{(3)*}|A_{\text{s}}(z)|^2A_{\text{p}}(z)\end{aligned}\tag{6.5.4}$$

经变换整理可得

$$\begin{aligned}\frac{\partial|A_{\text{s}}(z)|^2}{\partial z}&=-\frac{3\omega_{\text{s}}}{2cn_{\text{s}}}\chi_{\text{eff}}^{(3)''}|A_{\text{p}}(z)|^2|A_{\text{s}}(z)|^2\\\frac{\partial|A_{\text{p}}(z)|^2}{\partial z}&=\frac{3\omega_{\text{p}}}{2cn_{\text{p}}}\chi_{\text{eff}}^{(3)''}|A_{\text{s}}(z)|^2|A_{\text{p}}(z)|^2\end{aligned}\tag{6.5.5}$$

式中，$\chi_{\text{eff}}^{(3)''}$ 是 $\chi_{\text{eff}}^{(3)}$ 的虚部。进一步可以变换成光强耦合波方程

$$\begin{aligned}\frac{\partial I_{\text{s}}(z)}{\partial z}&=-\frac{3\mu_0\omega_{\text{s}}}{n_{\text{s}}n_{\text{p}}}\chi_{\text{eff}}^{(3)''}I_{\text{p}}(z)I_{\text{s}}(z)\\\frac{\partial I_{\text{p}}(z)}{\partial z}&=\frac{3\mu_0\omega_{\text{p}}}{n_{\text{s}}n_{\text{p}}}\chi_{\text{eff}}^{(3)''}I_{\text{p}}(z)I_{\text{s}}(z)\end{aligned}\tag{6.5.6}$$

引入拉曼增益系数

$$g=-\frac{3\mu_0\omega_{\text{s}}}{n_{\text{s}}n_{\text{p}}}\chi_{\text{eff}}^{(3)''}>0\tag{6.5.7}$$

得光强耦合波方程

$$\begin{aligned}\frac{\partial I_{\text{s}}(z)}{\partial z}&=gI_{\text{p}}(z)I_{\text{s}}(z)\\\frac{\partial I_{\text{p}}(z)}{\partial z}&=-\frac{\omega_{\text{p}}}{\omega_{\text{s}}}gI_{\text{p}}(z)I_{\text{s}}(z)\end{aligned}\tag{6.5.8}$$

借用6.2节的式(6.2.26)和式(6.2.27)中 $\chi_{\text{eff}}^{(3)}$ 的表示

$$\begin{aligned}g&=\frac{\omega_{\text{s}}N\left(\dfrac{\partial\alpha}{\partial X}\right)_0^2}{2mn_{\text{s}}n_{\text{p}}c^2}\frac{\gamma(\omega_{\text{p}}-\omega_{\text{s}})}{[\omega_{\text{v}}^2-(\omega_{\text{p}}-\omega_{\text{s}})^2]^2+\gamma^2(\omega_{\text{p}}-\omega_{\text{s}})^2}\\&\approx\frac{\omega_{\text{s}}N\left(\dfrac{\partial\alpha}{\partial X}\right)_0^2}{4mn_{\text{s}}n_{\text{p}}c^2}\frac{(\gamma/2)}{\omega_{\text{v}}\{[\omega_{\text{v}}-(\omega_{\text{p}}-\omega_{\text{s}})]^2+\gamma^2/4\}}\end{aligned}\tag{6.5.9}$$

式中，g 的半值谱宽为 $\Delta\omega=\gamma$，是受激拉曼散射的共振谱宽。

在强泵浦的情况下，可以认为传输过程中泵浦光损失可以忽略，$I_{\text{p}}(z)\approx I_{\text{p}}(0)$，则根据上式，斯托克斯光强按指数变化

$$I_{\text{s}}(z)=I_{\text{s}}(0)\exp[gI_{\text{p}}(0)z]=I_{\text{s}}(0)\exp(Gz)\tag{6.5.10}$$

式中

$$G=gI_{\mathrm{p}}(0)=-\frac{3\omega_{\mathrm{s}}}{2n_{\mathrm{s}}c}\chi_{\mathrm{eff}}^{(3)\prime\prime}|E_{\mathrm{p}}(0)|^{2} \tag{6.5.11}$$

就是 6.2 节所给出的拉曼增益公式(6.2.34)。可见 6.2 节的拉曼散射分子非线性极化理论与本节耦合波理论得出的结论是一致的，当然耦合波理论可以给出泵浦光与斯托克斯光之间相互耦合的更细致的结果。

从光强耦合波方程(6.5.8)出发，可以得到光子数守恒关系

$$\frac{I_{\mathrm{p}}(z)}{\omega_{\mathrm{p}}}+\frac{I_{\mathrm{s}}(z)}{\omega_{\mathrm{s}}}=\frac{I_{\mathrm{p}}(0)}{\omega_{\mathrm{p}}}+\frac{I_{\mathrm{s}}(0)}{\omega_{\mathrm{s}}}=K \tag{6.5.12}$$

式中，K 为常数，物理意义为拉曼散射过程中的总光子数。利用这个光子数守恒关系，可以得到光强耦合波方程(6.5.8)的严格解

$$\begin{aligned}I_{\mathrm{p}}(z)&=\frac{K\omega_{\mathrm{p}}}{1+\dfrac{\omega_{\mathrm{p}}}{\omega_{\mathrm{s}}}\dfrac{I_{\mathrm{s}}(0)}{I_{\mathrm{p}}(0)}\exp(g\omega_{\mathrm{p}}Kz)}\\ I_{\mathrm{s}}(z)&=\frac{K\omega_{\mathrm{s}}}{1+\dfrac{\omega_{\mathrm{s}}}{\omega_{\mathrm{p}}}\dfrac{I_{\mathrm{p}}(0)}{I_{\mathrm{s}}(0)}\exp(-g\omega_{\mathrm{p}}Kz)}\end{aligned} \tag{6.5.13}$$

6.6 受激布里渊散射概述

6.6.1 介质中声波场的描述和自发布里渊散射

固体介质中的分子在围绕其平衡位置——晶格格点附近作振动，称为晶格振动，晶格振动在介质中形成的声波称为声子。晶格振动是个很复杂的问题，为了抓住要点，只简单地利用一维晶格为例加以讨论。为了区分分子由相同原子组成或者分子由不同原子组成，分析两种晶格模型：一维单格子链(相同原子组成分子)和一维复式格子链(不同原子组成分子)。这部分内容可以参考固体物理学的书[5]。

一维单格子链由一系列用弹簧连接的原子组成，如图 6-6-1 所示，每个原子具有相同的质量 m，平衡时原子间距(晶格常数)为 a，弹簧的劲度系数为 β。用 x_n 代表第 n 个原子离开平衡位置的位移，用 $x_{n+1}-x_n$ 代表第 $n+1$ 个原子和第 n 个原子间的相对位移，则对于第 n 个原子可以列出其牛顿第二定律

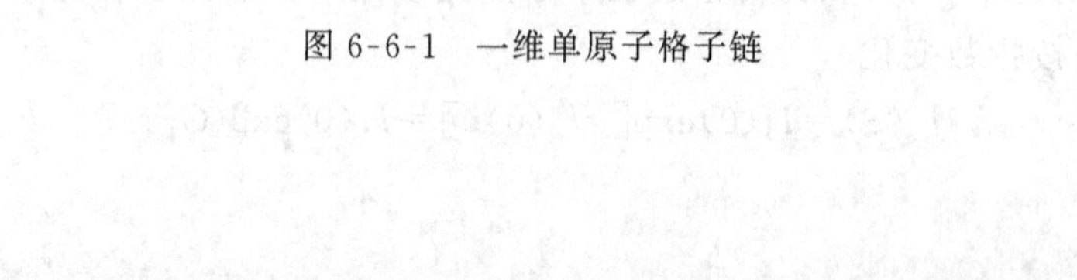

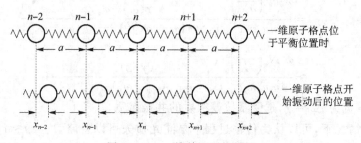

图 6-6-1　一维单原子格子链

$$m\frac{d^2x}{dt^2}=\beta(x_{n+1}-x_n)-\beta(x_n-x_{n-1})=\beta(x_{n+1}-2x_n+x_{n-1})\quad n=1,2,\cdots \tag{6.6.1}$$

设方程组的解是振幅为 A，角频率为 ω 的简谐波：

$$x_{n,k}=A\exp[\mathrm{i}(kna-\omega t)] \tag{6.6.2}$$

要求式(6.6.2)代表一个整体波，根据波的空间周期性，要求第 n' 个原子与第 n 个原子之间相位差是 2π 的整数倍，即

$$kn'a-kna=2l\pi\quad(l\text{ 为整数})$$

或

$$n'a-na=\frac{2l\pi}{k}$$

只有这样，才能使晶格波场中振动位移相等的原子周期性地出现

$$x_{n',k}=A\exp[\mathrm{i}(kn'a-\omega t)]=A\exp[\mathrm{i}(kna-\omega t)]=x_{n,k} \tag{6.6.3}$$

式中，k 为晶格波的波矢。将解式(6.6.2)代入方程(6.6.1)，得到晶格波的色散关系(ω 与 k 的关系)

$$\omega=\sqrt{\frac{4\beta}{m}}\left|\sin\frac{ka}{2}\right|=\sqrt{\frac{2\beta}{m}(1-\cos ka)} \tag{6.6.4}$$

图 6-6-2 显示了晶格波的色散关系。由色散关系，可以得到晶格波的波速 $v_a=\omega/k$。

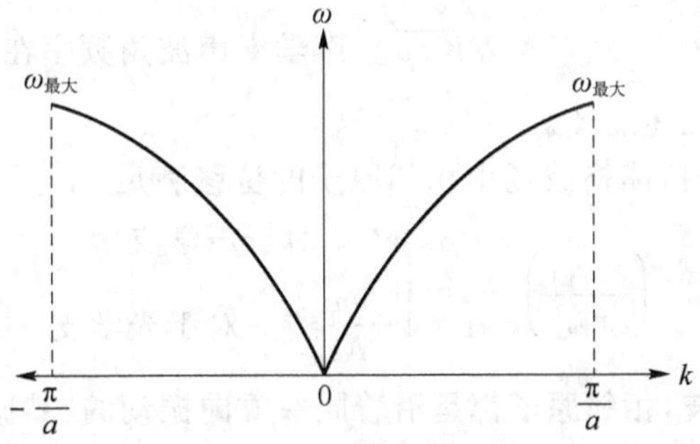

图 6-6-2　一维单格子链的色散关系

当 $ka\ll1$ 时，$\omega\approx\sqrt{\beta/m}\ ka$ 为线性关系，此时波速 $v_a=\sqrt{\beta/m}\ a$ 为常数。定义密度为$\rho=m/a$，弹性模量为 $K=\beta a$，则晶格波波速为 $v_a=\sqrt{K/\rho}$，这是大家熟知的声波波速公式。

当 $k=\pm\pi/a$ 时，处于第一布里渊区的边界，此时，ω 有最大值 $\omega_{\max}=\sqrt{4\beta/m}$。

当介质由两种原子组成时，用一维复式格子链表示，如图 6-6-3 所示。相同原子间的距离为 $2a$。质量为 m 的原子位于$\cdots 2n-1, 2n+1, 2n+3,\cdots$各点；质量为 M 的原子位于$\cdots 2n-2, 2n, 2n+2,\cdots$各点。运用相同的方法，可以得到色散关系

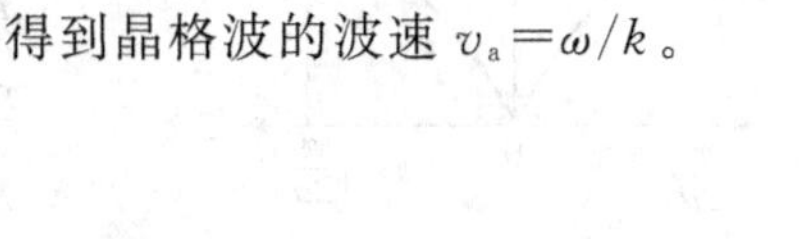

图 6-6-3　一维双原子格子链

$$\omega^2=\beta\left(\frac{1}{m}+\frac{1}{M}\right)\pm\beta\sqrt{\left(\frac{1}{m}+\frac{1}{M}\right)^2-\frac{4\sin^2(ka)}{mM}} \tag{6.6.5}$$

这样，对应于一个波矢 k，有两个本征频率 ω_1 和 ω_2，当 $ka\ll1$ 时，在(ka)的一级近似下

$$ka \ll 1 \begin{cases} \omega_1 = \sqrt{2\beta\left(\dfrac{1}{m}+\dfrac{1}{M}\right)} \text{ 近似常数} \\ \omega_2 = \sqrt{\dfrac{2\beta}{M+m}}\,ka \text{ 近似线性} \end{cases} \tag{6.6.6}$$

当处于第一布里渊区的边界，$k=\pm\pi/(2a)$

$$ka=\frac{\pi}{2} \begin{cases} \omega_1 = \sqrt{\dfrac{2\beta}{m}} \\ \omega_2 = \sqrt{\dfrac{2\beta}{M}} \end{cases} \text{如果 } M>m,\ \omega_1>\omega_2 \tag{6.6.7}$$

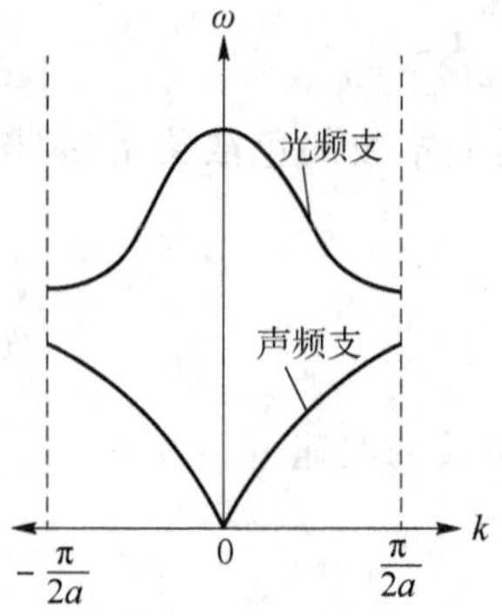

图 6-6-4　一维复式格子链的色散关系

这两个本征频率分别对应介质中的两类晶格波，其中 ω_1 对应晶格波的光学支声波，ω_2 对应晶格波的声学支声波。声学支与光学支晶格波的色散关系如图 6-6-4 所示。光学支声波的频率总是比声学支频率高，且在整个布里渊区，光学支声波频率变化不大；而声学支声波的色散曲线的变化规律与一维单格子链基本一致，在 k 比较小时，近似为线性关系。同样定义密度 $\rho=(m+M)/2a$，弹性模量为 $K=\beta a$，同样得到熟知的声波波速 $v_a=\sqrt{K/\rho}$。声学支声波角频率在 $k=\pm\pi/(2a)$ 时达到最大值 $\sqrt{2\beta/M}$。

可以证明，当 $ka\ll 1$ 时，晶格波场中相邻原子的位移满足

$$\left(\frac{x_{2n+1}}{x_{2n}}\right)_{ka\ll 1} = \begin{cases} e^{ika}, \text{ 对于声学支} \\ -\dfrac{m}{M}e^{ika}, \text{ 对于光学支} \end{cases}$$

可见，对于声学支声波，相邻原子都是沿着同一方向振动的，其振动情况如图 6-6-5 所示。当波长相当长时，声学支声波实际上表示晶格原胞质心的振动所激发的晶格整体的声波。对于光学支声波，相邻两种不同原子的振动方向相反，并且振动的振幅与原子质量成反比，意味着由两种不同原子组成的晶格原胞质心保持不动，其振动情况如图 6-6-6 所示。光学支声波实际上表示原胞内部两个原子的相对振动，一般没有激发起晶格的整体声波。

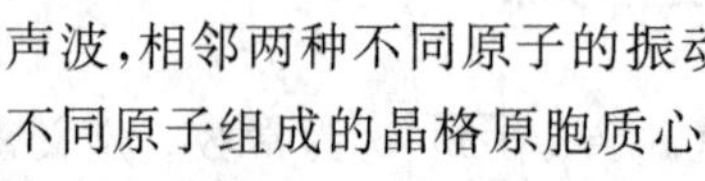

图 6-6-5　声学支声波示意图

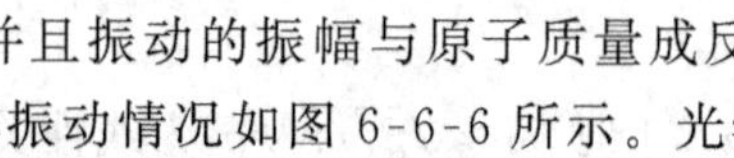

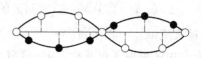

图 6-6-6　光学支声波示意图

一维介质内部存在两种声波，光学支声波和声学支声波。光学支声波定性表示原胞内部的振动，其能量在量子化后可以用分子内部量子谐振子能级(6.3.1)表示。由于能级宽度较窄，因此其声子频率变化极小，这与图 6-6-4 中光学支的色散关系基本一致。声学支声波定性表示晶格中的整体声波，其能量可以是连续的，这与图 6-6-4 中声学支的色散关系也是基本一致的。

对于三维介质，由两种不同原子组成的晶格中，一般存在三个声学支和三个光学支，如图 6-6-7 所示，分别对应于一个纵波和两个横波。

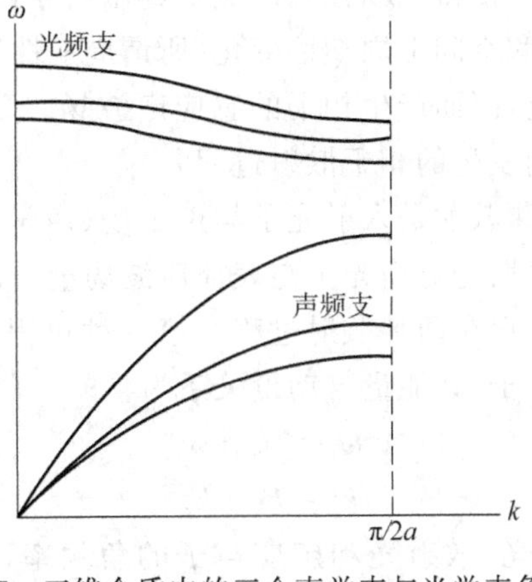

图 6-6-7　三维介质中的三个声学支与光学支色散关系

一般来讲，介质中光学支声波引起的光散射为拉曼散射，声学支声波引起的光散射为布里渊散射。光学支声波频率较高，频率相对固定，因此拉曼散射的光频移较大，且不随散射角变化。声学支声波频率较低，色散关系近似为线性，因此布里渊散射的光频移较小，且频移随散射角不同而变化。

介质在热平衡下，存在着大量组成介质的单元（原子、分子或离子）自发热运动所形成的宏观弹性振动，这种弹性振动在介质内部产生一个自发声波场（为声学支声波），引起介质密度（从而也是折射率）随时间和空间的周期性起伏。当光波入射此介质时，将受到介质内部这个声波场的散射作用。这种散射称为布里渊散射，是布里渊 1922 年预言[6]，并在后来被观测到。

由自发声波场在介质内部形成与声波场相关的折射率的周期性变化，这种与声波一起运动的、周期性变化的折射率分布相当于一个运动的相位光栅。当一单色光束入射到此光栅时，将在特定的方向上产生衍射波，这些特定衍射方向满足相位匹配条件，如图 6-6-8 所示。与静止不动的相位光栅衍射不同，声波场建立了一个运动光栅，由于多普勒效应，它将引起衍射光的频率发生变化，而经静止光栅衍射的衍射光频率不会发生变化。

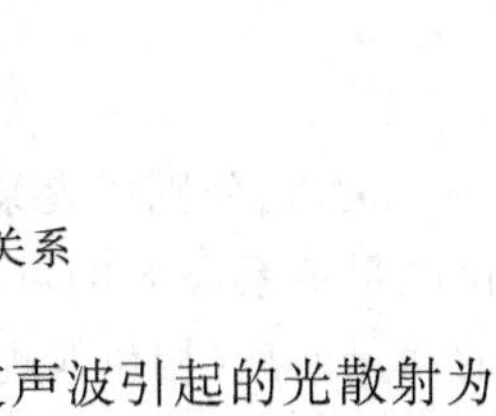

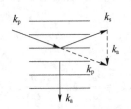

图 6-6-8　声波场运动光栅模型

按照角谱的观点，介质内的自发声波场可以分解为无数各方向的单色平面声波。每一个单色平面声波都在介质内部产生一个运动的平面相位光栅，对入射光产生衍射效应，且“衍射光”（这里称为散射光）的频率将随声波场的速度与前进方向的不同而发生变化。又由于自发声波场是在各个方向零乱分布的，因此其总体的效果，是在空间各个方向上均有可能产生散射光。

6.6.2　受激布里渊散射的物理描述

1964 年乔（R. Y. Chiao）等人发现，当以相干的激光束入射到某些介质上时，产生的布里渊散射与大家熟知的自发布里渊散射不同，显示出受激辐射的特有性质，比如阈值性、高增益性、高单色性和高定向性等。这种散射称为受激布里渊散射（Stimulated Brillouin Scattering，SBS）[7]。

与自发布里渊散射不同，受激布里渊散射不是由介质中的自发声波场引起，而是由介质在强激光作用下产生的电致伸缩效应引起。所谓电致伸缩效应是介质在外电场作用下，由于电场能量在空间上的周期性变化，使得电场强的区域受到压缩导致密度增大，电场弱的地方密度减小，介质中的密度形成时间和空间上周期性变化(所谓周期性调制)，从而使介质介电常数形成时间上和空间上周期性变化，因而产生相干的感应声波场。受激布里渊散射是入射光与电致伸缩效应引起的声波场之间发生的相干散射过程。

从量子的观点，受激布里渊散射是入射光子与声子场(声学支的声子)之间的相干散射过程。此时，入射泵浦光子、散射斯托克斯光子与表征声波场量子化的声子之间必须满足能量守恒和动量守恒条件。这样可能存在两种散射过程。第一种过程是湮灭一个泵浦光子，同时产生一个散射光子和一个感应声子，其能量与动量关系为

$$\omega_p=\omega_s+\omega_a \tag{6.6.8}$$

$$\boldsymbol{k}_p=\boldsymbol{k}_s+\boldsymbol{k}_a \tag{6.6.9}$$

式中，ω_p、ω_s、ω_a分别代表泵浦光、散射光和感应声子的角频率，$\boldsymbol{k}_p$、$\boldsymbol{k}_s$、$\boldsymbol{k}_a$ 分别代表它们的波矢。由能量关系(6.6.8)可知，此时散射光的频率小于入射泵浦光的频率，称为斯托克斯散射。它们的动量匹配(相位匹配)关系如图 6-6-9 所示。

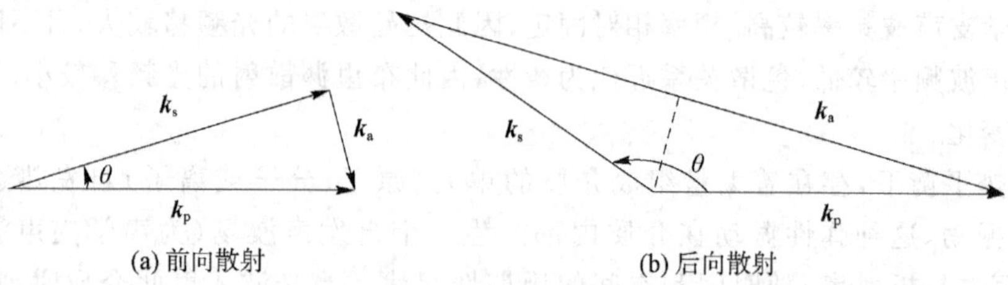

图 6-6-9　布里渊散射中斯托克斯光产生时的动量匹配关系

由于声波频率远小于光波频率，即 $\omega_a \ll \omega_p, \omega_s$，故可以认为 $\omega_s \approx \omega_p$，$|\boldsymbol{k}_s| \approx |\boldsymbol{k}_p|$，则近似地有

$$k_a=2k_p\sin\frac{\theta}{2} \tag{6.6.10}$$

式中，$k_a=\dfrac{\omega_a}{v_a}$，$k_p=\dfrac{\omega_p n_p}{c}$，$v_a$是声波波速。由此可得斯托克斯散射光与泵浦光之间的频移量

$$\Delta\omega=\omega_p-\omega_s=\omega_a=2\omega_p\frac{n_p v_a}{c}\sin\frac{\theta}{2} \tag{6.6.11}$$

这个频移量与散射角 θ 以及声速 v_a有关，当反向散射时，即 $\theta=\pi$ 时，斯托克斯散射光频移量最大

$$\Delta\omega_{max}=2\omega_p\frac{n_p v_a}{c} \tag{6.6.12}$$

实验中常通过测量受激布里渊散射频移量来计算介质的声速。

受激布里渊散射的第二种可能的过程是同时湮灭一个入射泵浦光子和一个声子，而产生一个散射光子。其能量和动量守恒关系为

$$\omega_p+\omega_a=\omega_{as} \tag{6.6.13}$$

$$\boldsymbol{k}_p+\boldsymbol{k}_a=\boldsymbol{k}_{as} \tag{6.6.14}$$

这相当于反斯托克斯散射，其动量匹配关系如图 6-6-10 所示。

反斯托克斯光相对于泵浦光的频移量为

$$\Delta\omega=\omega_{as}-\omega_p=\omega_a=2\omega_p\frac{n_p v_a}{c}\sin\frac{\theta}{2} \tag{6.6.15}$$

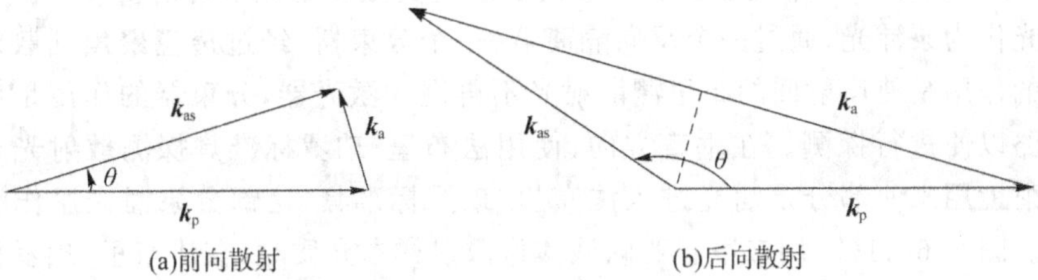

图 6-6-10 布里渊散射中反斯托克斯光产生时的动量匹配关系

同样在后向散射时，即 $\theta=\pi$ 时，频移量达到最大值

$$\Delta\omega_{\max}=2\omega_p\frac{n_p v_a}{c} \tag{6.6.16}$$

可以看出，受激布里渊散射与受激拉曼散射是不同的。受激拉曼散射引起介质分子内部能态改变，斯托克斯散射是非参量过程，相位匹配自动满足。而受激布里渊散射是介质内部整体声波场与入射光的相互作用，不引起介质分子内部能态改变，本质上是一个参量过程，相位匹配必须得到满足。

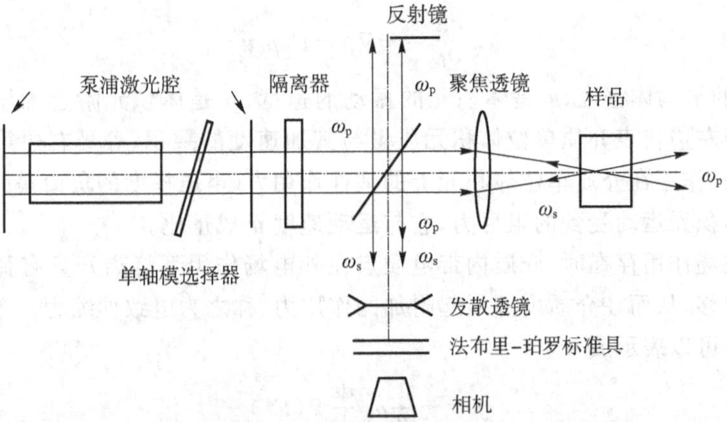

(a) 观察后向受激布里渊散射的实验装置图

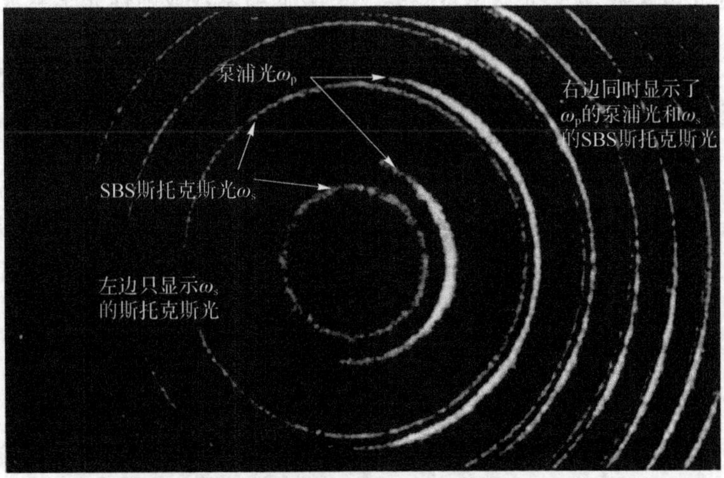

(b) 样本受激布里渊散射光在法布里-珀罗标准具处的干涉图

图 6-6-11

图 6-6-11(a)显示了一个典型的观察后向散射的受激布里渊散射的实验[8]。一个激光腔输出单模激光作为泵浦光，通过一个反向隔离器、一个分束器，经过透镜聚焦到散射样本介质上。隔离器的作用是使反射回的布里渊散射光不再进入激光器，分束器的作用是使布里渊散射光改变光路以便进行探测。在垂直方向，使用法布里-珀罗标准具探测散射光光谱。垂直光路中的反射镜用来使部分泵浦光进入法布里-珀罗标准具，这部分泵浦光用作测量散射光频移的基准。图 6-6-11(b)用二甲基亚砜液体作散射样本介质时，在法布里-珀罗标准具后面的成像胶片上得到的干涉图。其中的半圆环是反射镜反射回的泵浦光谱线(作为基准)，整个圆环是散射光谱线，通过干涉图可以测量受激布里渊散射频移和线宽。

6.7 受激布里渊散射的耦合波理论[8,9]

6.7.1 强光作用下的声波场方程

为了描述介质中的声波场，考查介质中单位体积元的牛顿方程

$$\rho_0\frac{\partial \boldsymbol{u}}{\partial t}=-\nabla p-\Gamma_{\mathrm{B}}\rho_0\boldsymbol{u} \tag{6.7.1}$$

式中，ρ_0是介质的平均体密度，$\boldsymbol{u}$ 是体积元的振动的速度，p 是体积元附近的压强，Γ_{B}为阻尼因子。方程等号左边代表介质单位体积元质量与其加速度的乘积；等号右边第一项表示由声压梯度所形成的、作用在介质单位体积元上的弹性作用力(声压梯度的负值是弹性力的方向)；第二项是单位体积元运动受到的阻尼力，它与运动速度 $\boldsymbol{u}$ 成正比。

当外界光波场作用存在时，介质内带电质点在外电场作用下将离开只有弹性作用时的平衡位置而产生位移，从而在介质内部引起附加的作用力，称之为电致伸缩力。单位体积元上受到的电致伸缩力可以表示成

$$\boldsymbol{f}=-\frac{1}{2}\rho_0\frac{\mathrm{d}\varepsilon}{\mathrm{d}\rho}\nabla(E^2) \tag{6.7.2}$$

式中，ε 是介质的介电常数，ρ 是介质密度。定义电致伸缩系数或弹性光学系数①

$$\gamma=\rho_0\frac{\mathrm{d}\varepsilon}{\mathrm{d}\rho} \tag{6.7.3}$$

则电致伸缩力可以表示成

$$\boldsymbol{f}=-\frac{1}{2}\gamma\nabla(E^2) \tag{6.7.4}$$

这样，将声压引起弹性力、阻尼力和电致伸缩力都包括在内，介质中单位体积元的牛顿方程(6.7.1)改为

$$\rho_0\frac{\partial \boldsymbol{u}}{\partial t}=-\nabla p-\Gamma_{\mathrm{B}}\rho_0\boldsymbol{u}-\frac{1}{2}\gamma\nabla(E^2) \tag{6.7.5}$$

在式(6.7.5)两边同时取散度，得

$$\rho_0\frac{\partial}{\partial t}(\nabla\cdot\boldsymbol{u})=-\nabla^2 p-\Gamma_{\mathrm{B}}\rho_0\nabla\cdot\boldsymbol{u}-\frac{1}{2}\gamma\nabla^2(E^2) \tag{6.7.6}$$

---

① 有的书定义弹性光学系数为 $\gamma'=\rho_0\frac{\mathrm{d}\varepsilon_{\mathrm{r}}}{\mathrm{d}\rho}=\frac{\gamma}{\varepsilon_0}$，差别在因子 $1/\varepsilon_0$。

由介质运动的连续性方程

$$\nabla \cdot \boldsymbol{u} + \frac{1}{\rho_0}\frac{\partial \rho}{\partial t} = 0 \tag{6.7.7}$$

式(6.7.6)改写成

$$\rho_0 \frac{\partial}{\partial t}(\nabla \cdot \boldsymbol{u}) = -\frac{\partial^2 \rho}{\partial t^2} = -\nabla^2 p + \Gamma_B \frac{\partial \rho}{\partial t} - \frac{1}{2}\gamma \nabla^2 (E^2) \tag{6.7.8}$$

引入介质的弹性模量 K,介质内声压 p 的空间变化可以转变成密度 ρ 的空间变化

$$\nabla^2 p = \frac{K}{\rho_0}\nabla^2 \rho \tag{6.7.9}$$

代入式(6.7.8)得

$$\nabla^2 \rho - \frac{\rho_0}{K}\Gamma_B \frac{\partial \rho}{\partial t} - \frac{\rho_0}{K}\frac{\partial^2 \rho}{\partial t^2} = \frac{\rho_0}{K}\frac{\gamma}{2}\nabla^2 (E^2) \tag{6.7.10}$$

由声学理论知

$$v_a = \sqrt{\frac{K}{\rho_0}}\ ; \Gamma_B = \alpha_a v_a \tag{6.7.11}$$

式中,v_a 是介质中的声波速度,α_a 为介质内声波衰减系数。则方程(6.7.10)改写成

$$\nabla^2 \rho - \frac{1}{v_a}\alpha_a \frac{\partial \rho}{\partial t} - \frac{1}{v_a^2}\frac{\partial^2 \rho}{\partial t^2} = \frac{1}{v_a^2}\frac{\gamma}{2}\nabla^2 (E^2) \tag{6.7.12}$$

此式为存在电致伸缩效应情况下,介质内弹性声波的介质密度满足的波动方程。

6.7.2　存在弹性光学效应时的电磁场波动方程

各向同性线性介质内的电磁场波动方程为

$$\nabla^2 \boldsymbol{E} - \mu_0 \frac{\partial^2}{\partial t^2}(\varepsilon \boldsymbol{E}) = 0 \tag{6.7.13}$$

当泵浦光场作用于介质,使介质内的带电质点偏离平衡位置产生移动,引起介质内部电致伸缩效应,从而引起介质的介电常数发生变化,这就是所谓的弹性光学效应,表示成在原有介电常数上引起一个小改变量

$$\varepsilon \xrightarrow{\text{弹性光学效应}} \varepsilon' = \varepsilon + \Delta\varepsilon \tag{6.7.14}$$

由式(6.7.3),介电常数的改变量

$$\Delta\varepsilon = \frac{d\varepsilon}{d\rho}\Delta\rho = \frac{\gamma}{\rho_0}(\rho - \rho_0) \tag{6.7.15}$$

因此当存在弹性光学效应时,电磁场的波动方程变为

$$\nabla^2 \boldsymbol{E} - \frac{n^2}{c^2}\frac{\partial^2 \boldsymbol{E}}{\partial t^2} = \mu_0 \frac{\gamma}{\rho_0}\frac{\partial^2}{\partial t^2}(\rho \boldsymbol{E}) \tag{6.7.16}$$

这应该是存在弹性光学效应时的电磁场非线性波动方程,与 2.1 节讨论过的非齐次、非线性电磁场波动方程做比较,亦即与下面的非线性介质内电磁场波动方程做比较

$$\nabla^2 \boldsymbol{E} - \frac{n^2}{c^2}\frac{\partial^2 \boldsymbol{E}}{\partial t^2} = \mu_0 \frac{\partial^2 \boldsymbol{P}^{NL}}{\partial t^2} \tag{6.7.17}$$

得弹性光学效应引起的非线性极化强度为

$$\boldsymbol{P}^{NL} = \frac{d\varepsilon}{d\rho}\rho \boldsymbol{E} = \frac{\gamma}{\rho_0}\rho \boldsymbol{E} \tag{6.7.18}$$

6.7.3 受激布里渊散射的耦合波方程

当存在弹性光学效应时，光波场与声波场发生非线性相互作用，光波场与声波场相互作用的耦合波方程组为

$$\begin{cases}\nabla^2\rho-\dfrac{1}{v_a}\alpha_a\dfrac{\partial\rho}{\partial t}-\dfrac{1}{v_a^2}\dfrac{\partial^2\rho}{\partial t^2}=\dfrac{1}{v_a^2}\dfrac{\gamma}{2}\nabla^2(E^2)\\ \nabla^2\boldsymbol{E}-\dfrac{n^2}{c^2}\dfrac{\partial^2\boldsymbol{E}}{\partial t^2}=\mu_0\dfrac{\gamma}{\rho_0}\dfrac{\partial^2}{\partial t^2}(\rho\boldsymbol{E})\end{cases} \tag{6.7.19}$$

光波场包括泵浦光和斯托克斯光 $\boldsymbol{E}=\boldsymbol{E}_p+\boldsymbol{E}_s$，光波场和声波场具体写为

$$\begin{aligned}\boldsymbol{E}_p(\boldsymbol{r},t)&=\frac{1}{2}\boldsymbol{E}_p(\boldsymbol{r},\omega_p)e^{-i\omega_p t}+c.c.\\ \boldsymbol{E}_s(\boldsymbol{r},t)&=\frac{1}{2}\boldsymbol{E}_s(\boldsymbol{r},\omega_s)e^{-i\omega_s t}+c.c.\\ \rho(\boldsymbol{r},t)&=\frac{1}{2}\rho(\boldsymbol{r},\omega_a)e^{-i\omega_a t}+c.c.\end{aligned} \tag{6.7.20}$$

将式(6.7.20)代入式(6.7.19)，整理后令方程两边对应于指数 $e^{-i\omega_p t}$、$e^{-i\omega_s t}$、$e^{-i\omega_a t}$ 前面的系数相等，可以得到如下的耦合波方程组

$$\begin{aligned}(\nabla^2+k_p^2)\boldsymbol{E}_p(\boldsymbol{r},\omega_p)&=-\frac{\mu_0\omega_p^2}{2}\frac{\gamma}{\rho_0}\boldsymbol{E}_s(\boldsymbol{r},\omega_s)\rho(\boldsymbol{r},\omega_a)\\ (\nabla^2+k_s^2)\boldsymbol{E}_s(\boldsymbol{r},\omega_s)&=-\frac{\mu_0\omega_s^2}{2}\frac{\gamma}{\rho_0}\boldsymbol{E}_p(\boldsymbol{r},\omega_p)\rho^*(\boldsymbol{r},\omega_a)\\ (\nabla^2+k_a^2+i\alpha_a k_a)\rho(\boldsymbol{r},\omega_a)&=\frac{\gamma}{2v_a^2}\nabla^2[\boldsymbol{E}_p(\boldsymbol{r},\omega_p)\cdot\boldsymbol{E}_s^*(\boldsymbol{r},\omega_s)]\end{aligned} \tag{6.7.21}$$

假设泵浦光与斯托克斯散射光为同一偏振方向 $\hat{e}_0$ 的线偏振光，且泵浦光沿 z 正方向传播，考虑斯托克斯光的背向散射情况，沿 z 负方向传播。再考虑相位匹配，声波应该沿 z 正方向传播。这样各波的复振幅为

$$\begin{aligned}\boldsymbol{E}_p(z,\omega_s)&=\hat{e}_0A_p(z)e^{ik_p z}\\ \boldsymbol{E}_s(z,\omega_s)&=\hat{e}_0A_s(z)e^{-ik_s z}\\ \rho(z,\omega_a)&=\rho_m(z)e^{ik_a z}\end{aligned} \tag{6.7.22}$$

将其代入方程组(6.7.21)，并做如下的慢变化近似

$$\left|\frac{\partial^2 A}{\partial z^2}\right|\ll k\left|\frac{\partial A}{\partial z}\right|\ll k^2A$$

$$\left|\frac{\partial^2 \rho_m}{\partial z^2}\right|\ll k_a\left|\frac{\partial \rho_m}{\partial z}\right|\ll k_a^2\rho_m$$

得到如下的耦合波方程

$$\begin{aligned}\frac{\partial A_p(z)}{\partial z}&=\frac{i\mu_0\omega_p^2\gamma}{4k_p\rho_0}A_s(z)\rho_m(z)e^{-i\Delta kz}\\ \frac{\partial A_s(z)}{\partial z}&=\frac{i\mu_0\omega_s^2\gamma}{4k_s\rho_0}A_p(z)\rho_m^*(z)e^{i\Delta kz}\\ \frac{\partial \rho_m(z)}{\partial z}+\frac{\alpha_a}{2}\rho_m(z)&=\frac{ik_a}{v_a^2}\frac{\gamma}{4}A_p(z)A_s^*(z)e^{i\Delta kz}\end{aligned} \tag{6.7.23}$$

式中，$\Delta k=k_p+k_s-k_a$，在得到第 3 个式子时用到$(k_p+k_s)\approx k_a$ 的近似(参看图 6-6-9(b))。将第 3 个式子积分

$$\rho_m(z)=\frac{ik_a}{v_a^2}\frac{\gamma}{4}\int_0^z A_p(z')A_s^*(z')\exp\left[i\Delta kz'-\frac{\alpha_a}{2}(z-z')\right]dz'+\rho_m(0)\exp\left(-\frac{\alpha_a}{2}z\right) \tag{6.7.24}$$

式(6.7.24)积分中有指数衰减部分，其对积分的贡献主要在距离$(z-z')\leqslant 2/\alpha_a$之内(室温下一般有 $2/\alpha_a\leqslant 10^{-2}$ cm)，在此距离内 $A_p(z)$和 $A_s^*(z)$的变化可以忽略，近似认为是常数。于是积分得

$$\rho_m(z)=\frac{ik_a}{v_a^2}\frac{\gamma}{4}A_p(z)A_s^*(z)\frac{1}{i\Delta k+\frac{\alpha_a}{2}}\left(e^{i\Delta kz}-e^{-\frac{\alpha_a}{2}z}\right)+\rho_m(0)e^{-\frac{\alpha_a}{2}z} \tag{6.7.25}$$

在 $z\gg 2/\alpha_a$ 时，式(6.7.25)简化成

$$\rho_m(z)=\frac{ik_a}{v_a^2}\frac{\gamma}{4}A_p(z)A_s^*(z)\frac{1}{i\Delta k+\frac{\alpha_a}{2}}e^{i\Delta kz} \tag{6.7.26}$$

将这一结果代入方程组(6.7.23)，得到泵浦光与斯托克斯散射光之间的耦合波方程

$$\begin{aligned}\frac{\partial A_p(z)}{\partial z}&=-\frac{\omega_p^2\gamma^2k_a\mu_0}{16k_pv_a^2\rho_0}\frac{1}{i\Delta k+\frac{\alpha_a}{2}}A_p(z)|A_s(z)|^2\\ \frac{\partial A_s(z)}{\partial z}&=-\frac{\omega_s^2\gamma^2k_a\mu_0}{16k_sv_a^2\rho_0}\frac{1}{-i\Delta k+\frac{\alpha_a}{2}}A_s(z)|A_p(z)|^2\end{aligned} \tag{6.7.27}$$

经整理可得光强的耦合波方程

$$\begin{aligned}\frac{\partial I_p(z)}{\partial z}&=-g_pI_s(z)I_p(z)\\ \frac{\partial I_s(z)}{\partial z}&=-g_sI_p(z)I_s(z)\end{aligned} \tag{6.7.28}$$

式中，g_p 和 g_s 分别为泵浦光和斯托克斯光的增益系数，具有形式

$$\begin{aligned}g_p&=\frac{\omega_p^2}{8n_sc^3\varepsilon_0^2}\frac{\gamma^2}{v_a^2\rho_0}\frac{k_a}{k_p}\frac{\alpha_a}{(\Delta k)^2+\left(\frac{\alpha_a}{2}\right)^2}\\ g_s&=\frac{\omega_s^2}{8n_pc^3\varepsilon_0^2}\frac{\gamma^2}{v_a^2\rho_0}\frac{k_a}{k_s}\frac{\alpha_a}{(\Delta k)^2+\left(\frac{\alpha_a}{2}\right)^2}\end{aligned} \tag{6.7.29}$$

将式中相位失配因子重写为

$$\begin{aligned}\Delta k&=k_p+k_s-k_a=\frac{\omega_pn_p}{c}+\frac{\omega_sn_s}{c}-\frac{\omega_a}{v_a}\approx 2\frac{\omega_pn_p}{c}-\frac{\omega_p-\omega_a}{v_a}\\ &=\frac{1}{v_a}\left[\omega_s-\left(\omega_p-\frac{2\omega_pn_pv_a}{c}\right)\right]=\frac{1}{v_a}(\omega_s-\bar{\omega}_{s0})\end{aligned} \tag{6.7.30}$$

或者 $\Delta kv_a=\omega_s-\bar{\omega}_{s0}$，其中 $\bar{\omega}_{s0}=\omega_p-2\omega_pn_pv_a/c$ 是完全相位匹配时的斯托克斯散射中心频率。借助这种频率表示，式(6.7.29)可以改写为

$$g_{\rm p}=\frac{\omega_{\rm p}^2}{8n_{\rm s}c^3\varepsilon_0^2}\frac{\gamma^2}{v_{\rm a}\rho_0}\frac{k_{\rm a}}{k_{\rm p}}\frac{\left(\dfrac{\alpha_{\rm a}v_{\rm a}}{2}\right)}{(\omega_{\rm s}-\bar{\omega}_{\rm s0})^2+\left(\dfrac{\alpha_{\rm a}v_{\rm a}}{2}\right)^2}$$

$$=\frac{\gamma^2\omega_{\rm p}^2}{4n_{\rm s}c^3\varepsilon_0^2v_{\rm a}\rho_0\Gamma_{\rm B}}\frac{k_{\rm a}}{k_{\rm p}}\left[\frac{(\Gamma_{\rm B}/2)^2}{(\omega_{\rm s}-\bar{\omega}_{\rm s0})^2+(\Gamma_{\rm B}/2)^2}\right]=g_{\rm p,max}\left[\frac{(\Gamma_{\rm B}/2)^2}{(\omega_{\rm s}-\bar{\omega}_{\rm s0})^2+(\Gamma_{\rm B}/2)^2}\right]$$

$$g_{\rm s}=\frac{\omega_{\rm s}^2}{8n_{\rm p}c^3\varepsilon_0^2}\frac{\gamma^2}{v_{\rm a}\rho_0}\frac{k_{\rm a}}{k_{\rm s}}\frac{\left(\dfrac{\alpha_{\rm a}v_{\rm a}}{2}\right)}{(\omega_{\rm s}-\bar{\omega}_{\rm s0})^2+\left(\dfrac{\alpha_{\rm a}v_{\rm a}}{2}\right)^2} \tag{6.7.31}$$

$$=\frac{\gamma^2\omega_{\rm s}^2}{4n_{\rm p}c^3\varepsilon_0^2v_{\rm a}\rho_0\Gamma_{\rm B}}\frac{k_{\rm a}}{k_{\rm p}}\left[\frac{(\Gamma_{\rm B}/2)^2}{(\omega_{\rm s}-\bar{\omega}_{\rm s0})^2+(\Gamma_{\rm B}/2)^2}\right]=g_{\rm s,max}\left[\frac{(\Gamma_{\rm B}/2)^2}{(\omega_{\rm s}-\bar{\omega}_{\rm s0})^2+(\Gamma_{\rm B}/2)^2}\right]$$

式中，$g_{\rm p,max}$和$g_{\rm s,max}$是泵浦光和斯托克斯光增益系数的最大值，而方括号内的因子为归一化的增益因子，它是洛伦兹线型的因子，其半值谱宽为$\Delta\omega_{\rm s}=\Gamma_{\rm B}$，它代表受激布里渊散射的共振谱宽。

注意到泵浦光频率与斯托克斯光频率差很小，定义$g=g_{\rm s}\approx g_{\rm p}$，则式(6.7.28)改写成

$$\frac{\partial I_{\rm p}(z)}{\partial z}=-gI_{\rm s}(z)I_{\rm p}(z)$$
$$\frac{\partial I_{\rm s}(z)}{\partial z}=-gI_{\rm p}(z)I_{\rm s}(z) \tag{6.7.32}$$

同样由于两者光频差很小，光子数守恒关系$\dfrac{\rm d}{{\rm d}z}\left(\dfrac{I_{\rm p}}{\omega_{\rm p}}-\dfrac{I_{\rm s}}{\omega_{\rm s}}\right)=0$可以近似为能量守恒

$$I_{\rm p}(z)-I_{\rm s}(z)=I_{\rm p}(0)-I_{\rm s}(0)=K' \tag{6.7.33}$$

式中，K'为常数，得到式(6.7.32)的解为

$$I_{\rm p}(z)=\frac{K'}{1-\dfrac{I_{\rm s}(0)}{I_{\rm p}(0)}\exp(-gK'z)}$$
$$I_{\rm s}(z)=\frac{K'}{\dfrac{I_{\rm p}(0)}{I_{\rm s}(0)}\exp(gK'z)-1} \tag{6.7.34}$$

可以看出，泵浦光强沿其传播的z方向逐渐减弱，而反向斯托克斯散射光光强沿其传播的$-z$方向增强。

如果考虑在不太长的传播路程上泵浦光的衰减可以忽略，即$I_{\rm p}(z)\approx I_{\rm p}(0)$，则反向斯托克斯光强满足

$$\frac{\partial I_{\rm s}(z)}{\partial z}=-gI_{\rm p}(0)I_{\rm s}(z) \tag{6.7.35}$$

在入射面附近反向斯托克斯散射光强为

$$I_{\rm s}(0)=I_{\rm s}(z){\rm e}^{gI_{\rm p}(0)z}=I_{\rm s}(z){\rm e}^{Gz} \tag{6.7.36}$$

式中，布里渊增益$G=gI_p(0)$。

6.8 受激拉曼散射与受激布里渊散射的比较

受激拉曼散射与受激布里渊散射都是泵浦光与介质声子相互作用，都产生下频移的斯托

克斯散射光与上频移的反斯托克斯光，但是它们是完全不同的两种非线性效应，本节总结一下两者的不同。

(1) 拉曼散射是介质中的光学支声波对入射光的散射，光学支的声波源于分子内部振动引发的声波。从经典物理角度看，拉曼散射可以看成是光作用下的分子非线性极化对光场的调制；从量子力学角度看，入射光引起分子量子态在内部振动能级之间的跃迁，造成散射光相对于入射光的拉曼频移 ω_v，形成斯托克斯光和反斯托克斯光。布里渊散射是介质中的声学支声波对入射光的散射，声学支的声波起源于分子在介质中的整体振动引发的声波。这种整体的声波在介质中造成密度被声波调制，入射光造成电致伸缩，从而改变声波的分布，以运动光栅对入射光的衍射机制反作用于光场，产生具有频移 ω_a 的散射光(衍射光)。

(2) 由于拉曼散射是入射光场造成分子量子态在内部振动能级间跃迁，散射光频移相对固定，与散射方向无关。根据分子振动能级间隔计算得到的拉曼频移 ω_v 约为几十 THz。而布里渊散射可以看成运动光栅对于光场的衍射，布里渊频移 ω_a 与入射光频率、声波速度、散射光散射角度都相关，其量级约为几个 GHz。

(3) 受激拉曼散射中介质分子内部的能态有改变，属于非参量过程，介质参与了过程前后光子的动量改变，相位匹配自动形成。受激布里渊散射分子内部能态没有改变，属于参量过程，需要相位匹配。散射过程实际上是声波引发的运动光栅对入射光的衍射作用，需要满足衍射条件(布拉格条件)，而这种衍射条件实际上就是相位匹配条件。

本章参考文献

[1] Raman V V, Krishnan K S. A new type of secondary radiation [J]. Nature, 1928, 121: 501-502.

[2] Woodbury E J, Ng W K. Ruby laser operation in the near-IR [J]. Proceedings of the Institute of Radio Engineers [J]. 1962, 50:2367.

[3] Yariv A. Quantum Electronics 3rd ed. [M]. New York: John Wiley & Sons, 1989.

[4] 亚里夫 A,著.量子电子学 [M].刘颂豪、吴存凯、王明常.译. 上海:上海科学出版社,1983.

[5] 黄昆,韩汝琦.固体物理学 [M]. 北京:高等教育出版社,1988.

[6] Brillouin L. Diffusion de la lumèire et des rayonnes X par un corps transparent homogéne: influence del' Agitation thermique (Diffusion of light and X-rays by a transparent homogeneous medium: influence of thermal agitation) [J]. Annales des Physsique, 1922, 17: 88.

[7] Chiao R Y, Townes C H, Stoicheff B P. Stimulated Brillouin scattering and coherent generation of intense hypersonic waves [J]. Phys. Rev. Lett., 1964, 12: 592-595.

[8] 赫光生.非线性光学与光子学 [M]. 上海:上海科学技术出版社,2018.

[9] 范琦康,吴存凯,毛少卿.非线性光学 [M]. 南京:江苏科学出版社,北京:电子工业出版社,1989.

习　题

6.1　证明拉曼增益 g 的谱宽(FWHM) $\Delta\upsilon=\gamma / 2\pi$。

6.2　证明受激拉曼散射斯托克斯光和泵浦光的光强随距离的变化规律为

$$I_s(z)=\frac{K\omega_s}{1+\frac{\omega_s}{\omega_p}\frac{I_p(0)}{I_s(0)}\exp(-g\omega_p Kz)}$$

$$I_p(z)=\frac{K\omega_p}{1+\frac{\omega_p}{\omega_s}\frac{I_s(0)}{I_p(0)}\exp(g\omega_p Kz)}$$

式中，$K=\frac{I_p(0)}{\omega_p}+\frac{I_s(0)}{\omega_s}$。

6.3　解释受激拉曼散射反斯托克斯光产生的两阶段理论。为什么反斯托克斯光产生必须满足相位匹配条件。

6.4　证明受激拉曼散射反斯托克斯光散射锥角公式

$$\beta=\left\{\frac{1}{n_p}\frac{\omega_s}{\omega_p}\left[n_{as}-n_s+\frac{\omega_p-\omega_s}{\omega_p}(n_{as}+n_s-2n_p)\right]\right\}^{\frac{1}{2}}$$

6.5　对受激布里渊散射，由公式 $\Delta\omega=2\omega_p\frac{n_p v_a}{c}\sin\frac{\theta}{2}$，散射频移 $\omega_p-\omega_s$ 决定于泵浦光频率和散射角。而受激拉曼散射频移相对固定。试解释之。

6.6　证明受激布里渊散射斯托克斯光和泵浦光的光强随距离的变化规律为

$$I_s(z)=\frac{K'}{\frac{I_p(0)}{I_s(0)}\exp(gK'z)-1}$$

$$I_p(z)=\frac{K'}{1-\frac{I_s(0)}{I_p(0)}\exp(-gK'z)}$$

式中，$K'=I_p(0)-I_s(0)$。

第7章 非线性折射率效应

7.1 光克尔效应

一些光学非线性效应引发介质折射率随入射光强变化而变化，从而引发光波相位的非线性变化。光克尔效应就是这样一种非线性效应。

7.1.1 光克尔效应

这里先回顾一下第1章讨论的电光效应，当在电光介质上外加电场 $\boldsymbol{E}$ 时，电光介质的逆介电张量 $\overleftrightarrow{B}$ 的改变量 $\Delta\overleftrightarrow{B}$ 的展开形式可以写成：

$$\Delta\overleftrightarrow{B}=\overleftrightarrow{\gamma}\cdot\boldsymbol{E}+\overleftrightarrow{h}:\boldsymbol{EE} \tag{7.1.1}$$

式中，第一项是一阶电光效应或泡克尔斯效应，第二项是二阶电光效应或克尔效应，亦称电克尔效应。

实际上，电克尔效应也可以用非线性极化率的形式表述：

$$\vec{P}^{(3)}(\boldsymbol{r},\omega)=\frac{3}{4}\varepsilon_0\overleftrightarrow{\chi}(-\omega,\omega,0,0)\,\vdots\,\boldsymbol{E}(\boldsymbol{r},\omega)\boldsymbol{E}(\boldsymbol{r},0)\boldsymbol{E}(\boldsymbol{r},0) \tag{7.1.2}$$

式中，$\boldsymbol{E}(\boldsymbol{r},\omega)$ 是入射的频率为 ω 的光场，$\boldsymbol{E}(\boldsymbol{r},0)$ 是外加电场（所加电信号相对于光信号频率很低，可以处理为零频率）。电克尔效应实际上是一个三阶非线性极化效应。

如果将一束频率为 ω' 的光电场 $\boldsymbol{E}(\boldsymbol{r},\omega')$ 替代式(7.1.2)中的外加电场，则由于附加的 ω' 光的电场的作用，造成介质的变化对 ω 的光场产生作用，同样将产生一个类似电克尔效应的三阶非线性极化强度

$$\vec{P}^{(3)}(\boldsymbol{r},\omega)=\frac{6}{4}\varepsilon_0\overleftrightarrow{\chi}(-\omega,\omega,\omega',-\omega')\,\vdots\,\boldsymbol{E}(\boldsymbol{r},\omega)\boldsymbol{E}(\boldsymbol{r},\omega')\boldsymbol{E}^*(\boldsymbol{r},\omega') \tag{7.1.3}$$

产生的非线性效应称为光克尔效应。其中因子6是考虑到 $\overleftrightarrow{\chi}(-\omega,\omega,\omega',-\omega')$ 的本征对易性质而出现的。

当入射光本身充当附加光的电场时，此时，产生的非线性极化强度为

$$\vec{P}^{(3)}(\boldsymbol{r},\omega)=\frac{3}{4}\varepsilon_0\overleftrightarrow{\chi}(-\omega,\omega,\omega,-\omega)\vdots\boldsymbol{E}(\boldsymbol{r},\omega)\boldsymbol{E}(\boldsymbol{r},\omega)\boldsymbol{E}^*(\boldsymbol{r},\omega)$$
$$=\frac{3}{4}\varepsilon_0\overleftrightarrow{\chi}(-\omega,\omega,-\omega,\omega)\vdots|\boldsymbol{E}(\boldsymbol{r},\omega)|^2\boldsymbol{E}(\boldsymbol{r},\omega) \tag{7.1.4}$$

这是光场自身感应的克尔效应。

前面提到过，各向同性介质具有中心对称性，偶极近似下，不存在二阶非线性效应。但是，不管介质具有什么样的对称性质，对于三阶非线性效应，三阶非线性极化张量总会有非零元素存在，因此在各向同性介质中，光克尔效应是其中重要的一种非线性效应。从式(7.1.4)可以看出，光克尔效应不像四波混频效应，这种三阶非线性效应是无须考虑相位匹配的(相位自动匹配)，因此这种效应在各向同性介质中普遍存在。

7.1.2 光克尔效应引起的折射率改变

当光波射入各向同性的光克尔介质时，其折射率会发生改变，这里将给出改变后折射率的形式。由于光场作为附加光场与其自身光场发生克尔效应，式(7.1.4)中所有光场的偏振方向相同。假设在各向同性介质中，光场与极化强度矢量都沿着 x 轴方向，则

$$\vec{P}(\boldsymbol{r},\omega)=\vec{P}^{(1)}(\boldsymbol{r},\omega)+\vec{P}^{(3)}(\boldsymbol{r},\omega)$$
$$=\varepsilon_0\chi^{(1)}\boldsymbol{E}(\boldsymbol{r},\omega)+\frac{3}{4}\varepsilon_0\chi^{(3)}_{xxxx}|\boldsymbol{E}(\boldsymbol{r},\omega)|^2\boldsymbol{E}(\boldsymbol{r},\omega) \tag{7.1.5}$$
$$=\varepsilon_0\left(\chi^{(1)}+\frac{3}{4}\chi^{(3)}_{xxxx}|\boldsymbol{E}|^2\right)\boldsymbol{E}(\boldsymbol{r},\omega)=\varepsilon_0(\varepsilon_r-1)\boldsymbol{E}(\boldsymbol{r},\omega)$$

式中，$|\boldsymbol{E}|^2$ 是 $|\boldsymbol{E}(\boldsymbol{r},w)|^2$ 的简略写法，且

$$\varepsilon_r=1+\chi^{(1)}+\frac{3}{4}\chi^{(3)}_{xxxx}|\boldsymbol{E}|^2 \tag{7.1.6}$$

根据折射率与相对介电常数之间的关系，定义折射率

$$\overline{n}=\left(1+\chi^{(1)}+\frac{3}{4}\chi^{(3)}_{xxxx}|\boldsymbol{E}|^2\right)^{1/2}$$
$$=\left(n^2+\frac{3}{4}\chi^{(3)}_{xxxx}|\boldsymbol{E}|^2\right)^{1/2} \tag{7.1.7}$$
$$\approx n+\frac{3}{8n}\chi^{(3)}_{xxxx}|\boldsymbol{E}|^2$$
$$=n+n_2|\boldsymbol{E}|^2$$

这里 n 是折射率的线性部分，而第二项是光克尔效应引起的折射率改变，它与介质内的光强(亦即 $|\boldsymbol{E}|^2$)有关，n_2 称为非线性折射率系数，它与三阶非线性极化张量的 $\chi^{(3)}_{xxxx}$ 分量有关

$$n_2=\frac{3}{8n}\chi^{(3)}_{xxxx} \tag{7.1.8}$$

折射率具有式(7.1.7)形式的非线性介质称为克尔非线性介质。在克尔非线性介质中，折射率对光强的依赖关系导致了大量有趣的非线性现象，比如，当介质中传输的光束横截面上具有高斯型强度分布时，会发生光束自身的自聚焦现象；当光在光纤中传输，并且可忽略光横向分布时，在时域上还会发生自相位调制现象等。

7.2　非线性相移与非线性吸收

在线性光学里，我们熟悉线性相互作用的相移与吸收现象。假设光场复振幅可以表示为

$$A(z)=u(z)e^{i\phi(z)} \tag{7.2.1}$$

由 2.1 节的内容可知，线性介质的复折射率可以分解为实部 n 和虚部 η，分别代表色散和吸收。如果上述光场在线性介质里传播了 z 距离，则由实部引起的线性相移为

$$\phi^{L}=n\frac{\omega}{c}z \tag{7.2.2}$$

见式(2.1.19)。复折射率的虚部引起光强 I 的线性损耗

$$\frac{dI}{dz}=-\alpha I \tag{7.2.3}$$

式中，$\alpha=\frac{2\omega}{c}\eta$。

值得注意的是，非线性效应引起的光场相移以及强度衰减的方式与上述线性过程有所不同，会引发与线性光学完全不同的现象。下面讨论在非线性介质中，由折射率变化引起的光场的变化机制。

7.2.1　非线性自相移

由三阶非线性效应耦合波方程(5.1.9)以及光克尔效应的极化强度表示式(7.1.4)可知，当单一光场射入非线性介质时，其复振幅满足方程

$$\frac{dA}{dz}=i\frac{3\omega}{8cn}\chi_{xxxx}^{(3)}|A|^{2}A \tag{7.2.4}$$

将复振幅的表达式(7.2.1)代入式(7.2.4)，且令

$$\chi_{xxxx}^{(3)}=\chi_{R}^{(3)}+i\chi_{I}^{(3)} \tag{7.2.5}$$

两项分别表示非线性极化系数的实部和虚部。得

$$\frac{du}{dz}+iu\frac{d\phi}{dz}=-\frac{3\omega}{8cn}\chi_{I}^{(3)}u^{3}+i\frac{3\omega}{8cn}\chi_{R}^{(3)}u^{3} \tag{7.2.6}$$

将式(7.2.6)分成实部和虚部，可分别得到两个方程

$$\frac{du}{dz}=-\frac{3\omega}{8cn}\chi_{I}^{(3)}u^{3} \tag{7.2.7}$$

$$\frac{d\phi}{dz}=\frac{3\omega}{8cn}\chi_{R}^{(3)}u^{2} \tag{7.2.8}$$

如果非线性介质是非吸收介质，则 $\chi_{I}^{(3)}=0$，此时光场的振幅不发生变化，而只有式(7.2.8)起作用，引起一个非线性相移。假设光场在介质中走过一个短距离 Δz，由非线性效应引起的相移为

$$\begin{aligned}\Delta\phi&=\frac{3\omega}{8cn}\chi_{R}^{(3)}u^{2}\Delta z\\&=\frac{3\omega}{4\varepsilon_{0}n^{2}c^{2}}\chi_{R}^{(3)}I\Delta z\end{aligned} \tag{7.2.9}$$

式中

$$I=\frac{1}{2}\varepsilon_0 cnu^2 \tag{7.2.10}$$

表示光强。

由式(7.2.9)可知,非线性介质引起的相移与射入的光强有密切关系,随着光强增大,相移也增大。这与线性相移和光强无关的情形形成鲜明对比。

实际上,线性相移与非线性相移合在一起构成光场在介质中的总相移

$$\begin{aligned}\Delta\phi &=\frac{\omega}{c}\left(n+\frac{3}{8n}\chi_R^{(3)}u^2\right)\Delta z\\ &=\frac{\omega}{c}\left(n+\frac{3}{4\varepsilon_0 n^2 c}\chi_R^{(3)}I\right)\Delta z\end{aligned} \tag{7.2.11}$$

式中,第一项$(\omega/c)n\Delta z$表示传播距离Δz引起的线性相移,第二项为非线性相移。

将式(7.2.11)圆括号中的量看成非线性介质总的折射率$\overline{n}$

$$\overline{n}=n+n_2|A|^2 \tag{7.2.12}$$

$$\overline{n}=n+n_2^I I \tag{7.2.13}$$

式(7.2.12)是以光振幅表示的折射率变化,其中

$$n_2=\frac{3}{8n}\chi_R^{(3)} \tag{7.2.14}$$

这与7.1节里给出的结果式(7.1.8)完全一致。在实际运算中,由于光强可以直接测量,因此利用式(7.2.13)更加方便,其中

$$n_2^I=\frac{3}{4\varepsilon_0 n^2 c}\chi_R^{(3)} \tag{7.2.15}$$

是以光强表示的非线性折射率系数。两者的关系为

$$n_2=\frac{\varepsilon_0 cn}{2}n_2^I \tag{7.2.16}$$

对于熔融石英,$n_2^I\approx 3.2\times10^{-20}\ \mathrm{m^2/W}$,该材料可用来制作光纤。如果将5 mW的激光束完全耦合到一个有效横截面积为50 μm^2的光纤中,光强会达到$10^8\ \mathrm{W/m^2}$,引起的折射率改变为$\Delta n=n_2^I I\approx 3.2\times10^{-12}$,传播1 m的距离会造成$4.1\times10^{-6}\ \pi$ rad的相移。

7.2.2 非线性吸收

如果非线性介质不是无损介质,即$\chi_I^{(3)}\neq0$,则光场在介质中传播,光强(振幅)会发生变化。则式(7.2.7)也将起作用。利用振幅u与光强I之间的关系式(7.2.10),得

$$\frac{\mathrm{d}I}{\mathrm{d}z}=-\frac{3\omega}{2\varepsilon_0 c^2 n^2}\chi_I^{(3)}I^2 \tag{7.2.17}$$

令

$$\alpha_2=\frac{3\omega}{2\varepsilon_0 n^2 c^2}\chi_I^{(3)} \tag{7.2.18}$$

得

$$\frac{\mathrm{d}I}{\mathrm{d}z}=-\alpha_2 I^2 \tag{7.2.19}$$

式中,α_2为非线性损耗系数。

可见非线性损耗与线性损耗式(7.2.3)完全不同。如果将线性损耗与非线性损耗都考虑进来,可得

$$\frac{\mathrm{d}I}{\mathrm{d}z}=-\alpha I-\alpha_2 I^2=-(\alpha+\alpha_2 I)I \tag{7.2.20}$$

显然这个关系类似于非线性折射率与光强的关系,非线性损耗也与光强有关。

7.2.3　非线性交叉相移

如果频率为 ω_1 和 ω_2 的两个光场同时入射各向同性非线性介质,且都在一个方向上偏振时,根据式(2.2.11),可得

$$\begin{aligned}P_x^{(3)}(z,\omega_1)=\frac{1}{4}\varepsilon_0\big[&3\chi_{xxxx}^{(3)}(-\omega_1,\omega_1,-\omega_1,\omega_1)E_x(z,\omega_1)E_x^*(z,\omega_1)E_x(z,\omega_1)\\&+6\chi_{xxxx}^{(3)}(-\omega_1,\omega_2,-\omega_2,\omega_1)E_x(z,\omega_2)E_x^*(z,\omega_2)E_x(z,\omega_1)\big]\end{aligned} \tag{7.2.21}$$

考虑克莱曼对称性,并用 z 方向传播的平面波近似,且略去脚标,可得

$$P^{(3)}(z,\omega_1)=\frac{3\varepsilon_0}{4}\chi^{(3)}(|A_1|^2+2|A_2|^2)A_1\mathrm{e}^{\mathrm{i}k_1 z} \tag{7.2.22}$$

同理,可得

$$P^{(3)}(z,\omega_2)=\frac{3\varepsilon_0}{4}\chi^{(3)}(|A_2|^2+2|A_1|^2)A_2\mathrm{e}^{\mathrm{i}k_2 z} \tag{7.2.23}$$

将式(7.2.22)和式(7.2.23)代入三阶非线性效应耦合波方程(5.1.9),得到如下的耦合波方程

$$\frac{\mathrm{d}u_1}{\mathrm{d}z}+\mathrm{i}u_1\frac{\mathrm{d}\phi_1}{\mathrm{d}z}=\mathrm{i}\frac{3\omega_1\chi^{(3)}}{8nc}(u_1^2+2u_2^2)u_1 \tag{7.2.24}$$

$$\frac{\mathrm{d}u_2}{\mathrm{d}z}+\mathrm{i}u_2\frac{\mathrm{d}\phi_2}{\mathrm{d}z}=\mathrm{i}\frac{3\omega_2\chi^{(3)}}{8nc}(u_2^2+2u_1^2)u_2 \tag{7.2.25}$$

对于无损介质,光场没有损耗,$\frac{\mathrm{d}u_1}{\mathrm{d}z}=\frac{\mathrm{d}u_2}{\mathrm{d}z}=0$,则非线性相移为

$$\Delta\phi(\omega_1)=\frac{\omega_1}{c}\left[\frac{3}{4\varepsilon_0 n^2 c}\chi^{(3)}(I_1+2I_2)\right]\Delta z \tag{7.2.26}$$

$$\Delta\phi(\omega_2)=\frac{\omega_2}{c}\left[\frac{3}{4\varepsilon_0 n^2 c}\chi^{(3)}(I_2+2I_1)\right]\Delta z \tag{7.2.27}$$

式(7.2.26)中,第一项是非线性自相移,第二项是非线性交叉相移。表明由于非线性效应的作用,除了频率分别为 ω_1 和 ω_2 的光场自身感应出自相移以外,ω_2 的光场可以造成 ω_1 光场的相移,即所谓交叉相移,且 ω_2 光场的强度越大,造成 ω_1 光场的相移越大。反之 ω_1 光场也会对 ω_2 光场造成交叉相移。方括号内是非线性导致的折射率改变,这样对于频率为 ω_1 的光场,总折射率变为

$$\overline{n}=n+n_{2,\mathrm{self}}^I I_1+n_{2,\mathrm{cross}}^I I_2 \tag{7.2.28}$$

式中,$n_{2,\mathrm{self}}^I$ 对应非线性自相移引发的非线性折射率系数,$n_{2,\mathrm{cross}}^I$ 对应非线性交叉相移引发的非线性折射率系数。对于 ω_2 光场,总折射率也具有相似的形式。可见,非线性交叉相移引起的折射率系数是非线性自相移的两倍。

上面讨论的非线性交叉相移是在两个不同频率、偏振相同的光场之间相互作用的结果。

下面讨论同一频率、偏振相互正交(假定偏振方向为 x、y 方向)的两个光场同时射入各向同性非线性介质,其非线性极化强度可以写成

$$\begin{aligned}P_x^{(3)}(\omega)=&\frac{1}{4}\varepsilon_0[3\chi_{xxxx}^{(3)}(-\omega,\omega,-\omega,\omega)E_x(\omega)E_x^*(\omega)E_x(\omega)\\&+2\chi_{xxyy}^{(3)}(-\omega,\omega,-\omega,\omega)E_x(\omega)E_y^*(\omega)E_y(\omega)\\&+2\chi_{xyxy}^{(3)}(-\omega,\omega,\omega,-\omega)E_y(\omega)E_x(\omega)E_y^*(\omega)\\&+2\chi_{xyyx}^{(3)}(-\omega,\omega,-\omega,\omega)E_y(\omega)E_y^*(\omega)E_x(\omega)]\\=&\frac{3}{4}\varepsilon_0\chi_{xxxx}^{(3)}\left[|E_x(\omega)|^2+\frac{2}{3}|E_y(\omega)|^2\right]E_x(\omega)\end{aligned}\tag{7.2.29}$$

式中用到了各项同性介质的性质里 $\chi_{xxxx}^{(3)}=\chi_{xxyy}^{(3)}+\chi_{xyxy}^{(3)}+\chi_{xyyx}^{(3)}$。整理可得

$$P_x^{(3)}(\omega)=\frac{3}{4}\varepsilon_0\chi^{(3)}\left[|A_x|^2+\frac{2}{3}|A_y|^2\right]A_x\mathrm{e}^{\mathrm{i}k_xz}\tag{7.2.30}$$

$$P_y^{(3)}(\omega)=\frac{3}{4}\varepsilon_0\chi^{(3)}\left[|A_y|^2+\frac{2}{3}|A_x|^2\right]A_y\mathrm{e}^{\mathrm{i}k_yz}\tag{7.2.31}$$

式中略去了非线性极化系数的脚标。这里讨论的两个正交偏振非线性极化强度的形式与前面不同频率、相同偏振的讨论非常类似,其中将 ω_1 和 ω_2 频率的不同换成 x、y 偏振的不同,而且交叉相位调制的系数由 2 变成了 2/3。同理可得正交偏振之间的非线性自相移和交叉相移为

$$\Delta\phi_x=\frac{\omega}{c}\left[\frac{3}{4\varepsilon_0n^2c}\chi^{(3)}\left(I_x+\frac{2}{3}I_y\right)\right]\Delta z\tag{7.2.32}$$

$$\Delta\phi_y=\frac{\omega}{c}\left[\frac{3}{4\varepsilon_0n^2c}\chi^{(3)}\left(I_y+\frac{2}{3}I_x\right)\right]\Delta z\tag{7.2.33}$$

表明 y 偏振的光场可以造成 x 偏振光场的相移,且 y 偏振光场的强度越大,造成 x 偏振光场的相移越大,反之亦然。

这样,当同一频率、偏振相互正交(假定偏振方向为 x、y 方向)的两个光场同时射入各向同性非线性介质,可以得到它们之间的耦合波方程。将式(7.2.30)和式(7.2.31)代入耦合波方程(5.1.9),得偏振相互正交的两光场之间的耦合波方程(不计损耗):

$$\frac{\mathrm{d}u_x}{\mathrm{d}z}=\mathrm{i}\frac{3\omega\chi^{(3)}}{8nc}\left(u_x^2+\frac{2}{3}u_y^2\right)u_x\tag{7.2.34}$$

$$\frac{\mathrm{d}u_y}{\mathrm{d}z}=\mathrm{i}\frac{3\omega\chi^{(3)}}{8nc}\left(u_y^2+\frac{2}{3}u_x^2\right)u_y\tag{7.2.35}$$

这里讨论的内容将在第 9 章中讨论光纤自相位调制和交叉相位调制时进行更深入的讨论。

7.3 自聚焦现象 空间光孤子简介

式(7.2.13)表示在克尔非线性介质中,折射率取决于光强 $\overline{n}=n+n_2^II$。这样,如果入射光束横向分布是中心光强强,外围光强逐渐减弱的情形,比如高斯光束就是这种情形,因此造成介质折射率随着光束光强分布形成中心折射率最大,光束的周围折射率逐渐减弱的再分布。按照几何光学,光线将由折射率低的区域向折射率高的区域弯曲。即光束会因自身强度集中于中心而自动形成聚焦,即所谓的自聚焦现象。

7.3.1　自聚焦的一个简单例子[1,2]

下面从一个例子出发，初步认识一下自聚焦现象。假如有一个克尔非线性介质薄片，如图 7-3-1 所示。入射薄片介质的光束假定为高斯型的分布，其横向振幅分布为

$$A(r,z=0)=A_0\exp\left(-\frac{r^2}{w_{\mathrm{in}}^2}\right) \tag{7.3.1}$$

式中，w_{in}为光束的光斑尺寸(光斑半径)，r 是以光束中心为对称轴的柱坐标的横向坐标，z 是传输距离，A_0是光束轴上的振幅。相应的光强分布为

$$I(r)=I_0\exp\left(-2\frac{r^2}{w_{\mathrm{in}}^2}\right) \tag{7.3.2}$$

假定介质薄片厚度为 L，则透过介质薄片后的光场为

$$A(r,L)=A_0\exp\left(-\frac{r^2}{w_{\mathrm{in}}^2}\right)\exp\left[\mathrm{i}(n+n_2^I I_0\mathrm{e}^{-2(r^2/w_{\mathrm{in}}^2)})\frac{\omega}{c}L\right] \tag{7.3.3}$$

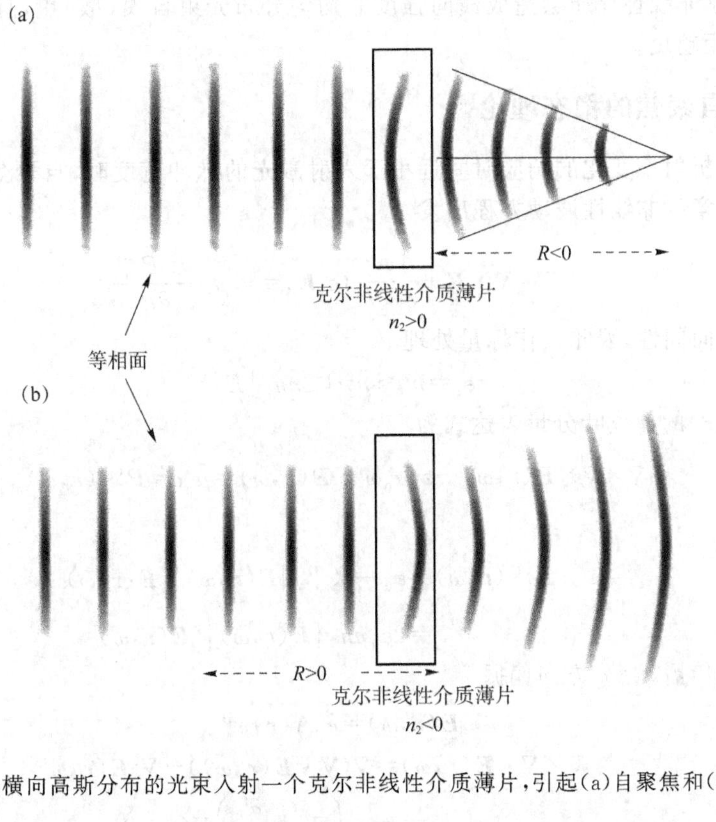

图 7-3-1　一横向高斯分布的光束入射一个克尔非线性介质薄片，引起(a)自聚焦和(b)自散焦

考虑光束可以进行傍轴近似，即光束强度仅分布在 z 轴附近，有下列展开式

$$I=I_0\exp\left(-2\frac{r^2}{w_{\mathrm{in}}^2}\right)\approx I_0\left(1-2\frac{r^2}{w_{\mathrm{in}}^2}\right) \tag{7.3.4}$$

代入式(7.3.3)，得到

$$\begin{aligned}A(r,L)&=A_0\exp\left(-\frac{r^2}{w_{\mathrm{in}}^2}\right)\exp\left[\mathrm{i}(n+n_2^I I_0)\frac{\omega}{c}L\right]\exp\left(-\mathrm{i}\frac{2n_2^I\omega I_0 L}{cw_{\mathrm{in}}^2}r^2\right)\\&=A_0\exp\left(-\frac{r^2}{w_{\mathrm{in}}^2}\right)\exp[\mathrm{i}\phi_0]\exp\left(-\mathrm{i}\frac{2n_2^I\omega I_0 L}{cw_{\mathrm{in}}^2}r^2\right)\end{aligned} \tag{7.3.5}$$

式中，$\phi_0=(n+n_2^I I_0)(\omega/c)L$ 是不随 r 和 z 变化的常相位，在接下来的光传输场公式中可以略去不写。则光场继续传输的形式为(假定介质薄片很薄)

$$A(r,z)=A_0\exp\left(-\frac{r^2}{w_{\text{in}}^2}\right)\exp\left(\mathrm{i}kz+\mathrm{i}k\frac{r^2}{2R(z)}\right) \tag{7.3.6}$$

式中，$k=n\omega/c$ 是光场的传播常数。观察式(7.3.6)，其相位部分显示该光束为一球面波，其曲率中心位于薄片的$\mp|R(z)|$处，曲率半径为

$$R=-\frac{nw_{\text{in}}^2}{4n_2^I I_0 L} \tag{7.3.7}$$

当 $n_2^I>0$ 时，$R<0$，光束将聚焦，焦距为 $f=|R|=\dfrac{nw_{\text{in}}^2}{4n_2^I I_0 L}$。当 $n_2^I<0$ 时，$R>0$，光束将散焦，焦距为 $f=-|R|$。这样，由介质克尔非线性造成的光束聚(散)焦现象称为自聚(散)焦现象。这个克尔非线性介质薄片等价于一个焦距为 $f=|R|$ 的透镜，$n_2^I>0$ 时为凸透镜，使光束聚焦；$n_2^I<0$ 时为凹透镜，使光束散焦。

可见，克尔非线性介质会造成横向强度非均匀分布光束自聚(散)焦，且光束中心光强 I_0 越强，聚焦焦距越短。

7.3.2 自聚焦的稳态理论[3]

如果介质折射率变化的响应时间远小于入射激光的脉冲宽度时，自聚焦现象可以用稳态理论。由第 2 章的非线性波动方程出发

$$\nabla\times\nabla\times\boldsymbol{E}+\frac{1}{c^2}\frac{\partial^2}{\partial t^2}(\varepsilon_r\boldsymbol{E})=-\mu_0\frac{\partial^2\vec{P}^{(3)}}{\partial t^2} \tag{7.3.8}$$

假定介质为各向同性，因此 ε_r 作标量处理

$$\varepsilon_r=\bar{n}^2\approx n^2+2nn_2|E|^2 \tag{7.3.9}$$

方程(7.3.8)的傅里叶分量表达式为

$$\nabla\times\nabla\times\boldsymbol{E}(\boldsymbol{r},\omega)-\varepsilon_0\mu_0\omega^2\varepsilon_r\boldsymbol{E}(\boldsymbol{r},\omega)=\mu_0\omega^2\vec{P}^{(3)}(\boldsymbol{r},\omega) \tag{7.3.10}$$

极化强度

$$\begin{aligned}\vec{P}^{(3)}(\boldsymbol{r},\omega)&=\varepsilon_0\frac{3}{4}\chi_{xxxx}^{(3)}|\boldsymbol{E}(\boldsymbol{r},\omega)|^2\boldsymbol{E}(\boldsymbol{r},\omega)\\&=2\varepsilon_0 nn_2|\boldsymbol{E}(\boldsymbol{r},\omega)|^2\boldsymbol{E}(\boldsymbol{r},\omega)\end{aligned} \tag{7.3.11}$$

令光场沿 z 轴传播，沿 x 方向偏振

$$\boldsymbol{E}(\boldsymbol{r},\omega)=\hat{e}_x A(\boldsymbol{r})\mathrm{e}^{\mathrm{i}kz} \tag{7.3.12}$$

$$\begin{aligned}\nabla\times\nabla\times\boldsymbol{E}(\boldsymbol{r},\omega)&=\nabla(\nabla\cdot\boldsymbol{E}(\boldsymbol{r},\omega))-\nabla^2\boldsymbol{E}(\boldsymbol{r},\omega)\\&=-\left(\nabla_\perp^2+\frac{\partial^2}{\partial z^2}\right)\boldsymbol{E}(\boldsymbol{r},\omega)\end{aligned} \tag{7.3.13}$$

其中考虑介质中没有自由电荷$\nabla\cdot\boldsymbol{E}(\boldsymbol{r},\omega)=0$。另外

$$\nabla_\perp^2=\frac{\partial^2}{\partial x^2}+\frac{\partial^2}{\partial y^2}$$

为横向的拉普拉斯算符。

与前面几章一样，采用慢变化近似，即$\left|\dfrac{\partial^2 A}{\partial z^2}\right|\ll k\left|\dfrac{\partial A}{\partial z}\right|$，故在计算中略去$\dfrac{\partial^2 A}{\partial z^2}$的项，最后得到

$$\nabla_{\perp}^{2} A+2 i k \frac{\partial A}{\partial z}+2 \frac{n_{2} k^{2}}{n}|A|^{2} A=0 \tag{7.3.14}$$

这就是稳态自聚焦波动方程，是一个空域的非线性薛定谔方程，基于这个方程，可以讨论空间孤子的形成。

设入射激光束为轴对称的，因此采用柱坐标解上述的稳态自聚焦方程。一般情况入射激光束不是平面波，一般利用柱坐标将入射光场复振幅 $A(\boldsymbol{r})$ 写成如下形式：

$$A(r, z)=A_{0}(r, z) \mathrm{e}^{i k S(r, z)} \tag{7.3.15}$$

式中，$A_0(r,z)$表示光场的振幅函数（为实函数），$S(r,z)$是相位函数，即所谓程函（eikonal）。理想的沿 z 方向传播的平面波用相位函数 kz 表示，z＝常数表示垂直于 z 轴的等相平面。类似地，$kS(r,z)$代表光束传输中与实际等相面相联系的相位函数，$S(r,z)$＝常数定义光束的等相面。

将式(7.3.15)代入自聚焦波动方程(7.3.14)，并将实部与虚部分开，得到

$$2 \frac{\partial S}{\partial z}+\left(\frac{\partial S}{\partial r}\right)^{2}=\frac{1}{k^{2} A_{0}}\left(\frac{\partial^{2} A_{0}}{\partial r^{2}}+\frac{1}{r} \frac{\partial A_{0}}{\partial r}\right)+\frac{2 n_{2}}{n} A_{0}^{2} \tag{7.3.16}$$

$$\frac{\partial A_{0}^{2}}{\partial z}+\frac{\partial A_{0}^{2}}{\partial r} \frac{\partial S}{\partial r}+A_{0}^{2}\left(\frac{\partial^{2} S}{\partial r^{2}}+\frac{1}{r} \frac{\partial S}{\partial r}\right)=0 \tag{7.3.17}$$

严格求解上述方程是困难的。但是可以证明，如果当介质为线性时，亦即非线性折射率系数 $n_2=0$ 时，上述方程有高斯光束解（参见附录 D）

$$A_{0}=A_{0 m} \frac{w_{0}}{w(z)} \exp \left(-\frac{r^{2}}{w^{2}(z)}\right) \tag{7.3.18}$$

$$S=\frac{r^{2}}{2 R(z)}+\psi(z) \tag{7.3.19}$$

式中，$w(z)$是高斯光束的光斑尺寸，w_0是 $z=0$ 处的光斑尺寸，$\psi(z)$是相位。

假定当非线性折射率系数 $n_2\neq0$ 时，光场近似仍有如式(7.3.18)及式(7.3.19)的高斯光束解，只是相应参数需要调整。将式(7.3.18)及式(7.3.19)代入方程(7.3.17)，得到高斯光束光斑尺寸满足的方程

$$\frac{\mathrm{d} w}{\mathrm{d} z}=\frac{w}{R} \tag{7.3.20}$$

对于傍轴近似，可以将式(7.3.18)中振幅 A_0 做泰勒展开，并保留二阶近似

$$A_{0}^{2}=A_{0 m}^{2} \frac{w_{0}^{2}}{w^{2}} \exp \left(-2 \frac{r^{2}}{w^{2}}\right) \approx A_{0 m}^{2} \frac{w_{0}^{2}}{w^{2}}\left(1-2 \frac{r^{2}}{w^{2}}\right) \tag{7.3.21}$$

将式(7.3.21)、式(7.3.19)代入方程(7.3.16)，得到下面两个方程：

$$\frac{\mathrm{d} \psi}{\mathrm{d} z}=-\frac{2}{k^{2} w^{2}}+\frac{2 B}{k^{2} w^{2}} \tag{7.3.22}$$

$$\left(1-\frac{\mathrm{d} R}{\mathrm{d} z}\right)=R^{2}(1-2 B) \frac{4}{k^{2} w^{4}} \tag{7.3.23}$$

这里引入了参量

$$B=\frac{k^{2} n_{2} P}{\pi n^{2} c \varepsilon_{0}} \tag{7.3.24}$$

式中，P 为入射光功率

$$P=\frac{1}{2} \varepsilon_{0} n c A_{0 m}^{2}\left(\pi w_{0}^{2}\right)$$

将方程(7.3.20)两边对 z 再一次求导，并将方程(7.3.23)代入，得

$$\frac{d^2w}{dz^2}=\left(1-\frac{dR}{dz}\right)\frac{w}{R^2}$$
$$=(1-2B)\frac{2}{k^2w^3} \tag{7.3.25}$$

将上式两边乘以 $2\frac{dw}{dz}$,得

$$\frac{d}{dz}\left[\left(\frac{dw}{dz}\right)^2\right]=(2B-1)\frac{2}{k^2}\frac{d}{dz}\left(\frac{1}{w^2}\right) \tag{7.3.26}$$

积分得

$$\left(\frac{dw}{dz}\right)^2=(2B-1)\frac{2}{k^2w^2}+C \tag{7.3.27}$$

式中,C 为积分常数,由初条件决定。设 $z=0$ 时,$R(0)=R_0$,$w(0)=w_0$,得到积分常数

$$C=\left(\frac{w_0}{R_0}\right)^2+(1-2B)\frac{2}{k^2w_0^2} \tag{7.3.28}$$

代入式(7.3.27),得到非线性介质中的高斯光束半径的变化规律:

$$\frac{w^2(z)}{w_0^2}=(1-2B)\frac{4z^2}{k_0^2w_0^4}+\left(1+\frac{z}{R_0}\right)^2 \tag{7.3.29}$$

下面分析这一公式的物理意义。假定入射光为一平面波,$R_0\to\infty$,则式(7.3.29)得到进一步简化:

$$\frac{w^2(z)}{w_0^2}=(1-2B)\frac{4z^2}{k_0^2w_0^4}+1 \tag{7.3.30}$$

从式(7.3.30)可以看出,与入射光功率 P 相关的参量 B 是一个关键因素。

当 $B>\frac{1}{2}$ 时,$w(z)<w_0$,光束将发生会聚,这就是自聚焦情况。发生自聚焦的条件为:入射光光功率要大于下面的临界值

$$P_{cr}=\frac{\varepsilon_0\pi c^3}{2\omega^2n_2} \tag{7.3.31}$$

当 $B<\frac{1}{2}$ 时,$w(z)>w_0$,光束产生发散,为自散焦,此时入射光功率小于临界值 P_{cr}。当 $B=\frac{1}{2}$ 时,$w(z)=w_0$,光束半径保持不变,这种情况称为光束自陷(self-trapping)光束,也称自导引光束、空间孤子。

在式(7.3.30)中,令 $w(z_f)=0$,可以得到自聚焦的焦点位置:

$$z_f=\frac{k^2w_0^2}{2\sqrt{P/P_{cr}-1}} \tag{7.3.32}$$

当入射光不是平面波,即 $R_0\neq\infty$,可以得到

$$\frac{1}{z_{Rf}}=\frac{1}{z_f}-\frac{1}{R} \tag{7.3.33}$$

式中,z_f 是 $R_0\to\infty$ 时的焦点位置,z_{Rf} 是同样功率 P 下 $R_0\neq\infty$ 时的焦点位置。

上面的分析数学过于复杂。可以利用1964年乔(R. Y. Chiao)等人的感应波导理论,得到与式(7.3.31)类似的近似结果[4]。

乔等人的理论大致如下:假定一截面为圆形、直径为 d 的光束入射非线性介质,将在介质内感应出一个直径为 d 的阶跃折射率波导,波导内光束经过的介质部分折射率为 $n+\Delta n=$

$n+n_2|E|^2$,而波导外光束没有经过的介质折射率为 n。假设光束通过上述波导折射率变化的边界全反射使光束克服衍射发散而在波导内导引前进,发生全反射的入射角假如等价为衍射角,而与全反射临界角相联系的衍射角(光线与 z 轴的夹角)为 θ_0,得到全反射临界角关系

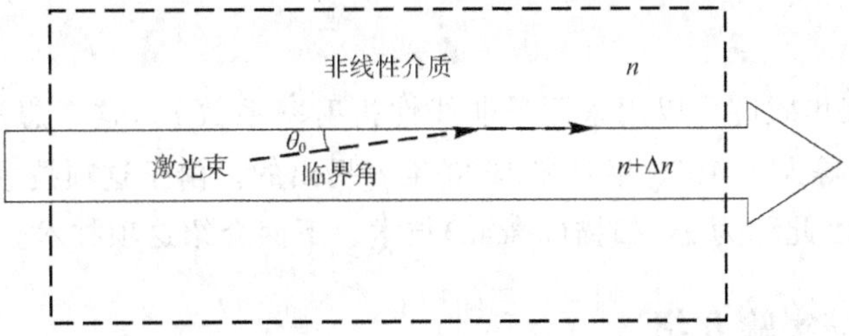

图 7-3-2 乔等人关于自聚焦感应波导理论的示意图

$$\sin(90°-\theta_0)=\cos\theta_0\approx 1-\frac{\theta_0^2}{2}=\frac{n}{n+\Delta n}\approx 1-\frac{\Delta n}{n} \tag{7.3.34}$$

得到

$$\theta_0\approx\sqrt{2\frac{\Delta n}{n}} \tag{7.3.35}$$

另一方面,光束发生衍射是因为光束截面有限,光束截面看成圆光斑,其衍射按照圆孔夫琅禾费衍射处理,衍射角为 θ_d

$$\theta_d\approx\frac{1.22\lambda}{nd} \tag{7.3.36}$$

这个衍射发散行为被上述波导内全反射所限制,要求 $\theta_d\leqslant\theta_0$,得到

$$\Delta n=n_2|E|^2=n_2^I I=\frac{n_2^I P}{\pi(d/2)^2}\geqslant\frac{1}{2n}\left(\frac{1.22\lambda}{d}\right)^2 \tag{7.3.37}$$

由这个公式可以估算形成自聚焦的光束临界光功率

$$P_{cr}=\frac{(1.22)^2\pi^3\varepsilon_0 c^3}{4\omega^2 n_2} \tag{7.3.38}$$

式(7.3.38)与式(7.3.31)在数量级上是一致的,说明乔等人的感应波导理论的有效性。

图 7-3-3 显示了非线性薄膜波导内形成空间孤子的情形。激光束输入薄膜波导,在激光束经过的区域折射率升高,在合适的光强下可以满足光束自陷条件,在波导内形成空间孤子。当输入激光光功率小于自陷条件(式(7.3.31))时,光束在波导内发散,形成自散焦。

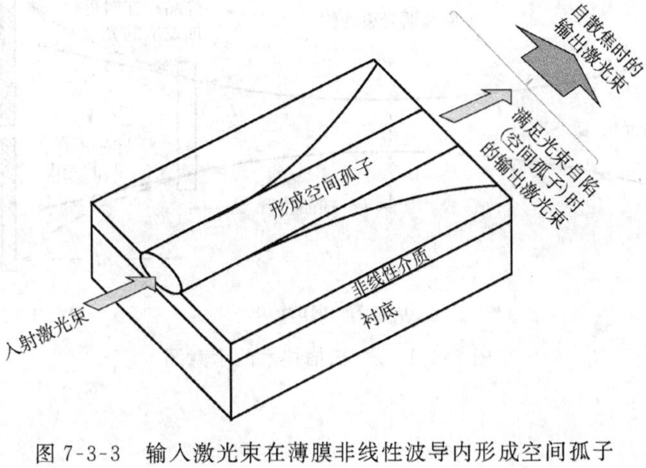

图 7-3-3 输入激光束在薄膜非线性波导内形成空间孤子

7.4 非线性折射率的测量——z—扫描技术

利用非线性自聚焦效应可以用来测量非线性折射率系数 n_2，这个想法最初是由谢克-巴哈(M. Sheik-Bahae)等人于 1989 年[5]和 1990 年[6]提出的。由于这项技术是通过在光束传播方向进行逐点测量，因此称为 z—扫描(z-scan)技术。下面介绍这项技术。

7.4.1 z—扫描实验介绍

激光器输出的是高斯光束，其光束横截面的光强分布是高斯函数，在空间中传输的光束形态用附录 D(高斯光束简介)中介绍的高斯光束描述。当高斯光束入射如图 7-4-1 的 z—扫描实验装置时，装置中的非线性材料样品薄层由于克尔非线性效应使光束更加聚焦(n_2为正，如图 7-4-1(a)所示)，或者更加发散(n_2为负如图 7-4-1(b)所示)。用一个位于小孔遮挡屏后面的探测器测量小孔透过的光强，样品不存在时测一次，样品围绕原高斯光束腰的位置前后移动再逐点测一组数据，从而得到样品存在和不存在时的通过小孔的光强相对传递函数 $T(z)$，如图 7-4-2 所示，它是样品前后移动所在位置 z 的函数。通过测量 $T(z)$峰值(peak)与谷底(valley)值之间的差别 ΔT_{p-v}，可以推算样品引起的非线性相移 $\Delta\Phi_0$ 的值，从而得出非线性折射率系数 n_2的值。

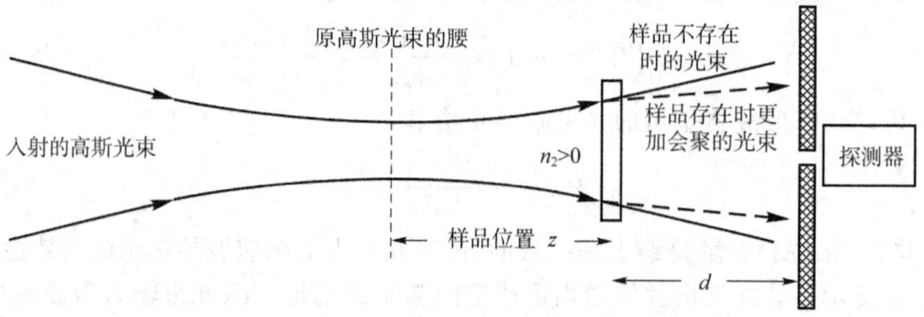

(a) n_2为正时的情况

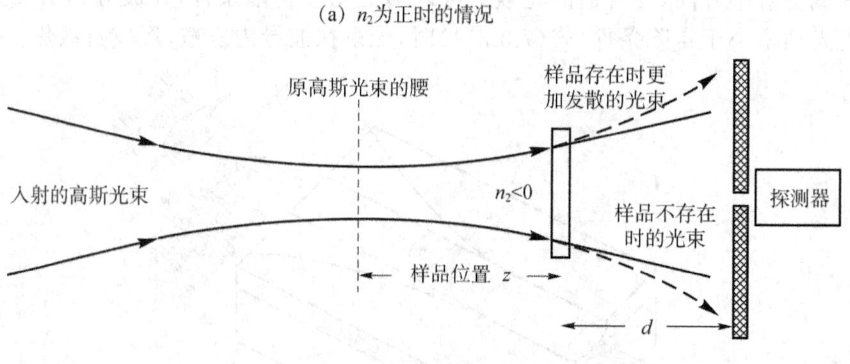

(b) n_2为负时的情况

图 7-4-1 z—扫描技术的示意图

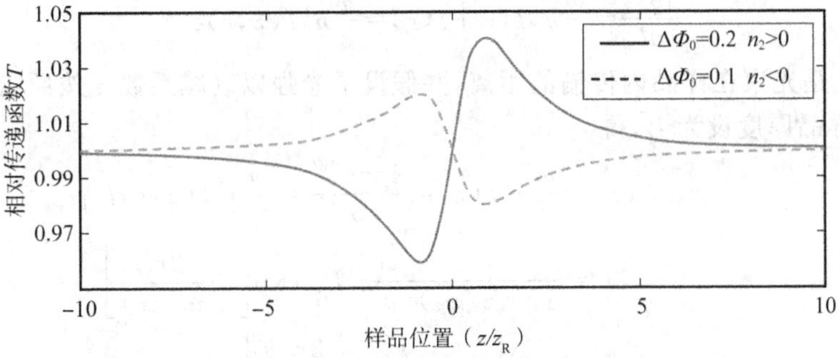

图 7-4-2　利用 z—扫描技术得到的相对传递函数曲线

7.4.2　利用 z—扫描技术测量非线性折射率系数[1]

在图 7-4-1 的实验装置中，假定样品所处位置(相对于高斯光束的腰)为 z，此时高斯光束的复振幅的主要部分(去除传播因子等不描述高斯光束特征的部分)为(参见附录 D)

$$A(z,r)=A_0\frac{q_0}{q(z)}\exp\left[\mathrm{i}k\frac{r^2}{2q(z)}\right] \tag{7.4.1}$$

式中，$k=n\omega/c=2n\pi/\lambda$，光束的 q 参数满足

$$\frac{1}{q(z)}=\frac{1}{R(z)}+\mathrm{i}\frac{\lambda}{\pi n w^2(z)}=\frac{1}{R(z)}+\mathrm{i}\frac{2}{kw^2(z)} \tag{7.4.2}$$

$q_0=q(0)$为高斯光束腰处的 q 参数，$w(z)$是位于 z 处的光束光强下降到轴线处光强 $1/e$ 时的光束的横向半径，满足

$$w^2(z)=w_0^2\left(1+\frac{z^2}{z_R^2}\right) \tag{7.4.3}$$

式中，w_0是光束腰处的光斑尺寸，z_R是瑞利范围

$$z_R=\frac{\omega n w_0^2}{c\ \ 2}=k\frac{w_0^2}{2} \tag{7.4.4}$$

另外

$$R(z)=z\left(1+\frac{z_R^2}{z^2}\right) \tag{7.4.5}$$

是高斯光束在 z 处的等相面的曲率半径。由式(7.4.2)可知，$q_0=-\mathrm{i}z_R$(光束腰处 $R(z)=\infty$)，得

$$\frac{q_0}{q(z)}=\frac{-\mathrm{i}z_R}{z-\mathrm{i}z_R}=\frac{1}{1+\mathrm{i}(z/z_R)} \tag{7.4.6}$$

将式(7.4.6)代入式(7.4.1)，得入射样品前的高斯光束复振幅为

$$A(z,r)=\frac{A_0}{1+\mathrm{i}(z/z_R)}\exp\left[-\frac{r^2}{w^2(z)}\right]\exp\left[\mathrm{i}k\frac{r^2}{2R(z)}\right] \tag{7.4.7}$$

求式(7.4.7)模的平方，可得光束入射样品前的光强

$$I(z,r)=\frac{I_0}{1+(z^2/z_R^2)}\exp\left[-\frac{2r^2}{w^2(z)}\right] \tag{7.4.8}$$

这个光束进入样品后，会在样品内传输时产生非线性相移。将式(7.4.8)代入前面 7.2 节的式(7.2.8)，得

$$\frac{\mathrm{d}\phi^{\mathrm{NL}}}{\mathrm{d}l}=\frac{\omega}{c}n_2^I I(z+l,r)=\frac{\omega}{c}n_2^I I(z,r)\mathrm{e}^{-\alpha l} \tag{7.4.9}$$

式中，自变量 l 是光束在样品内传输的距离，并假设了光强以衰减系数 α 按照指数衰减。将式(7.4.9)积分，样品厚度设为 L，得

$$\begin{aligned}\Delta\phi^{\mathrm{NL}}(z)&=\frac{\omega}{c}n_2^I I(z,r)\frac{1-\mathrm{e}^{-\alpha L}}{\alpha}=\frac{\omega}{c}n_2^I I(z,r)L_{\mathrm{eff}}\\&=\frac{I_0}{1+(z/z_{\mathrm{R}})^2}\frac{\omega}{c}n_2^I L_{\mathrm{eff}}\exp\left[-\frac{2r^2}{w^2(z)}\right]\\&=\Delta\Phi^{\mathrm{NL}}(z)\exp\left[-\frac{2r^2}{w^2(z)}\right]\end{aligned} \tag{7.4.10}$$

式中

$$L_{\mathrm{eff}}=(1-\mathrm{e}^{-\alpha L})/\alpha \tag{7.4.11}$$

定义为有效样品长度。

$$\Delta\Phi^{\mathrm{NL}}(z)=\frac{(\omega/c)n_2^I I_0 L_{\mathrm{eff}}}{1+(z/z_{\mathrm{R}})^2}=\frac{\Delta\Phi^{\mathrm{NL}}(0)}{1+(z/z_{\mathrm{R}})^2} \tag{7.4.12}$$

是与横向坐标无关的非线性相移，亦即样品放置于距原高斯光束位置为 z 时在轴线上产生的非线性相移。其中

$$\Delta\Phi^{\mathrm{NL}}(0)=\frac{\omega}{c}n_2^I I_0 L_{\mathrm{eff}}\propto n_2^I \tag{7.4.13}$$

可见，这个非线性相移与样品的非线性折射率系数成正比，如果想办法测量出这个非线性相移 $\Delta\Phi^{\mathrm{NL}}(0)$，就可以得到样品材料的非线性折射系数 n_2^I，而 $\Delta\Phi^{\mathrm{NL}}(0)$ 的测量可以由前后移动样品测量 $\Delta\Phi^{\mathrm{NL}}(z)$（通过改变位置 z）获得。下面介绍测量原理和测量过程。

从式(7.4.7)到式(7.4.13)可得高斯光束经过样品后的端面上的形式为

$$A'(z,r)=\frac{A_0}{1+\mathrm{i}(z/z_{\mathrm{R}})}\exp\left[-\frac{r^2}{w^2(z)}\right]\exp\left[\mathrm{i}k\,\frac{r^2}{2R(z)}\right]\exp[\mathrm{i}\Delta\Phi^{\mathrm{NL}}(z)] \tag{7.4.14}$$

相比式(7.4.7)和式(7.4.14)可见高斯光束经历了样品引入的非线性相移 $\Delta\Phi^{\mathrm{NL}}(z)$ 后就不是一个严格的高斯光束了。可以将 $\exp[\mathrm{i}\Delta\Phi^{\mathrm{NL}}(z)]$ 做泰勒级数展开，从而将新的光束按照不同的标准高斯光束分解

$$\begin{aligned}A'(z,r)&=\frac{A_0}{1+\mathrm{i}(z/z_{\mathrm{R}})}\exp\left[-\frac{r^2}{w^2(z)}\right]\exp\left[\mathrm{i}k\,\frac{r^2}{2R(z)}\right]\sum_m\frac{[\mathrm{i}\Delta\Phi^{\mathrm{NL}}(z)]^m}{m!}\\&=\frac{A_0}{1+\mathrm{i}(z/z_{\mathrm{R}})}\exp\left[-\frac{r^2}{w^2(z)}\right]\exp\left[\mathrm{i}k\,\frac{r^2}{2R(z)}\right]\sum_m\left\{\frac{[\mathrm{i}\Delta\Phi^{\mathrm{NL}}(z)]^m}{m!}\exp\left[-\frac{2mr^2}{w^2(z)}\right]\right\}\\&=\frac{A_0}{1+\mathrm{i}(z/z_{\mathrm{R}})}\sum_m\left\{\frac{[\mathrm{i}\Delta\Phi^{\mathrm{NL}}(z)]^m}{m!}\exp\left[-\frac{r^2}{w^2(z)}(1+2m)+\mathrm{i}k\,\frac{r^2}{2R(z)}\right]\right\}\\&=\frac{A_0}{1+\mathrm{i}(z/z_{\mathrm{R}})}\sum_m\left\{\frac{[i\Delta\Phi^{\mathrm{NL}}(z)]^m}{m!}\exp\left[-\frac{r^2}{w_m^2(z)}+\mathrm{i}k\,\frac{r^2}{2R(z)}\right]\right\}\\&=\frac{A_0}{1+\mathrm{i}(z/z_{\mathrm{R}})}\sum_m\left\{\frac{[i\Delta\Phi^{\mathrm{NL}}(z)]^m}{m!}\exp\left[\mathrm{i}k\,\frac{r^2}{2q_m(z)}\right]\right\}\end{aligned} \tag{7.4.15}$$

由式(7.4.15)可见，从样品出射的光束可以分解为一系列 m 级的高斯光束的叠加，其中 m 级光束 $1/e$ 半径为

$$w_m^2(z)=\frac{w^2(z)}{1+2m} \tag{7.4.16}$$

m 越大光斑尺寸急剧减小。m 级高斯光束的 q 参数满足

$$\frac{1}{q_m(z)}=\frac{1}{R(z)}+\mathrm{i}\frac{2}{kw_m^2(z)} \tag{7.4.17}$$

第 m 级高斯光束分别按照 m 级的参数向前传输，直到小孔遮挡屏。假定样品位置在 z，离小孔距离 d，则传输后 q 参数变为

$$q_m(z+d)=q_m(z)+d \tag{7.4.18}$$

参考式(7.4.1)，光束传输到小孔时的复振幅为

$$A'(z+d,r)=\frac{A_0}{1+\mathrm{i}(z/z_R)}\sum_m\left\{\frac{[\mathrm{i}\Delta\Phi^{NL}(z)]^m}{m!}\frac{q_m(z)}{q_m(z)+d}\exp\left[\mathrm{i}k\frac{r^2}{2(q_m(z)+d)}\right]\right\} \tag{7.4.19}$$

式中

$$\frac{q_m(z)}{q_m(z)+d}=\frac{1}{1+\dfrac{d}{q_m(z)}}=\frac{1}{1+\left(\dfrac{d}{R(z)}\right)+\mathrm{i}\left(\dfrac{2d}{kw_m^2(z)}\right)}=\frac{1}{g(z)+\mathrm{i}\left(\dfrac{d}{d_m(z)}\right)} \tag{7.4.20}$$

式中

$$g(z)=1+\frac{\mathrm{d}}{R(z)},d_m(z)=\frac{kw_m^2(z)}{2} \tag{7.4.21}$$

为了计算 $T(z)$，做如下假设，①遮挡屏离样品足够远，可以作远场近似，$d\gg z$；②由于光探测器前有小孔限制了探测范围，可以认为光束的横向变化可以忽略，$r\approx 0$。这样样品存在和不存在时的通过小孔的光强相对传递函数 $T(z)$ 可以如下计算

$$T(z)=\frac{|A'(z+d,r=0,\Delta\Phi^{NL}(z))|^2}{|A'(z+d,r=0,\Delta\Phi^{NL}(z)=0)|^2} \tag{7.4.22}$$

③进一步假设样品足够薄，非线性效应引起的相移足够小 $|\Delta\Phi^{NL}(z)|\ll 1$，则式(7.4.15)中的展开求和只保留 $m=0$ 和 $m=1$ 两级高斯光束分量，这样

$$A'(z+d,r=0)=\frac{A_0}{1+\mathrm{i}(z/z_R)}\left[\frac{1}{g(z)+\mathrm{i}(d/d_0(z))}+\frac{\mathrm{i}\Delta\Phi^{NL}(z)}{g(z)+\mathrm{i}(d/d_1(z))}\right] \tag{7.4.23}$$

式中

$$d_0=\frac{k}{2}w_0^2\left(1+\frac{z^2}{z_R^2}\right),\quad d_1=\frac{k}{2}\frac{w_0^2}{1+2}\left(1+\frac{z^2}{z_R^2}\right)=\frac{d_0}{3},\quad \frac{d_0}{R(z)}=\frac{z}{z_R} \tag{7.4.24}$$

又 $d\gg z(\sim z_R)$，即 $d\gg R(z)$，则

$$g(z)\approx d/R(z) \tag{7.4.25}$$

定义 $x=z/z_R$，并考虑 $|\Delta\Phi^{NL}(z)|\ll 1$，$T(z)$ 展开保留 $\Delta\Phi^{NL}(0)$ 的一阶项，忽略二阶项。得

$$\begin{aligned}T(z)&=\left|1+\mathrm{i}\frac{\Delta\Phi^{NL}(0)}{[1+(z/z_R)^2]}\frac{(z/z_R)+\mathrm{i}}{(z/z_R)+3\mathrm{i}}\right|^2=\left|1+\mathrm{i}\frac{\Delta\Phi^{NL}(0)}{(1+x^2)}\frac{1-\mathrm{i}x}{3-\mathrm{i}x}\right|^2\\&\approx 1+\frac{4x\Delta\Phi^{NL}(0)}{(x^2+9)(x^2+1)}\end{aligned} \tag{7.4.26}$$

经计算 $T(z)$ 在 $x\approx\pm 0.858$ 处取最大值 T_p 与最小值 T_v，得到

$$\Delta T_{p-v}=T_p-T_v=0.406\Delta\Phi^{NL}(0) \tag{7.4.27}$$

图 7-4-2 就是依照图 7-4-1 的装置测得样品的 z 扫描图，其中虚线与实线分别代表 $\Delta\Phi^{NL}(0)$ 为 0.1 rad($n_2<0$)与 0.2 rad($n_2>0$)的样品。

7.4.3 利用 z—扫描技术测量非线性吸收系数[1]

利用如图 7-4-1 的装置还可以测量式(7.2.18)里的 α_2，只是接收光的探测器前面不要放置小孔阻挡屏。光探测器应该是一个大口径的探测器，可以把整个激光束的光功率接收下来。下面介绍测量的原理。

入射样品前的激光束光强分布仍然为

$$I(z,r)=\frac{I_0}{1+(z^2/z_R^2)}\exp\left[-\frac{2r^2}{w^2(z)}\right] \tag{7.4.28}$$

在非线性吸收样品内光强满足方程

$$\frac{\mathrm{d}I(z+l)}{\mathrm{d}l}=-\alpha I(z+l)-\alpha_2 I^2(z+l)=-(\alpha+\alpha_2 I(z+l))I(z+l) \tag{7.4.29}$$

利用积分公式

$$\int\frac{\mathrm{d}x}{x(ax+b)}=-\frac{1}{b}\ln\left|\frac{ax+b}{x}\right|+C \tag{7.4.30}$$

可以得到从样品出射时的光强分布为

$$I(z+l,r)=\frac{I(z,r)\mathrm{e}^{-\alpha l}}{1+\alpha_2 I(z,r)L_{\mathrm{eff}}} \tag{7.4.31}$$

从样品出射的光束被光探测器探测光功率，该光功率是光强在横向的面积分

$$P_{\mathrm{out}}(z)=\int_0^{\infty}\frac{I(z,r)\mathrm{e}^{-\alpha l}}{1+\alpha_2 I(z,r)L_{\mathrm{eff}}}2\pi r\,\mathrm{d}r=\frac{\pi w^2(z)\mathrm{e}^{-\alpha l}}{2\alpha_2 L_{\mathrm{eff}}}\ln\left[1+\frac{\alpha_2 I_0 L_{\mathrm{eff}}}{1+(z^2/z_R^2)}\right] \tag{7.4.32}$$

如果 z 位置没有非线性样品时，测得的光功率是

$$P=\int_0^{\infty}\frac{I_0}{1+(z^2/z_R^2)}\exp\left[-\frac{2r^2}{w^2(z)}\right]2\pi r\,\mathrm{d}r=\frac{\pi w^2(z)I_0}{2[1+(z^2/z_R^2)]} \tag{7.4.33}$$

这样可以得到相对传递函数 $T(z)$

$$T(z)=\frac{P_{\mathrm{out}}}{P}=\frac{\mathrm{e}^{-\alpha l}}{\alpha_2 I_0 L_{\mathrm{eff}}}\left(1+\frac{z^2}{z_R^2}\right)\ln\left[1+\frac{\alpha_2 I_0 L_{\mathrm{eff}}}{1+(z^2/z_R^2)}\right]=\frac{1}{\alpha_2 I_0 L_{\mathrm{eff}}}(1+x^2)\ln\left(1+\frac{\alpha_2 I_0 L_{\mathrm{eff}}}{1+x^2}\right) \tag{7.4.34}$$

图 7-4-3 显示了具有非线性吸收介质样品的 z—扫描图样，其中假定线性吸收系数 $\alpha=0$、$\alpha_2 I_0 L_{\mathrm{eff}}=0.1$。

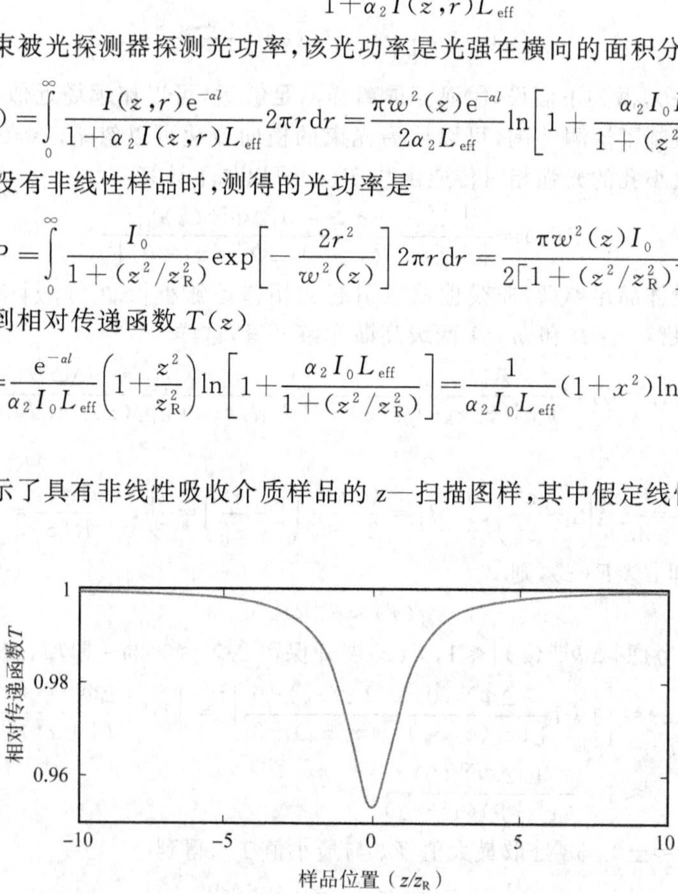

图 7-4-3 具有非线性吸收介质样品的 z—扫描图样

7.5　光学双稳态

本节学习光学双稳态现象。光学双稳态现象最早由 Szöke 等人在非线性吸收介质内观察到、并理论解释了这种现象[7]。Gibbs 等人于 1976 年也在非线性折射介质里实验发现了光学双稳态现象[8]。

当一个光学系统，对应同一个输入光强，存在两种可能的稳定输出光强状态，其输入光强与输出光强之间的关系类似于铁磁体磁感应强度与磁场强度之间的磁滞回线，在某一时刻该系统到底处于两个输出稳定光强的哪一个稳定态，决定于系统的变化历史，则称该系统为光学双稳态系统，如图 7-5-1 所示。

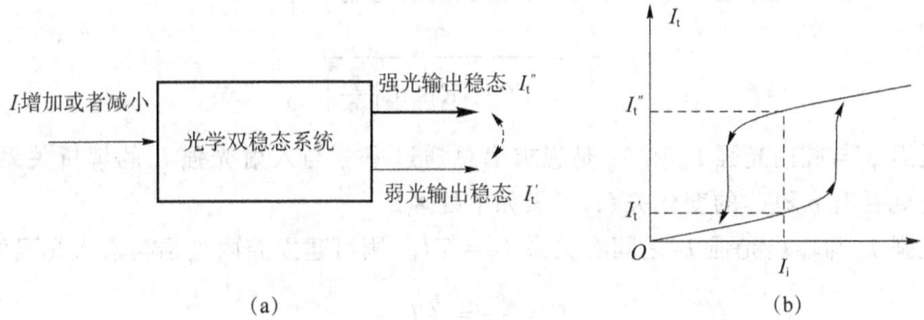

图 7-5-1　光学双稳态系统示意图

典型的光学双稳态装置是一个充满克尔介质的法布里-珀罗标准具，如图 7-5-2 所示。在两端的镜面上镀膜，振幅反射系数为 r，振幅透射系数为 t。假定入射光束接近正入射，则光强反射率 $R=|r|^2$，透射率 $T=|t|^2$，且有 $R+T=1$。

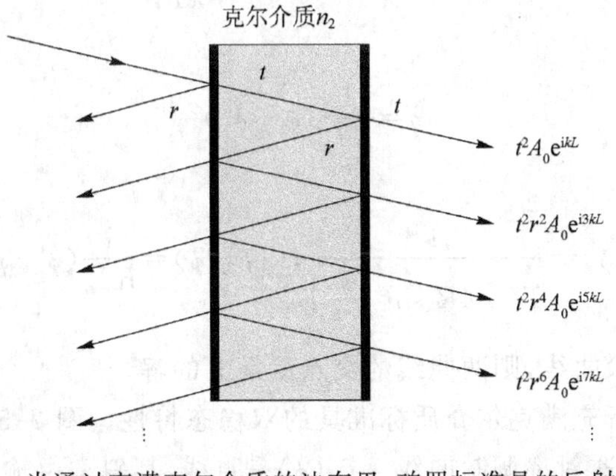

图 7-5-2　光通过充满克尔介质的法布里-珀罗标准具的反射透射情况

设入射光的复振幅是 A_0，则透射光的复振幅为图 7-5-2 中标准具右侧各个透射光束复振幅的叠加

$$A_T=t^2A_0e^{ikL}(1+r^2e^{i2kL}+r^4e^{i4kL}+\cdots)=\frac{t^2A_0e^{ikL}}{1-r^2e^{i2kL}} \tag{7.5.1}$$

由于标准具中间充满的是非线性克尔介质，因此波数

$$k=\frac{2\pi\overline{n}}{\lambda}=\frac{2\pi(n+n_2^I I_{\text{in}})}{\lambda} \tag{7.5.2}$$

式中，I_{in}是存在于标准具腔内的光强(Intensity inside)。由于腔内波数与腔内光强有关，因此在计算各个透射光束的相位延迟时，也要考虑腔内光强的额外变化。由式(7.5.1)可以计算出透射总光强

$$I_T=\frac{T^2}{T^2+4R\sin^2(\phi/2)}I_0 \tag{7.5.3}$$

式中，$I_0\propto|A_0|^2$是法布里-珀罗标准具的输入光强，$\phi=2kL$是光束在标准具中走一圈造成的相位延迟

$$\phi=\frac{4\pi L(n+n_2^I I_{\text{in}})}{\lambda} \tag{7.5.4}$$

定义标准具总的透射光强与入射光强的比值为总透过率η

$$\eta=\frac{I_T}{I_0}=\frac{T^2}{T^2+4R\sin^2\left(\dfrac{\phi}{2}\right)} \tag{7.5.5}$$

由于相位延迟ϕ与腔内光强I_{in}有关，要想求出总透过率η与入射光强I_0的解析关系是复杂的。为了直观看出η随I_0的变化关系，可做如下处理。

腔内光强I_{in}与输出光强I_T之间有关系$I_T=TI_{\text{in}}$，则可建立腔内光强与输入光强的关系

$$I_{\text{in}}=\frac{I_T}{T}=\frac{\eta}{T}I_0 \tag{7.5.6}$$

这样，相位延迟可以写成

$$\phi=\phi_0+KI_0\eta \tag{7.5.7}$$

式中

$$\phi_0=\frac{4\pi Ln}{\lambda}, \quad K=\frac{4\pi Ln_2^I}{\lambda T} \tag{7.5.8}$$

可将式(7.5.7)改写成

$$\eta=\frac{1}{KI_0}(\phi-\phi_0) \tag{7.5.9}$$

令

$$f_1(\phi)=\frac{T^2}{T^2+4R\sin^2\left(\dfrac{\phi}{2}\right)}, \quad f_2(\phi)=\frac{1}{KI_0}(\phi-\phi_0)$$

分别画出$f_1(\phi)$和$f_2(\phi)$曲线，则两曲线的交点就是η的解。

下面通过作图法分析充满克尔介质标准具的双稳态特性。图7-5-3(a)所示，$f_1(\phi)$是法布里-珀罗标准具的典型透射率调制曲线。$f_2(\phi)$是直线，其斜率由输入光强决定，光强越大，斜率越小，输入光强为零对应竖直的直线$f_2(0)$，不同光强形成直线簇，它们都相交于横轴$\phi=\phi_0$处。当输入光强从零增大到"A"位置，此时总透过率与输出光强只对应一个值。继续增大输入光强至I_0'，到达"B"位置，此时$f_1(\phi)$与$f_2(\phi)$恰好有两个交点"B"和"B′"。由于变化的历史是从位置"A"变化而来，此处真实状态是位置"B"。继续增大光强至I_0''，位置"B"向位置"C"移动(注意小箭头表示变化方向)，在"C"与调制曲线相切，此时再往右发展就会从状态"C"跳变到"C′"。继续增大输入光强，状态从"C′"向位置"D"移动，此时输出光强只对应有一

个值。反过来，假如输入光强开始变小至 I_0''，状态从“D”移动到“C′”。此后再向左发展总透过率与输出光强由于历史的原因取高值，一直变化到位置“B′”，随后状态跳变到“B”，再回到“A”，完成一个循环。上面图 7-5-3(a)工作点的循环映射到图 7-5-3(b)，形成了输出光强 I_T 依赖于输入光强 I_0 的双稳态曲线。其工作点的走向是“A”→“B”→“C”→“C′”→“D”→“C′”→“B′”→“B”→“A”，而从“C”→“2”→“B′”的状态变化是不稳定的，实际的变化是“C”→“C′”“B′”→“B”的开关跳变。

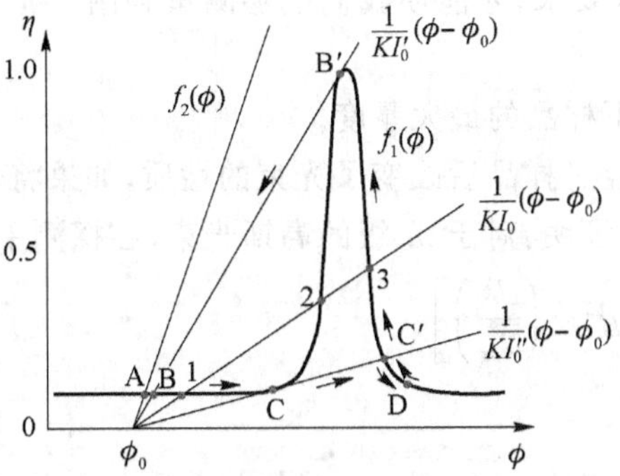

(a) 在调制曲线上的工作点

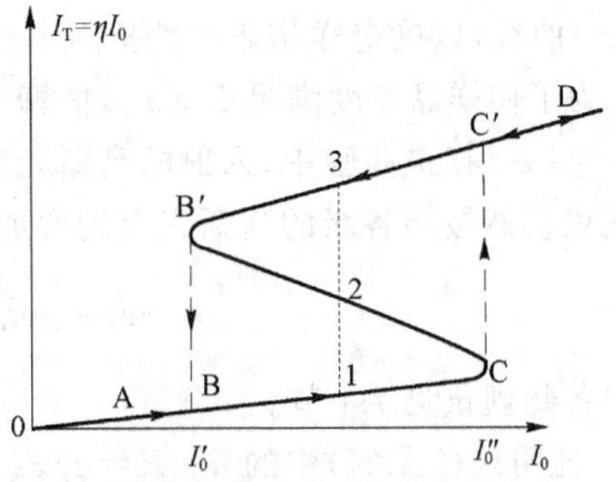

(b) 标准具透射光强随入射光强的变化关系

图 7-5-3　作图法分析非线性法布里-珀罗标准具的双稳态性质

本章参考文献

[1]　Powers P E, Haus J W. Fundamentals of Nonlinear Optics 2nd ed [M]. Boca Raton: CRC Press, 2017.

[2]　Sutherland R L. Handbook of Nonlinear Optics [M]. Marcel Dekker, New York, 2003.

[3]　范琦康，吴存凯，毛少卿. 非线性光学 [M]. 南京：江苏科学出版社，北京：电子工业出版社，1989.

[4]　Chiao R Y, Garmire E. Townes C H, Self-trapping of optical beams [J]. Phys. Rev. Lett., 1964, 13(15): 479-482.

[5]　Sheik-Bahae M, Said A A, Wei T H, et al. High-sensitivity, single-beam n2 measurements [J]. Opt. Lett., 1989, 14(17): 955-957.

[6]　Sheik-Bahae M, Said A A, Wei T H, et al. Sensitive measurement of optical nonlinearities using a single beam [J]. IEEE J. Quantum Electron. 1990, 26: 760-769.

[7]　Szöke A, Daneu V, Goldhar J. Kurnit N A. Bistable optical element and its applications [J]. Appl. Phys. Lett., 1969, 15(5): 376.

[8]　Gibbs H M, McCall S L, Venkatesan T N. Differential gain and bistability using a sodium-filled Fabry-Perot interferometer [J]. Phys Rev. Lett., 1976, 36(19): 1135-1138.

习　题

7.1　由式(7.3.6)和式(7.3.7)可知一个具有非线性折射率 $n_2^I>0$ 的非线性介质片可以等

效于一个会聚透镜。假定非线性介质的 $n_2^I=3\times10^{-14}\ \mathrm{m^2/W}$,线性折射率为 1.70,介质厚度为 3 mm。估算为了形成等效焦距为 10 cm 的会聚透镜,所需的激光功率是多少?假定激光束按照高斯光束处理,非线性介质薄片放置在激光束的腰处(激光功率的计算可以将高斯光束在截面进行面积分)。

7.2 z—扫描的关键之一是将一块非线性样品薄板在光束轴线上平移一段距离。假定一个 z—扫描装置有使样品板平移 20 cm 范围的空间。则

(1) 对入射的高斯光束的瑞利范围有什么要求,才能使我们能够测量到图 7-4-2 那样完整的 $T(x)$ 曲线,以确定样品非线性折射率?

(2) 为了使样品厚度满足 $L\ll z_R$,估算一下样品的最大厚度。

7.3 在 z—扫描实验中,入射的高斯光束经过样品后改变了光束的性质,如果将这束改变性质的光束仍然按照各级的高斯光束的叠加。证明:对于 m 级的高斯光束,在探测平面处有

$$w_m^2=w_{m0}^2\left[g^2+\left(\frac{d^2}{d_m^2}\right)\right]$$

其中各物理量见 7.4 节。

7.4 证明式(7.4.24)中的 $d_0/R=z/z_R$。

7.5 考虑一法布里-珀罗标准具,其间充满 $n=1.5$,$n_2^I=10^{-10}\ \mathrm{cm^2/W}$ 的非线性介质,标准具 $R=0.7$,$L=2$ cm。用波长为 1 500 nm 的激光照射标准具,用数值法画出 I_0 相对于 I_T 的曲线图,其中 I_T 的范围取 $0\sim5\times10^9\ \mathrm{W/m^2}$。

第 8 章　非线性光纤光学 I：基础知识

8.1　光纤基本特性和非线性光纤光学概述[1,2]

光纤通信系统的核心器件是光纤，光纤扮演着承载信息传输信道的角色。结构最简单的光纤是由纤芯和包围纤芯的包层组成的，纤芯与包层的折射率分别为 n_1 和 n_c，称为阶跃折射率光纤，如图 8-1-1(a)所示。如果折射率从纤芯中点到芯边缘是逐渐变小的，称为梯度折射率光纤，如图 8-1-1(b)所示。

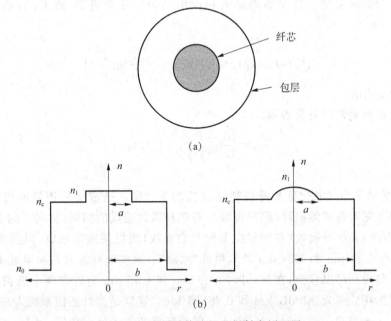

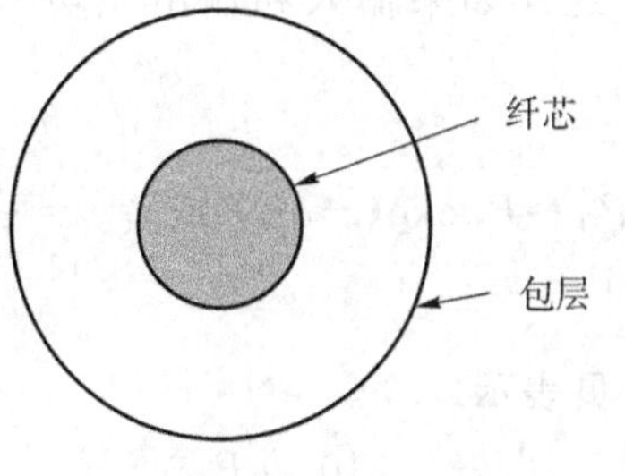

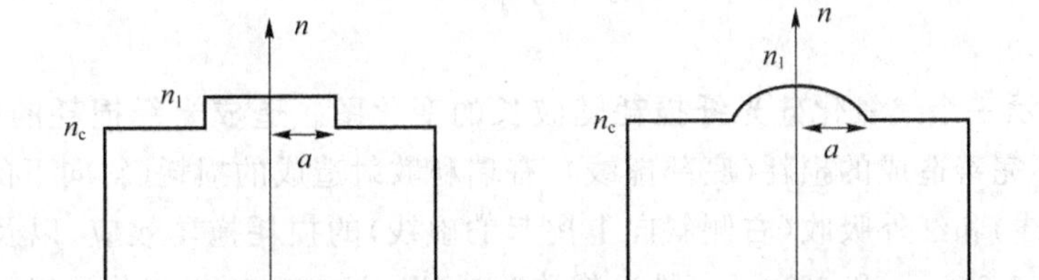

图 8-1-1　光纤的构造以及折射率刨面图

描述光纤最基本性质的是纤芯半径 a、中心到包层的半径 b，纤芯折射率 n_1 和包层折射率 n_c 等几个物理量。描述光纤中光场传输的重要参量是纤芯-包层相对折射率差 Δ 和归一化频率 V。纤芯-包层相对折射率差定义为

$$\Delta=\frac{n_1^2-n_c^2}{2n_1^2}\approx\frac{n_1-n_c}{n_1}\approx\frac{n_1-n_c}{n_c} \tag{8.1.1}$$

归一化频率定义为

$$V=\frac{2\pi}{\lambda}a\sqrt{n_1^2-n_c^2} \tag{8.1.2}$$

式中，λ 是光的波长。

归一化频率包含了光纤决定传输性质的几个重要参量：纤芯半径 a、纤芯折射率 n_1、包层折射率 n_c，工作波长 λ，它决定了光纤中能够容纳的模式数量，对于阶跃折射率光纤，当 $V<2.405$时，光纤只存在一个模式，该光纤称为单模光纤，否则光纤称为多模光纤。当 $\Delta\leqslant 0.01$ 时，得到弱导近似，即光纤中的模式几乎都是横向的 TE 模式和 TM 模式，且 TE 模式和 TM 模式的传播常数几乎相等。对于典型的多模光纤，$a=25\sim30\ \mu\text{m}$。而对于典型的单模光纤，要求 $a\sim9\ \mu\text{m}$。光纤包层外半径的典型值为 $b=62.5\ \mu\text{m}$。

在高速光纤通信系统中，光纤中影响光信号长距离、高码率传输的不利因素主要有光纤损耗、光纤色散、光纤偏振模色散、光纤非线性效应等。下面将分别介绍这几个光纤特性。

8.1.1 光纤损耗

由 2.1 节内容可知，线性介质的复折射率可以分解为实部 n 和虚部 η，分别代表色散和吸收。其中虚部引起光信号功率 P 的损耗或衰减

$$\frac{\mathrm{d}P}{\mathrm{d}z}=-\alpha P \tag{8.1.3}$$

式中，$\alpha=\frac{2\omega}{c}\eta$ 为衰减系数。这样如果输入和输出光功率分别用 P_0 和 P_T 表示，光纤长度为 L，则

$$P_T=P_0\exp(-\alpha L)\ \text{或者}\ \alpha=\frac{1}{L}\ln\left(\frac{P_0}{P_T}\right) \tag{8.1.4}$$

此时 α 的单位是 km^{-1}。

光纤衰减系数通常用分贝表示

$$\alpha_{\text{dB}}=\frac{10}{L}\lg\left(\frac{P_0}{P_T}\right)=4.343\alpha \tag{8.1.5}$$

单位是 dB/km。

图 8-1-2 显示一个二氧化硅光纤损耗随波长的变化图。造成光纤损耗的机制有多种：有光纤波导拉制不完善造成的损耗(底部虚线)，有瑞利散射造成的损耗(斜向下的点划线)，有紫外吸收(双点划线)和红外吸收(右侧斜向上挑起的虚线)的损耗拖尾效应，以及光纤中混入的 OH^- 吸收峰(在 1.24 μm 和 1.38 μm 处)，俗称“水峰”。这些损耗机制共同组成了二氧化硅光纤的衰减系数曲线。可以看到，在红外区的 1.3 μm 和 1.55 μm 附近有两个低损耗窗口，这两个窗口的典型损耗分别为 0.8 dB/km 和 0.25 dB/km。这就是光纤通信系统大多工作在 1.3 μm 窗口和 1.55 μm 窗口的原因。0.25 dB/km 的损耗意味着光信号传输 12 km 后光功率才降低为原来的一半。1.55 μm 的窗口与掺铒光纤放大器(Erbium Doped Fiber Amplifier，EDFA)的工作波段相重合，且是损耗最低的窗口，因此这个窗口更加被人们重视。2013 年 OFS 公司和康宁公司相继推出全波段的 AllWave 和 TrueWave 低水峰光纤，消除了 OH^- 吸收峰，打通了 1260 nm 到 1675 nm 整个波长范围的光纤波段。

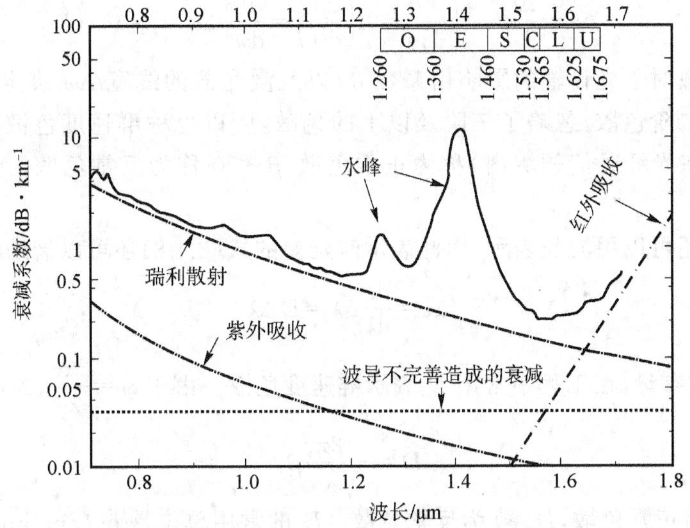

图 8-1-2　二氧化硅光纤损耗随波长的变化

国际电联(ITU-T)根据二氧化硅光纤的低损耗波长范围,将 1260 nm 到 1675 nm 整个波长范围分为 O、E、S、C、L、U 波段。O 波段(1260～1360 nm)为光纤的零色散波段,常用作光纤接入网的波段。E 波段(1360～1460 nm)和 S(1460～1530 nm)过去为水峰存在的波段,当水峰被去除以后,将赋予新的应用。C 波段(1530～1565 nm)和 L 波段(1565～1625 nm)是损耗最低的波段,也是 EDFA 工作的波段,提供了大约 90 nm 的光纤带宽,作为长距离骨干光纤网传输的波段。考虑 ITU-T 建议的密集波分复用(DWDM)技术 0.4 nm 一个波长间隔,可以容纳大约 200 个波长波段进行波分复用的光传输。

8.1.2　光纤色散

光纤中存在许多种色散机制。多模光纤以模式色散为主,单模光纤以材料色散为主(另外还有波导色散),受环境影响单模光纤产生双折射效应后还会有偏振模色散。目前的大多光纤通信系统采用单模光纤,对单模光纤起主要作用的是材料色散和波导色散,在这里简要介绍一下。

材料色散是由于光纤组分二氧化硅材料的折射率随频率变化引起的。在第 2 章我们了解到介质对于光波的折射率是随光波的频率变化的,表示成 $n=n(\omega)$,或者 $n=n(\lambda)$。在 8.3 节将介绍光波脉冲是以群速度 v_g 在介质中传输的。群速度定义为

$$v_g=\frac{d\omega}{d\beta}=\frac{1}{\beta_1} \tag{8.1.6}$$

式中,β_1 是传播常数 β 对圆频率的一阶导数 $d\beta/d\omega$。如果传播常数在光波中心频率 ω_0 处展开

$$\beta(\omega)=\frac{\omega}{c}n(\omega)=\beta(\omega_0)+\beta_1(\omega-\omega_0)+\frac{1}{2}\beta_2(\omega-\omega_0)^2+\cdots \tag{8.1.7}$$

由于不同频率的传播常数不同,光信号(一般为光脉冲的形式)的不同频率组分在光纤中传输速度不同。材料色散定义为在一定的频率范围 $\Delta\omega$ 内造成不同频率组分传输一定距离到达的前后时间的差别,用时延差表示。为了一致性,一般用光纤长度 L 去归一化时延差,定义为传输单位距离的时延差

$$\Delta\tau=\frac{\Delta t}{L}=\Delta\left(\frac{1}{v_g}\right)=\Delta\left(\frac{d\beta}{d\omega}\right)=\frac{d^2\beta}{d\omega^2}\Delta\omega=\beta_2\Delta\omega \tag{8.1.8}$$

可见材料色散对于光传输的影响由系数 β_2 以及激光器的线宽 $\Delta\omega$ 决定。这里所说的材料色散只计入了二阶色散,忽略了三阶及以上的色散,所以也称群速度色散。β_2 称为群速色散系数。$\beta_2>0$(在光纤通信领域内)称为正常色散,$\beta_2<0$ 称为反常色散。β_2 的常用单位是 ps^2/km。

激光的频率还可以用波长表示,因此表示时延差的式(8.1.8)还可以借助波长来表示

$$\Delta\tau=\frac{d\tau}{d\lambda}\Delta\lambda=D\Delta\lambda \tag{8.1.9}$$

式中,D 称为色散参量,在工程中常用 D 表示群速度色散。由于 $\omega=\frac{2\pi c}{\lambda}$,$\Delta\omega=-\frac{2\pi c}{\lambda^2}\Delta\lambda$,则

$$D=-\frac{2\pi c}{\lambda^2}\beta_2 \tag{8.1.10}$$

这样 $D<0$ 为正常色散,$D>0$ 为反常色散。D 的常用单位是 ps/nm/km。

光纤纤芯的材料是在纯二氧化硅中掺杂锗,使纤芯的折射率略高于包层,在透明区其折射率随波长的变化由塞耳迈尔公式表达

$$n(\lambda)=1+\sum_{k=1}^{m}\frac{B_k\lambda^2}{\lambda^2-\lambda_k^2} \tag{8.1.11}$$

式中,λ_k是介质分子的第 k 个谐振波长,B_k是该谐振的相对强度(也称塞耳迈尔常数),对于二氧化硅光纤,一般取展开式的三项,表 8-1-1 给出了不同锗掺杂下谐振波长 λ_k和谐振相对强度 B_k的值。可以根据这个表计算光纤的色散。

表 8-1-1　不同锗掺杂浓度下二氧化硅的塞耳迈尔常数[3]

赛尔迈尔常数和谐振波长	锗掺杂浓度(mol%)			
	0(纯二氧化硅)	3.1	5.8	7.9
B_1	0.696 166 3	0.702 855 4	0.708 887 6	0.713 682 4
B_2	0.407 942 6	0.414 630 7	0.420 680 3	0.425 480 7
B_3	0.897 479 4	0.897 454 0	0.895 655 1	0.896 422 6
λ_1(μm)	0.068 404 3	0.072 772 3	0.060 905 3	0.061 716 7
λ_2(μm)	0.116 241 4	0.114 308 5	0.125 451 4	0.127 081 4
λ_3(μm)	9.896 161	9.896 161	9.896 162	9.896 161

有了折射率随波长(或者频率)变化关系,可以得到各阶的色散系数

$$\beta_1=\frac{1}{v_g}=\frac{1}{c}\left(n(\omega)+\omega\frac{dn}{d\omega}\right) \tag{8.1.12}$$

$$\beta_2=\frac{1}{c}\left(2\frac{dn}{d\omega}+\omega\frac{d^2n}{d\omega^2}\right) \tag{8.1.13}$$

以及

$$D=-\frac{\lambda}{c}\frac{d^2n}{d\lambda^2} \tag{8.1.14}$$

显然群速度色散直接决定于折射率对波长(频率)的二阶导数。

图 8-1-3 给出了纯二氧化硅玻璃的折射率、群速度、群速度色散系数和色散参量随波长的

变化情况。图 8-1-3(a)的折射率曲线是利用表 8-1-1 中纯二氧化硅那一列的数据，由塞耳迈尔公式(8.1.11)计算得到的。可以看出$\left.\frac{d^2 n}{d\lambda^2}\right|_{\lambda=\lambda_0}=0$时对应波长$\lambda_0=1.27\ \mu m$，在这个波长群速度达最大值，如图 8-1-3(b)所示，$\beta_2=0$和$D=0$的波长也是 1.27 μm，如图 8-1-3(c)和(d)所示。

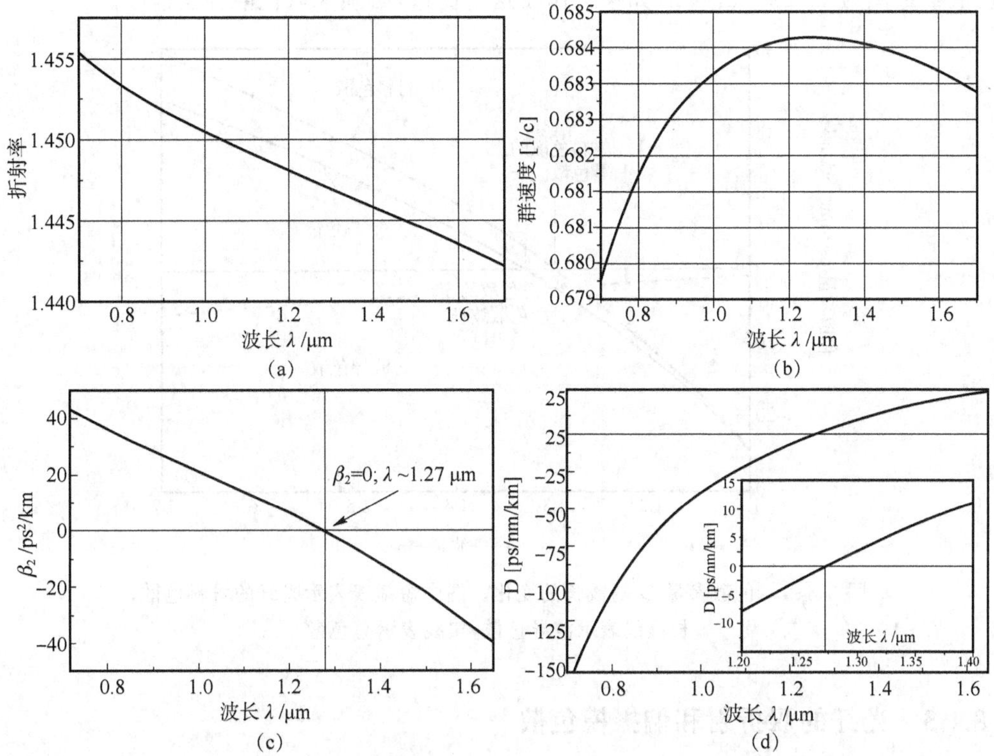

图 8-1-3　纯二氧化硅玻璃的(a)折射率、(b)群速度、(c)群速度色散系数、(d)色散参量随波长的变化

实际上，单模光纤的波导结构也可以带来色散，称为波导色散。单模光纤的波导色散有一个经验公式[4]

$$D_w=-\frac{n_c\Delta}{3\lambda}\times10^7\left[0.080+0.549\,(2.834-V)^2\right]\ (\mathrm{ps/nm/km}),\ 1.3<V<2.4 \tag{8.1.15}$$

式中，V是光纤的归一化频率，n_c是光纤包层的折射率，$\Delta=\frac{n_1^2-n_c^2}{2n_1^2}=\frac{n_1-n_c}{n_1}\frac{n_1+n_c}{2n_1}\approx\frac{n_1-n_c}{n_1}\approx\frac{n_1-n_c}{n_c}$为纤芯和包层的相对折射率差。

单模光纤的总色散D包括材料色散D_m和波导色散D_w

$$D=D_m+D_w\text{①} \tag{8.1.16}$$

对于单模光纤，材料色散与波导色散合在一起的总色散称为色度色散(Chromatic Dispersion，CD)。图 8-1-4 给出了一个典型的单模光纤色散随波长的变化关系。图中点划线代表材

① 严格来讲，材料色散与波导色散参量是不能直接相加的，这里只是近似处理。

料色散，其零色散波长为 1.27 μm。图中虚线代表波导色散，在考查的波长范围内是负值。图中实线代表总色散参量，其零色散波长由于波导色散的影响由 1.27 μm 移动到 1.31 μm。小于这个波长，光纤处于正常色散区，$D<0$。大于这个波长光纤处于反常色散区，$D>0$。目前长距离光纤通信系统均工作在 1.55 μm 窗口，一是因为在这个窗口，光纤损耗最低，典型值为 0.25 dB/km，二是因为目前最常用的光纤放大器 EDFA 工作在这一波段。然而在 1.55 μm 处，色散参量值为 17 ps/nm/km，如果工作在这个窗口，必须采取色散补偿措施。

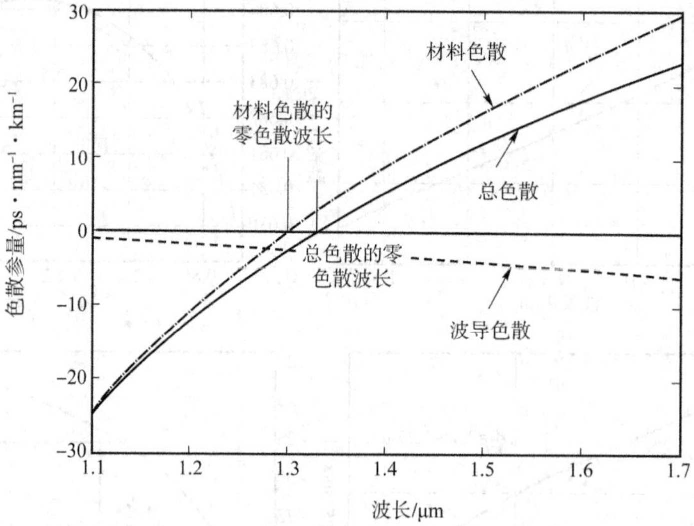

图 8-1-4　色散参量 D 随波长的变化。图中短虚线表示光纤的材料色散，长虚线表示波导色散，实线表示总色散

8.1.3　光纤的双折射和偏振模色散

单模光纤主要的色散是色度色散，其中材料色散和波导色散都是光纤本身固有的，一旦光纤制成，其色散值就已经确定。然而单模光纤中还存在有一种在拉制过程中的不完善（截面不是完美的圆形、冷却后凝固在光纤中的应力），以及制成以后受外界环境影响（挤压、弯曲或者扭曲），这些都会造成光纤的随机双折射，这种随机双折射引发所谓的偏振模色散。

如图 8-1-5 所示，一根完善的单模光纤其纤芯是完美的圆形，所谓的单模实际上是由 HE_{11}^{x} 和 HE_{11}^{y} 两个简并模式组成，这两个模式的偏振方向互相正交，并且对应的折射率 n_x 和 n_y 是相等的，传播常数 β_x 和 β_y 也是相等的，即两个模式是简并的，总体上可以看成是一个模式，即所谓的单模。然而一旦光纤中产生上述所讨论的双折射，两个模式将去简并，亦即它们的折射率以及传播常数不再相等

$$n_x \neq n_y \quad 以及 \quad \beta_x = \frac{\omega}{c} n_x \neq \beta_y = \frac{\omega}{c} n_y \tag{8.1.17}$$

保偏光纤实际上就是一种双折射光纤，人们在预制棒纤芯两边插入两根硼硅酸盐玻璃棒，拉制形成的光纤就具有均匀的双折射，其折射率差可达 2×10^{-4}，在光纤中形成正交的快慢轴。当光脉冲的偏振态是沿着快慢轴之一的线偏振时，光脉冲将保持其线偏振的状态传输，这就是保偏光纤的作用（保持偏振态）。当光脉冲的偏振状态不是沿着快慢轴的线偏振时，分析光传输时可以将偏振态分解为沿着快慢轴线偏振的光脉冲分别传输，到达光纤尾端再将他们叠加合成在一起。

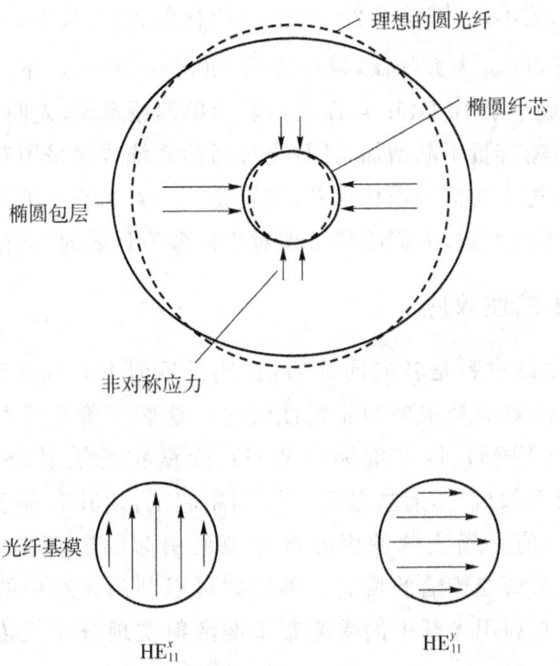

图 8-1-5　光纤横截面变形后两个正交模去简并

然而由于分别沿快慢轴偏振的光脉冲传播速度不同(折射率不同)，快慢轴的偏振分量经传输后，它们之间将产生时延差，如图 8-1-6 所示。这个时延差称为差分群时延

$$\Delta\tau=\frac{L}{\Delta v_g}=L\frac{\mathrm{d}}{\mathrm{d}\omega}(\Delta\beta)=\left(\frac{\Delta n}{c}+\frac{\omega}{c}\frac{\mathrm{d}\Delta n}{\mathrm{d}\omega}\right)L \tag{8.1.18}$$

式中，$\Delta n=n_x-n_y$，L 是光纤长度(注意这里 $\Delta\tau$ 表示差分群时延，需要将它与前面定义的色散时延差区分开来)。

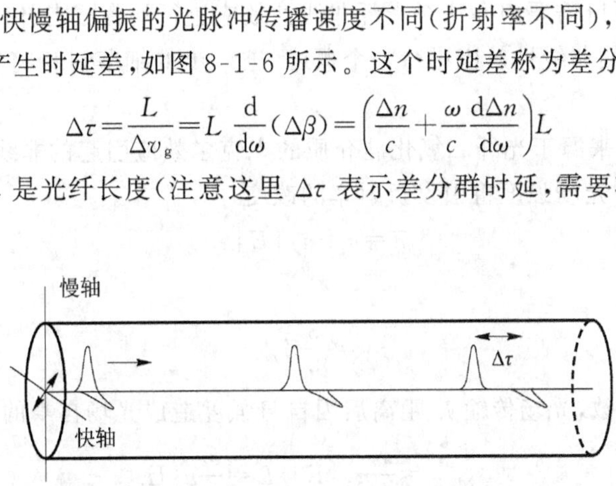

图 8-1-6　保偏光纤中光脉冲传输时，两个偏振模式之间产生差分群时延

电信单模光纤的双折射由于拉制过程中的不完善，以及制成铺设后受外界环境影响，因而其内部双折射是不均匀的、随机的、且随时间是变化的，分析起来复杂得多。一般可以将一根长光纤分成若干小段，每一小段看成是双折射均匀的保偏光纤，其快慢轴具有折射率差 Δn，但是每一段的快慢轴方位都不同，每一段的折射率差也不同。总体来说，对于短光纤，其总的差分群时延正比于光纤长度，而长光纤的差分群时延正比于根号下的光纤长度

$$\begin{aligned}&\Delta\tau=D_{\mathrm{PMD}}L \quad \text{短光纤}\\&\Delta\tau=D_{\mathrm{PMD}}\sqrt{L} \quad \text{长光纤}\end{aligned} \tag{8.1.19}$$

式中，D_{PMD} 是偏振模色散系数，对于短光纤单位是 ps/km，对于长光纤单位是 ps/$\sqrt{\mathrm{km}}$。

早期的光纤制造工艺不好，铺设于20世纪90年代的光纤，其D_{PMD}大于$0.5\ ps/\sqrt{km}$。目前随着拉制工艺的改进，D_{PMD}大大降低，减小为约$0.03\ ps/\sqrt{km}$以下。90年代的光纤通信系统，单信道传输容量一般小于10 Gbit/s，而且一般为单偏振系统，人们不太关注偏振模色散对于通信的影响。随着传输容量不断增加，并且光纤通信系统普遍采用双偏振的偏分复用技术，偏振模色散便成为绕不过去的信号损伤机制，特别是当光纤偏振模色散与非线性混合作用于传输中的光信号，情况更加严重，人们必须考虑对于偏振模色散的均衡或者补偿。

8.1.4 光纤的非线性效应

光纤材料的二氧化硅材料是各向同性的，在偶极近似下非线性系数$\chi^{(2)}=0$，没有二阶非线性效应，三阶非线性效应是主要的非线性效应。这些三阶非线性效应包括自相位调制(SPM)、交叉相位调制(XPM)、四波混频(FWM)、受激拉曼散射(SRS)、受激布里渊散射(SBS)等。在这些非线性效应中，有些效应可以利用起来，使其有利于光纤通信。比如可以利用光纤自相位调制效应平衡光脉冲因光纤色散而引起的展宽作用，在光纤中形成光孤子，达到光脉冲长距离无畸变传输的目的。再比如可以利用光纤中的受激拉曼散射效应来实现光信号的放大，还有利用光纤中的受激布里渊散射实现分布式传感光纤链路上的应力和温度变化，等等。

但是在许多情况下，光纤非线性效应对于光纤通信是有害的，会影响光纤通信系统的传输距离以及通信容量，所以需要想办法对光纤非线性效应进行均衡或者补偿。

下面对于光纤中的非线性效应进行一个概述，进一步的细节讨论将安排在本书接下来的各个章节之中。

(1) 自相位调制：来源于光纤二氧化硅介质的光克尔效应引起的非线性自相移。根据7.2节的讨论，进入光纤的光场强度将引发折射率的改变

$$\overline{n}=n+n_2|E|^2 \tag{8.1.20}$$

式中

$$n_2=\frac{3}{8n}\chi^{(3)}_{xxxx} \tag{8.1.21}$$

光纤的$\chi^{(3)}_{xxxx}$为实数，光场传输L距离后因自身强度造成光场自身的非线性相移

$$\phi_{NL,自}=\frac{\omega}{c}n_2|E|^2L=\frac{\omega}{c}n_2^I IL \tag{8.1.22}$$

这种相移称为自相位调制相移。二氧化硅光纤中$n_2^I=3.2\times10^{-20}\ m^2/W$。可以利用自相位调制效应平衡光纤色散展宽效应，使光纤中传输的光脉冲保持脉宽不变，形成光孤子。

(2) 交叉相位调制：也是来源于光纤的光克尔效应引起的非线性交叉相移(参见7.2节)。如果进入光纤两个光场E_1和E_2，其中一个光场的非线性相移除了决定于自身光强以外，还受到另一个光场光强的作用，产生交叉相位调制

$$\phi_{NL,交叉}=\frac{\omega}{c}n_2(|E_1|^2+2|E_2|^2)L=\frac{\omega}{c}n_2^I(I_1+2I_2)L \tag{8.1.23}$$

这种交叉相位调制会在两个光场之间造成串扰。这里所谓不同光场可以是密集波分复用系统相邻波长的光场，也可以是偏分复用系统两个正交偏振的光场(注意，正交偏振引起交叉相移的因子在式(8.1.23)中不是2，而是2/3)，产生信道间的信号串扰。

(3) 四波混频：光纤材料二氧化硅分子偶极近似下没有二阶非线性效应，三阶非线性效应本质上是四个光场的耦合，俗称四波混频效应。四个光场的频率满足

$$\omega_4=\omega_1+\omega_2-\omega_3 \tag{8.1.24}$$

目前的光纤通信系统大多是密集波分复用系统，邻近的波长信道的光场之间可以通过四波混频效应互相影响，造成信道串扰，影响通信质量。

光纤中的四波混频属于参量过程，四波混频现象是否能够形成取决于是否能够实现相位匹配。光纤中的波矢量只能沿着光纤的传输方向，或者沿着相反方向，增加了相位匹配的困难。而在覆盖零色散点的附近波段，容易实现相位匹配，此时光纤中的四波混频效应容易得到加强而显现出来。

另外非线性效应的强弱还取决于非线性系数的大小。普通单模光纤的非线性系数 $\gamma\approx 1.2\ \mathrm{W^{-1}km^{-1}}$，四波混频效应相对较弱，而高非线性系数光纤 $\gamma\approx 12.5\sim 25\ \mathrm{W^{-1}km^{-1}}$，这个系数较大，因此利用高非线性系数光纤更容易实现四波混频效应。

光纤中的四波混频效应可以造成密集波分复用系统的信道间串扰，这是四波混频的不利作用。实际上可以利用四波混频进行波长变换和调制格式变换，以及利用四波混频对光信号进行放大(即参量放大)，这是有利的作用。

(4) 受激光散射：包括光纤中的受激拉曼散射和受激布里渊散射，它们都是光纤中泵浦光子与声子相互作用而产生的散射效应，泵浦能量转换为声子和散射输出光子(称为斯托克斯光子)的能量。散射输出光称为斯托克斯光，其频率小于泵浦光

$$\omega_s=\omega_p-\omega_v \tag{8.1.25}$$

式中，ω_s、ω_p 和 ω_v 分别为斯托克斯光、泵浦光和声子的频率。$\Delta\omega=\omega_p-\omega_s$ 称为拉曼频移。

受激拉曼散射是泵浦光子与分子内部振动转动能级相互作用的结果，受激布里渊散射是泵浦光子与光纤内部分子整体振动形成的声子之间相互作用的结果。

受激拉曼散射和受激布里渊散射效应均可以用来放大光信号。受激拉曼散射的频移约为 13 THz，受激布里渊散射的频移约为 11 GHz。因此光纤受激拉曼散射更适合在大带宽的波分复用系统场景下进行光放大。

非线性效应表现的强弱与入纤功率密切相关，如前所述，弱入纤功率下，介质显示线性极化，光纤中的光传输属于线性传输，光纤通信的通信容量主要决定于光纤信道的信噪比。在线性光纤通信系统中一般通过提高入纤光功率来提高信噪比，从而提高有效的频谱效率。根据香农极限公式

$$\mathrm{SE}=\frac{C}{B}=\log_2(1+\mathrm{SNR}) \tag{8.1.26}$$

式中，SE 是单信道的频谱效率，C 是通信容量，B 是带宽，SNR 是信噪比。这个公式是线性通信系统满足的通信上限公式。对于非线性通信系统，这个公式不再成立，因为非线性效应下信噪比将重新定义。图 8-1-7 是光纤中频谱效率与信噪比的关系，当光纤非线性系数 $\gamma=0$ 时，曲线满足香农极限公式(8.1.26)。考虑光纤非线性时，在低入纤功率条件下，非线性效应不显著，系统还能够近似遵守香农极限公式。但是当入纤功率增大到一定程度，曲线开始偏离香农极限，并且非线性系数越大，偏离越严重。

目前的光纤通信系统，随着密集波分复用技术的运用，光纤内的光功率很大，需要认真考虑非线性效应的均衡或者补偿。

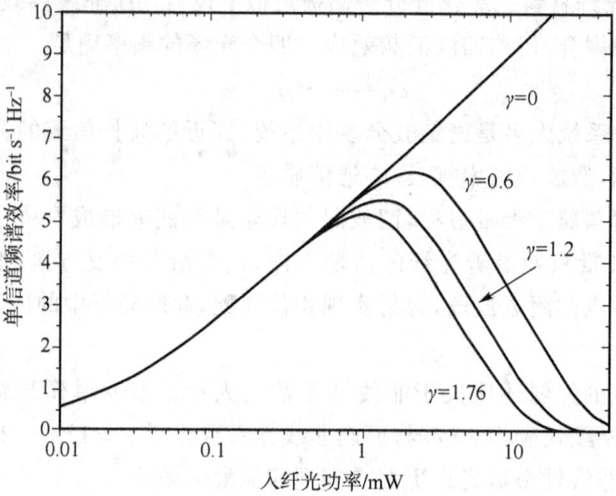

图 8-1-7　光纤因非线性效应造成通信频谱效率的下降

8.1.5　光纤放大器

光信号在光纤中传输一段距离,光功率会因损耗而下降,需要再放大。早期,在光纤放大器发明之前,信号放大与整形是由电中继器完成的。当光信号功率降低后,先要进行光电转换将光信号转换为电信号,随后将电信号放大整形后,再需要进行电光转换,电信号转换为光信号,以便在光纤中继续传输。这是非常不经济的做法。掺铒光纤放大器(EDFA)于 1987 年分别由南安普顿大学和贝尔实验室的科学家提出[5,6],随后商用化,EDFA 使光信号可以直接经历光放大,以补偿光信号在光纤中的损耗。另外,由于 EDFA 可以覆盖一定的波长范围,使不同波长的光信号可以同时放大。这使得波分复用乃至密集波分复用技术成为可能,这极大地提升了光纤通信系统的传输容量。在此同时,拉曼光纤放大器(Raman Fiber Amplifier,RFA)也越来越成熟,拉曼光纤放大器具有可以覆盖更宽的波长范围、具有更小的噪声指数、并且可实现分布放大等特点,也越来越多地应用在光纤通信系统中。

EDFA 实际上是一个没有谐振腔的激光器,其原理是利用受激辐射实现光放大。激光的工作物质是掺杂氧化铒的二氧化硅光纤中的铒离子 Er^{3+},它具有三能级结构,如图 8-1-8 所示。将 980 nm 或者 1480 nm 的泵浦光耦合入掺铒光纤,可以将铒离子从 E_1 能级激发到 E_3 能级,然后无辐射跃迁到 E_2 能级。E_2 能级是亚稳态,因此在 E_2 和 E_1 能级之间形成粒子数反转($E_2-E_1\approx$ 0.81 eV),当波长约为 1550 nm 的信号光通过光纤时,引发受激辐射,因而 1550 nm 波长的光信号得到放大。

图 8-1-9 给出一个简单的 EDFA 的结构原理图,它的主体是一段 10～50 m 的掺铒光纤,利用前后两个波长为 980 nm 和 1480 nm 的半导体激光器作为泵浦光源。泵浦光由耦合器耦合进入光纤,形成铒离子的粒子数反转状态,对左侧输入的光信号光进行放大。

实际上铒离子的每个能级都是具有一定能量宽度的能带,所以 EDFA 能放大与这个能带对应的一系列波长的信号光。典型的 EDFA 工作在 C 波段(C 波段波长范围是 1530～1565 nm),具有 35 nm 的带宽。特殊设计的 EDFA 可以覆盖 C+L 波段(L 波段波长范围是 1565～1625 nm)。在 EDFA 覆盖的波长范围内,可以放大 ITU-T 规定的密集波分复用的约 200 个波长的信号光。

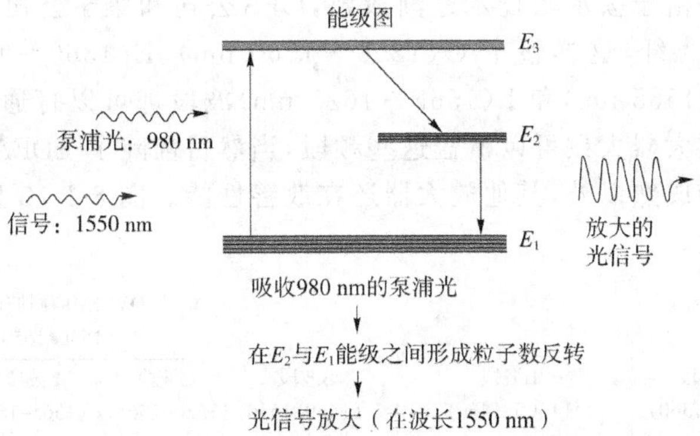

图 8-1-8　二氧化硅中掺杂的铒离子能级图

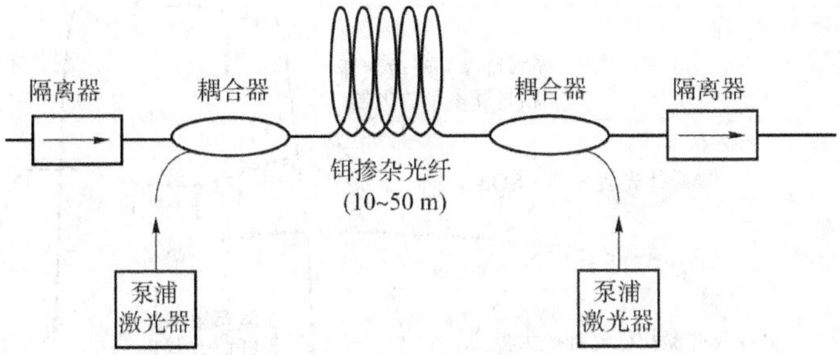

图 8-1-9　掺铒光纤放大器的简单结构原理图

拉曼光纤放大器是另一种补偿光信号损耗的放大器。其一个重要优点是可覆盖的波长范围非常宽，利用几个不同波长的激光器作泵浦源，其放大可以覆盖 S 波段、C 波段和 L 波段。第二个优点是可以实现分布式放大，使光信号在光纤的传输过程中，光功率不会大起大伏。但是受激拉曼散射所需泵浦光功率阈值较高，而早期由于制作的泵浦激光源达不到要求，另外此时 EDFA 异军突起，抑制了拉曼光纤放大器的发展。如今泵浦激光源的问题已经解决，拉曼光纤放大器已经部分用在光纤通信系统中，特别是海底长距离光纤通信系统。

利用光纤中的受激布里渊散射也可以用来进行光放大，称为布里渊光纤放大器。与拉曼放大器相比布里渊放大器的特点有所不同。一是受激布里渊散射的阈值要低 3 个数量级，且放大器增益大，因此容易实现信号光放大；二是可覆盖的波段窄，能放大信号的带宽也窄，因此一般只作为光载射频信号传输的光放大。

基于四波混频效应的光纤参量放大器也可以放大光纤中传输的信号光，其特点是放大器噪声指数比较小，但是要求相位匹配条件苛刻，一般采用高非线性系数的色散位移光纤作为放大器介质。

用作光放大器的还有半导体光放大器(Semiconductor Optical Amplifier，SOA)，其特点是容易集成、体积小，但是噪声指数较大，一般作为接入网的光放大器。

对于以上各种光放大器，其中的光纤参量放大器、拉曼光纤放大器和布里渊光纤放大器应用了光纤中的非线性效应，将分别在 9.3 节、10.1 节和 10.2 节中进行介绍。

8.1.6　光纤通信系统

目前光纤通信系统普遍采用波分复用技术，分别在光纤的低损耗窗口实施。由于普通单模光纤在 1.31 μm 两侧存在水峰，波分复用只能在 1.3 μm 的 O 波段和 1.55 μm 附近的 S、

C、L 波段进行。近来由于去水峰技术逐渐成熟，OFS 公司和康宁公司分别推出了 AllWave 和 TrueWave 低水峰光纤，这样整个 O(1260～1360 nm)、E(1360～1460 nm)、S(1460～1530 nm)、C(1530～1565 nm)和 L(1565～1625 nm)波段都可以打通成波分复用的频段。上面所说的几种光放大器大致可以覆盖这些频段，当然目前除了 EDFA、拉曼光纤放大器和半导体光放大器比较成熟以外，其他放大器还在改善性能。图 8-1-10 显示了各个放大器覆盖的波分复用的频段。

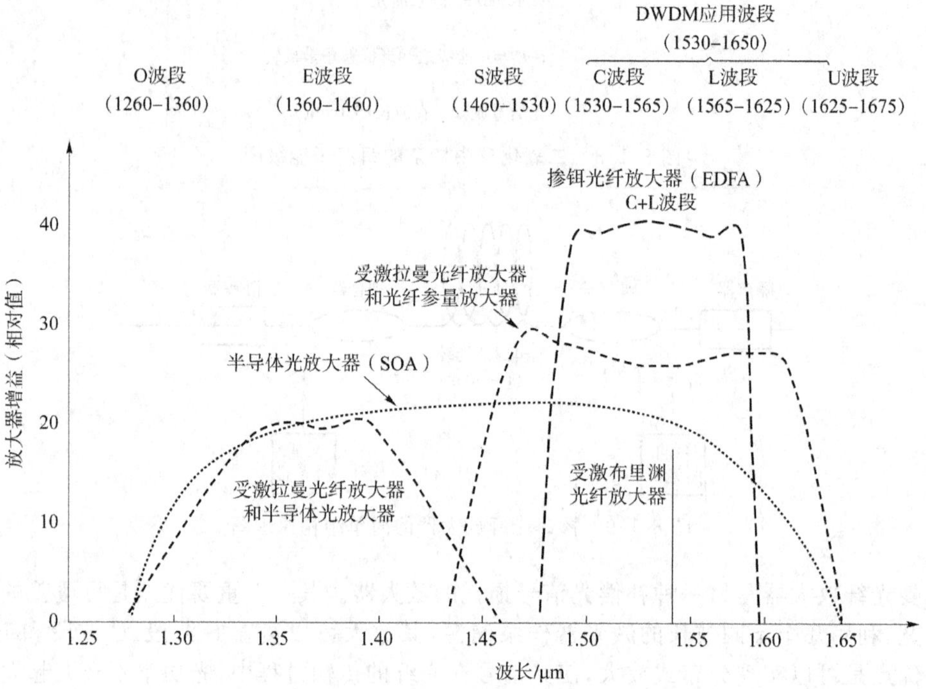

图 8-1-10　各种光放大器覆盖的波分复用的频段

图 8-1-11 显示了一个典型的色散管理的波分复用光纤通信系统，n 个波长信道的光信号通过波分复用器耦合入光纤，经过光放大后进行传输，每一个跨段包括一段单模光纤(Single Mode Fiber，SMF)用来传输光信号，在这一跨段的传输中，光信号因损耗(C 波段光纤损耗约为 0.2 dB/km)光功率逐渐衰减，同时积累的色散(单模光纤色散参量 D 约为 17 ps/nm/km)越来越大，需要进行光功率补偿和色散补偿。采用色散管理的光纤通信系统在每个跨段后面接入一段色散参量 D 与单模光纤色散相反的色散补偿光纤(Dispersion Compensation Fiber，DCF)补偿色散，需要满足

$$D_{\mathrm{SMF}}L_{\mathrm{SMF}}+D_{\mathrm{DCF}}L_{\mathrm{DCF}}=0 \tag{8.1.27}$$

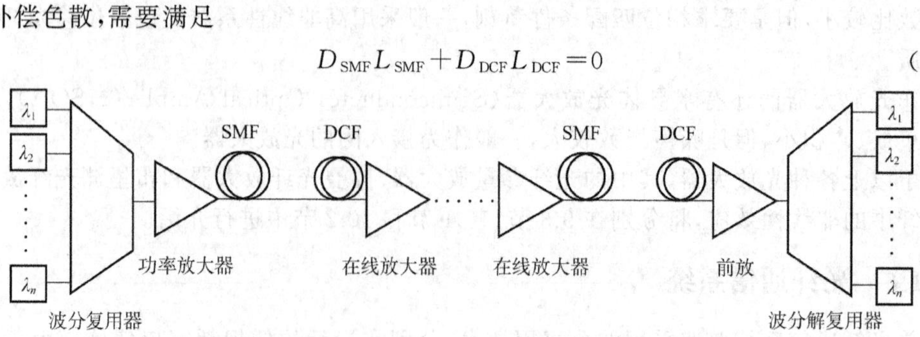

图 8-1-11　色散管理的波分复用光纤通信系统

对于相干检测光纤通信系统,由于接收机中的DSP强大的均衡能力,光纤链路上积累的全部色散都能够在接收端的DSP模块中利用信号处理算法均衡和补偿,不需要在每一跨段接入一段色散补偿光纤。

每一跨段的功率衰减可以用光纤放大器对所有波长信道的光信号进行放大补偿。利用EDFA放大器,单模光纤的跨段长度一般为80 km,如果利用拉曼光纤放大器,跨段长度可以超过150 km。在接收端光信号经过前放后进入波分解复用器,分出不同的波长信道分别进行信号接收与信号处理。

当光信号在光纤中传输的过程中,遇到各种非线性效应。有些非线性效应是有益的,比如利用受激拉曼效应对光信号进行放大。而另外一些非线性效应是有害的,比如自相位调制、交叉相位调制、四波混频等,会造成信号的非线性畸变,需要均衡或者补偿。这些内容将在接下来的各节中加以讨论。

8.2　单模光纤中光脉冲的非线性传输方程

当讨论光脉冲在光纤中传播时将如何演化,一般需要用微分方程来描述。本节讨论在单模光纤中,如果考虑光纤非线性效应,光脉冲在光纤中传输时所遵循的方程,一般称为非线性薛定谔方程。

8.2.1　非线性薛定谔方程的推导[7,8]

假定一准单色(中心频率为ω_0)的光脉冲在单模光纤中传输,其电场强度可以表示为

$$\boldsymbol{E}(\boldsymbol{r},t)=\frac{1}{2}\hat{e}F(x,y)\exp[-\mathrm{i}(\omega_0 t-\beta_0 z)]\int_{-\infty}^{\infty}\widetilde{A}(z,\omega)\mathrm{e}^{-\mathrm{i}\Omega t}\mathrm{d}\Omega+\mathrm{c.c.} \tag{8.2.1}$$

式中,$\hat{e}$是表示光波偏振方向的单位矢量,β_0是对应中心圆频率ω_0的传播常数,$F(x,y)$代表电场的横向分布(它是无量纲的横向分布函数),$\Omega=\omega-\omega_0$是光波偏离中心圆频率的频差,$\widetilde{A}(z,\Omega)$是光脉冲的慢变化包络$A(z,t)$的傅里叶变换。

将式(8.2.1)代入2.1节得到的非线性波动方程(2.1.6)

$$\nabla\times\nabla\times\boldsymbol{E}(\boldsymbol{r},t)+\frac{1}{c^2}\frac{\partial^2}{\partial t^2}(\overleftrightarrow{\varepsilon_r}\cdot\boldsymbol{E}(\boldsymbol{r},t))=-\mu_0\frac{\partial^2}{\partial t^2}\boldsymbol{P}^{\mathrm{NL}}(\boldsymbol{r},t) \tag{8.2.2}$$

并考虑光纤为各向同性介质,$\overleftrightarrow{\varepsilon_r}$作标量$\varepsilon_r(\omega)$处理,且$\varepsilon_r(\omega)=n^2(\omega)$。令$\beta(\omega)=\frac{\omega}{c}n(\omega)$,得

$$\nabla^2\boldsymbol{E}(\boldsymbol{r},\omega)+\beta^2(\omega)\boldsymbol{E}(\boldsymbol{r},\omega)=-\mu_0\omega^2\boldsymbol{P}^{\mathrm{NL}}(\boldsymbol{r},\omega) \tag{8.2.3}$$

式中

$$\boldsymbol{E}(\boldsymbol{r},\omega)=\hat{e}F(x,y)\widetilde{A}(z,\omega)\mathrm{e}^{\mathrm{i}\beta_0 z} \tag{8.2.4}$$

令$\nabla^2=\frac{\partial^2}{\partial x^2}+\frac{\partial^2}{\partial y^2}+\frac{\partial^2}{\partial z^2}=\nabla_\perp^2+\frac{\partial^2}{\partial z^2}$,其中$\nabla_\perp^2$是横向拉普拉斯算符。将式(8.2.4)代入方程(8.2.3),并考虑脉冲包络是慢变化的,采用2.3节讲到的慢变化近似,即忽略$\frac{\partial^2\widetilde{A}(z,\omega)}{\partial z^2}$项,得

$$[\nabla_\perp^2 F(x,y)]\tilde{A}(z,\omega)+F(x,y)\left[2\mathrm{i}\beta_0\frac{\partial\tilde{A}(z,\omega)}{\partial z}+(\beta^2(\omega)-\beta_0^2)\tilde{A}(z,\omega)\right]$$
$$=-\mu_0\omega^2\,\hat{\mathrm{e}}\cdot\boldsymbol{P}^{\mathrm{NL}}(z,\omega)\mathrm{e}^{-\mathrm{i}\beta_0 z} \tag{8.2.5}$$

假定非线性效应对光场横向分布的影响可以忽略,则在方程(8.2.5)中忽略第一项

$$F(x,y)\left[2\mathrm{i}\beta_0\frac{\partial\tilde{A}(z,\omega)}{\partial z}+(\beta^2(\omega)-\beta_0^2)\tilde{A}(z,\omega)\right]=-\mu_0\omega^2\hat{\mathrm{e}}\cdot\boldsymbol{P}^{\mathrm{NL}}(z,\omega)\mathrm{e}^{-\mathrm{i}\beta_0 z} \tag{8.2.6}$$

考虑光纤中的非线性效应只是光克尔效应,并假定光场偏振为 x 方向,则

$$\mu_0\omega^2\hat{e}_x\cdot\boldsymbol{P}^{\mathrm{NL}}(z,\omega)\mathrm{e}^{-\mathrm{i}\beta_0 z}=\frac{3}{4}\varepsilon_0\mu_0\omega^2\chi_{xxxx}^{(3)}|E(\boldsymbol{r},\omega)|^2E(\boldsymbol{r},\omega)\mathrm{e}^{-\mathrm{i}\beta_0 z}$$
$$=2\beta\frac{\omega}{c}n_2|F(x,y)|^2F(x,y)|\tilde{A}(z,\omega)|^2\tilde{A}(z,\omega)\mathrm{e}^{\mathrm{i}\beta_0 z}\mathrm{e}^{-\mathrm{i}\beta_0 z} \tag{8.2.7}$$

将上式代入方程(8.2.6),并将方程两边同乘以 $|F(x,y)|^2$,且约去 $F(x,y)$,得

$$|F(x,y)|^2\left[2\mathrm{i}\beta_0\frac{\partial\tilde{A}(z,\omega)}{\partial z}+(\beta^2(\omega)-\beta_0^2)\tilde{A}(z,\omega)\right]$$
$$=-2\beta\frac{\omega n_2}{c}|F(x,y)|^4|\tilde{A}(z,\omega)|^2\tilde{A}(z,\omega) \tag{8.2.8}$$

两边对横向 x, y 积分

$$\left[\int_{-\infty}^{\infty}\int_{-\infty}^{\infty}|F(x,y)|^2\mathrm{d}x\,\mathrm{d}y\right]\left[2\mathrm{i}\beta_0\frac{\partial\tilde{A}(z,\omega)}{\partial z}+(\beta^2(\omega)-\beta_0^2)\tilde{A}(z,\omega)\right]$$
$$=-2\beta\frac{\omega n_2}{c}|\tilde{A}(z,\omega)|^2\tilde{A}(z,\omega)\left[\int_{-\infty}^{\infty}\int_{-\infty}^{\infty}|F(x,y)|^4\mathrm{d}x\,\mathrm{d}y\right] \tag{8.2.9}$$

光波的光强表示为

$$I=\frac{1}{2}\varepsilon_0 cn|E|^2=\frac{1}{2}\varepsilon_0\mathrm{cn}|F(x,y)|^2|\tilde{A}(z,\omega)|^2 \tag{8.2.10}$$

计算光的功率,需要在横向进行面积分

$$P=\int_{-\infty}^{\infty}\int_{-\infty}^{\infty}I\,\mathrm{d}x\,\mathrm{d}y=\frac{1}{2}\varepsilon_0\mathrm{cn}\int_{-\infty}^{\infty}\int_{-\infty}^{\infty}|F(x,y)|^2\mathrm{d}x\,\mathrm{d}y|\tilde{A}(z,\omega)|^2=B^2|\tilde{A}(z,\omega)|^2 \tag{8.2.11}$$

式中

$$B^2=\frac{1}{2}\varepsilon_0\mathrm{cn}\int_{-\infty}^{\infty}\int_{-\infty}^{\infty}|F(x,y)|^2\mathrm{d}x\mathrm{d}y \tag{8.2.12}$$

方程(8.2.9)变为

$$B^2\left[2\mathrm{i}\beta_0\frac{\partial\tilde{A}(z,\omega)}{\partial z}+(\beta^2(\omega)-\beta_0^2)\tilde{A}(z,\omega)\right]$$
$$=-2\beta\left(\frac{1}{2}\varepsilon_0\mathrm{cn}\right)\frac{\omega n_2}{c}|\tilde{A}(z,\omega)|^2\tilde{A}(z,\omega)\frac{\left[\int_{-\infty}^{\infty}\int_{-\infty}^{\infty}|F(x,y)|^4\mathrm{d}x\,\mathrm{d}y\right]}{B^3}B^3 \tag{8.2.13}$$

令

$$\tilde{U}(z,\omega)=B\tilde{A}(z,\omega) \tag{8.2.14}$$

则方程(8.2.13)变为

$$2\mathrm{i}\beta_0\frac{\partial\tilde{U}(z,\omega)}{\partial z}+(\beta^2(\omega)-\beta_0^2)\tilde{U}(z,\omega)=-2\beta\gamma|\tilde{U}(z,\omega)|^2\tilde{U}(z,\omega) \tag{8.2.15}$$

并定义非线性系数

$$\gamma=\frac{\omega n_2}{cA_{\mathrm{eff}}}\Big/\left(\frac{1}{2}\varepsilon_0 \mathrm{cn}\right)=\frac{\omega n_2^I}{cA_{\mathrm{eff}}} \tag{8.2.16}$$

式中

$$A_{\mathrm{eff}}=\frac{\left(\int_{-\infty}^{\infty}\int_{-\infty}^{\infty}|F(x,y)|^2\mathrm{d}x\mathrm{d}y\right)^2}{\int_{-\infty}^{\infty}\int_{-\infty}^{\infty}|F(x,y)|^4\mathrm{d}x\mathrm{d}y} \tag{8.2.17}$$

为光纤有效截面积(从式(8.2.17)来看,A_{eff}具有面积的量纲)。

需要注意的是,在上面推导过程中,$\frac{1}{2}\varepsilon_0 cn|F(x,y)|^2|\tilde{A}(z,\omega)|^2$ 是光强,而$|\tilde{U}(z,\omega)|^2=B^2|\tilde{A}(z,\omega)|^2=P$ 就是光功率。非线性系数 γ 的定义中需要区分 n_2 和 n_2^I 的不同(参阅 7.2 节的公式(7.2.16))。

考虑 β 与 β_0 差别不大,$\beta^2(\omega)-\beta_0^2=(\beta+\beta_0)(\beta-\beta_0)\approx 2\beta_0(\beta-\beta_0)$,方程(8.2.15)变为

$$\mathrm{i}\frac{\partial\tilde{U}(z,\omega)}{\partial z}+(\beta(\omega)-\beta_0)\tilde{U}(z,\omega)=-\gamma|\tilde{U}(z,\omega)|^2\tilde{U}(z,\omega) \tag{8.2.18}$$

将传播常数 $\beta(\omega)$在 ω_0 附近展开,得

$$\beta(\omega)-\beta_0=\beta_1\Omega+\frac{1}{2!}\Omega^2+\frac{1}{3!}\Omega^3+\cdots \tag{8.2.19}$$

式中,$\Omega=\omega-\omega_0=\Delta\omega$。上式保留到二阶色散项,并代入方程(8.2.18),得

$$\mathrm{i}\frac{\partial\tilde{U}(z,\omega)}{\partial z}=-\beta_1\Omega\tilde{U}(z,\omega)-\frac{1}{2}\beta_2\Omega^2\tilde{U}(z,\omega)-\gamma|\tilde{U}(z,\omega)|^2\tilde{U}(z,\omega) \tag{8.2.20}$$

要将式(8.2.20)变换到时域,考虑到时域 $U(z,t)$与频域 $\tilde{U}(z,\omega)$之间的关系,有下列的对应关系

$$\frac{\partial}{\partial t}\leftrightarrow-\mathrm{i}\Omega,\frac{\partial^2}{\partial t^2}\leftrightarrow-\Omega^2 \tag{8.2.21}$$

将方程(8.2.20)两边作傅里叶反变换,并将损耗项考虑在内,方程变为

$$\frac{\partial U(z,t)}{\partial z}+\beta_1\frac{\partial U(z,t)}{\partial t}+\frac{\mathrm{i}}{2}\beta_2\frac{\partial^2 U(z,t)}{\partial t^2}+\frac{\alpha}{2}U(z,t)-\mathrm{i}\gamma|U(z,t)|^2U(z,t)=0 \tag{8.2.22}$$

如果在群速度坐标框架里分析光脉冲,做如下变换

$$T=t-\frac{z}{v_{\mathrm{g}}} \tag{8.2.23}$$

方程变为

$$\frac{\partial U(z,T)}{\partial z}+\frac{\mathrm{i}}{2}\beta_2\frac{\partial^2 U(z,T)}{\partial T^2}+\frac{\alpha}{2}U(z,T)-\mathrm{i}\gamma|U(z,T)|^2U(z,T)=0 \tag{8.2.24}$$

方程(8.2.24)称为扩展的非线性薛定谔方程,是考虑光纤非线性作用①时描述光脉冲在单模光纤中传输演化的方程,求解这个方程,可以得到光脉冲在单模光纤中的演化规律。本章与第 9 章的讨论大都是建立在这个方程的基础之上的。

8.2.2 非线性薛定谔方程的分步傅里叶变换数值算法

求解(8.2.24)所示的非线性薛定谔方程,有解析法和数值方法。在这里讨论最常用的数值解法——分步傅里叶变换方法。分步傅里叶变换法假定光脉冲在$[z,z+\Delta z]$小区间内的传输过程可以看成是分两步进行的。第一步仅有非线性效应作用,第二步仅有色散效应作用。在整个 z 距离的传输过程中,非线性与色散交替作用,如图 8-2-1 所示。分步傅里叶变换算法的精度由小区间的步长 Δz 和时间离散间隔 ΔT 决定,Δz 和 ΔT 越小,精度越高。

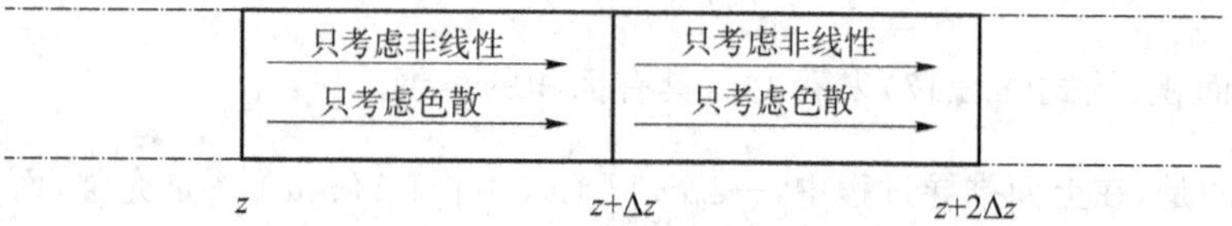

图 8-2-1 非线性薛定谔方程的分步傅里叶变化数值算法示意图

下面讨论分步的求解过程。第一步仅考虑非线性的作用,方程(8.2.24)变为

$$\frac{\partial U}{\partial z}=\mathrm{i}\gamma|U|^2U \tag{8.2.25}$$

在步长 Δz 内求解,得

$$U(z+\Delta z,T)=U(z,T)\exp(\mathrm{i}\gamma|U(z,T)|^2\Delta z) \tag{8.2.26}$$

第二步仅考虑色散的作用,方程(8.2.24)变为

$$\frac{\partial U}{\partial z}=-\mathrm{i}\frac{\beta_2}{2}\frac{\partial^2}{\partial T^2}U-\frac{\alpha}{2}U \tag{8.2.27}$$

将式(8.2.27)作傅里叶变换,在频域中进行求解,得

$$\frac{\partial \tilde{U}}{\partial z}=\left(\mathrm{i}\frac{\beta_2}{2}\Omega^2-\frac{\alpha}{2}\right)\tilde{U} \tag{8.2.28}$$

$$\tilde{U}(z+\Delta z,\Omega)=\tilde{U}(z,\Omega)\exp\left(-\frac{\alpha}{2}\Delta z\right)\exp\left(\mathrm{i}\beta_2\frac{\Omega^2}{2}\Delta z\right) \tag{8.2.29}$$

总体来说,在一个步长 Δz 内,光脉冲复振幅的变换关系为

$$U(z+\Delta z,T)=F^{-1}\left\{\exp\left[\left(-\frac{\alpha}{2}+\mathrm{i}\beta_2\frac{\Omega^2}{2}\right)\Delta z\right]F[U(z,T)\exp(\mathrm{i}\gamma|U(z,T)|^2\Delta z)]\right\} \tag{8.2.30}$$

式中,F 和 F^{-1}代表傅里叶变换和傅里叶反变换,一般由快速傅里叶变换 FFT 和快速反傅里叶变换 iFFT 来实现。需要注意的是,傅里叶变换与反变换的规定有两种形式

① 其实这里只考虑了光克尔效应引起的自相移效应,没有考虑光纤中其他非线性效应,比如交叉相位相移、四波混频等效应。考虑了刚才所述这些非线性效应时,这个非线性薛定谔方程需要有所改变,将在接下来的章节中讨论。

$$\tilde{U}(z,\Omega)=\int_{-\infty}^{\infty}U(z,T)\exp(\pm\mathrm{i}\Omega T)\mathrm{d}T,\quad \text{正变换}$$
$$U(z,T)=\frac{1}{2\pi}\int_{-\infty}^{\infty}\tilde{U}(z,\Omega)\exp(\mp\mathrm{i}\Omega T)\mathrm{d}\Omega,\quad \text{反变换} \tag{8.2.31}$$

在非线性光学领域，一般采用“正”“负”号的上面的符号表示正、反变换，以便与非线性光学领域中让 $\mathrm{e}^{-\mathrm{i}\omega t}$ 代表正频部分的习惯一致。而在线性光学领域（在信号处理领域也一样），通常采用正频 $\mathrm{e}^{\mathrm{i}\omega t}$ 表示的习惯，其傅里叶正反变换恰好与非线性光学领域的习惯相反。常见的编程软件，像 MATLAB 等，其快速傅里叶变换子程序 fft 与反变换 $ifft$ 是适合线性光学习惯的，因此当编程解非线性光学问题需要调用正变换子程序时，实际上是调用 $ifft$，反变换则实际调用 fft。关于这个问题的讨论请参阅文献[9,10]。

8.2.3　对非线性薛定谔方程的初步分析

在详细讨论光脉冲在单模光纤中的传播行为之前，初步探讨一下非线性薛定谔方程(8.2.24)是有益的。如果忽略损耗 α 的影响，方程变为

$$\frac{\partial U(z,T)}{\partial z}=-\frac{\mathrm{i}}{2}\beta_2\frac{\partial^2 U(z,T)}{\partial T^2}+\mathrm{i}\gamma|U(z,T)|^2U(z,T) \tag{8.2.32}$$

如果再作如下变换

$$\tau=\frac{T}{t_0}=\frac{1}{t_0}\left(t-\frac{z}{v_g}\right),U(z,\tau)=\sqrt{P_0}\,q(z,\tau) \tag{8.2.33}$$

t_0 是光脉冲初始脉冲宽度，P_0 是初始脉冲峰值功率。则方程(8.2.32)变为

$$\frac{\partial q}{\partial z}=-\frac{\mathrm{i}\,\mathrm{sgn}(\beta_2)}{2L_D}\frac{\partial^2 q}{\partial\tau^2}+\mathrm{i}\frac{1}{L_{\mathrm{NL}}}|q|^2q \tag{8.2.34}$$

式中，$L_{\mathrm{D}}=t_0^2/|\beta_2|$ 定义为色散长度（色散开始起明显作用的距离），$L_{\mathrm{NL}}=1/(\gamma P_0)$ 定义为非线性长度（非线性开始明显起作用的距离）。

从定义可以看出，群速度色散系数绝对值 $|\beta_2|$ 越大，初始脉冲宽度 t_0 越窄，色散长度 L_{D} 就越短，在很短的距离就有色散作用，意味着脉冲受色散效应作用越明显。光纤非线性系数 γ 越大，初始脉冲峰值功率 P_0 越大，非线性长度 L_{NL} 越短，在很短的距离就有非线性作用，意味着脉冲受非线性效应作用越明显。

这样，对于方程(8.2.34)，如果脉冲沿光纤传输了 L 距离，存在四种情况：

(1) $L\ll\min(L_{\mathrm{D}},L_{\mathrm{NL}})$，色散和非线性对于光脉冲的作用均可忽略，得到 $\partial q/\partial z=0$，以及 $q(z,\tau)=q(0,\tau)$，说明在这种情况下色散与非线性都还来不及产生作用，光脉冲保持它的形状不变。

(2) $L_{\mathrm{D}}\leqslant L\ll L_{\mathrm{NL}}$，只有色散对光脉冲有明显作用，而非线性对光脉冲的作用可以忽略。此时有

$$\frac{L_{\mathrm{D}}}{L_{\mathrm{NL}}}=\frac{\gamma P_0t_0^2}{|\beta_2|}\ll 1 \tag{8.2.35}$$

(3) $L_{\mathrm{NL}}\leqslant L\ll L_{\mathrm{D}}$，只有非线性对光脉冲有明显作用，而色散对光脉冲的作用可以忽略。此时有

$$\frac{L_{\mathrm{D}}}{L_{\mathrm{NL}}}=\frac{\gamma P_0t_0^2}{|\beta_2|}\gg 1 \tag{8.2.36}$$

(4) $L \gg \max(L_D, L_{NL})$，此时色散与非线性对光脉冲都有明显作用，色散与非线性哪一个因素作用更大，取决于色散长度与非线性长度哪一个更短，亦即是 $L_D/L_{NL}<1$ 还是 $L_D/L_{NL}>1$。如果色散与非线性的作用可以平衡，将有可能形成所谓的时间光孤子，这将在后面讨论。

图 8-2-2 显示一根标准单模光纤非线性长度与色散长度随入纤光脉冲峰值功率以及脉冲宽度的变化情况。其中工作波长为 $\lambda=1.55\ \mu m$，非线性系数为 $\gamma=1.3\ W^{-1}km^{-1}$，色散参量为 $D=21.89$ ps/nm/km。图中分为四个区域，分别对应色散与非线性效应均不大起作用的区域、色散起主要作用的区域、非线性起主要作用的区域和色散与非线性均起作用的区域。在中间的交叉点，色散效应与非线性效应达到平衡，可以形成光孤子。下面分别加以讨论。

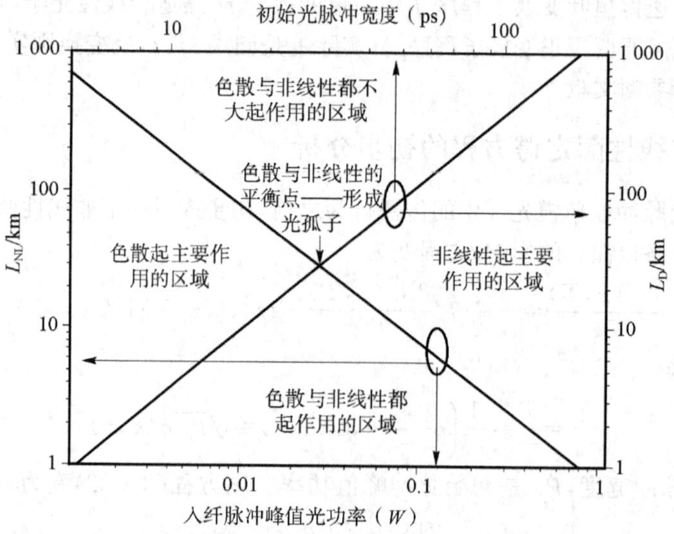

图 8-2-2　标准单模光纤工作在 1.55 μm 时，非线性长度与色散长度随入射光脉冲的峰值功率以及脉冲宽度变化情况，其中光纤非线性系数为 $\gamma=1.3\ W^{-1}km^{-1}$，色散参量为 $D=21.89$ ps/nm/km

8.3　群速度色散对光脉冲传输的影响

色散在光纤通信系统中是一个非常重要的因素，它可以造成光脉冲在光纤中的展宽，从而影响光纤通信系统码率的提升。如果光纤通信系统码率是 B(单位是 Gbit/s)，作为码流的光脉冲之间时间间隔则定义为码流的比特周期 $T_s=1/B$(单位是 ns 或者 ps)。如果在接收端光脉冲脉冲宽度超过 $T_s/2$，则认为会造成误码。因此色散的存在限制了光纤通信系统容量的提高，需要想办法阻止脉冲展宽，或者对色散造成的信号的码间干扰(Inter-Symbol Interference, ISI)进行均衡。虽然群速度色散对于光纤通信系统是线性损伤，但是它与非线性效应结合在一起，对光脉冲传输的影响会出现多种结果，需要将群速度色散和光纤非线性效应放在一起综合考虑。因此单独拿出一节来讨论群速度色散对于光脉冲传输的影响是必要的。

8.3.1　光学色散与群速度色散的区别与联系

谈到色散，有必要区别光学范畴中提到的色散(这里称为光学色散)和光纤通信范畴中提到的色散(这里称为光纤色散，在单模光纤中起主要影响的是群速度色散)。

光学色散来源于三棱镜可以使白光(复色光)分散开来的现象，棱镜光谱仪就是为了使复色光中不同颜色以不同角度分开而设计的。其原理是制作三棱镜的材料的折射率是随光的频率(也可以是波长)变化的，即 $n=n(\omega)$(或者 $n=n(\lambda)$)，其原因是材料分子在光波作用下将发生极化，极化作用(强弱)对应不同频率的光波是变化的(参阅 2.1 节公式(2.1.18)以及图 2-1-2 和图 2-1-3)。对于材料分子，存在一系列共振频率 ω_i，当光波频率接近这些共振频率时，材料折射率虚部 η 形成吸收峰，在相邻吸收峰之间是材料的透明区。在透明区，材料折射率随着光波频率增大而增大，三棱镜对于高频(短波长)光波偏折更厉害，这属于正常色散(normal dispersion)，此时

$$\frac{\mathrm{d}n}{\mathrm{d}\omega}>0 \quad \text{或者} \quad \frac{\mathrm{d}n}{\mathrm{d}\lambda}<0 \ (\text{正常色散}) \tag{8.3.1}$$

然而在吸收峰附近，材料折射率随着光波频率增大而减小，三棱镜对于低频(长波长)光波偏折更厉害，这属于反常色散(abnormal dispersion)，此时

$$\frac{\mathrm{d}n}{\mathrm{d}\omega}<0 \quad \text{或者} \quad \frac{\mathrm{d}n}{\mathrm{d}\lambda}>0 \ (\text{反常色散}) \tag{8.3.2}$$

在 8.1 节所给出的材料折射率的塞耳迈尔公式(8.1.11)反映的就是材料在透明区(远离共振吸收区)折射率随光波波长的变化关系，在这个透明区提到的光学色散显然是处于正常色散区。

在光纤通信领域，色散牵涉光脉冲在传输中展宽。光脉冲在单模光纤中传播，最重要的参量是传播常数 $\beta=\frac{\omega}{c}n=\frac{2\pi}{\lambda}n$。当传播常数在光波中心频率 ω_0 处展开

$$\beta(\omega)=\frac{\omega}{c}n(\omega)=\beta(\omega_0)+\beta_1(\omega-\omega_0)+\frac{1}{2}\beta_2(\omega-\omega_0)^2+\cdots \tag{8.3.3}$$

其中各阶色散系数与折射率的关系为

$$\beta_1=\frac{\mathrm{d}\beta}{\mathrm{d}\omega}=\frac{1}{c}\left(n(\omega)+\omega\frac{\mathrm{d}n}{\mathrm{d}\omega}\right) \tag{8.3.4}$$

$$\beta_2=\frac{\mathrm{d}^2\beta}{\mathrm{d}\omega^2}=\frac{1}{c}\left(2\frac{\mathrm{d}n}{\mathrm{d}\omega}+\omega\frac{\mathrm{d}^2 n}{\mathrm{d}\omega^2}\right) \tag{8.3.5}$$

另外，与群速度色散系数相联系的色散参量 D 与折射率的关系为

$$D=-\frac{\lambda}{c}\frac{\mathrm{d}^2 n}{\mathrm{d}\lambda^2} \tag{8.3.6}$$

可见所谓光学色散与材料折射率随频率的一阶导数 $\mathrm{d}n/\mathrm{d}\omega$ 相联系，这里考查的是材料折射率是否随频率变化(以此材料做成的三棱镜是否有分光的作用)？怎样变化($\mathrm{d}n/\mathrm{d}\omega>0$ 为正常色散，$\mathrm{d}n/\mathrm{d}\omega<0$ 为反常色散)？变化多大($\mathrm{d}n/\mathrm{d}\omega$ 越大，分光本领越大)？

反观所谓的光纤通信的材料色散，它与材料折射率的二阶导数 $\mathrm{d}^2 n/\mathrm{d}\omega^2$(或者 $\mathrm{d}^2 n/\mathrm{d}\lambda^2$)相联系，这里考查的是在一定的频谱范围内($\Delta\omega$ 或者 $\Delta\lambda$)引起脉冲展宽的严重程度。其正常色散或者反常色散的区分由 $\mathrm{d}^2 n/\mathrm{d}\omega^2$ 是大于零还是小于零决定。

图 8-3-1 是材料折射率、色散参量 D 和脉冲时延展宽 $\Delta\tau$ 之间的关系图。图 8-3-1(a)显示两个相邻吸收峰之间的透明区域折射率随波长增加而减小，属于光学正常色散区。在两吸收峰内，折射率表现为光学反常色散。在正常色散区的中间某一点有一个拐点，对应 $\mathrm{d}^2 n/\mathrm{d}\lambda^2=0$，此时对应的波长 λ_0 称为零色散波长，此时对应 $D=0$，时延差 $\Delta\tau$ 取最小值。显然这里所谓零色散的“色散”指的是光纤通信中的材料色散。当 $\lambda<\lambda_0$，$D<0$，属于材料色散的正常色散区；而当 $\lambda>\lambda_0$，$D>0$，属于材料色散的反常色散区。

对于二氧化硅光纤，材料色散的零色散波长为 $\lambda_0=1.27\ \mu m$。如果将波导色散也计入，则零色散波长变为 1.31 μm。

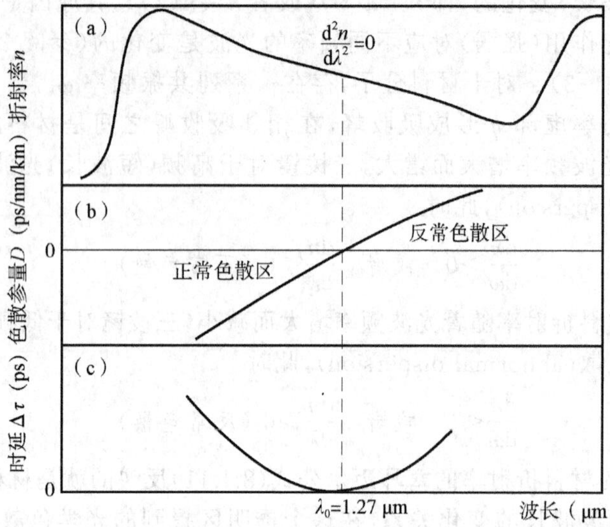

图 8-3-1　材料折射率(a)、色散参量(b)和时延展宽(c)之间的关系

8.3.2　色散对于光脉冲传输的影响

光脉冲在色散介质中传输，一般都会展宽。讨论光脉冲在色散介质中的展宽机制，有两种分析方法，一种方法从波包演化的角度讨论，另一种方法是通过解传输方程加以讨论。下面分别讨论。

1. 从波包演化角度讨论色散引起光脉冲展宽

准单色波可以看成一个波包，它由不同的频率组分叠加而成，其电场可以写成

$$E(z,t)=\int_{-\infty}^{\infty}\widetilde{U}(z=0,\omega)\exp[-i(\omega t-\beta z)]d\omega \tag{8.3.7}$$

式中，$\widetilde{U}(z=0,\omega)$是 $z=0$ 处频谱分量振幅。对于准单色波，$\Delta\omega\ll\omega_0$，则其传播常数 β 可以在 ω_0附近展开

$$\begin{aligned}\beta(\omega)&=\beta(\omega_0)+\frac{d\beta}{d\omega}(\omega-\omega_0)+\frac{1}{2!}\frac{d^2\beta}{d\omega^2}(\omega-\omega_0)^2+\frac{1}{3!}\frac{d^3\beta}{d\omega^3}(\omega-\omega_0)^3+\cdots\\&=\beta(\omega_0)+\beta_1\Omega+\frac{1}{2!}\beta_2\Omega^2+\frac{1}{3!}\beta_3\Omega^3+\cdots\end{aligned} \tag{8.3.8}$$

如果忽略高阶项，则 $\beta(\omega)=\beta(\omega_0)+\beta_1\Omega$，代入式(8.3.7)，可得

$$\begin{aligned}E(z,t)&\approx\int_{-\infty}^{\infty}\widetilde{U}(z=0,\omega)\exp\{-i\{\omega t-[\beta(\omega_0)+\beta_1(\omega-\omega_0)]\}\}d\omega\\&=\underbrace{\exp[-i(\omega_0 t-\beta(\omega_0)z)]}_{\text{载波函数}}\underbrace{\int_{-\infty}^{\infty}\widetilde{U}(z=0,\Omega)\exp\left\{-i\left[\Omega\left(t-\frac{z}{v_g}\right)\right]\right\}d\Omega}_{\text{包络函数}\Psi(t-\frac{z}{v_g})}\end{aligned} \tag{8.3.9}$$

可以看到如果不考虑二阶及以上的色散影响，经过传输的光场包含一个载波函数，并在载波上调制了一个随时间综量 $t-z/v_g$ 变化的包络函数 $\psi\left(t-\dfrac{z}{v_g}\right)$，这个包络函数代表光脉冲的形状。包络函数中的变量 z 和 t 并没有独立地出现，而是以综量 $t-z/v_g$，或者 $z-v_g t$ 的形式出现，因此它在传输过程中以群速度 v_g 无失真地传输，形状不变。而载波函数的传输速度是相速度 v_p

$$v_p=\frac{\omega_0}{\beta(\omega_0)} \tag{8.3.10}$$

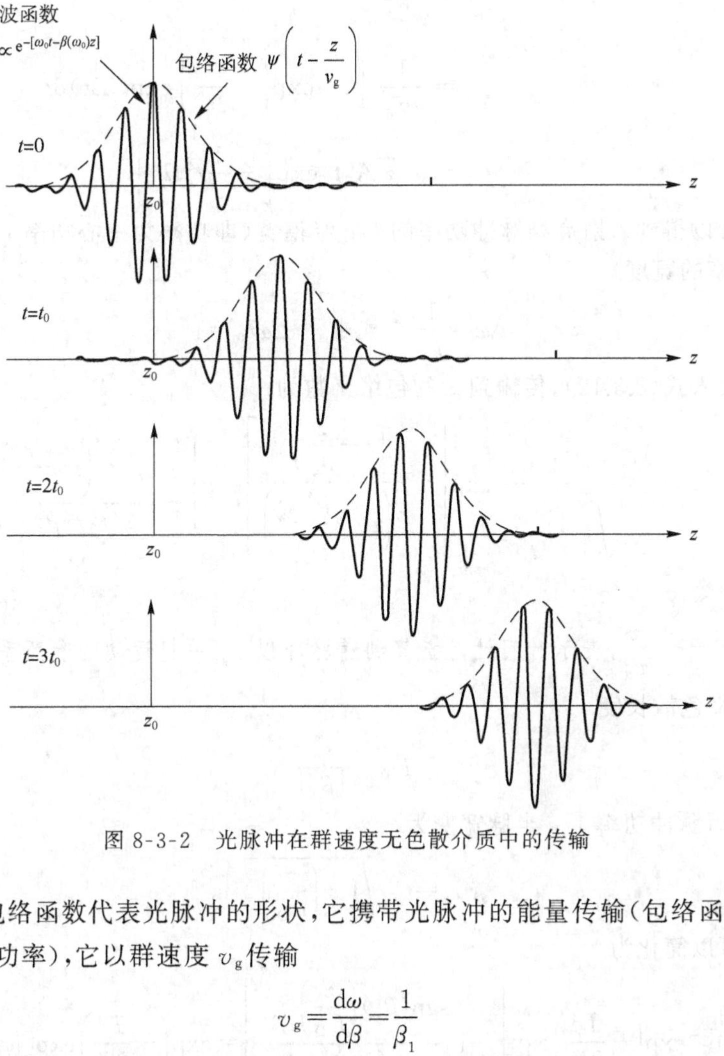

图 8-3-2　光脉冲在群速度无色散介质中的传输

大家知道，包络函数代表光脉冲的形状，它携带光脉冲的能量传输（包络函数模的平方正比于光脉冲的光功率），它以群速度 v_g 传输

$$v_g=\frac{d\omega}{d\beta}=\frac{1}{\beta_1} \tag{8.3.11}$$

下面将色散考虑到二阶色散，则 $\beta(\omega)=\beta(\omega_0)+\beta_1\Omega+\dfrac{1}{2}\beta_2\Omega^2$，如果代入式(8.3.7)，则有

$$\begin{aligned}E(z,t)&\approx\int_{-\infty}^{\infty}\widetilde{U}(z=0,\Omega)\exp\left\{-i\left\{\omega t-\left[\beta(\omega_0)+\beta_1\Omega+\frac{1}{2}\beta_2\Omega^2\right]z\right\}\right\}d\Omega\\&=\exp[-i(\omega_0 t-\beta(\omega_0)z)]\int_{-\infty}^{\infty}\widetilde{U}(z=0,\Omega)\exp\left\{-i\left[\Omega\left(t-\frac{z}{v_g}\right)\right]+\frac{i}{2}\beta_2\Omega^2 z\right\}d\Omega\end{aligned} \tag{8.3.12}$$

可以看出光场仍然有一个载波因子和一个包络函数因子。但是这次包络函数中的 z 和 t 不再能完全组合成时间距离综量 $t-z/v_g$，这意味着脉冲包络会随着传输发生变化。为了仔细研究脉冲在传输中如何变化，假定输入光脉冲为高斯型光脉冲，其复振幅具有高斯形状

$$U(z=0,t)=A_0\exp\left(-\frac{t^2}{2t_0^2}\right) \tag{8.3.13}$$

式中，t_0 是光脉冲功率为峰值功率 $1/e$ 时的半脉宽，$U(z=0,t)$ 的傅里叶变换为

$$\begin{aligned}\widetilde{U}(z=0,\Omega)&=\frac{1}{\sqrt{2\pi}}\int_{-\infty}^{\infty}U(z=0,t)\exp(\mathrm{i}\Omega t)\mathrm{d}t\\&=\frac{1}{\sqrt{2\pi}}\int_{-\infty}^{\infty}A_0\exp\left(-\frac{t^2}{2t_0^2}\right)\exp(\mathrm{i}\Omega t)\mathrm{d}t\\&=\sqrt{2\pi}A_0t_0\exp\left[-\frac{1}{2}t_0^2\Omega^2\right]\end{aligned} \tag{8.3.14}$$

从式(8.3.14)可以得到入射高斯脉冲功率的 $1/e$ 半谱宽(即功率为中心功率 $1/e$ 时对应的频谱相对于中心频率的宽度)

$$\Delta\omega=\frac{1}{t_0}\quad \text{或者}\quad \Delta\omega t_0=1 \tag{8.3.15}$$

将式(8.3.14)代入式(8.3.12)，传输到 z 的包络函数为

$$\psi(z,t)\propto\frac{1}{\sqrt{1-\mathrm{i}\dfrac{\beta_2}{t_0^2}z}}\exp\left[-\frac{\left(t-\dfrac{z}{v_g}\right)^2}{2\left(t_0^2+\dfrac{\beta_2^2}{t_0^2}z^2\right)}\right]\exp\left[-\mathrm{i}\frac{\beta_2 z\left(t-\dfrac{z}{v_g}\right)^2}{2(t_0^2+\beta_2^2z^2)}\right] \tag{8.3.16}$$

在式(8.3.16)中令

$$T=t-\frac{z}{v_g}\text{，表示时间计时折算到随脉冲以 } v_g \text{ 一起运动的参照系中} \tag{8.3.17}$$

像以前一样定义色散长度

$$L_D=\frac{t_0^2}{|\beta_2|} \tag{8.3.18}$$

得传输距离 z 后脉冲功率 $1/e$ 半脉宽变为

$$t_z=t_0\sqrt{1+\left(\frac{z}{L_D}\right)^2} \tag{8.3.19}$$

则式(8.3.16)可以简化为

$$\psi(z,t)\propto\exp\left(-\frac{T^2}{2t_z^2}\right)\exp\left[-\mathrm{i}\frac{\mathrm{sgn}(\beta_2)\left(\dfrac{z}{L_D}\right)}{1+\left(\dfrac{z}{L_D}\right)^2}\frac{T^2}{2t_0^2}\right]=\exp\left(-\frac{T^2}{2t_z^2}\right)\exp[\mathrm{i}\varphi(z,T)] \tag{8.3.20}$$

式中相位

$$\varphi(z,T)=-\frac{\mathrm{sgn}(\beta_2)(z/L_D)}{1+(z/L_D)^2}\frac{T^2}{2t_0^2} \tag{8.3.21}$$

$\mathrm{sgn}(\beta_2)$ 表示 β_2 的符号。从式(8.3.19)和式(8.3.20)可见，光脉冲在色散介质中传输，导致脉冲从 t_0 展宽到 t_z。当 $z=L_D=t_0^2/|\beta_2|$ 时，$t_z=\sqrt{2}t_0$(光脉冲展宽为原脉宽的$\sqrt{2}$)。可以认为此时

色散开始起明显作用了，因此色散长度 L_D 的物理意义是色散开始起明显作用时脉冲传输的距离。在这个传输距离之前，色散对于光脉冲的作用还不明显，传输到 L_D 以后色散起了明显作用。还可以看出，群速度色散系数 $|\beta_2|$ 越大，初始脉冲宽度 t_0 越窄，色散长度（色散起明显作用）越短，脉冲展宽越迅速。

从式(8.3.20)和式(8.3.21)还可见，色散不仅使光脉冲展宽，还引入了一个与时间相关的相位因子 $\varphi(z,T)$，大家知道，一个与时间相关的相位，等价于在光脉冲的中心频率 ω_0 上叠加了一个瞬时频率改变 $\delta\omega$，即光脉冲有了频率啁啾

$$\delta\omega(T)=-\frac{\partial\varphi(z,T)}{\partial T}=\frac{\mathrm{sgn}(\beta_2)(z/L_D)}{1+(z/L_D)^2}\frac{T}{t_0^2}=C_{\mathrm{dispersion}}T \tag{8.3.22}$$

这是一个线性啁啾，表示从脉冲前沿到后沿，啁啾频率 $\delta\omega$（随 T）线性变化。所谓啁啾，是形容一个脉冲前后的瞬时频率不一样，就像鸟叫之所以动听，也是因为一声鸟叫前后的瞬时频率有律动变化。如果一个脉冲具有线性啁啾，则啁啾频移

$$\delta\omega=CT \tag{8.3.23}$$

式中，C 称为啁啾参量。如果 $C>0$，则脉冲前沿（$t<z/v_g$）瞬时频率比 ω_0 低，称为频率“红移”，脉冲后沿（$t>z/v_g$）瞬时频率比 ω_0 高，称为频率“蓝移”，如图 8-3-3(a)所示。这个脉冲称为上啁啾脉冲。如果 $C<0$，则脉冲前沿（$t<z/v_g$）瞬时频率比 ω_0 高，频率“蓝移”，脉冲后沿（$t>z/v_g$）瞬时频率比 ω_0 低，频率“红移”，如图 8-3-3(b)所示。这个脉冲称为下啁啾脉冲。

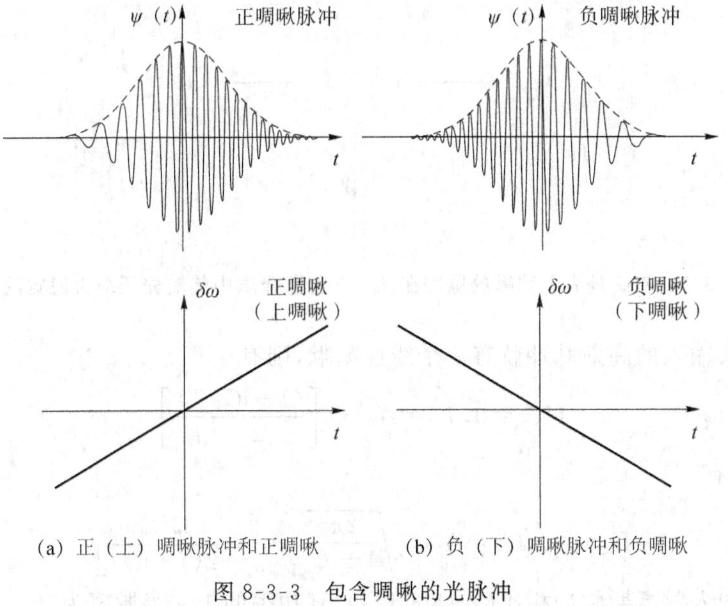

(a) 正（上）啁啾脉冲和正啁啾　(b) 负（下）啁啾脉冲和负啁啾

图 8-3-3　包含啁啾的光脉冲

从式(8.3.22)来看，原来无啁啾的光脉冲在色散介质中传输，除了脉冲会展宽以外，还会引起一个线性频率啁啾，啁啾量随传输距离 z 越来越大。$\beta_2>0$ 引起上啁啾，$\beta_2<0$ 引起下啁啾。图 8-3-4 所示了一个初始无啁啾脉冲在色散介质中传输引起了下啁啾，脉冲逐渐展宽，频率啁啾绝对值也逐渐变大。

如果初始脉冲具有初始啁啾（啁啾参量为 C），如果 C 和 $C_{\mathrm{dispersion}}$ 符号相反，比如初始脉冲是下啁啾（$C<0$），而 $\beta_2>0$，由图 8-3-5 可见，传输过程中，一开始，脉冲会压缩，在一个合适距离，脉冲变为无啁啾脉冲。但是随着传输距离增加，脉冲将变为上啁啾脉冲（$C>0$），脉冲也随

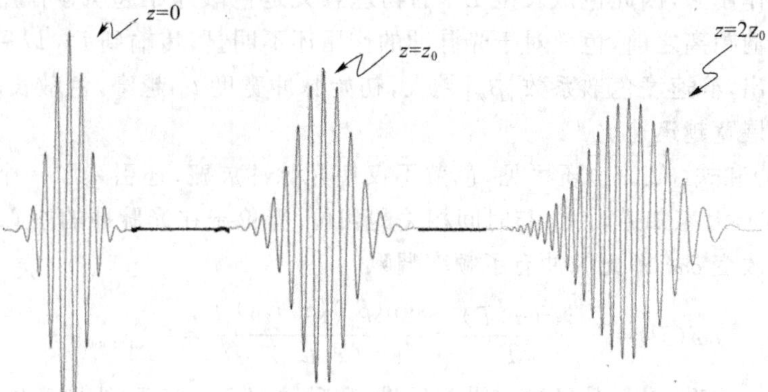

图 8-3-4　初始无啁啾的脉冲逐渐展宽以及啁啾的变化

之展宽。实际上只要有关系 $CC_{\text{dispersion}}<0$（等价地 $C\beta_2<0$），脉冲在传输过程中都会有先压缩再展宽的过程。

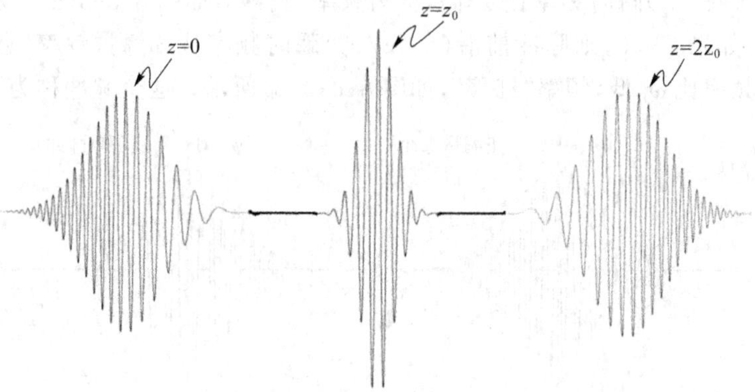

图 8-3-5　初始具有下啁啾的脉冲在 $\beta_2>0$ 色散介质中传输先压缩再展宽的变化

实际上如果输入的高斯脉冲就有一个线性啁啾，则有

$$U(z=0,T)=A_0\exp\left[\frac{(1+\mathrm{i}C)}{2}\frac{T^2}{t_0^2}\right] \tag{8.3.24}$$

作傅里叶变换，有

$$\widetilde{U}(z=0,\Omega)=A_0t_0\sqrt{\frac{2\pi}{1+\mathrm{i}C}}\exp\left[-\frac{\Omega^2t_0^2}{2(1+\mathrm{i}C)}\right] \tag{8.3.25}$$

与无啁啾的入射高斯脉冲相比（式(8.3.14)），其功率的 $1/e$ 半脉宽为

$$\Delta\omega=\frac{\sqrt{1+C^2}}{t_0}\ \text{或者}\ \Delta\omega t_0=\sqrt{1+C^2} \tag{8.3.26}$$

此时谱宽是无啁啾时谱宽的 $\sqrt{1+C^2}$ 倍。

将式(8.3.25)代入式(8.3.12)可得传输距离 z 时的脉冲包络函数

$$\psi(z,t)\propto\frac{1}{\sqrt{1-\mathrm{i}\frac{\beta_2}{t_0^2}z(1+\mathrm{i}C)}}\exp\left\{-\frac{(1+\mathrm{i}C)T^2}{2t_0^2\left[1-\mathrm{i}\frac{\beta_2}{t_0^2}z^2(1+\mathrm{i}C)\right]}\right\} \tag{8.3.27}$$

整理式(8.3.27)，可以得到传输中脉冲宽度满足的公式

$$t_z=t_0\sqrt{\left(1+\frac{C\beta_2 z}{t_0^2}\right)^2+\left(\frac{\beta_2 z}{t_0^2}\right)^2}=t_0\sqrt{\left(1+\operatorname{sgn}(\beta_2)C\frac{z}{L_D}\right)^2+\left(\frac{z}{L_D}\right)^2} \tag{8.3.28}$$

可见，当 $C=0$ 时，得到初始脉冲无啁啾的脉冲展宽式(8.3.19)，并且在传输过程中如果有 $C\beta_2<0$，脉冲首先压缩，然后再展宽。脉宽最小的传输距离为

$$z_{\min}=\frac{|C|}{1+C^2}L_D \tag{8.3.29}$$

所能达到的最小脉宽为

$$t_{z,\min}=\frac{t_0}{\sqrt{1+C^2}} \tag{8.3.30}$$

图 8-3-6 显示初始啁啾分别为 $C=0$、$C=2$、$C=-2$ 的高斯脉冲在反常色散介质中传输脉宽的演化情况。短虚线是啁啾为零($C=0$)的脉宽展宽情况。长虚线是啁啾参量 $C=-2$ 时的脉冲演化情况，由于 $C\beta_2>0$，它比无啁啾情况下展宽得更迅速。实线代表 $C=2$ 的情况，此时 $C\beta_2<0$，脉冲先压缩，在 $z=0.4\ L_D$时脉冲压缩到最小，随后再逐渐展宽。

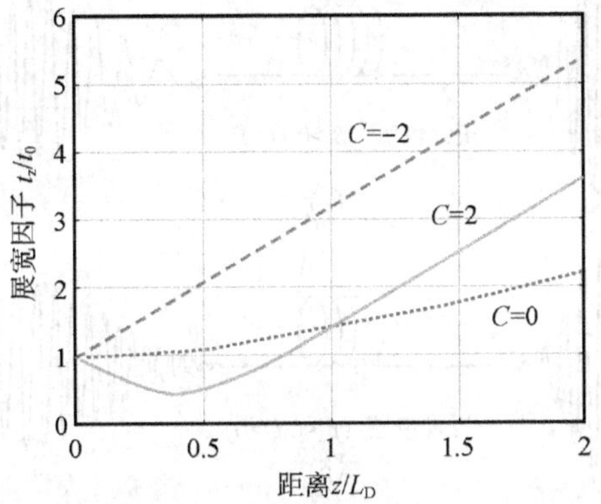

图 8-3-6　具有不同啁啾参量 C 的初始高斯脉冲入射反常色散介质脉冲宽度的演化情况

2. 从传输方程角度讨论色散对光脉冲传输的影响

上面从波包演化角度讨论了色散对光脉冲传输的影响，实际上还可以根据光脉冲传输方程(8.2.32)来讨论色散对光脉冲的影响。当忽略非线性效应时，方程(8.2.32)可以变为

$$\frac{\partial U}{\partial z}=-\frac{\mathrm{i}}{2}\beta_2\frac{\partial^2 U}{\partial T^2} \tag{8.3.31}$$

进一步，在无色散介质中，$\beta_2=0$，则$\partial U(z,T)/\partial z=0$，得

$$U(z,T)=U(0,T)\quad 或者\quad U\left(z,t-\frac{z}{v_g}\right)=U(0,t) \tag{8.3.32}$$

表示在无色散介质中，光脉冲形状保持不变，这与从方程(8.3.9)得出的结果一致。

如果保留二阶色散，$\beta_2\neq 0$，将式(8.3.31)作傅里叶变换，得

$$\frac{\partial \tilde{U}(z,\Omega)}{\partial z}=\frac{\mathrm{i}}{2}\beta_2\Omega^2\tilde{U}(z,\Omega) \tag{8.3.33}$$

方程的解为

$$\tilde{U}(z,\Omega)=\tilde{U}(0,\Omega)\exp\left(\frac{\mathrm{i}}{2}\beta_2\Omega^2 z\right) \tag{8.3.34}$$

这个结果与式(8.3.12)是一致的。

从式(8.3.12)可以看出,首先,随着传输,光脉冲的傅里叶谱的幅度保持原始脉冲的傅里叶谱 $\tilde{U}(0,\Omega)$ 不变,亦即不产生新的谱分量,但是其不同谱分量的相位是随着传输改变的,该相位由频率偏移 Ω 和传输距离 z 共同决定(当然也决定于光纤色散 β_2)。正是这种不同谱分量的相位改变,造成脉冲在传输过程中时域脉冲形状的展宽。当然,如果光脉冲存在初始啁啾,且啁啾参量 C 与 β_2 符号相反,脉冲在时域将先压缩,再展宽。

8.3.3 光纤通信系统中的色散管理

根据前面的讨论知道,光脉冲在光纤中传输,色散将引起脉冲展宽,展宽到一定程度就会引起误码,需要采用某种方法进行均衡或者补偿。

其中一种有效的均衡方法是利用色散相反的光纤去均衡单模光纤中脉冲经过传输引起的展宽。图 8-3-7 显示了光脉冲经历不同色散的光纤传输脉冲发生的变化,脉冲经过正常色散($\beta_2>0$, $D<0$)光纤传输,脉冲展宽,并形成上啁啾;如果脉冲经过反常色散($\beta_2<0$, $D>0$)光纤传输,脉冲同样展宽,但是形成的是下啁啾。

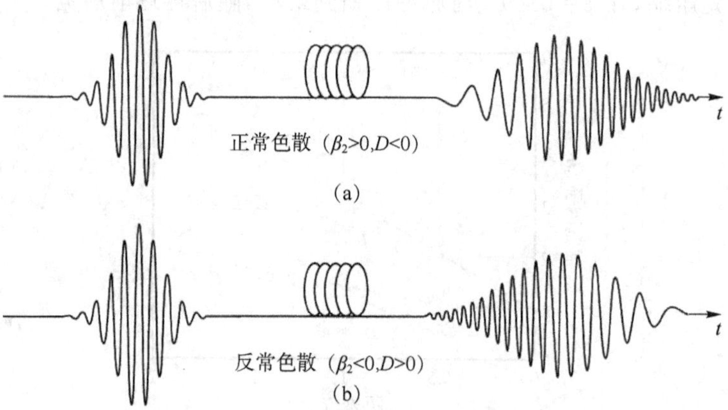

图 8-3-7 (a) 光脉冲在正常色散光纤中传输,脉冲展宽,且引发上啁啾
(b) 光脉冲在反常色散光纤中传输,脉冲亦展宽,引发下啁啾

以这种现象为基础,如果脉冲经历一根反常色散($D_1>0$)光纤,展宽的脉冲形成下啁啾,如果脉冲再经历一根正常色散($D_2<0$)光纤,$D_2<0$ 的色散会提供上啁啾去均衡脉冲经历反常色散光纤形成的下啁啾,展宽的脉冲可以恢复原来的宽度,只要求满足条件 $D_1L_1+D_2L_2=0$(L_1 是第一根光纤的长度,L_2 是第二根光纤的长度)。这种技术称为色散管理技术,图 8-3-8 显示了这种技术的原理。

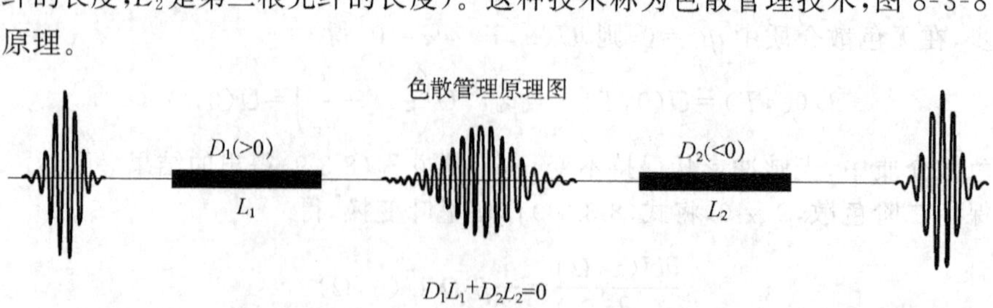

图 8-3-8 色散管理原理图,光脉冲在单模光纤(反常色散 $D_1>0$)传输 L_1 距离,脉冲展宽,且引发了下啁啾。再经过色散补偿光纤(正常色散 $D_2<0$)传输距离 L_2,且 $D_1L_1+D_2L_2=0$。这样脉冲得到恢复,啁啾也得到补偿

利用 EDFA 作为中继光放大器的光纤通信系统，单模光纤的损耗约为 0.2 dB/km，光信号传输 50～80 km 损失功率 10～16 dB，这个数量的功率损失恰是 EDFA 可以补偿的。这样每隔 50～80 km 需要放置一个 EDFA 进行光放大，如图 8-3-9 所示，这段距离称为一个跨段。假如某光纤通信系统跨段是 50 km 的单模光纤，由于其色散参量是 17 ps/nm/km，50 km 单模光纤累积色散为 $D_1L_1=850$ ps/nm。利用一段具有正常色散的色散补偿光纤(DCF)可以补偿 50 km 单模光纤的累积色散。设色散补偿光纤的色散参量为 -250 ps/nm/km，则只需要 3.4 km 的色散补偿光纤就能够补偿 50 km 单模光纤的累积色散，因为此时满足 $D_1L_1+D_2L_2=0$。图 8-3-9(a)显示了每个跨段放置一段色散补偿光纤的情形；图(b)显示了单模光纤与色散补偿光纤的色散参量的分布；图(c)显示沿着传输方向累积色散的变化情况，经过一个完整的跨段，累积色散先是上升，经历色散补偿光纤后，累积色散下降为 0，这样色散得到补偿。

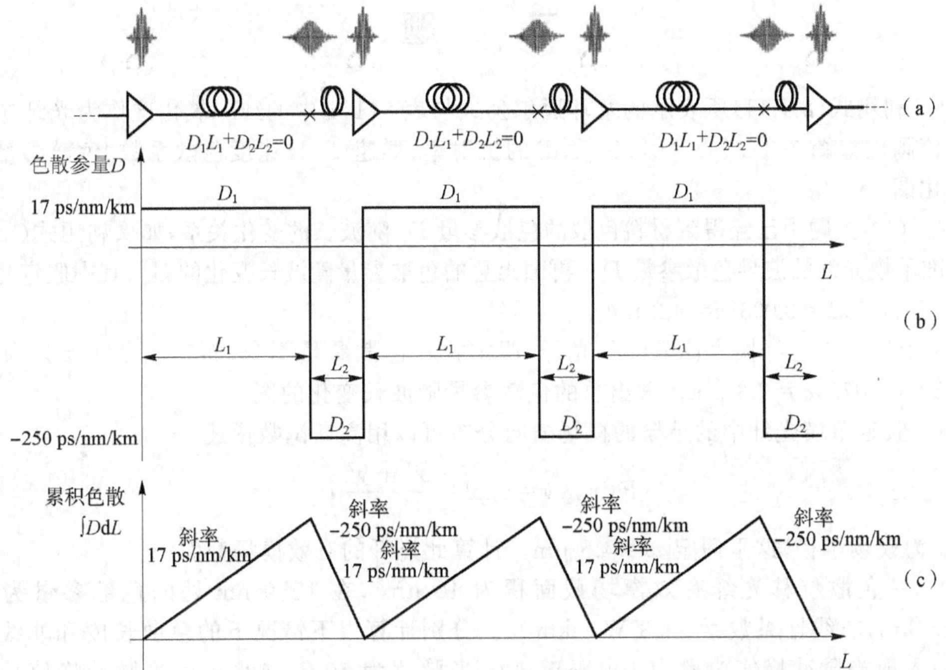

图 8-3-9　每个跨段的色散管理原理图，(a) 每个跨段由一段色散参量为正(典型值 $D_1=17$ ps/nm/km)的单模光纤(典型跨段长度 $L_1=50$ km)与一段色散参量为负(典型值 $D_2=-250$ ps/nm/km)的色散补偿光纤(典型长度 $L_2=3.4$ km)组成，满足 $D_1L_1+D_2L_2=0$；(b) 色散参量随距离的分布；(c) 累积色散 $\int DdL$ 随距离的分布

本章参考文献

[1]　Keiser G.Optical fiber communications 5th ed [M]. New York: McGraw Hill, 2015.

[2]　Agrawal G P.Nonlinear fiber optics 5th ed [M]. Amsterdam: Academic Press, 2013.

[3]　Binh L N.Optical fiber communication systems with Matlab® and Simulink® Models [M]. Boca Raton: CRC Press, 2015.

[4]　伽塔克 A，著.光学[M].6 版.张晓光，唐先锋，张虎，译.北京：清华大学出版社，2019.

[5]　Mears R J, Reekie L, Jauncey I M, et al. High-gain rare-earth-doped fiber amplifier at

1.54 μm [C]. Proceedings of Optical Fiber Communications Conference (OFC), 1987, Paper WI2.

[6] Desurvire E, Simpson J R, Becker P C. High-gain erbium-doped traveling-wave fiber amplifier [J]. Opt. Lett., 1987, 12 (11): 888-890.

[7] Schneider T. Nonlinear optics in telecommunications [M]. Berlin: Springer, 2004.

[8] Ferreira M F S. Nonlinear effects in optical fiber [M]. Hoboken: John Wiley & Sons, 2011.

[9] Zhang X G, Comments on "Switching dynamics of short optical pulses in a nonlinear directional coupler" [J]. IEEE Quantum Electron., 2001, 37(5): 733-734.

[10] 张晓光,杨伯君,俞重远.非线性薛定谔方程数值解法中傅里叶正逆变换选取的讨论[J]. 计算物理,2003,20(3): 267-272.

习　题

8.1 利用式(8.1.11)所表示的塞耳迈尔公式与表 8-1-1 中的纯二氧化硅作为光纤芯材料的数据值画出如图 8-1-3(a)、(b)、(c)、(d)的折射率、群速度、群速度色散系数、色散参量随波长的变化图。

8.2 (1) 上题中已经得到材料色散的色散参量 D_m 随波长的变化关系,如果利用式(8.1.15)计算标准单模光纤的波导色散参量 D_w,再画出总的色散参量随波长变化的图。其中假定光纤参数为 $n_2=1.447$,$\Delta=0.003$,$a=4.2$ μm。

(2) 上一问中光纤换为色散位移光纤,假定材料色散参量不变,而其他光纤参数为 $n_2=1.444$,$\Delta=0.0075$,$a=2.3$ μm。画出总的色散参量随波长变化的图。

8.3 假定单模光纤中的单模的模场横向分布可以用高斯函数描述

$$F(x,y)=\exp\left(-\frac{x^2+y^2}{w^2}\right)$$

式中,w 为模场半径,这里假定 $w=4.5$ μm。计算此光纤的有效模场截面积。

8.4 一色散位移光纤有效模场截面积为 40 μm^2,在 1550 nm 处的色散参量为 $D=2$ ps/nm/km,非线性系数 $\gamma=1.3\ W^{-1}km^{-1}$。分别计算以下情况下的色散长度和非线性长度。(1)入射光脉冲峰值功率为 100 mW,$1/e$ 半脉宽为 10 ps;(2)入射光脉冲峰值功率为 1 W,$1/e$ 半脉宽为 1 ps。以上两种情况中是色散效应更重要,还是非线性效应更重要?

8.5 无啁啾的脉冲被称为变换极限脉冲,其时域的脉冲宽度 Δt 与频域的谱宽度 $\Delta\nu$ 的乘积(称为时间带宽积,其中 Δt 和 $\Delta\nu$ 均为脉冲时域振幅函数和频域振幅函数的半峰值全宽度 FWHM)相比于有啁啾的脉冲取最小值 $\Delta t_0\Delta\nu_0$,被称为脉冲的变换极限值。

(1) 证明对于具有线性啁啾的高斯脉冲型有

$$\Delta t\Delta\nu=\Delta t_0\Delta\nu_0\sqrt{1+C^2}$$

式中,C 是线性啁啾的啁啾系数。

(2) 证明对于变换极限的高斯型脉冲有 $\Delta t_0\Delta\nu_0=0.441$;而对于具有双曲正割型脉冲有 $\Delta t_0\Delta\nu_0=0.315$。

8.6 利用分步傅里叶变换数值方法仿真证明,当一个高斯型脉冲的初始啁啾系数分别为 $C=0$、$C=2$、$C=-2$ 时,在反常色散光纤中的脉冲展宽因子像图 8-3-6 所示一样,请用数值方法计算并绘制图 8-3-6。

第9章　非线性光纤光学Ⅱ：光纤非线性折射率效应

9.1　自相位调制与交叉相位调制

在第7章中讨论过由于介质内光强导致的非线性折射率变化。如果讨论的是光强在空间上的变化(一般是光强在光束横截面上的变化)，导致光束自聚焦或者自散焦。光纤对光波有导引传输作用，且都是以光纤模式的形态传输。尤其在单模光纤中，光波以基模 HE_{11} 模式形式传输，自聚焦现象不明显。然而当光波以脉冲形式传输时，脉冲在时域上前后光强不一致，导致脉冲在传输过程中，位于脉冲前后的非线性折射率改变，导致脉冲前后的相位以及瞬态频率改变，即所谓的"相位调制"。当单一光波的脉冲在光纤中传输时，光脉冲会因为自身先后强度的不同造成相位的自调制，这种现象称为自相位调制(Self-Phase Modulation，SPM)。当多个光波一起在光纤中传输时，一个光波会因为其他光波的光脉冲前后强度变化导致本光波的相位交叉调制，称为交叉相位调制(Cross-Phase Modulation，XPM)。本节讨论自相位调制与交叉相位调制对于光脉冲在光纤中传输的影响。

9.1.1　自相位调制造成非线性相移

如果在方程(8.2.32)中忽略色散项的作用，并假定入射光信号是连续光，或者是脉冲宽度非常宽的光信号，方程中对于时间偏导数的项也可以忽略，则方程变为

$$\frac{\partial U(z,T)}{\partial z}=\mathrm{i}\gamma\,|U(z,T)|^2U(z,T) \tag{9.1.1}$$

这个方程与式(7.2.4)是一致的，是非线性极化系数虚部为零的特殊情况。如果不忽略损耗，则有

$$\frac{\partial U(z,T)}{\partial z}=\mathrm{i}\gamma\,|U(z,T)|^2U(z,T)-\frac{\alpha}{2}U(z,T) \tag{9.1.2}$$

为了得到方程的解，将复振幅 U 分解为实振幅与相位的表达形式

$$U(z,T)=u(z,T)\exp[\mathrm{i}\phi_{\mathrm{NL}}(z,T)] \tag{9.1.3}$$

式中，u 和 ϕ_{NL} 均为实数。将式(9.1.3)代入式(9.1.2)，实部与虚部分别处理，得到

$$\frac{\partial u}{\partial z}=-\frac{\alpha}{2}u \quad 以及 \quad \frac{\partial \phi_{NL}}{\partial z}=\gamma u^2 \tag{9.1.4}$$

得到解

$$u(z,T)=u(0,T)e^{-\frac{\alpha}{2}z} 以及\ \phi_{NL}=\gamma u^2(0,T)\frac{1-\exp(-\alpha z)}{\alpha}=\gamma|U(0,T)|^2 z_{eff} \tag{9.1.5}$$

式中

$$z_{eff}=\frac{1-\exp(-\alpha z)}{\alpha} \tag{9.1.6}$$

如果 $\alpha=0, z_{eff}=z$。将式(9.1.5)整合一下，得到

$$U(z,T)=U(0,T)\exp\left(-\frac{\alpha}{2}z\right)\exp(i\gamma|U(0,T)|^2 z_{eff}) \tag{9.1.7}$$

可见，光克尔非线性效应作用在传输的光脉冲上，会产生一个非线性相移 $\phi_{NL}=\gamma|U(0,T)|^2 z_{eff}$，这个结论与7.2节中式(7.2.4)到式(7.2.11)讨论的结论是一致的。这个非线性相移取决于光脉冲的功率($\propto|U(0,T)|^2$)，由于功率随时间的变化，这个非线性相移将产生一个啁啾频移

$$\delta\omega=-\frac{\partial \phi_{NL}}{\partial T}=-\gamma\frac{\partial}{\partial T}(|U(0,T)|^2)z_{eff} \tag{9.1.8}$$

在脉冲前沿($T<0$)功率是上升的，$\frac{\partial}{\partial T}(|U(0,T)|^2)>0$，啁啾频移为红移；在脉冲后沿($T>0$)功率是下降的，$\frac{\partial}{\partial T}(|U(0,T)|^2)<0$，啁啾频移为蓝移。图9-1-1所示了一个高斯型光脉冲的脉冲形状(a)、非线性相移(b)和啁啾频移(c)。

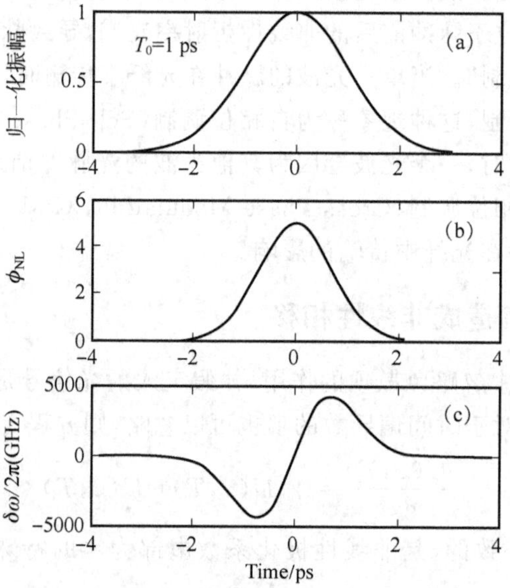

图9-1-1 高斯型脉冲与啁啾

(a)高斯型脉冲的强度分布；(b)非线性相移分布；(c)啁啾频移

9.1.2 自相位调制非线性相移导致的频谱展宽

从式(9.1.7)还可以得到，当光脉冲只存在自相位调制影响时，脉冲在时域的形状将保持

初始脉冲$U(0,T)$的样子，不会展宽，但是在时域对应于不同时间产生了不同的自相位调制的非线性相移$\phi_{NL}=\gamma|U(0,T)|^2 z_{eff}$，这个非线性相移随着有效传输距离增大而增大。现在考查经过传输后脉冲的频谱分量变化，将式(9.1.7)做傅里叶变换，得

$$\widetilde{U}(z,\Omega)=\frac{1}{\sqrt{2\pi}}\exp\left(-\frac{\alpha}{2}z\right)\int_{-\infty}^{\infty}U(0,T)\exp(\mathrm{i}\gamma|U(0,T)^2|z_{eff})\exp(\mathrm{i}\Omega T)\mathrm{d}T \quad (9.1.9)$$

上面已经得出如果脉冲传输中只受自相位调制效应影响，脉冲在时域上不会展宽。但是从式(9.1.9)来看，一般情况下脉冲会产生新的频谱分量。为了证实这个结论，不妨以高斯脉冲为例子来计算一下。将高斯脉冲的时域函数代入式(9.1.9)，得

$$\widetilde{U}(z,\Omega)=\frac{1}{\sqrt{2\pi}}\exp\left(-\frac{\alpha}{2}z\right)\int_{-\infty}^{\infty}\exp\left(-\frac{T^2}{2t_0^2}\right)\exp\left[\mathrm{i}\left(\gamma e^{-\frac{T^2}{2t_0^2}}z_{eff}+\Omega T\right)\right]\mathrm{d}T \quad (9.1.10)$$

在 8.3 节中讨论过只有色散作用时，如果初始光脉冲无啁啾，纯色散造成脉冲在时域展宽，而在频域保持频谱不变(没有新的频率组分产生)。对照本节，只有自相位调制作用时，纯自相位调制造成脉冲在频域展宽，而在时域保持形状不变。实际上自相位调制是与光纤非线性系数γ、脉冲峰值功率以及有效传输距离引起的非线性相移$\phi_{NL}=\gamma|U(0,T)|^2 z_{eff}$相关，非线性系数$\gamma$越大，入纤峰值功率越大，有效传输距离越长，非线性相移越大，造成的频谱展宽也越宽。图 9-1-2 给出一个 25 ps 的高斯脉冲在光纤中传输，如果只考虑自相位调制的作用，脉冲在 1 km、5 km、10 km、14 km 处的频谱展宽的情况。

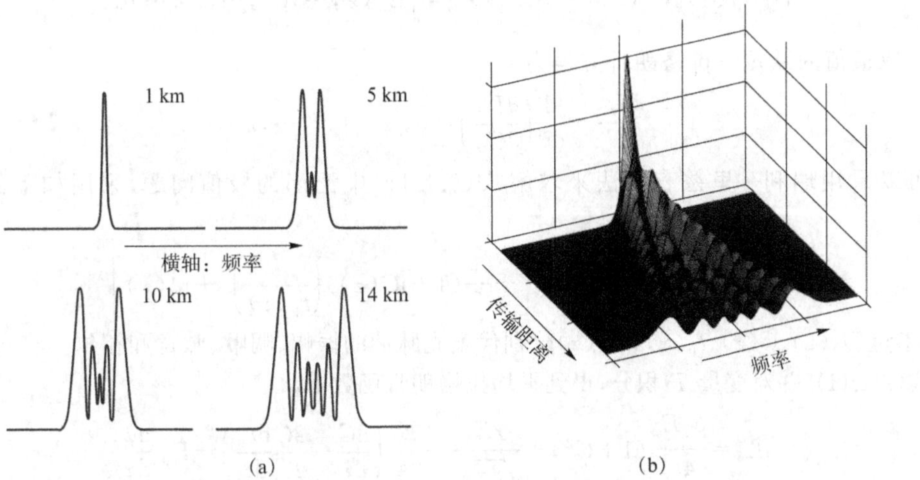

图 9-1-2　一个 25 ps 宽的光脉冲在单模光纤中传输的光谱情况(只考虑自相位调制效应的影响。$\gamma=1.3\ \mathrm{W^{-1}km^{-1}}$，峰值功率$P_0=1$ W，损耗系数$\alpha=0$ dB/km)

(a) 脉冲分别传输 1 km、5 km、10 km、14 km 时脉冲的频谱；(b) 脉冲在传输过程中频谱的变化

9.1.3　利用变分法分析脉冲在单模光纤中的传输

如果将群速度色散效应和自相位调制效应都考虑在内，并且对光脉冲宽度没有限制，则想得到光脉冲在光纤中的传输行为，就需要解方程(8.2.32)。在 8.2 节讨论了方程(8.2.32)的分步傅里叶变换数值解法，在这里介绍一种半解析解法——变分法，用来分析光脉冲在光纤中的传输情况。在本书附录 F 中给出了变分法的基本思想和求解方法，希望更细致研究变分法的读者请参考相应的文献书籍。

变分法是一个非常有用的工具，在许多求解问题里有广泛的应用。1977 年费尔思(W. J. Firth)首次将变分法用于讨论高斯光束在非线性衍射介质中传输时光脉冲的演化情况[1]，随后 1983 年安德森(D. Anderson)将变分法用于分析光脉冲在光纤中的非线性演化情况[2]。

与非线性薛定谔方程(8.2.32)相对应的拉格朗日函数 L 以及泛函表示如下

$$S[U(z,T),U^*(z,T)]=\int_0^z\int_{-\infty}^{\infty}L(z,T,U,U^*,U_z,U_T^*)\,\mathrm{d}z\,\mathrm{d}T$$
$$=\int_0^z\mathrm{d}z\int_{-\infty}^{\infty}\left[\frac{\mathrm{i}}{2}\left(U\frac{\partial U^*}{\partial z}-U^*\frac{\partial U}{\partial z}\right)-\frac{\beta_2}{2}\left|\frac{\partial U}{\partial T}\right|^2-\frac{\gamma}{2}|U|^4\right]\mathrm{d}T \tag{9.1.11}$$

式中，L 为泛函 S 的核函数，又称拉格朗日函数，L 满足下面的欧拉—拉格朗日方程，当欧拉—拉格朗日方程成立时，泛函 S 取极值。

$$\frac{\partial L}{\partial U^*}-\frac{\partial}{\partial z}\left(\frac{\partial L}{\partial U_z^*}\right)-\frac{\partial}{\partial T}\left(\frac{\partial L}{\partial U_T^*}\right)=0 \tag{9.1.12}$$

读者可以自己验算一下，上面这个方程就等价于非线性薛定谔方程(8.2.32)。

另外，如果将式(9.1.11)中对 T 的积分完成，则自变量只有 z，则泛函 S 可以看成是多个一元函数 $C_i(z)(i=1,2,3,\cdots,n)$的函数，有

$$S[C_1(z),C_2(z),\cdots,C_n(z)]=\int_0^z L_d(z,\cdots,C_i,\cdots,C_{iz}\cdots)\mathrm{d}z \tag{9.1.13}$$

它取极值的欧拉—拉格朗日方程为

$$\frac{\partial L_{\mathrm{d}}}{\partial C_{\mathrm{i}}}-\frac{\mathrm{d}}{\mathrm{d}z}\left(\frac{\partial L_{\mathrm{d}}}{\partial C_{\mathrm{iz}}}\right)=0,\ i=1,2,\cdots,n \tag{9.1.14}$$

可以采用瑞利—里兹直接法来求解式(9.1.11)中泛函的极值问题，采用如下的脉冲试探解

$$U(z,T)=U_{\mathrm{p}}(z)\exp\left[-\frac{1}{2}(1+\mathrm{i}C(z))\left(\frac{T}{t_{\mathrm{p}}(z)}\right)^2+\mathrm{i}\psi(z)\right] \tag{9.1.15}$$

式中，参量 $U_{\mathrm{p}}(z)$、$C(z)$、$t_{\mathrm{p}}(z)$和 $\psi(z)$分别代表光脉冲的振幅、啁啾、脉宽和相位。将式(9.1.15)代入式(9.1.11)，并对变量 T 积分，得到平均拉格朗日函数 L_{d}

$$L_{\mathrm{d}}=\frac{\beta_2E_{\mathrm{p}}}{4t_{\mathrm{p}}^2}(1+C^2)+\frac{\gamma E_{\mathrm{p}}^2}{\sqrt{8\pi}t_{\mathrm{p}}}+\frac{E_{\mathrm{p}}}{4}\left(\frac{\mathrm{d}C}{\mathrm{d}z}-\frac{2C}{t_{\mathrm{p}}}\frac{\mathrm{d}t_{\mathrm{p}}}{\mathrm{d}z}\right)-E_{\mathrm{p}}\frac{\mathrm{d}\psi}{\mathrm{d}z} \tag{9.1.16}$$

式中，$E_{\mathrm{p}}=\sqrt{\pi}U_{\mathrm{p}}^2t_{\mathrm{p}}$ 是脉冲能量。令 $C_1=\psi$、$C_2=C$、$C_3=t_{\mathrm{p}}$、$C_4=E_{\mathrm{p}}$，并将这些参量代入方程(9.1.14)。由 $C_1=\psi$，得到 $E_{\mathrm{p}}=E_0=$常数，亦即得到了脉冲的能量守恒。将 $C_2=C$、$C_3=t_{\mathrm{p}}$、$C_4=E_{\mathrm{p}}$ 分别代入方程(9.1.14)，得到如下方程

$$\frac{\mathrm{d}t_{\mathrm{p}}}{\mathrm{d}z}=\frac{\beta_2C}{t_{\mathrm{p}}} \tag{9.1.17}$$

$$\frac{\mathrm{d}C}{\mathrm{d}z}=\frac{\gamma E_0}{\sqrt{2\pi}t_{\mathrm{p}}}+(1+C^2)\frac{\beta_2}{t_{\mathrm{p}}^2} \tag{9.1.18}$$

$$\frac{\mathrm{d}\psi}{\mathrm{d}z}=\frac{5\gamma E_0}{4\sqrt{2\pi}t_{\mathrm{p}}}+\frac{\beta_2}{2t_{\mathrm{p}}^2} \tag{9.1.19}$$

根据式(9.1.17)，脉宽决定于光纤的群速色散系数 β_2 以及啁啾系数 C，而从式(9.1.18)可

以看出，脉冲啁啾随传输距离的变化由前后两项决定，第一项表示非线性（自相位调制）对于啁啾的贡献（其中含有非线性系数 γ、脉宽 t_p、脉冲总能量 E_0，它们共同决定非线性长度），第二项表示光纤色散对于啁啾的贡献（脉宽 t_p 与群速色散系数 β_2 共同决定了色散长度）。如果忽略非线性项，再联立方程(9.1.17)，得

$$\frac{C\mathrm{d}C}{1+C^2}=\frac{\mathrm{d}t_p}{t_p}\ \text{或者等价地}\ \frac{1+C^2}{t_p^2}=\text{常数}=\frac{1+C_0^2}{t_0^2} \tag{9.1.20}$$

将这个结论代入式(9.1.18)，并忽略非线性($\gamma=0$)，得

$$\frac{\mathrm{d}C}{\mathrm{d}z}=(1+C_0^2)\frac{\beta_2}{t_0^2} \tag{9.1.21}$$

积分得

$$C=C_0+(1+C_0^2)\frac{\beta_2 z}{t_0^2}=C_0+\mathrm{sgn}(\beta_2)(1+C_0^2)\frac{z}{L_D} \tag{9.1.22}$$

将式(9.1.22)代入式(9.1.20)，得

$$t_p=t_0\sqrt{\left(1+C_0\mathrm{sgn}(\beta_2)\frac{z}{L_D}\right)^2+\left(\frac{z}{L_D}\right)^2} \tag{9.1.23}$$

这就是 8.3 节式(8.3.28)，表示高斯脉冲在色散介质中脉宽的演化规律。

如果忽略群速色散($\beta_2=0$)，由式(9.1.17)，脉宽 t_p 将保持不变，仍为 t_0，这与式(9.1.7)是一致的。将 $t_p=t_0$ 作为常量代入方程(9.1.18)，并忽略色散项，得

$$\frac{\mathrm{d}C}{\mathrm{d}z}=\frac{\gamma E_0}{\sqrt{2\pi}t_0}\quad\text{或者}\quad C=C_0+\frac{1}{\sqrt{2}}\gamma P_0 z \tag{9.1.24}$$

可见，自相位调制引发的啁啾贡献为正，这与图 9-1-1(c)显示的啁啾情况是一致的。

如果采用双曲正割脉冲作为试探解，亦即

$$U(z,T)=U_p(z)\mathrm{sech}\left(\frac{T}{t_p(z)}\right)\exp\left[-\mathrm{i}C(z)\left(\frac{T}{t_p(z)}\right)^2+\mathrm{i}\psi(z)\right] \tag{9.1.25}$$

式中，参量 $U_p(z)$、$C(z)$、$t_p(z)$ 和 $\psi(z)$ 仍分别代表光脉冲的振幅、啁啾、脉宽和相位。将这个试探解代入式(9.1.11)，并对变量 T 积分，得到平均拉格朗日函数 L_d

$$L_d=\frac{\beta_2 E_p}{6t_p^2}\left(1+\frac{\pi^2}{4}C^2\right)+\frac{\gamma E_p^2}{6t_p}+\frac{\pi^2 E_p}{24}\left(\frac{\mathrm{d}C}{\mathrm{d}z}-\frac{2C}{t_p}\frac{\mathrm{d}t_p}{\mathrm{d}z}\right)-E_p\frac{\mathrm{d}\psi}{\mathrm{d}z} \tag{9.1.26}$$

仍令 $C_1=\psi$、$C_2=C$、$C_3=t_p$、$C_4=E_p$，并将这些参量代入方程(9.1.14)。由 $C_1=\psi$，得到 $E_p=E_0=$常数，得到脉冲能量守恒。在这里比较关心的是脉宽和啁啾的变化，将 $C_2=C$、$C_3=t_p$ 分别代入方程(9.1.14)，得到如下方程

$$\frac{\mathrm{d}t_p}{\mathrm{d}z}=\frac{\beta_2 C}{t_p} \tag{9.1.27}$$

$$\frac{\mathrm{d}C}{\mathrm{d}z}=\gamma P_0\frac{4}{\pi^2}\frac{t_0}{t_p}+\left(C^2+\frac{4}{\pi^2}\right)\frac{\beta_2}{t_p^2} \tag{9.1.28}$$

如果入射光脉冲无初始啁啾，即 $C(0)=C_0=0$，$t_p(0)=t_0$，进一步假设光脉冲在反常色散($\beta_2<0$)的单模光纤中传输，可以证明此时有 $t_p=t_0$，即脉冲宽度保持不变，而且

$$\frac{\mathrm{d}C}{\mathrm{d}z}=0\quad\text{或者}\quad\gamma P_0\frac{4}{\pi^2}+\frac{4}{\pi^2}\frac{\beta_2}{t_0^2}=0 \tag{9.1.29}$$

得到此时需满足的条件

$$\gamma P_0=\frac{|\beta_2|}{t_0^2}\quad\text{或者}\quad\frac{L_D}{L_{NL}}=\frac{\gamma P_0 t_0^2}{|\beta_2|}=1 \tag{9.1.30}$$

亦即，当光脉冲在反常色散光纤中传输时，且群速色散效应与非线性效应达到平衡($L_D = L_{NL}$)，双曲正割型脉冲能够在传输中保持脉冲形状不变，这就是形成时间光孤子的原理，在图 8-2-2中，这种情形位于中间交叉点的情况。关于时间光孤子传输将在下一节详细讨论。

9.1.4 自相位调制对于光纤通信系统的影响

从前面的讨论可知，自相位调制可以产生非线性相移 $\phi_{NL} = \gamma P_0 z_{eff}$，此相移与非线性系数 γ、入射峰值光功率 P_0 以及有效传输距离 z_{eff} 有关。首先从数值上考查一下有效传输距离与实际传输距离之间的关系，由式(9.1.6)以及光纤衰减系数的分贝表示式(8.1.5)，有

$$z_{eff} = 4.343 \times \frac{1 - \exp\left(-\frac{\alpha_{dB}}{4.343} z\right)}{\alpha_{dB}} \tag{9.1.31}$$

单模光纤在 1.55 μm 波长处的损耗系数为 0.2 dB/km，则 $z_{eff} = 21.72\left[1 - \exp\left(-\frac{z(\text{km})}{21.72}\right)\right](\text{km})$。图 9-1-3 显示了有效传输距离与实际传输距离之间的关系，可以看出当 $\alpha z \ll 1$ 时，$z_{eff} \approx z$；而当 $\alpha z \gg 1$ 时，

$$\lim_{\alpha z \to \infty} z_{eff} = z_{eff}^G = 4.343/\alpha_{dB} = 21.72 \text{ km} \tag{9.1.32}$$

如果光纤通信系统有 N 个放大跨段，则经过这 N 个跨段，产生的非线性相移为

$$\phi_{NL} = N\gamma P_0 \times 21.72 \text{ km} \tag{9.1.33}$$

如果认为产生 $\pi/2$ 的相移为非线性效应明显起作用，利用参数 $\gamma = 1.2\ \text{W}^{-1}\text{km}^{-1}$，传输 10 个跨段，大约入纤功率为 6 mW 时，非线性就会起明显的作用。

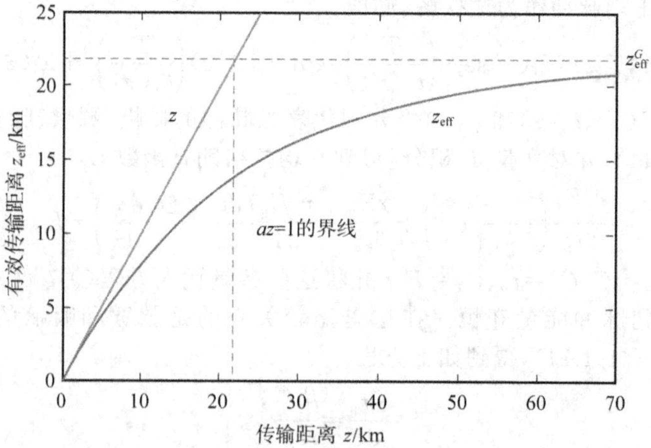

图 9-1-3　有效传输距离 z_{eff} 与实际传输距离 z 之间的关系

当光纤的群速色散效应和自相位调制效应同时存在时，不同的色散与自相位调制相互作用，会得到不同的结果。

自相位调制总是引起上啁啾的，当光纤通信系统工作在正常色散区时，群速色散也是同样引发上啁啾，两个效应叠加，将引发更大的上啁啾，脉冲展宽得更加迅速。从另一角度理解，正常色散意味着 $d\tau/d\omega > 0$，脉冲频率组分中频率越高时延越长，对应的群速度更慢(群速折射率更大)。同时，因为正常色散引起脉冲产生上啁啾，这样脉冲前沿频率红移(比中心频率低)，对应的传输速度快，脉冲后沿频率蓝移(比中心频率高)，对应的传输速度慢，因此总体脉冲会展

宽。自相位调制效应进一步加强这个上啁啾，因而造成脉冲进一步展宽。当光纤通信系统工作在反常色散区(单模光纤在 1.55 μm 波长区域是反常色散)，则自相位调制引发的上啁啾与反常色散引发的下啁啾可以相互抵消(反常色散引起脉冲展宽，而自相位调制可以引起脉冲压缩)，如果入纤功率 P_0 非常高，引发的非线性效应会超过色散效应，光脉冲总体来说会压缩；如果入纤功率 P_0 不够高，则总体来说光脉冲会展宽，只是展宽速度不如只有反常色散单独作用时展宽得那么快；当非线性效应与反常色散效应达到平衡时，亦即 $L_{NL}=L_D$ 时，光脉冲会既不展宽，也不压缩，形成基阶孤子(也称为一阶孤子)传输，光脉冲能够在传输中保持形状不变。下一节将比较详细地讨论光孤子传输的问题。

在 8.3 节讨论过色散管理技术，它是一种均衡色散的技术。在不考虑非线性效应时，设计色散管理，是要求满足 $D_1L_1+D_2L_2=0$ 的条件。而实际上，当把自相位调制效应考虑在内时，条件 $D_1L_1+D_2L_2=0$ 不再是色散管理的唯一设计依据，因为自相位调制的联合作用，光脉冲在反常色散($D_1>0$)的光纤传输距离 L_1 时脉冲的展宽比色散单独作用时小一些，因此利用色散补偿光纤($D_2<0$)补偿色散时需要稍微欠补偿一些，亦即 $|D_2L_2|<|D_1L_1|$，如图 9-1-4 所示。其实在实际设计中要更加仔细，一般需要利用数值仿真系统设计各种参量的最佳值。

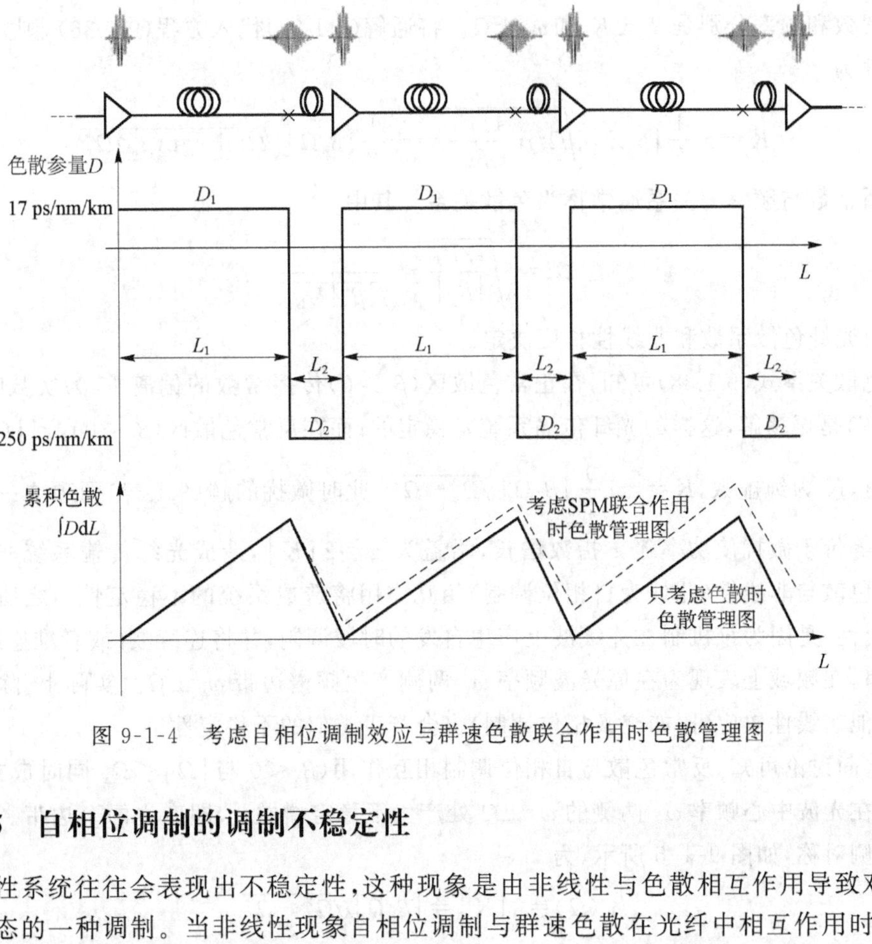

图 9-1-4　考虑自相位调制效应与群速色散联合作用时色散管理图

9.1.5　自相位调制的调制不稳定性

非线性系统往往会表现出不稳定性，这种现象是由非线性与色散相互作用导致对于非线性系统稳态的一种调制。当非线性现象自相位调制与群速色散在光纤中相互作用时，会造成光信号传输的不稳定，表现为：连续波或者准连续波分裂为一串超短脉冲。

当光纤中色散与非线性(这里指自相位调制)均考虑在内时，描述光信号传输的方程是(8.2.32)，为了讨论方便，在这里再次列出

$$\frac{\partial U(z,T)}{\partial z}=-\frac{\mathrm{i}}{2}\beta_2\frac{\partial^2 U(z,T)}{\partial T^2}+\mathrm{i}\gamma|U(z,T)|^2U(z,T) \tag{9.1.34}$$

连续波解是方程的稳态解 $U(z,T)=\sqrt{P_0}\exp(\mathrm{i}\phi_{\mathrm{NL}})$，其中 P_0 是输入功率，$\phi_{\mathrm{NL}}=\gamma P_0 z$ 是自相位调制造成的非线性相移。这样的稳态解在传输中是否稳定？为了回答这一问题，考虑在这个稳态解中加一个微扰

$$U(z,T)=(\sqrt{P_0}+u)\exp(\mathrm{i}\phi_{\mathrm{NL}}) \tag{9.1.35}$$

式中，微扰很小 $|u|\ll\sqrt{P_0}$，代入方程(9.1.34)，并使方程对 u 线性化(即忽略 u 的高阶项)，得到 u 所满足的方程

$$\frac{\partial u}{\partial z}=-\frac{\mathrm{i}}{2}\beta_2\frac{\partial^2 u}{\partial T^2}+\mathrm{i}\gamma P_0(u+u^*) \tag{9.1.36}$$

这个方程的通解为

$$u(z,T)=a\exp[\mathrm{i}(Kz-\Omega T)]+b\exp[-\mathrm{i}(Kz-\Omega T)] \tag{9.1.37}$$

式中，a 和 b 是待定常数，K 和 Ω 是因微扰引入的传播常数的偏离和频率的移动。注意，其指数因子是在基本传输因子 $\exp[\mathrm{i}(\beta_0 z-\omega_0 t)]$(参见式(8.2.1))之上多出的因子，此时光波完整的传播常数和频率分别是 $\beta_0\pm K$ 和 $\omega_0\pm\Omega$。将通解(9.1.37)代入方程(9.1.36)，则方程有合理解的条件为

$$K=\pm\frac{1}{2}|\beta_2\Omega|\sqrt{\Omega^2+\frac{4\gamma P_0}{\beta_2}}=\pm\frac{1}{2}|\beta_2\Omega|\sqrt{\Omega^2+\mathrm{sgn}(\beta_2)\Omega_{\mathrm{c}}^2} \tag{9.1.38}$$

这个传播常数与频率的关系通常称为色散关系。其中

$$\Omega_{\mathrm{c}}=\sqrt{\frac{4\gamma P_0}{|\beta_2|}}=\frac{2}{\sqrt{|\beta_2|L_{\mathrm{NL}}}} \tag{9.1.39}$$

其大小由光纤色散系数和非线性长度决定。

由色散关系式(9.1.38)可知，在正常色散区($\beta_2>0$)传播常数的偏离 K 为实数时，微扰的解(9.1.37)是振荡解，这样的光纤传输系统是稳定的；而在反常色散区($\beta_2<0$)，当 $|\Omega|<\Omega_{\mathrm{c}}$ 同时满足时，K 为纯虚数，$K=\pm\mathrm{i}\frac{1}{2}|\beta_2\Omega|\sqrt{\Omega_{\mathrm{c}}^2-\Omega^2}$，此时微扰的解(9.1.37)两项之一是呈指数增长的，等价于微扰使功率随 z 指数增长，增益为 $g=2|K|$，造成光纤传输系统非稳定。显然，反常色散与非线性(此处为自相位调制)相互作用将造成系统的不稳定性。之所以称为调制不稳定性，是因为该机制在连续波上产生自发的时域调制，并将连续波(或者准连续波)转变为脉冲串，在频域上表现为在原光波频率 ω_0 两侧产生频谱边带 $\omega_0\pm\Omega$。实际上，除了自相位调制，其他非线性效应(比如交叉相位调制)也会产生类似的不稳定性。

从上面讨论可知，反常色散与自相位调制相互作用($\beta_2<0$ 与 $|\Omega|<\Omega_{\mathrm{c}}$ 同时成立)产生不稳定性，在光波中心频率 ω_0 两侧的 $\omega_0\pm\Omega$ 处产生不稳定增益 g，即产生两个边带。增益相对 $\Omega=0$ 两侧对称，如图 9-1-5 所示，为

$$g(\Omega)=2|K|=|\beta_2\Omega|\sqrt{\Omega_{\mathrm{c}}^2-\Omega^2} \tag{9.1.40}$$

显然当

$$\Omega_{\max}=\pm\frac{\Omega_{\mathrm{c}}}{\sqrt{2}}=\pm\sqrt{\frac{2\gamma P_0}{|\beta_2|}}=\pm\sqrt{\frac{2}{|\beta_2|L_{\mathrm{NL}}}} \tag{9.1.41}$$

时，增益 g 取最大值，定义为峰值增益

$$g_{\max}=g(\Omega_{\max})=\frac{1}{2}|\beta_2|\Omega_c^2=2\gamma P_0=\frac{2}{L_{\mathrm{NL}}} \tag{9.1.42}$$

显然峰值增益与入射功率成正比，与非线性长度成反比。图 9-1-5 所示微扰不稳定功率增益随频移的变化，其中 $\beta_2=-5\ \mathrm{ps}^2/\mathrm{km}$，三条曲线分别对应 $L_{\mathrm{NL}}=1$ km、2 km、5 km，在这三个等效非线性长度里，$L_{\mathrm{NL}}=1$ km 对应的输入光功率 P_0 最强，因此调制不稳定性的增益最大。

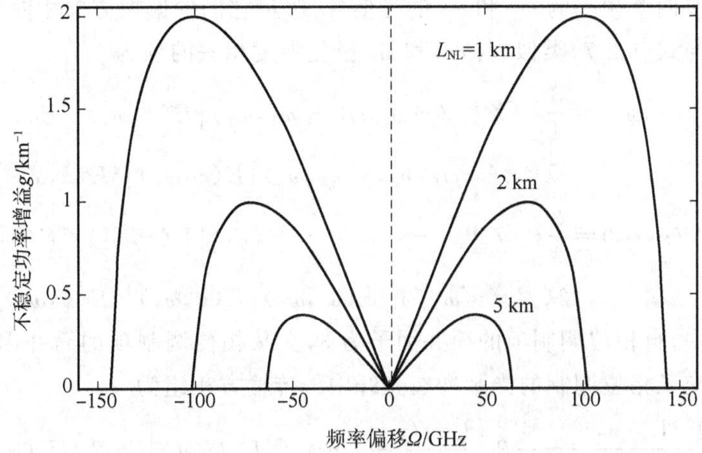

图 9-1-5　调制不稳定性微扰功率增益随频移的变化。其中 $\beta_2=-5\ \mathrm{ps}^2/\mathrm{km}$，其中三条曲线分别对应 $L_{\mathrm{NL}}=1$ km、2 km、5 km，对应输入连续光的三个功率 P_0 值

图 9-1-6 给出了一个初始脉宽（FWHM）为 100 ps 的脉冲在反常色散光纤中产生调制不稳定性的例子[3]，其中工作波长为 1.319 μm，光纤色散 $\beta_2\approx-3\ \mathrm{ps}^2/\mathrm{km}$，脉冲峰值功率 $P_0=7.1$ W，光纤长度为 1 km。图 9-1-6(a)为 100 ps 脉冲在光纤输出端的自相关时域曲线，图 9-1-6(b)为低入射功率时光纤输出端脉冲的频谱，图 9-1-6(c)、(d)、(e)分别为输入峰值功率 $P_0=5.5$ W、6.1 W、7.1 W 时光纤输出端脉冲的频谱，图中中心频率两侧由调制不稳定性造成的边带清晰可辨。

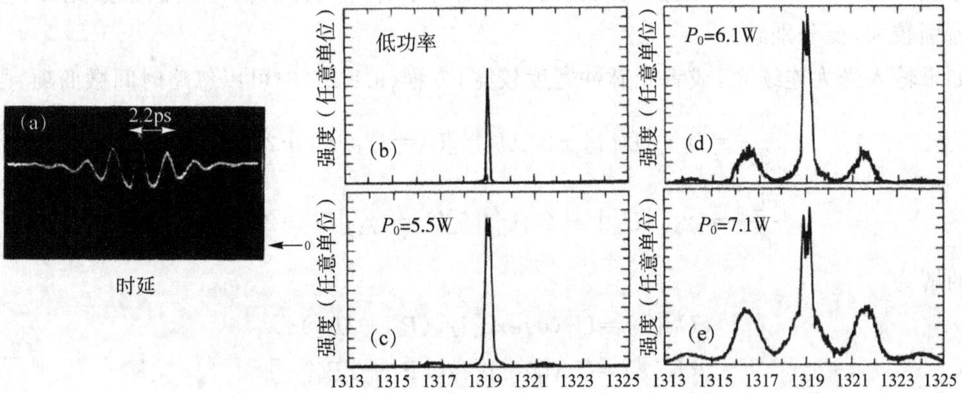

图 9-1-6　(a) 100 ps 脉冲在光纤输出端的自相关时域曲线，(b)输入低功率时光脉冲在输出端的频谱，后面三幅频谱图对应输入峰值功率 P_0 分别为(c)5.5 W、(d)6.1 W、(e)7.1 W

9.1.6 交叉位调制(XPM)

上面讨论的自相位调制效应来源于每个信道光信号功率造成的自身的非线性相移的影响,如果光纤中有多个信道(比如波分复用系统中不同的波长信道),相邻信道之间可以相互造成非线性相移影响,称为交叉相位调制。这个交叉相位调制效应机理就是在 7.2 节讨论过的非线性交叉相移。

假设光纤中有两个频率为 ω_1 和 ω_2 的光信号,假定它们的偏振方向相同(不妨假定都是 x 方向偏振),这样与式(8.2.7)类似,与 ω_1 和 ω_2 极化强度相关的项为

$$\hat{e}_x\cdot\boldsymbol{P}^{\mathrm{NL}}(z,\omega_1)=\frac{3}{4}\varepsilon_0[\chi^{(3)}_{xxxx}(-\omega_1,\omega_1,-\omega_1,\omega_1)|E(z,\omega_1)|^2E(z,\omega_1)+2\chi^{(3)}_{xxxx}(-\omega_1,\omega_2,-\omega_2,\omega_1)|E(z,\omega_2)|^2E(z,\omega_1)] \tag{9.1.43}$$

$$\hat{e}_x\cdot\boldsymbol{P}^{\mathrm{NL}}(z,\omega_2)=\frac{3}{4}\varepsilon_0[\chi^{(3)}_{xxxx}(-\omega_2,\omega_2,-\omega_2,\omega_2)|E(z,\omega_2)|^2E(z,\omega_2)+2\chi^{(3)}_{xxxx}(-\omega_2,\omega_1,-\omega_1,\omega_2)|E(z,\omega_1)|^2E(z,\omega_2)] \tag{9.1.44}$$

在上面两个公式中,自相位调制项的简并因子为 3,交叉相位调制项的简并因子为 6。这样包含自相位调制和交叉相位调制的光脉冲在光纤中的传输方程组为

$$\begin{aligned}\frac{\partial U_1(z,t)}{\partial z}&=-\frac{1}{v_{g1}}\frac{\partial U_1(z,t)}{\partial t}-\frac{\mathrm{i}}{2}\beta_{21}\frac{\partial^2U_1(z,t)}{\partial t^2}+\mathrm{i}\gamma_1[|U_1(z,t)|^2+2\,|U_2(z,t)|^2]U_1(z,t)\\ \frac{\partial U_2(z,T)}{\partial z}&=-\frac{1}{v_{g2}}\frac{\partial U_2(z,t)}{\partial t}-\frac{\mathrm{i}}{2}\beta_{22}\frac{\partial^2U_2(z,t)}{\partial t^2}+\mathrm{i}\gamma_2[|U_2(z,t)|^2+2\,|U_1(z,t)|^2]U_2(z,t)\end{aligned} \tag{9.1.45}$$

式中,v_{g1} 和 v_{g2} 分别为两个光信号的群速度,此处由于两光波频率不同,其群速度也不同,这样两光信号之间会有走离现象,此时没有统一的群速度框架坐标系了。β_{21} 和 β_{22} 分别为光纤在 ω_1 和 ω_2 处的群速色散。另外两频率处的非线性系数也不相同

$$\gamma_{\mathrm{j}}=\frac{n_2^I\omega_{\mathrm{j}}}{cA_{\mathrm{eff}}}\quad j=1,2 \tag{9.1.46}$$

对于传统单模光纤 γ_1 和 γ_2 数值大致相同。但是对于特殊设计的高非线性系数光纤,它们之间的差别较大,要分别给。

如果输入光为连续光,或者光脉冲宽度较宽,方程(9.1.45)中可以忽略时间微商项,则

$$\begin{aligned}\frac{\partial U_1}{\partial z}&=\mathrm{i}\gamma_1[|U_1|^2+2\,|U_2|^2]U_1=\mathrm{i}\gamma_1[P_1+2P_2]U_1\\ \frac{\partial U_2}{\partial z}&=\mathrm{i}\gamma_2[|U_2|^2+2\,|U_1|^2]U_2=\mathrm{i}\gamma_2[P_2+2P_1]U_2\end{aligned} \tag{9.1.47}$$

方程的解为

$$\begin{aligned}U_1(z)&=U_1(0)\exp[\mathrm{i}\gamma_1(P_1+2P_2)z]\\ U_2(z)&=U_2(0)\exp[\mathrm{i}\gamma_2(P_2+2P_1)z]\end{aligned} \tag{9.1.48}$$

如果在耦合波方程(9.1.47)中将光纤损耗也计入,则解(9.1.48)中的 z 变成 z_{eff}

$$\begin{aligned}U_1(z)&=U_1(0)\exp[\mathrm{i}\gamma_1(P_1+2P_2)z_{\mathrm{eff}}]\\ U_2(z)&=U_2(0)\exp[\mathrm{i}\gamma_2(P_2+2P_1)z_{\mathrm{eff}}]\end{aligned} \tag{9.1.49}$$

如果定义非线性相位

$$
\begin{aligned}
\phi_{1\text{NL}} &= \gamma_1 (P_1 + 2P_2) z_{\text{eff}} \\
\phi_{2\text{NL}} &= \gamma_2 (P_2 + 2P_1) z_{\text{eff}}
\end{aligned}
\tag{9.1.50}
$$

则将在两光波上造成了频率啁啾

$$
\begin{aligned}
\delta\omega_1 &= \delta\omega_{1\text{SPM}} + \delta\omega_{1\text{XPM}} = -\gamma_1 \frac{\partial P_1}{\partial t} z_{\text{eff}} - 2\gamma_1 \frac{\partial P_2}{\partial t} z_{\text{eff}} \\
\delta\omega_2 &= \delta\omega_{2\text{SPM}} + \delta\omega_{2\text{XPM}} = -\gamma_2 \frac{\partial P_2}{\partial t} z_{\text{eff}} - 2\gamma_2 \frac{\partial P_1}{\partial t} z_{\text{eff}}
\end{aligned}
\tag{9.1.51}
$$

式中，上下两式的第一项为自相位调制引发的频率啁啾，第二项为交叉相位调制引发的频率啁啾。因此当光纤中存在两个波长信道时，每个信道不仅会产生信道自身功率所造成的自相位调制，还会产生另外信道功率造成的交叉相位调制，而且交叉相位调制效应相比自相位调制效应作用是加倍的，这样会加速光脉冲的频谱展宽。

从非线性效应造成折射率改变的角度看，不同信道的光信号感受到的折射率是不一样的。光信号 1 感受到的折射率为

$$
n_{1\text{tot}} = n + n_2^I I_1 + 2n_2^I I_2 \tag{9.1.52}
$$

对于光信号 2，其感受到的折射率为

$$
n_{2\text{tot}} = n + n_2^I I_2 + 2n_2^I I_1 \tag{9.1.53}
$$

实际上，在波分复用系统中，多个波长信道的光信号同时在光纤中传输，不同信道之间都会发生交叉相位调制效应，M 个波长信道的耦合波方程(9.1.47)将变成

$$
\frac{\partial U_j}{\partial z} = \mathrm{i}\gamma_j \left[|U_j|^2 + 2\sum_{m \neq j}^{M} |U_m|^2 \right] U_j, \quad j = 1, 2, \cdots, M \tag{9.1.54}
$$

每个信道光波的非线性相移为

$$
\phi_{j\text{NL}} = \gamma_j z_{\text{eff}} \left(P_j + 2\sum_{m \neq j}^{M} P_m \right), \quad j = 1, 2, \cdots, M \tag{9.1.55}
$$

9.1.7　偏振相关的交叉相位调制

上面讨论的是两频率不同的光波之间的交叉相位调制，一般称为信道间的交叉相位调制。目前光纤通信已经普遍采用在一个频率(波长)信道利用两个正交偏振来分别传输光信号，这样同一个波长信道可以加倍传输容量。那么这两个正交偏振光信号之间也会有交叉相位调制，称为偏振相关的交叉相位调制。下面讨论这种交叉相位调制。

假定光纤中电场矢量可以分成 E_x、E_y 分量，其中

$$
\begin{aligned}
E_x(z,\omega) &= F(x,y)\widetilde{A}_x(z,\omega)\mathrm{e}^{\mathrm{i}\beta_x z} \\
E_y(z,\omega) &= F(x,y)\widetilde{A}_y(z,\omega)\mathrm{e}^{\mathrm{i}\beta_y z}
\end{aligned}
\tag{9.1.56}
$$

式中，$F(x,y)$是光场的横向分布(假定 x、y 分量场横向分布一样)，β_x 和 β_y 为 x、y 偏振的传播常数。下面回顾 5.1 节的式(5.1.9)，以及 8.2 节的式(8.2.7)，看一看在 x、y 方向上分别受极化强度多少项的影响，其中要考虑三阶非线性效应频率结合如何能得到生成的频率 ω(比如三个频率 ω 相同的光波可以得到频率 ω 的组合是 $\omega=-\omega+\omega+\omega$、$\omega=\omega-\omega+\omega$、$\omega=\omega+\omega-\omega$，有三种组合)，以及不为零的三阶非线性极化率张量元素 $\chi_{ijkl}^{(3)}$(即考虑偏振的不为零的组合，见式(9.1.57)和式(9.1.58))。从表 5-1-1 中可知，对于各向同性介质(普通光纤介质为各向同性)，牵涉 x、y 偏振的不为零元素为 $\chi_{xxxx}^{(3)}=\chi_{yyyy}^{(3)}$、$\chi_{xxyy}^{(3)}=\chi_{yyxx}^{(3)}$、$\chi_{xyxy}^{(3)}=\chi_{yxyx}^{(3)}$、$\chi_{xyyx}^{(3)}=\chi_{yxxy}^{(3)}$、$\chi_{xxxx}^{(3)}=\chi_{xxyy}^{(3)}+\chi_{xyyx}^{(3)}+\chi_{xyxy}^{(3)}$。这样

在 x 方向：

$$\begin{aligned}\hat{e}_x\cdot\boldsymbol{P}^{\mathrm{NL}}(z,\omega)\mathrm{e}^{-\mathrm{i}\beta_x z}=\mathrm{e}^{-\mathrm{i}\beta_x z}\,[\,&\hat{e}_x\cdot\overleftrightarrow{\chi}^{(3)}(-\omega,-\omega,\omega,\omega)\vdots\hat{e}_x\hat{e}_x\hat{e}_xE_x^*E_xE_x\\&+\hat{e}_x\cdot\overleftrightarrow{\chi}^{(3)}(-\omega,-\omega,\omega,\omega)\vdots\hat{e}_x\hat{e}_y\hat{e}_yE_x^*E_yE_y\\&+\hat{e}_x\cdot\overleftrightarrow{\chi}^{(3)}(-\omega,-\omega,\omega,\omega)\vdots\hat{e}_y\hat{e}_x\hat{e}_yE_y^*E_xE_y\\&+\hat{e}_x\cdot\overleftrightarrow{\chi}^{(3)}(-\omega,-\omega,\omega,\omega)\vdots\hat{e}_y\hat{e}_y\hat{e}_xE_y^*E_yE_x\\&+\hat{e}_x\cdot\overleftrightarrow{\chi}^{(3)}(-\omega,\omega,-\omega,\omega)\vdots\hat{e}_x\hat{e}_x\hat{e}_xE_xE_x^*E_x\\&+\hat{e}_x\cdot\overleftrightarrow{\chi}^{(3)}(-\omega,\omega,-\omega,\omega)\vdots\hat{e}_x\hat{e}_y\hat{e}_yE_xE_y^*E_y\\&+\hat{e}_x\cdot\overleftrightarrow{\chi}^{(3)}(-\omega,\omega,-\omega,\omega)\vdots\hat{e}_y\hat{e}_x\hat{e}_yE_yE_x^*E_y\\&+\hat{e}_x\cdot\overleftrightarrow{\chi}^{(3)}(-\omega,\omega,-\omega,\omega)\vdots\hat{e}_y\hat{e}_y\hat{e}_xE_yE_y^*E_x\\&+\hat{e}_x\cdot\overleftrightarrow{\chi}^{(3)}(-\omega,\omega,\omega,-\omega)\vdots\hat{e}_x\hat{e}_x\hat{e}_xE_xE_xE_x^*\\&+\hat{e}_x\cdot\overleftrightarrow{\chi}^{(3)}(-\omega,\omega,\omega,-\omega)\vdots\hat{e}_x\hat{e}_y\hat{e}_yE_xE_yE_y^*\\&+\hat{e}_x\cdot\overleftrightarrow{\chi}^{(3)}(-\omega,\omega,\omega,-\omega)\vdots\hat{e}_y\hat{e}_x\hat{e}_yE_yE_xE_y^*\\&+\hat{e}_x\cdot\overleftrightarrow{\chi}^{(3)}(-\omega,\omega,\omega,-\omega)\vdots\hat{e}_y\hat{e}_y\hat{e}_xE_yE_yE_x^*\,]\end{aligned}\tag{9.1.57}$$

在 y 方向：

$$\begin{aligned}\hat{e}_y\cdot\boldsymbol{P}^{\mathrm{NL}}(z,\omega)\mathrm{e}^{-\mathrm{i}\beta_y z}=\mathrm{e}^{-\mathrm{i}\beta_y z}\,[\,&\hat{e}_y\cdot\overleftrightarrow{\chi}^{(3)}(-\omega,-\omega,\omega,\omega)\vdots\hat{e}_y\hat{e}_y\hat{e}_yE_y^*E_yE_y\\&+\hat{e}_y\cdot\overleftrightarrow{\chi}^{(3)}(-\omega,-\omega,\omega,\omega)\vdots\hat{e}_y\hat{e}_x\hat{e}_xE_y^*E_xE_x\\&+\hat{e}_y\cdot\overleftrightarrow{\chi}^{(3)}(-\omega,-\omega,\omega,\omega)\vdots\hat{e}_x\hat{e}_y\hat{e}_xE_x^*E_yE_x\\&+\hat{e}_y\cdot\overleftrightarrow{\chi}^{(3)}(-\omega,-\omega,\omega,\omega)\vdots\hat{e}_x\hat{e}_x\hat{e}_yE_x^*E_xE_y\\&+\hat{e}_y\cdot\overleftrightarrow{\chi}^{(3)}(-\omega,\omega,-\omega,\omega)\vdots\hat{e}_y\hat{e}_y\hat{e}_yE_yE_y^*E_y\\&+\hat{e}_y\cdot\overleftrightarrow{\chi}^{(3)}(-\omega,\omega,-\omega,\omega)\vdots\hat{e}_y\hat{e}_x\hat{e}_xE_yE_x^*E_x\\&+\hat{e}_y\cdot\overleftrightarrow{\chi}^{(3)}(-\omega,\omega,-\omega,\omega)\vdots\hat{e}_x\hat{e}_y\hat{e}_xE_xE_y^*E_x\\&+\hat{e}_y\cdot\overleftrightarrow{\chi}^{(3)}(-\omega,\omega,-\omega,\omega)\vdots\hat{e}_x\hat{e}_x\hat{e}_yE_xE_x^*E_y\\&+\hat{e}_y\cdot\overleftrightarrow{\chi}^{(3)}(-\omega,\omega,\omega,-\omega)\vdots\hat{e}_y\hat{e}_y\hat{e}_yE_yE_yE_y^*\\&+\hat{e}_y\cdot\overleftrightarrow{\chi}^{(3)}(-\omega,\omega,\omega,-\omega)\vdots\hat{e}_y\hat{e}_x\hat{e}_xE_yE_xE_x^*\\&+\hat{e}_y\cdot\overleftrightarrow{\chi}^{(3)}(-\omega,\omega,\omega,-\omega)\vdots\hat{e}_x\hat{e}_y\hat{e}_xE_xE_yE_x^*\\&+\hat{e}_y\cdot\overleftrightarrow{\chi}^{(3)}(-\omega,\omega,\omega,-\omega)\vdots\hat{e}_x\hat{e}_x\hat{e}_yE_xE_xE_y^*\,]\end{aligned}\tag{9.1.58}$$

以上两公式的第 1、5、9 行均为自相位调制项，忽略频率位置不一样导致的非线性极化率元素的不一样，合在一起为 $3\chi_{xxxx}^{(3)}|E_x|^2E_x\mathrm{e}^{-\mathrm{i}\beta_x z}$ 和 $3\chi_{xxxx}^{(3)}|E_y|^2E_y\mathrm{e}^{-\mathrm{i}\beta_y z}$，其中用到了 $\chi_{xxxx}^{(3)}=\chi_{yyyy}^{(3)}$，再简化为 $3\chi_{xxxx}^{(3)}|\widetilde{A}_x|^2\widetilde{A}_x\ |F|^2F$ 和 $3\chi_{xxxx}^{(3)}|\widetilde{A}_y|^2\widetilde{A}_y\ |F|^2F$。

两公式中还有含 $\chi_{iijj}^{(3)}$、$\chi_{ijij}^{(3)}$、$\chi_{ijji}^{(3)}$，每个公式都有 9 项，考虑 $\chi_{xxxx}^{(3)}=\chi_{yyyy}^{(3)}=\chi_{xxyy}^{(3)}+\chi_{xyyx}^{(3)}+$

$\chi_{xyxy}^{(3)}$，并假设等号右面三项相等，这样公式(9.1.57)中的项包含两类，一类是包含$|E_y|^2E_x$的项，有 6 项，还有一类是包含$E_y^2E_x^*$的项，有 3 项。前者可以完全相位匹配，考虑忽略频率位置和偏振脚标位置不同造成非线性极化率元素不同，合起来得 $6\chi_{xxyy}^{(3)}|E_y|^2E_x\mathrm{e}^{-\mathrm{i}\beta_x z}=2\chi_{xxxx}^{(3)}|E_y|^2E_x\mathrm{e}^{-\mathrm{i}\beta_x z}=2\chi_{xxxx}^{(3)}|\tilde{A}_y|\tilde{A}_x\ |F|^2F$。后者有相位匹配问题，合起来得 $3\chi_{xxyy}^{(3)}E_y^2E_x^*\mathrm{e}^{-\mathrm{i}\beta_x z}=\chi_{xxxx}^{(3)}E_y^2E_x^*\mathrm{e}^{-\mathrm{i}\beta_x z}=\chi_{xxxx}^{(3)}\tilde{A}_y^2\tilde{A}_x^*\ |F|^2F\mathrm{e}^{-2(\beta_x-\beta_y)z}$。同理，式(9.1.58)中除了属于自相位调制项以外，也包含两类项，一类为 $6\chi_{xxyy}^{(3)}|E_x|^2E_y\mathrm{e}^{-\mathrm{i}\beta_y z}=2\chi_{xxxx}^{(3)}|E_x|^2E_y\mathrm{e}^{-\mathrm{i}\beta_y z}=2\chi_{xxxx}^{(3)}|\tilde{A}_x|\tilde{A}_y|F|^2F$。另一类为 $3\chi_{xxyy}^{(3)}E_x^2E_y^*\mathrm{e}^{-\mathrm{i}\beta_y z}=\chi_{xxxx}^{(3)}E_x^2E_y^*\mathrm{e}^{-\mathrm{i}\beta_y z}=\chi_{xxxx}^{(3)}\tilde{A}_x^2\tilde{A}_y^*|F|^2F\mathrm{e}^{-2(\beta_y-\beta_x)z}$。

综合上面的讨论，可以得到同一波长信道两个正交偏振光波之间的耦合波方程为

$$\begin{aligned}
&\frac{\partial U_x}{\partial z}+\frac{1}{v_{gx}}\frac{\partial U_x}{\partial t}+\frac{\mathrm{i}}{2}\beta_{2x}\frac{\partial^2 U_x}{\partial t^2}=\mathrm{i}\gamma\left[|U_x|^2+\frac{2}{3}|U_y|^2\right]U_x+\mathrm{i}\frac{\gamma}{3}U_x^*U_y^2\mathrm{e}^{-2(\beta_{0x}-\beta_{0y})z}\\
&\frac{\partial U_y}{\partial z}+\frac{1}{v_{gy}}\frac{\partial U_y}{\partial t}+\frac{\mathrm{i}}{2}\beta_{2y}\frac{\partial^2 U_y}{\partial t^2}=\mathrm{i}\gamma\left[|U_y|^2+\frac{2}{3}|U_x|^2\right]U_y+\mathrm{i}\frac{\gamma}{3}U_y^*U_x^2\mathrm{e}^{2(\beta_{0x}-\beta_{0y})z}
\end{aligned} \tag{9.1.59}$$

式中，v_{gx}和v_{gy}分别是x、y偏振光的群速度，β_{2x}和β_{2y}分别是x、y偏振方向的 2 阶群速色散。方程右侧的第一项 $\mathrm{i}\gamma|U_x|^2U_x$ 和 $\mathrm{i}\gamma|U_y|^2U_y$ 分别为x、y偏振光的自相位调制项，右侧第二项 $\mathrm{i}\gamma\frac{2}{3}|U_y|^2U_x$ 和 $\mathrm{i}\gamma\frac{2}{3}|U_x|^2U_y$ 分别是x、y偏振光之间的交叉相位调制项。与式(9.1.45)中描述的信道间交叉相位调制项相比，耦合系数是不一样的。信道间交叉相位调制项前面的耦合系数是 2，而信道内两偏振光之间的交叉相位调制项前面的耦合系数是 2/3。两个方程右侧最后一项 $\mathrm{i}\frac{\gamma}{3}U_x^*U_y^2\mathrm{e}^{-2(\beta_{0x}-\beta_{0y})z}$ 和 $\mathrm{i}\frac{\gamma}{3}U_y^*U_x^2\mathrm{e}^{2(\beta_{0x}-\beta_{0y})z}$ 实际上属于 9.3 节将要讨论的四波混频项。最后这一项需要相位匹配的条件，如果定义光纤拍长度 $L_\mathrm{b}=2\pi/(\beta_{0x}-\beta_{0y})$，而所讨论的光纤相比拍长度较长，这一项会反复变化，平均的结果可以忽略。

上面给出了考虑不同信道含交叉相位调制的光脉冲耦合波传输方程，以及考虑相同信道不同偏振含交叉相位调制的光脉冲耦合波传输方程。考虑到课时以及本书篇幅的限制，没有举例讨论上述两种情况的交叉相位调制的具体表现与应用，有需要了解更多细节的读者请参阅文献[4]。

9.2　光纤中的光孤子

8.3 节和 9.1 节分别讨论了非线性薛定谔方程中群速色散和自相位调制分别起作用时光脉冲在光纤中的传播情况，并指出，当光脉冲在反常色散光纤中传播，会出现这样的情况，当群速色散效应与自相位调制效应平衡时($L_{\mathrm{NL}}=L_{\mathrm{D}}$)，光脉冲既不展宽，也不压缩，脉冲形状无畸变地传播，形成了光孤子传输。本节讨论光孤子在光纤中的传播特性。

下面回顾一下孤子现象与概念的形成，以及光孤子应用在光纤通信系统的发展过程。

物理学家都了解波包在色散介质中总是扩散的，波包在介质传输过程中，会由于色散逐渐展宽而最后消弭于无形。1834 年苏格兰科学家兼造船工程师约翰·斯考特·拉塞尔(John Scott Russell)发现在河道中马拉的驳船突然停止，船头被推起的一个水波竟然可以几乎保持

原来的形状、幅度和速度一直沿河道向前传播而不扩散消失。拉塞尔骑马跟随这个怪异的水波几公里才消失。拉塞尔对这样的水波传播不迅速扩散展宽的现象印象深刻，随后开始实验观察这样的水波传播现象，证实这种水波行为像粒子，即使与其他这种水波相撞以后，仍能够保持形状不变[5]。拉塞尔称之为“孤立波(solitary wave)”，后来人们将其改称为“孤子(soliton)”，以反映这种孤波的类粒子特性。

描述孤立波应该有一个描述它的波动方程，1895 年瑞典阿姆斯特丹大学的科尔特韦格(D. J. Korteweg)和德弗里斯(G. de Vries)建立了描述水中孤立波的波动方程，称为 Korteweg-de Vries 方程，俗称 KdV 方程[6]。随后人们又发现一些非线性方程也有孤立波解，其中就包括非线性薛定谔方程(NLS 方程(8.2.32))。

1967 年加德纳(C. S. Gardner)等人用反散射法成功解析求解了 KdV 方程的初值问题[7]。1972 年扎哈罗夫(Zakharov)和沙巴特(Shabat)又成功利用反散射法解析求解了 NLS 方程[8]。随后人们发现反散射法还可以求解若干非线性偏微分方程，自此反散射法成为求解非线性偏微分方程的一种广泛的有效方法。

1973 年贝尔实验室的长谷川(Hasegawa)与塔珀特(Tappert)提出光纤中色散与非线性相互作用可以形成光孤子传输，光脉冲在光纤中的传输满足 NLS 方程[9, 10]。他们还提出利用光孤子作为载体，很有可能将光纤通信系统容量大大提高。1980 年同样是贝尔实验室的莫勒纳(Mollenauer)实验证实了光纤中可以实现光孤子传输[11]。自此光孤子传输引起人们研究它的极大兴趣。

本节从非线性薛定谔方程出发，首先介绍方程的解析求解法。

9.2.1 基阶光孤子

将 8.2 节得出的非线性薛定谔方程(8.2.32)整理一下，再次写在这里

$$\mathrm{i}\frac{\partial U(z,T)}{\partial z}-\frac{\beta_2}{2}\frac{\partial^2 U(z,T)}{\partial T^2}+\gamma|U(z,T)|^2U(z,T)=0 \tag{9.2.1}$$

为了从纯数学的角度看待上面的方程，往往需要对方程归一化，把所有物理量变为无量纲的量。令

$$\xi=\frac{z}{L_\mathrm{D}},\ \tau=\frac{T}{t_0},\ q=\sqrt{\gamma L_\mathrm{D}}U \tag{9.2.2}$$

则方程变为归一化的非线性薛定谔方程

$$\mathrm{i}\frac{\partial q}{\partial \xi}+\frac{1}{2}\frac{\partial^2 q}{\partial \tau^2}+|q|^2q=0 \tag{9.2.3}$$

实际上，归一化的变换不一定只有式(9.2.2)一种方式，也就是说对于方程(9.2.1)的归一化并不是唯一的。可以证明，如果 $q(\xi,\tau)$ 是方程的解，则 $\kappa q(\kappa^2\xi,\kappa\tau)$ 也是方程的解，即方程(9.2.3)在距离变为 κ^2 倍、时间变为 κ 倍、复振幅变化 κ 倍，方程(9.2.3)的样子不会变。

下面利用解析方法求方程(9.2.3)的一个特解，令这个特解具有传输中脉冲形状不变的性质，其复振幅仅为 τ 的函数，与 ξ 无关，且脉冲不产生频率啁啾，其相位与 τ 无关，仅为 ξ 的函数，则

$$q(\xi,\tau)=V(\tau)\exp[\mathrm{i}\phi(\xi)] \tag{9.2.4}$$

将这个解代入方程(9.2.3)，得

$$-V\frac{\mathrm{d}\phi}{\mathrm{d}\xi}+\frac{1}{2}\frac{\mathrm{d}^2V}{\mathrm{d}\tau^2}+V^3=0 \tag{9.2.5}$$

设相位随 ξ 线性增长，$\phi=K\xi$，则

$$\frac{\mathrm{d}^2V}{\mathrm{d}\tau^2}=2V(K-V^2) \tag{9.2.6}$$

令 $\Theta=\frac{\mathrm{d}V}{\mathrm{d}\tau}$，则 $\frac{\mathrm{d}\Theta}{\mathrm{d}\tau}=\frac{\mathrm{d}^2V}{\mathrm{d}\tau^2}$，另外 $\frac{\mathrm{d}\Theta}{\mathrm{d}\tau}=\frac{\mathrm{d}\Theta}{\mathrm{d}V}\frac{\mathrm{d}V}{\mathrm{d}\tau}=\Theta\frac{\mathrm{d}\Theta}{\mathrm{d}V}$，方程(9.2.6)变为

$$\Theta\mathrm{d}\Theta=2V(K-V^2)\mathrm{d}V \tag{9.2.7}$$

两边积分，得

$$\left(\frac{\mathrm{d}V}{\mathrm{d}\tau}\right)^2=2KV^2-V^4+C \tag{9.2.8}$$

式中，C 为积分常数。由于 $V(\tau)$ 为振幅，其导数在 $\pm\infty$ 处为零，因此 $C=0$。假定脉冲在与脉冲一起前进的参照系中居中对称，$(\mathrm{d}V/\mathrm{d}\tau)|_{\tau=0}=0$，且归一化振幅 $V(0)=1$，得 $K=1/2$。方程(9.2.8)变为

$$\frac{\mathrm{d}V}{\mathrm{d}\tau}=V\sqrt{1-V^2} \tag{9.2.9}$$

积分，最后得到特解为

$$q(\xi,\tau)=\mathrm{sech}(\tau)\exp(\mathrm{i}\xi/2) \tag{9.2.10}$$

这个特解表示基本孤子，也称为一阶孤子，它在传输中形状始终保持不变。

9.2.2 利用反散射法求非线性薛定谔方程的孤子解

上面利用一些限制条件给出了非线性薛定谔方程的一个特解——基阶光孤子解，实际上，可以采用反散射法求解方程(9.2.3)的解析解，最早利用反散射法求解非线性薛定谔方程的是扎哈罗夫与沙巴特。非线性薛定谔方程的初值问题可以归结为

$$\begin{cases}\mathrm{i}\dfrac{\partial q}{\partial\xi}+\dfrac{1}{2}\dfrac{\partial^2 q}{\partial\tau^2}+|q|^2q=0\\ q(\xi=0,\tau)=f(\tau)\end{cases} \tag{9.2.11}$$

即在光纤输入端脉冲形状为 $f(\tau)$ 的光脉冲如何在光纤中演化。

反散射法将求解非线性薛定谔方程(9.2.11)转化为下面的线性本征方程组的散射和反散射问题，其中非线性薛定谔方程的解 $q(\xi,\tau)$ 是下面本征值方程组的散射势[12]

$$\mathrm{i}\frac{\partial\psi_1}{\partial\tau}+q(\xi,\tau)\psi_2=\lambda\psi_1 \tag{9.2.12}$$

$$\mathrm{i}\frac{\partial\psi_2}{\partial\tau}+q^*(\xi,\tau)\psi_1=-\lambda\psi_2 \tag{9.2.13}$$

在以上本征方程中代入初始散射势 $q(\xi=0,\tau)$，由散射问题过程求 $\xi=0$ 时的散射数据，由 $\xi=0$ 的散射数据再求经过传输 ξ 处的散射数据，最后由 ξ 处的散射数据通过反散射过程得到非线性薛定谔方程的解。

一般情况，本征值方程组(9.2.12)和(9.2.13)的分立本征值有 N 个，为

$$\lambda_n=\frac{1}{2}(\kappa_n+\mathrm{i}\eta_n),\quad n=1,2,\cdots,N \tag{9.2.14}$$

它们对应 N 个束缚态解 ψ_1 和 ψ_2。当 $N=1$ 时反散射法求出基阶孤子解

$$q(\xi,\tau)=\eta\,\mathrm{sech}[\eta(\tau+\kappa\xi-\tau_0)]\exp\left[-\mathrm{i}\kappa\tau+\frac{\mathrm{i}}{2}(\eta^2-\kappa^2)\xi+\mathrm{i}\sigma\right] \tag{9.2.15}$$

式中，有四个无量纲的参数，η 既反映了脉冲的振幅，又反映了脉冲的脉宽（$1/\eta$ 代表脉宽），κ

既代表脉冲频率的频移变化($e^{-i\kappa\tau}$),又代表脉冲传播速度($-1/\kappa$,严格来讲是在脉冲原群速度 v_g 之上附加的速度),τ_0代表新的时间定位,σ 代表初相位。基阶孤子最简洁的规范形式是令 $\eta=1,\kappa=\tau_0=\sigma=0$,为

$$q(\xi,\tau)=\mathrm{sech}(\tau)\exp(\mathrm{i}\xi/2) \tag{9.2.16}$$

这就是式(9.2.10),这是初始脉冲为 $q(\xi=0,\tau)=\mathrm{sech}(\tau)$时的孤子解,在光纤中可以无畸变地传输。

一般情况,当本征值的实部 κ_n 均不相等时,得到相对于 $\tau=0$ 非对称的 N 孤子解

$$q(\xi,\tau)=\sum_{j=1}^{N}\eta_j\,\mathrm{sech}[\eta_j(\tau+\kappa_j\xi-\tau_{0j})]\exp\left[-\mathrm{i}\kappa_j\tau+\frac{\mathrm{i}}{2}(\eta_j^2-\kappa_j^2)\xi+\mathrm{i}\sigma_j\right] \tag{9.2.17}$$

当初始脉冲取相对于 $\tau=0$ 为对称形式,可以证明解本征方程(9.2.12)和方程(9.2.13)的本征值为纯虚数($\kappa_n=0$),如果初始脉冲具有下列形式

$$q(\xi=0,\tau)=N\,\mathrm{sech}(\tau) \tag{9.2.18}$$

N 为整数,相应的本征值为

$$\lambda_n=\mathrm{i}\,\frac{\eta_n}{2}=\mathrm{i}\left(N-n+\frac{1}{2}\right),\quad n=1,2,\cdots,N \tag{9.2.19}$$

既然此时实部 $\kappa_n=0$,式(9.2.17)中的 N 孤子解具有相同的传播速度 v_g,此时的孤子解称为束缚孤子解。这样的孤子在传输中其形状会周期性变化。

当 $N=1$ 时,$\lambda_1=\mathrm{i}\,\dfrac{\eta_1}{2}=\dfrac{\mathrm{i}}{2}$, $\eta_1=1$,再令 $\tau_0=\sigma=0$,就得到上面的基阶孤子规范解

当 $N=2$ 时,$\lambda_1=\mathrm{i}\,\dfrac{\eta_1}{2}=\mathrm{i}\,\dfrac{3}{2}$, $\eta_1=3$; $\lambda_2=\mathrm{i}\,\dfrac{\eta_2}{2}=\dfrac{\mathrm{i}}{2}$, $\eta_2=1$。得到二阶孤子解,解的形式为

$$q(\xi,\tau)=\frac{4[\cosh(3\tau)+3\exp(\mathrm{i}4\xi)\cosh(\tau)]\exp(\mathrm{i}\xi/2)}{\cosh(4\tau)+4\cosh(2\tau)+3\cos(4\xi)} \tag{9.2.20}$$

当 $N=3$ 时,得到三阶孤子解,由于解的形式太复杂,在这里就不列出了。

图 9-2-1 画出了一阶孤子、二阶孤子、三阶孤子的时域以及频域的演化图。一阶孤子在传输过程中脉冲形状始终不变,其频谱也保持不变。二阶和三阶孤子在传输过程中,脉冲形状和频谱都将发生变化,但是高阶孤子会在传输一段距离后周期性地恢复原来的形状,这段距离称为孤子周期:

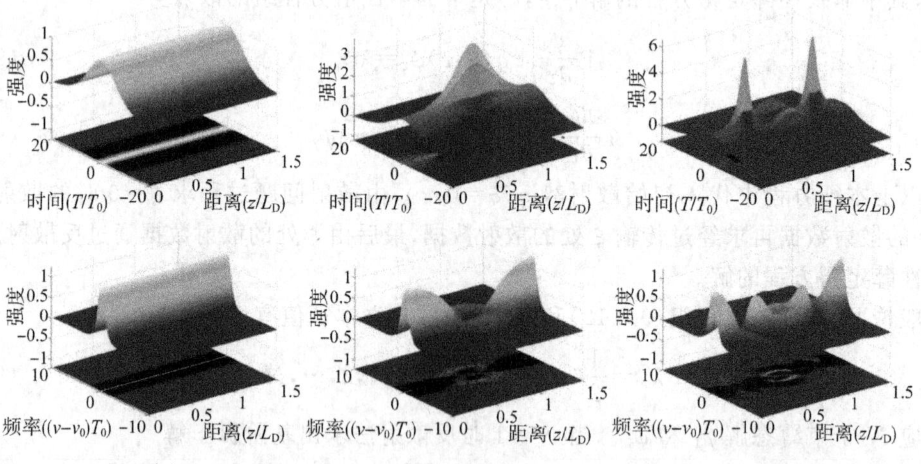

图 9-2-1 (a) 一阶孤子时域和频域的演化,(b) 二阶孤子在一个孤子周期内的时域和频域演化,(c) 三阶孤子在一个孤子周期内时域和频域的演化

$$\xi_0=\frac{\pi}{2},\quad z_0=\frac{\pi}{2}L_D=\frac{\pi}{2}\frac{t_0^2}{|\beta_2|} \tag{9.2.21}$$

一阶孤子的入纤功率为 P_0，则 N 阶孤子所需入纤功率为 P_0 的 N^2 倍

$$P_0=\frac{|\beta_2|}{\gamma t_0^2},\quad P_N=\frac{N^2|\beta_2|}{\gamma t_0^2} \tag{9.2.22}$$

例如，考虑标准单模光纤，当工作在 1.55 μm 时，群速色散系数取 $\beta_2=-20.4\ \mathrm{ps^2/km}$，非线性系数为 $\gamma=1.3\ \mathrm{W^{-1}km^{-1}}$，当 1/e 半脉宽为 $t_0=25$ ps 时，一阶孤子所需入纤峰值功率为 25 mW，二阶孤子所需入纤峰值功率 100 mW，三阶孤子需要入纤峰值功率 225 mW，孤子周期为 48 km。对于非零色散位移光纤，群速度色散系数 $\beta_2=-5.75\ \mathrm{ps^2/km}$，其他数据不变时，形成各阶孤子时的入纤峰值功率均降低，一阶孤子入纤峰值功率需要 7 mW，二阶孤子需要 28 mW，三阶孤子需要 63 mW，孤子周期为 171 km。

9.2.3　微扰孤子解

方程(9.2.11)是标准的非线性薛定谔方程，是脉冲传输过程中忽略损耗等其他效应所满足的方程。实际上光信号传输过程中还会牵涉损耗等效应，因此方程(9.2.11)需要加以修正。一般写成下面的形式，损耗等其他效应被当作微扰处理

$$\mathrm{i}\frac{\partial q}{\partial \xi}+\frac{1}{2}\frac{\partial^2 q}{\partial \tau^2}+|q|^2 q=\mathrm{i}P(q) \tag{9.2.23}$$

式中，$P(q)$ 代表微扰项，式(9.2.23)成立的条件是微扰足够小。可以考虑用变分法解方程(9.2.23)，可以证明与方程(9.2.23)相对应的拉格朗日函数为

$$L=\frac{\mathrm{i}}{2}\left(q\frac{\partial q^*}{\partial \xi}-q^*\frac{\partial q}{\partial \xi}\right)+\frac{1}{2}\left|\frac{\partial q}{\partial \tau}\right|^2-\frac{1}{2}|q|^4+\mathrm{i}(Pq^*-P^*q) \tag{9.2.24}$$

代入孤子试探解(9.2.15)，并将式(9.2.24)对时间 τ 积分，代入欧拉-拉格朗日方程（相应于取泛函极值），可以得到下列孤子脉冲的各个参量的演化公式

$$\frac{\mathrm{d}\eta}{\mathrm{d}\xi}=\mathrm{Re}\left(\int_{-\infty}^{\infty}P(q)q^*\mathrm{d}\tau\right) \tag{9.2.25}$$

$$\frac{\mathrm{d}\kappa}{\mathrm{d}\xi}=-\mathrm{Im}\left(\int_{-\infty}^{\infty}P(q)\tanh[\eta(\tau-\tau_0)]q^*\mathrm{d}\tau\right) \tag{9.2.26}$$

$$\frac{\mathrm{d}\tau_0}{\mathrm{d}\xi}=-\kappa+\frac{1}{\eta^2}\mathrm{Re}\left(\int_{-\infty}^{\infty}P(q)(\tau-\tau_0)q^*\mathrm{d}\tau\right) \tag{9.2.27}$$

$$\frac{\mathrm{d}\sigma}{\mathrm{d}\xi}=\frac{1}{2}(\eta^2-\kappa^2)+\tau_0\frac{\mathrm{d}\kappa}{\mathrm{d}\xi}+\frac{1}{\eta}\mathrm{Im}\left(\int_{-\infty}^{\infty}P(q)\{1-\eta(\tau-\tau_0)\tanh[\eta(\tau-\tau_0)]\}q^*\mathrm{d}\tau\right) \tag{9.2.28}$$

利用式(9.2.25)～式(9.2.28)可以讨论孤子脉冲在损耗光纤中的传输，以及在周期性放大的孤子传输系统中孤子脉冲的传输情况。下面分情况加以介绍。

9.2.4　孤子脉冲在有损耗光纤中的传输

含损耗的非线性薛定谔方程为

$$\mathrm{i}\frac{\partial q}{\partial \xi}+\frac{1}{2}\frac{\partial^2 q}{\partial \tau^2}+|q|^2 q=-\mathrm{i}\Gamma q \tag{9.2.29}$$

式中，$\Gamma=\frac{\alpha}{2}L_{\mathrm{D}}$。方程中损耗很小，$\Gamma\ll1$，则损耗项可以看成是微扰项 $P(q)=-\Gamma q$。将微扰项代入式(9.2.25)～式(9.2.28)，可以得到如下结果：如果孤子脉冲试探解为

$$q(\xi,\tau)=\eta(\xi)\operatorname{sech}[\eta(\xi)\tau]\exp[\mathrm{i}\sigma(\xi)] \tag{9.2.30}$$

即，$\kappa(\xi)=\kappa(0)=0$，$\tau_0(\xi)=\tau_0(0)=0$。振幅变化为

$$\eta(\xi)=\eta(0)\exp(-2\Gamma\xi)=\eta(0)\exp(-\alpha z) \tag{9.2.31}$$

归一化脉宽为 $1/\eta$，有

$$t_{\mathrm{p}}(\xi)=t_0\exp(2\Gamma\xi)=t_0\exp(\alpha z) \tag{9.2.32}$$

$$\sigma(\xi)=\frac{\eta^2(0)}{8\Gamma}[1-\exp(-4\Gamma\xi)] \tag{9.2.33}$$

显然，在不忽略损耗时，脉冲幅度以指数 $\exp(-\alpha z)$ 衰减，脉宽以指数 $\exp(\alpha z)$ 展宽。在线性系统中传输，脉冲幅度衰减指数为 $\exp(-\alpha z/2)$，而此处非线性系统中脉冲幅度衰减更快，这正是非线性系统区别于线性系统的特征之一。

以上结果是微扰理论的结果，然而微扰理论只有在 $\alpha z=2\Gamma\xi<1$ 时近似成立，当传输距离很长时，精确的结果需要利用数值计算得到。图 9-2-2 显示了含损耗的线性系统的脉宽是线性增长的，而非线性系统的脉宽由数值计算得到也是近乎线性增长的，增长率要比线性系统慢得多。微扰分析的结果在 $\alpha z=2\Gamma\xi<1$ 范围内近似与数值计算结果一致，随着传输距离增长，微扰结果与实际结果偏离越来越大。

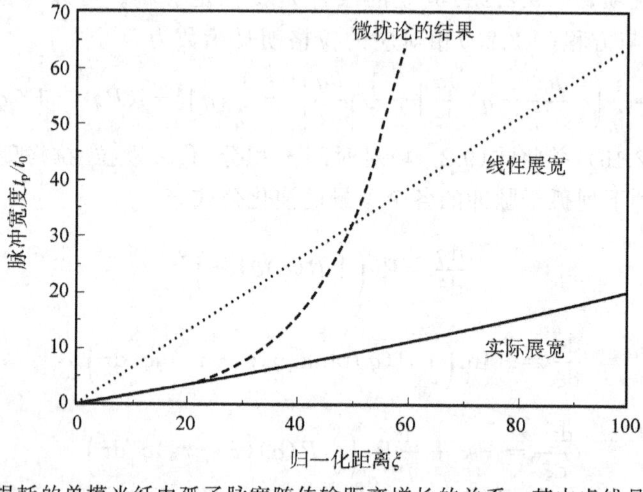

图 9-2-2　在含损耗的单模光纤中孤子脉宽随传输距离增长的关系。其中虚线是微扰理论预测的脉冲在非线性系统中的展宽结果，点线是脉冲在线性系统里传输的结果，而实线是脉冲在非线性系统中的真实脉宽展宽情况

9.2.5　周期性放大的孤子传输

由于孤子脉冲在光纤中受到损耗的衰减，要想长距离传输，必须补偿这种损耗。在光纤通信系统中，是每传输一个跨段 L_{a}，放置一个放大器来放大衰减后的孤子脉冲，即周期性放大，达到周期性补偿损耗的目的。

实现长距离光孤子传输所用的光纤放大器主要有拉曼光纤放大器和掺铒光纤放大器(EDFA)，如图 9-2-3(a)和(b)所示。拉曼放大器是在每一个跨段的两边正向和反向注入泵浦

激光,如图 9-2-3(a)所示,对光孤子的放大是分布式的放大,即光孤子边传输边放大,光孤子的能量在一个跨段内起伏相对不是那么大(见图 9-2-3 的内插图中后向泵浦放大和双向泵浦放大的孤子能量在一个跨段的分布)。

利用 EDFA 对于光信号的放大是在放大器内部进行的,光脉冲在一个跨段 L_a 的传输中一直都在按照指数 $\exp(-\Gamma\xi)$ 衰减(假定是线性系统),遇到放大器进行集中放大,称为集总式放大,然后光脉冲进入下一个跨段传输。集总式放大在工程操作方面非常方便,但是带来的问题也很大,光孤子的能量在一个跨段内指数衰减,前后能量差别非常大。比如光纤损耗取 0.2 dB/km,50 km跨段总损耗为 10 dB,这也是光孤子在一个跨段前后能量的差别。采用集总式放大光脉冲满足下面的传输方程

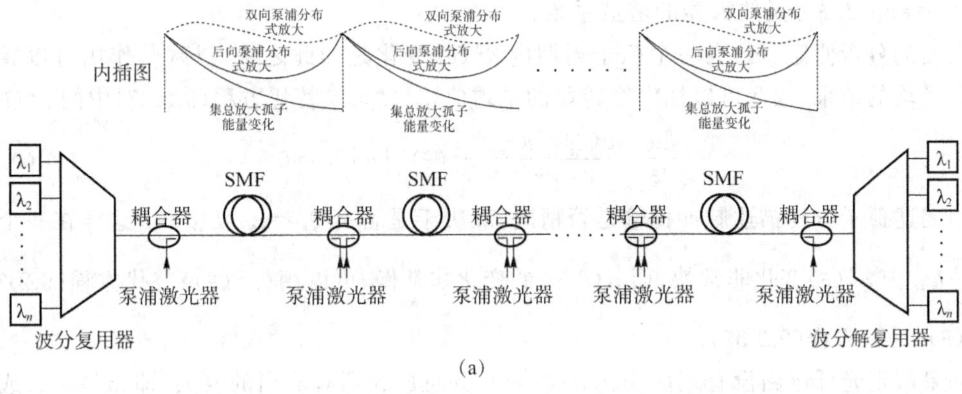

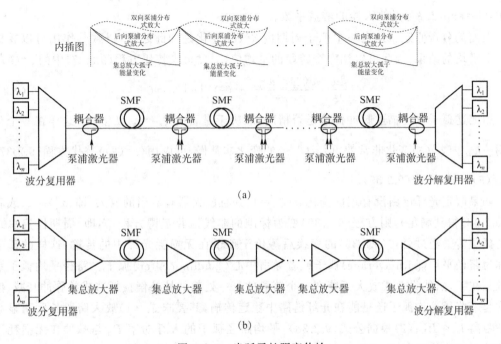

图 9-2-3　光孤子长距离传输

(a) 分布式放大(拉曼放大器);(b) 集总式放大(EDFA 放大器);内插图:孤子能量在跨段间的分布

$$\mathrm{i}\frac{\partial q}{\partial \xi}+\frac{\mathrm{d}(\xi)}{2}\frac{\partial^2 q}{\partial \tau^2}+|q|^2 q=-\mathrm{i}\Gamma q+\mathrm{i}g\sum_{n=1}^{M}\delta(\xi-n\xi_a)q \tag{9.2.34}$$

式中,$d(\xi)$是归一化的群速色散系数,其平均值为 1。光纤链路每隔一个跨段 L_a 放置一个 EDFA 放大器,其中 $\xi_a=L_a/L_D$,增益因子 $g=\exp(\Gamma\xi_a)-1$,$\delta(\xi-n\xi_a)$是狄拉克 δ 函数,含义是在 $\xi\neq n\xi_a$ 时,方程(9.2.34)只有衰减项 $-\mathrm{i}\Gamma q$ 起作用,放大器只在位置 $\xi=n\xi_a$ 处对光脉冲进行集中放大。由于长谷川(Hasegawa)和儿玉(Kodama)利用李变换成功证明如果将式(9.2.34)进行适当的幅度变换,就可以使变换后的复振幅近似满足标准非线性薛定谔方程,精度达 $(L_a/L_D)^2$[13]。如果令 $q(\xi,\tau)=a(\xi)u(\xi,\tau)$,其中 $a(\xi)$是随距离快变的振幅,而 $u(\xi,\tau)$是剩余的慢变部分

$$u(\xi,\tau)=\frac{q(\xi,\tau)}{a(\xi)} \tag{9.2.35}$$

将式(9.2.35)代入式(9.2.34)得到下面两个方程

$$\frac{\mathrm{d}a}{\mathrm{d}\xi}=\left[-\Gamma+g\sum_{n=1}^{M}\delta(\xi-n\xi_{\mathrm{a}})\right]a \tag{9.2.36}$$

$$\mathrm{i}\frac{\partial u}{\partial \xi}+\frac{\mathrm{d}(\xi)}{2}\frac{\partial^2 u}{\partial \tau^2}+a^2(\xi)|u|^2u=0 \tag{9.2.37}$$

假定在 $n\xi_{\mathrm{a}}<\xi<(n+1)\xi_{\mathrm{a}}$ 范围内方程(9.2.36)只有 $-\Gamma q$ 起作用,幅度按照指数衰减 $a=a_0\exp[-\Gamma(\xi-n\xi_{\mathrm{a}})]$,代入方程(9.2.36),只在 $\xi=n\xi_{\mathrm{a}}$ 处得到放大,幅度恢复到 a_0 值,并让在一个跨段的平均值 $\langle a^2\rangle=1$,得到

$$a_0=\sqrt{\frac{2\Gamma\xi_{\mathrm{a}}}{1-\exp(-2\Gamma\xi_{\mathrm{a}})}}=\sqrt{\frac{G\ln G}{G-1}} \tag{9.2.38}$$

式中,$G=\exp(2\Gamma\xi_a)$ 是放大器的增益系数。

上面的分析假定:(1)在一个孤子周期内 $a^2(\xi)$ 变化是如此之快,以致其作用可以看成是取一个平均的结果,因此可以用一个跨段的平均值 $\langle a^2(\xi)\rangle$ 来替代方程(9.2.37)中的 $a^2(\xi)$

$$\mathrm{i}\frac{\partial u}{\partial \xi}+\frac{\mathrm{d}(\xi)}{2}\frac{\partial^2 u}{\partial \tau^2}+\langle a^2(\xi)\rangle|u|^2u=0 \tag{9.2.39}$$

用上述孤子方程描述脉冲传输是否精确,取决于是否有 $\xi_{\mathrm{a}}=L_{\mathrm{a}}/L_{\mathrm{D}}\ll 1$,这样在一个孤子周期 $\frac{\pi}{2}L_{\mathrm{D}}$ 内 $a^2(\xi)$ 变化非常快,而 $u(\xi,\tau)$ 的变化非常慢,可以用 $\langle a^2(\xi)\rangle$ 替代方程(9.2.37)中的 $a^2(\xi)$,得到方程(9.2.39)。

如果假定光纤链路没有色散变化 $d(\xi)=1$,并且放大器有恰当的放大,即 $\langle a^2\rangle=1$(或者公式(9.2.38)得到满足),则方程(9.2.39)变为标准的非线性薛定谔方程,亦即,周期性集总式放大的孤子传输经过公式(9.2.35)的变换后等价于孤子在无损耗光纤中的传输,这样的孤子传输称为路径平均(path-average)孤子或者导引中心(guiding-center)孤子。路径平均孤子系统的意义在于,虽然集总式放大不能在一个跨段的每一处都处处补偿损耗造成的脉冲衰减,但是平均起来路径平均孤子还是能在光纤链路中稳定传输,其要求是:(1)放大跨段长度明显小于色散距离 $L_{\mathrm{a}}\ll L_{\mathrm{D}}$;(2)根据公式(9.2.38),平均路径孤子的入纤功率 P_{in} 与脉冲在无损耗光纤中传输所需峰值功率 P_0 之间满足

$$P_{\mathrm{in}}=\frac{2\Gamma\xi_a P_0}{1-\exp(-2\Gamma\xi_a)}=\frac{G\ln G}{G-1}P_0 \tag{9.2.40}$$

式中,放大器增益为 $G=\exp(2\Gamma\xi_a)$。比如放大器间距为 50 km,损耗 $\alpha=0.2$ dB/km,则要求 $G=10$,$P_{\mathrm{in}}\approx 2.56P_0$。

假定一孤子传输系统,每隔 50 km 放置一个 EDFA 放大器,孤子传输 10 000 km,如果调整脉宽,使色散长度 $L_{\mathrm{D}}=t_0^2/|\beta_2|$ 为 200 km 时,满足 $L_{\mathrm{a}}\ll L_{\mathrm{D}}$,如图 9-2-4(a)所示,则孤子传输 10 000 km,经过 200 个 EDFA 放大,仍能够稳定传输。然而如果减少脉宽以使色散长度为 25 km,则 $L_{\mathrm{a}}>L_{\mathrm{D}}$,路径平均孤子的条件不能满足,所以光孤子脉冲的传输不稳定,如图 9-2-4(b)所示[4]。

路径平均孤子的要求满足 $L_{\mathrm{a}}\ll L_{\mathrm{D}}$,而 $L_{\mathrm{D}}=t_0^2/|\beta_2|$,这样对于孤子脉宽有所限定,它不能太短,得到要求

$$t_0\gg\sqrt{|\beta_2|L_{\mathrm{a}}} \tag{9.2.41}$$

这样必然限制了能够传输的信号比特间的时间间隔(也称比特周期)$T_{\mathrm{B}}=1/B=st_0$,s 是为了

防止孤子间相互作用所需的脉冲之间的间隔倍数(比如孤子脉冲宽度为 t_0 约 5 ps,假如比特周期要求是脉宽的 10 倍,即 s 为 10,则比特周期为 50 ps,相应的码率 B 为 20 Gbit/s)。当满足条件式(9.2.41)时,对于传输码率就有了限制

$$B^2 L_a \ll \frac{1}{s^2 |\beta_2|} \tag{9.2.42}$$

对于非零色散光纤,$\beta_2 = -5\ \text{ps}^2/\text{km}$,取 $L_a = 50$ km,$s=10$,则 $B \ll 6$ Gbit/s。因此使用集总式放大的路径平均孤子系统限制了比特率的进一步提高。

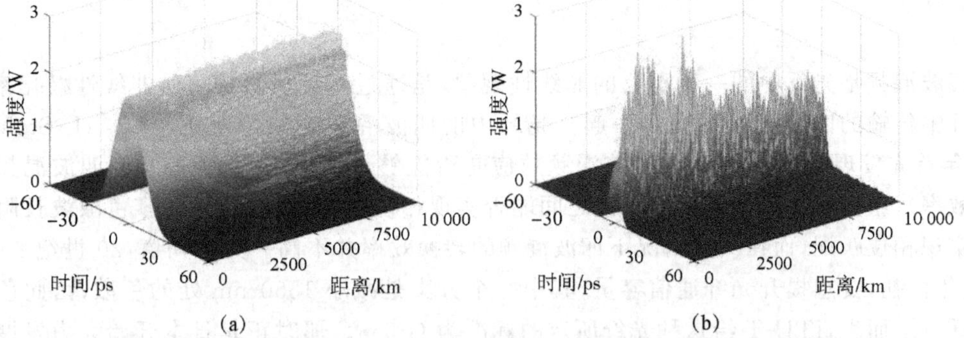

图 9-2-4　光孤子的 10 000 km 传输,每隔 50 km 放置一个 EDFA 放大器。损耗 $\alpha=0.22$ dB/km,$\beta_2=-5\ \text{ps}^2/\text{km}$。(a) 色散长度为 200 km,满足 $\xi_a \ll 1$,路径平均孤子得以稳定传输。(b) 色散长度为 25 km,孤子稳定性很差[4]

9.2.6　戈登-豪斯效应(Gordon-Haus effect)[14-16]

EDFA 对光脉冲进行周期性放大以补偿光信号衰减的同时,也带来放大器自身的自发辐射噪声(Amplified Spontaneous Emission,ASE)对孤子传输的干扰。ASE 噪声会给式(9.2.25)～式(9.2.28)中孤子的参数 η、κ、τ_0、σ 造成影响,在光孤子通信系统中,ASE 噪声影响频率的起伏造成的危害最严重,孤子频率若改变,必然造成孤子的群速度改变,继而造成孤子到达时间的抖动,这个影响可以由孤子的时间定位参数 τ_0 的起伏表示。根据式(9.2.27),经过一个跨段 $\tau_0 = -\kappa\xi_a$,孤子经过 M 个跨段,时间定位

$$\tau_0 = -\xi_a \sum_{j=1}^{M} \sum_{i=1}^{j} \kappa_i \tag{9.2.43}$$

式中,κ_i 是经过第 i 个放大器引起的频移。如果跨段数(M)足够多,则 $\xi = M\xi_a$,式(9.2.43)的求和可以变成积分,可证明,时间抖动的方差为

$$\sigma_{\text{GH}}^2 = \frac{\sigma_\kappa^2}{3} \frac{\xi^3}{\xi_a} \tag{9.2.44}$$

式中,σ_κ^2 是归一化频移起伏的方差,由式(9.2.45)计算

$$\sigma_\kappa^2 = 2\eta n_{sp} F(G)/(3N_s) \tag{9.2.45}$$

式中,n_{sp} 为自发辐射因子,N_s 是光孤子波包包含的光子数目,G 是放大器增益,而函数 $F(G) = (G-1)^2/(G\ln G)$。

根据式(9.2.44),可以看出戈登-豪斯时间抖动正比于传输距离的三次方,戈登-豪斯时间抖动既影响光信号比特率,也影响传输距离。光纤通信系统容量一般用比特率-距离积衡量。利用 $T_B = 1/B = st_0$,$z = M\xi_a L_D$,$N_s = 2P_0 t_0/(h\nu_0)$,$P_0 = 1/(\gamma L_D)$,则

$$(Bz)^3 < \frac{18\pi f_b^2 L_a}{n_{sp} F(G) s\lambda h\gamma D} \tag{9.2.46}$$

式中，f_b 是相比于比特周期时间抖动能够容忍的比例系数，D 是色散参量。比如一个工作在 1.55 μm 的 10 Gbit/s 的光孤子传输系统，$\alpha=0.2$ dB/km，$\gamma=3\ \mathrm{W^{-1}km^{-1}}$，$D=5$ ps/nm/km，$n_{sp}=2$，$s=12$，$f_b=0.1$(10 Gbit/s 系统，比特周期为 100 ps，假设抖动 10 ps 可以容忍)，计算得传输距离的极限是 $z=6000$ km[16]。

9.3 光纤中的四波混频

四波混频是光纤中的一种重要的非线性现象，是通过光纤材料的三阶非线性极化率 $\chi^{(3)}$ 将光纤中传输的四个光波耦合在一起。光纤中的四波混频现象是斯托轮(R. H. Stolen)于 1974 年首先发现的[17]。光纤中四波混频效应是否能够体现出来(是否能达到四波混频的高转化效率)，主要取决于光纤中四个波之间能否实现相位匹配，四波混频在零色散波长附近很容易实现相位匹配，而在一般情况下四波混频的转换效率并不高。大家知道，20 世纪 80 年代到 90 年代初，要想提升光纤通信容量，其中一个方案是减小 1550 nm 处的色散，因此色散位移光纤应运而生，ITU-T 给这种光纤所定的标准为 G.653。那时正是日本开始大力发展光纤通信的时期，日本以前的光通信设施并不多。日本决定不采用美国以前普遍铺设的零色散波长为 1310 nm 的 G.652 光纤，而大量铺设 G.653 的色散位移光纤。在此同时，EDFA 的商用化使波分复用技术得到采用，日本此时发现，在 G.653 光纤链路中如果采用波分复用系统，由于相位匹配在零色散区域容易实现，不同波长信道之间由于四波混频造成串扰非常严重。这以后，各国的通信设施大发展时，还是普遍采用了 G.652 光纤，同时，采用色散管理技术或者在接收机内采用 DSP 色散补偿的算法来补偿光纤色散，这样既解决了色散补偿问题，又避免了四波混频造成的信道间串扰。

实际上，四波混频除了在波分复用系统中造成串扰的负面效应外，还可以有正面的积极作用，比如四波混频可以用来进行光信号的波长变换、形成非线性光开关、用作参量光放大器等，还可以利用四波混频产生相位共轭波，自动恢复光信号在光纤链路中产生的信号损伤。本节讨论光纤中的四波混频现象以及它的初步的应用。

9.3.1 光四波混频概述

对于四波混频的分析可以基于第 2 章的公式(2.3.11)，假定光波是连续的，或者脉冲持续时间比较长，则光纤中某一个圆频率为 ω_n 的光波振幅的演化满足方程

$$\frac{\partial A_n(z)}{\partial z} = \mathrm{i}\,\frac{\omega_n}{2\varepsilon_0 c n_n}\hat{e}_n \cdot \boldsymbol{P}^{(3)}(z,\omega_n)\mathrm{e}^{-\mathrm{i}\beta_n z} \tag{9.3.1}$$

由于光纤通信中波矢 $\boldsymbol{k}_n$ 都是沿着光纤轴向 z 方向的，习惯称为传播因子，表示成 β_n。式(9.3.1)中的 n 代表第 n 个光波，比如光纤中第 4 个光波 ω_4 由其他三个圆频率为 ω_1、ω_2、ω_3 的光波混频而产生，频率关系为

$$\omega_4 = \omega_1 + \omega_2 + \omega_3 \tag{9.3.2}$$

此时，如果假定四个频率的光都偏振在同一个方向，比如 x 方向，则式(9.3.1)变为

$$\frac{\partial A_4}{\partial z} = \mathrm{i}\,\frac{\omega_4}{8cn_4} 6\chi^{(3)}_{xxxx}(-\omega_4,\omega_1,\omega_2,\omega_3)A_1(z)A_2(z)A_3(z)\mathrm{e}^{-\mathrm{i}[\beta_4-(\beta_1+\beta_2+\beta_3)]z} \tag{9.3.3}$$

式中，因子 6 是假定 ω_1、ω_2、ω_3 均不相同时的简并度(见 5.1 节的式(5.1.11))。可令

$$\Delta k=\beta_4-\beta_1-\beta_2-\beta_3 \tag{9.3.4}$$

为相位失配因子。因为普通光纤中没有特意设计的双折射，按照式(9.3.2)的方式混频，四波混频很难实现相位匹配，如图 9-3-1(a)所示。因为四个光波都沿一个方向传播，如果 ω_1、ω_2、ω_3 的光波频率差不多大，则 ω_4 就会远远大于其他三个频率，此时 $\beta_4=\beta_1+\beta_2+\beta_3$ 这样的相位匹配要求很难实现。

如果令混频关系为

$$\omega_4=\omega_1+\omega_2-\omega_3 \quad 或者 \quad \omega_4+\omega_3=\omega_1+\omega_2 \tag{9.3.5}$$

则式(9.3.3)变为

$$\frac{\partial A_4}{\partial z}=\mathrm{i}\frac{\omega_4}{8cn_4}6\chi^{(3)}_{xxxx}(-\omega_4,\omega_1,\omega_2,-\omega_3)A_1(z)A_2(z)A_3^*(z)\mathrm{e}^{-\mathrm{i}[(\beta_4+\beta_3)-(\beta_1+\beta_2)]z} \tag{9.3.6}$$

则相位匹配条件变为

$$\Delta k=\beta_3+\beta_4-\beta_1-\beta_2=\frac{1}{c}(n_3\omega_3+n_4\omega_4-n_1\omega_1-n_2\omega_2) \tag{9.3.7}$$

此时相位匹配变得容易实现了，如图 9-3-1(b)所示。一般而言，ω_1 和 ω_2 光波在光纤四波混频中作为泵浦光，并假定 $\omega_4>\omega_3$，借用拉曼散射的概念，将两个边带光 ω_3 和 ω_4 分别称为斯托克斯光和反斯托克斯光，如图 9-3-2(a)所示。类比第 4 章光参量放大的概念，在这里也可以分别称为信号光和闲频光。

在上述四波混频频率组合式(9.3.5)中，如果 $\omega_1=\omega_2=\omega_p$，即两泵浦光来源于同一光波，可以得到如图 9-3-1(c)和图 9-3-2(b)的四波混频形式，这种形式更容易形成相位匹配，称作泵浦波简并四波混频形式，光纤中的四波混频多采用这种形式。

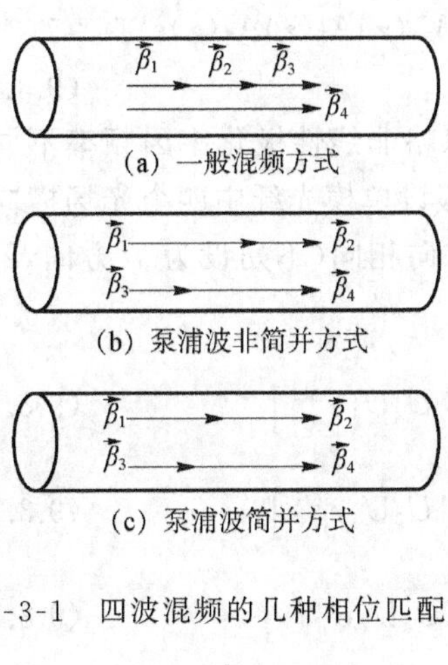

图 9-3-1　四波混频的几种相位匹配方式

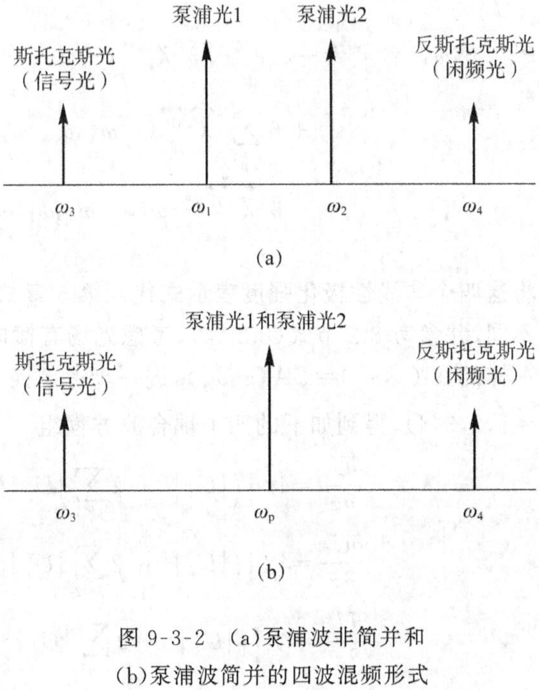

图 9-3-2　(a)泵浦波非简并和(b)泵浦波简并的四波混频形式

9.3.2 光纤中泵浦波非简并四波混频的耦合波方程

假定四波混频的四个光波频率满足式(9.3.5),为泵浦波非简并形式,则参考第 2 章式(2.2.10)或者第 5 章式(5.1.8),光纤中四个频率的非线性极化强度为

$$\begin{aligned}\hat{e}_1\cdot\boldsymbol{P}^{(3)}(z,\omega_1)\mathrm{e}^{-\mathrm{i}\beta_1 z}=\frac{1}{4}\varepsilon_0\hat{e}_1\cdot\Big[&3\,\overleftrightarrow{\chi}^{(3)}(-\omega_1,-\omega_1,\omega_1,\omega_1)\vdots\hat{e}_1\hat{e}_1\hat{e}_1|A_1(z)|^2A_1(z)\\&+6\sum_{j\neq1}\overleftrightarrow{\chi}^{(3)}(-\omega_1,\omega_1,\omega_j,-\omega_j)\vdots\hat{e}_1\hat{e}_j\hat{e}_j|A_j(z)|^2A_1(z)\\&+6\,\overleftrightarrow{\chi}^{(3)}(-\omega_1,-\omega_2,\omega_3,\omega_4)\vdots\hat{e}_2\hat{e}_3\hat{e}_4A_2^*(z)A_3(z)A_4(z)\mathrm{e}^{\mathrm{i}(-\beta_1-\beta_2+\beta_3+\beta_4)z}\Big]\end{aligned}\tag{9.3.8}$$

$$\begin{aligned}\hat{e}_2\cdot\boldsymbol{P}^{(3)}(z,\omega_2)\mathrm{e}^{-\mathrm{i}\beta_2 z}=\frac{1}{4}\varepsilon_0\hat{e}_2\cdot\Big[&3\,\overleftrightarrow{\chi}^{(3)}(-\omega_2,-\omega_2,\omega_2,\omega_2)\vdots\hat{e}_2\hat{e}_2\hat{e}_2|A_2(z)|^2A_2(z)\\&+6\sum_{j\neq2}\overleftrightarrow{\chi}^{(3)}(-\omega_2,\omega_2,\omega_j,-\omega_j)\vdots\hat{e}_2\hat{e}_j\hat{e}_j|A_j(z)|^2A_2(z)\\&+6\,\overleftrightarrow{\chi}^{(3)}(-\omega_2,-\omega_1,\omega_3,\omega_4)\vdots\hat{e}_1\hat{e}_3\hat{e}_4A_1^*(z)A_3(z)A_4(z)\mathrm{e}^{\mathrm{i}(-\beta_1-\beta_2+\beta_3+\beta_4)z}\Big]\end{aligned}\tag{9.3.9}$$

$$\begin{aligned}\hat{e}_3\cdot\boldsymbol{P}^{(3)}(z,\omega_3)\mathrm{e}^{-\mathrm{i}\beta_3 z}=\frac{1}{4}\varepsilon_0\hat{e}_3\cdot\Big[&3\,\overleftrightarrow{\chi}^{(3)}(-\omega_3,-\omega_3,\omega_3,\omega_3)\vdots\hat{e}_3\hat{e}_3\hat{e}_3|A_3(z)|^2A_3(z)\\&+6\sum_{j\neq3}\overleftrightarrow{\chi}^{(3)}(-\omega_3,\omega_3,\omega_j,-\omega_j)\vdots\hat{e}_3\hat{e}_j\hat{e}_j|A_j(z)|^2A_3(z)\\&+6\,\overleftrightarrow{\chi}^{(3)}(-\omega_3,-\omega_4,\omega_1,\omega_2)\vdots\hat{e}_4\hat{e}_1\hat{e}_2A_4^*(z)A_1(z)A_2(z)\mathrm{e}^{\mathrm{i}(-\beta_3-\beta_4+\beta_1+\beta_2)z}\Big]\end{aligned}\tag{9.3.10}$$

$$\begin{aligned}\hat{e}_4\cdot\boldsymbol{P}^{(3)}(z,\omega_4)\mathrm{e}^{-\mathrm{i}\beta_4 z}=\frac{1}{4}\varepsilon_0\hat{e}_4\cdot\Big[&3\,\overleftrightarrow{\chi}^{(3)}(-\omega_4,-\omega_4,\omega_4,\omega_4)\vdots\hat{e}_4\hat{e}_4\hat{e}_4|A_4(z)|^2A_4(z)\\&+6\sum_{j\neq4}\overleftrightarrow{\chi}^{(3)}(-\omega_4,\omega_4,\omega_j,-\omega_j)\vdots\hat{e}_4\hat{e}_j\hat{e}_j|A_j(z)|^2A_4(z)\\&+6\,\overleftrightarrow{\chi}^{(3)}(-\omega_4,-\omega_3,\omega_1,\omega_2)\vdots\hat{e}_3\hat{e}_1\hat{e}_2A_3^*(z)A_1(z)A_2(z)\mathrm{e}^{\mathrm{i}(-\beta_3-\beta_4+\beta_1+\beta_2)z}\Big]\end{aligned}\tag{9.3.11}$$

将这四个非线性极化强度表示式代入第 5 章式(5.1.9),忽略非线性极化率因频率不同引起的不同,并参考 8.2 节式(8.2.14),考虑光场有横向分布,且假设单模光纤中四个光场横向分布是一样的,$U(z,\omega_j)=BA(z,\omega_j)$,进一步考虑四个波偏振方向相同(不妨设为 x 方向,$\hat{e}_j=\hat{e}_x,j=1,2,3,4$),得到如下的四个耦合波方程组

$$\frac{\partial U_1}{\partial z}=\mathrm{i}\gamma\Big[\Big(|U_1|^2+2\sum_{j\neq1}|U_j|^2\Big)U_1+2U_2^*U_3U_4\mathrm{e}^{\mathrm{i}\Delta kz}\Big]\tag{9.3.12}$$

$$\frac{\partial U_2}{\partial z}=\mathrm{i}\gamma\Big[\Big(|U_2|^2+2\sum_{j\neq2}|U_j|^2\Big)U_2+2U_1^*U_3U_4\mathrm{e}^{\mathrm{i}\Delta kz}\Big]\tag{9.3.13}$$

$$\frac{\partial U_3}{\partial z}=\mathrm{i}\gamma\Big[\Big(|U_3|^2+2\sum_{j\neq3}|U_j|^2\Big)U_3+2U_4^*U_1U_2\mathrm{e}^{-\mathrm{i}\Delta kz}\Big]\tag{9.3.14}$$

$$\frac{\partial U_4}{\partial z}=\mathrm{i}\gamma\Big[\Big(|U_4|^2+2\sum_{j\neq4}|U_j|^2\Big)U_4+2U_3^*U_1U_2\mathrm{e}^{-\mathrm{i}\Delta kz}\Big]\tag{9.3.15}$$

其中相位失配因子的形式如式(9.3.7)。非线性系数为

$$\gamma=\frac{\omega n_2^I}{cA_{\mathrm{eff}}}\quad 以及\quad n_2^I=\frac{3}{4\varepsilon_0 n^2 c}\chi_{xxxx}^{(3)} \tag{9.3.16}$$

式中，忽略了四个波频率的不同造成的非线性系数的微小不同。

如果还考虑光纤损耗的影响，则在上面的 4 个公式中还应该再加入损耗项 $-(\alpha/2)U_j$，$j=1,2,3,4$。从式(9.3.12)到式(9.3.15)可以看出，四个耦合波方程的第一项为自相位调制，第二项为交叉相位调制，这两项都是自动相位匹配的。四个方程的第三项对应于 $\omega_4+\omega_3=\omega_1+\omega_2$ 过程的四波混频，这一项能否在方程中起作用，首先要看是否能满足相位匹配 $\Delta k=0$，第二要看比起前面两项，振幅的大小是否需要忽略。

9.3.3　耦合波方程的近似解一

在耦合波方程 (9.3.12)到方程(9.3.15)中，如果从两泵浦光 ω_1 和 ω_2 向信号光 ω_3 和闲频光 ω_4 耦合的效率不高(泵浦光几乎不损失，称为泵浦无消耗条件)，此时 $|U_i|\ll|U_j|$，$i=3,4$ 和 $j=1,2$，则方程(9.3.12)和方程(9.3.13)的解为

$$U_j(z)=\sqrt{P_j(0)}\exp[\mathrm{i}\gamma(P_j(0)+2P_{3-j}(0))z],\quad j=1,2 \tag{9.3.17}$$

式中，$P_j(0)=|U_j(0)|^2$ 是两入纤泵浦光功率之一，此时两泵浦光在光纤中传输只是经历了自相位调制和交叉相位调制引起的相移(3、4 波的功率相比 1、2 波非常小，因此对 1、2 波的交叉相位调制影响可以忽略)。至于解方程(9.3.14)，假定在光纤输入端信号光光功率有一定的大小，但是仍然远小于两泵浦光，则基于信号光自身的自相位调制项可以忽略，进一步假定相位匹配得不到满足，则最后一项也可以忽略，这样信号光为

$$U_3(z)=\sqrt{P_3(0)}\exp[\mathrm{i}\gamma 2(P_1(0)+P_2(0))z] \tag{9.3.18}$$

最后来解方程(9.3.15)，将式(9.3.17)和式(9.3.18)代入式(9.3.15)，得

$$\frac{\partial U_4^*}{\partial z}=-2\mathrm{i}\gamma\{(P_1(0)+P_2(0))U_4^*+\sqrt{P_1(0)P_2(0)P_3(0)}\exp[\mathrm{i}(\Delta k-\gamma(P_1(0)+P_2(0)))z]\} \tag{9.3.19}$$

做如下的变换

$$V_4=U_4\exp[-2\mathrm{i}\gamma(P_1(0)+P_2(0))z] \tag{9.3.20}$$

则式(9.3.19)变成

$$\frac{\partial V_4^*}{\partial z}=-2\mathrm{i}\gamma\sqrt{P_1(0)P_2(0)P_3(0)}\exp(\mathrm{i}\kappa z) \tag{9.3.21}$$

其中参量

$$\kappa=\Delta k+\gamma(P_1(0)+P_2(0))=\Delta k+\gamma P_{\mathrm{P}} \tag{9.3.22}$$

解释为广义失配因子，它不仅决定于相位失配因子 Δk，还与入纤泵浦光的总功率 $P_{\mathrm{P}}=P_1(0)+P_2(0)$ 有关。

将式(9.3.21)积分，得

$$V_4^*(z)=\frac{2\gamma}{\kappa}\sqrt{P_1(0)P_2(0)P_3(0)}(1-\mathrm{e}^{\mathrm{i}\kappa z}) \tag{9.3.23}$$

闲频光的光功率为

$$P_4(z)=|V_4(z)|^2=4\gamma^2P_1(0)P_2(0)P_3(0)z^2\left[\frac{\sin(\kappa z/2)}{\kappa z/2}\right]^2 \tag{9.3.24}$$

如果广义相位匹配得到满足，即 $\kappa=0$，则闲频光功率随距离平方增长

$$P_4(z)=4\gamma^2 P_1(0)P_2(0)P_3(0)z^2 \propto z^2 \tag{9.3.25}$$

在图 9-3-3 中实线就是闲频光按照公式(9.3.25)增长的曲线，而实际上闲频光不可能持续地平方增长，因为此时它将从泵浦光汲取很大的能量，因而低耦合效率的条件不再满足了。

如果广义相位不匹配，即 $\kappa\neq 0$，则

$$P_4(z)=\frac{16\gamma^2 P_1(0)P_2(0)P_3(0)}{\kappa^2}[\sin(\kappa z/2)]^2 \propto [\sin(\kappa z/2)]^2 \tag{9.3.26}$$

则闲频光光功率随传输距离周期性变大变小，如图 9-3-3 中的虚线所示。

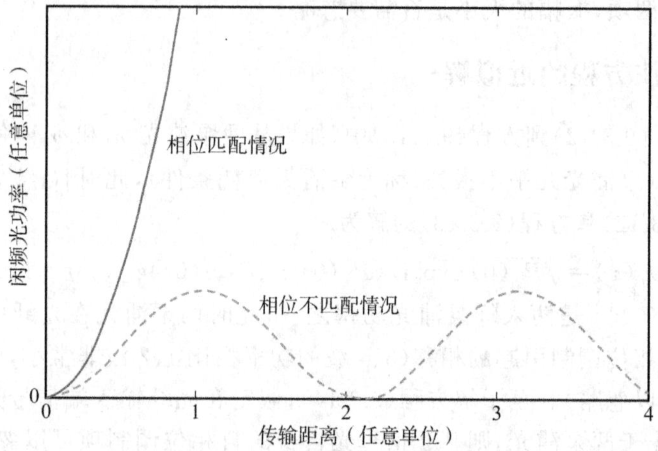

图 9-3-3　低耦合效率下四波混频的闲频光随传输的变化情况，
实线对应广义相位匹配情况，虚线对应不匹配的情况

可见，近似解一的情况是：假定两个泵浦光以及信号光之间只有自相位调制和交叉相位调制的相互作用，而它们三束光均通过四波混频向闲频光传递能量(无论广义相位是匹配还是不匹配，均有 $P_4(z)\propto P_1(0)P_2(0)P_3(0)$)。如果是严格相位匹配，则闲频光能量持续增长(与传播距离 z 的平方成正比，当然要求传输距离不能太长才成立)。而如果广义相位不匹配，则闲频光功率(光强也一样)周期性地变大和减小。可以类似于处理小信号近似二次谐波那样(见 3.1 节)，定义相干长度 $L_c=\pi/\kappa$，图 9-3-3 显示，当 $z<L_c$ 时，闲频光功率单调增长，$L_c<z<2L_c$ 时功率下降。

9.3.4　耦合波方程的近似解二

前面的近似解一是假定两泵浦光波、甚至信号光波都主要受自相位调制和交叉相位调制作用(实际上信号光的自相位调制比起交叉相位调制来说也可以忽略)，只有闲频光是从四波混频耦合产生出来的，因此只有闲频光的求解牵涉了耦合波方程(9.3.12)～方程(9.3.15)最后的四波混频项。下面仍然要作近似，但是这里的近似要考虑信号光与闲频光之间的四波混频耦合。即两泵浦光大部分未被消耗(泵浦无消耗条件仍成立)，泵浦光的解(9.3.17)仍然成立，但是信号光与闲频光之间的四波混频耦合项都不能忽略，则有

$$\frac{\partial U_3}{\partial z}=2\mathrm{i}\gamma\{[P_1(0)+P_2(0)]U_3+\sqrt{P_1(0)P_2(0)}U_4^* \mathrm{e}^{-\mathrm{i}\delta}\} \tag{9.3.27}$$

$$\frac{\partial U_4^*}{\partial z}=-2\mathrm{i}\gamma\{[P_1(0)+P_2(0)]U_4^*+\sqrt{P_1(0)P_2(0)}U_3\mathrm{e}^{\mathrm{i}\delta}\} \tag{9.3.28}$$

式中,$\delta=[\Delta k-3\gamma(P_1(0)+P_2(0))]z=(\Delta k-3\gamma P_P)z$。如果引入

$$V_j=U_j\exp(-2i\gamma P_P z)\quad j=3,4 \tag{9.3.29}$$

则式(9.3.27)和式(9.3.28)变为

$$\frac{\partial V_3}{\partial z}=2i\gamma\sqrt{P_1(0)P_2(0)}\,e^{-i\kappa z}V_4^* \tag{9.3.30}$$

$$\frac{\partial V_4^*}{\partial z}=-2i\gamma\sqrt{P_1(0)P_2(0)}\,e^{i\kappa z}V_3 \tag{9.3.31}$$

式中,κ 仍为广义相位失配因子

$$\kappa=\Delta k+\gamma(P_1(0)+P_2(0))=\Delta k+\gamma P_P \tag{9.3.32}$$

将式(9.3.30)和式(9.3.31)都再对 z 求一次导数,可以将两个方程解耦

$$\frac{d^2V_3}{dz^2}+i\kappa\frac{dV_3}{dz}-[4\gamma^2P_1(0)P_2(0)]V_3=0 \tag{9.3.33}$$

$$\frac{d^2V_4^*}{dz^2}-i\kappa\frac{dV_4^*}{dz}-[4\gamma^2P_1(0)P_2(0)]V_4^*=0 \tag{9.3.34}$$

式(9.3.30)和式(9.3.31)的试探通解为[4]

$$V_3(z)=(a_3e^{gz}+b_3e^{-gz})e^{-i\kappa z/2} \tag{9.3.35}$$

$$V_4^*(z)=(a_4e^{gz}+b_4e^{-gz})e^{i\kappa z/2} \tag{9.3.36}$$

式中,a_3、b_3、a_4、b_4 为待定常数,由边界条件决定。g 为增益参量,取决于泵浦光功率和广义相位匹配情况。将试探解代入式(9.3.33)和式(9.3.34),可得 g 的形式为

$$g=\sqrt{(\gamma P_P r)^2-\left(\frac{\kappa}{2}\right)^2} \tag{9.3.37}$$

式中,参量 $r=2\sqrt{P_1(0)P_2(0)}/P_P$。

下面,通过光纤输入端注入的初始信号光波和初始闲频光波来决定式(9.3.35)和式(9.3.36)中的待定常数 a_3、b_3、a_4、b_4。在式(9.3.35)和式(9.3.36)中代入初始值 $V_3(0)$ 和 $V_4^*(0)$,并利用式(9.3.30)和式(9.3.31),得

$$a_3+b_3=V_3(0),\quad g(a_3-b_3)=\left(i\frac{\kappa}{2}\right)(a_3+b_3)+2i\gamma\sqrt{P_1(0)P_2(0)}V_4^*(0) \tag{9.3.38}$$

$$a_4+b_4=V_4^*(0),\quad g(a_4-b_4)=-\left(i\frac{\kappa}{2}\right)(a_4+b_4)-2i\gamma\sqrt{P_1(0)P_2(0)}V_3(0) \tag{9.3.39}$$

令 $C_0=(\gamma/g)\sqrt{P_1(0)P_2(0)}$,得

$$a_3=\frac{1}{2}\left(1+i\frac{\kappa}{2g}\right)V_3(0)+iC_0V_4^*(0),\quad b_3=\frac{1}{2}\left(1-i\frac{\kappa}{2g}\right)V_3(0)-iC_0V_4^*(0) \tag{9.3.40}$$

$$a_4=\frac{1}{2}\left(1-i\frac{\kappa}{2g}\right)V_4^*(0)-iC_0V_3(0),\quad b_4=\frac{1}{2}\left(1+i\frac{\kappa}{2g}\right)V_4^*(0)+iC_0V_3(0) \tag{9.3.41}$$

可得 z 处的信号光与闲频光为

$$V_3(z)=\left\{V_3(0)\left[\cosh(gz)+i\frac{\kappa}{2g}\sinh(gz)\right]+i2C_0V_4^*(0)\sinh(gz)\right\}e^{-i\kappa z/2} \tag{9.3.42}$$

$$V_4^*(z)=\left\{V_4^*(0)\left[\cosh(gz)-i\frac{\kappa}{2g}\sinh(gz)\right]-i2C_0V_3(0)\sinh(gz)\right\}e^{i\kappa z/2} \tag{9.3.43}$$

近似解二的条件是:假定两泵浦光相对能量损失较小,四波混频的耦合主要体现在信号光

和闲频光之间，见式(9.3.30)和式(9.3.31)的耦合波方程，以及式(9.3.42)和式(9.3.43)大括号中的最后一项，而且它们之间的耦合在很大程度上也借助了两泵浦光，看一看式(9.3.42)和式(9.3.43)中包含 C_0 的项($C_0=\gamma\sqrt{P_1(0)P_2(0)}/g$)，就可以认识到这一点，这个系数也出现在了耦合波方程(9.3.30)和方程(9.3.31)中。从式(9.3.42)和式(9.3.43)中还可以看出，四波混频的耦合效率还决定于广义相位匹配 κ 的值，这个问题将在下面讨论。

9.3.5 泵浦波简并情况下的耦合波方程及其近似解二

上面讨论的近似解一和近似解二都是在泵浦波非简并条件式(9.3.5)下得到的。如果进一步假设四波混频是泵浦波简并的，即 $\omega_1=\omega_2=\omega_{\mathrm{p}}$，则耦合波方程需要进行相应调整。此时，两泵浦光的两个光子来源于同一束光，四波混频过程是三个波的耦合波方程。

在泵浦波简并的四波混频下，对于非线性极化强度的讨论将由式(9.3.8)、式(9.3.9)、式(9.3.10)、式(9.3.11)变为

$$\begin{aligned}\hat{e}_1\cdot\boldsymbol{P}^{(3)}(z,\omega_1)\mathrm{e}^{-\mathrm{i}\beta_1 z}=\frac{1}{4}\varepsilon_0\hat{e}_1\cdot[&3\,\overleftrightarrow{\chi}^{(3)}(-\omega_1,-\omega_1,\omega_1,\omega_1)\vdots\hat{e}_1\hat{e}_1\hat{e}_1|A_1(z)|^2A_1(z)\\&+6\sum_{j\neq1,2}\overleftrightarrow{\chi}^{(3)}(-\omega_1,\omega_1,\omega_j,-\omega_j)\vdots\hat{e}_1\hat{e}_j\hat{e}_j|A_j(z)|^2A_1(z)\\&+6\,\overleftrightarrow{\chi}^{(3)}(-\omega_1,-\omega_1,\omega_3,\omega_4)\vdots\hat{e}_1\hat{e}_3\hat{e}_4A_1^*(z)A_3(z)A_4(z)\mathrm{e}^{\mathrm{i}(-2\beta_1+\beta_3+\beta_4)z}]\end{aligned}\tag{9.3.44}$$

$$\begin{aligned}\hat{e}_3\cdot\vec{P}^{(3)}(z,\omega_3)\mathrm{e}^{-\mathrm{i}\beta_3 z}=\frac{1}{4}\varepsilon_0\hat{e}_3\cdot[&3\,\overleftrightarrow{\chi}^{(3)}(-\omega_3,-\omega_3,\omega_3,\omega_3)\vdots\hat{e}_3\hat{e}_3\hat{e}_3|A_3(z)|^2A_3(z)\\&+6\,\overleftrightarrow{\chi}^{(3)}(-\omega_3,\omega_3,\omega_1,-\omega_1)\vdots\hat{e}_3\hat{e}_1\hat{e}_1|A_1(z)|^2A_3(z)\\&+6\,\overleftrightarrow{\chi}^{(3)}(-\omega_3,\omega_3,\omega_4,-\omega_4)\vdots\hat{e}_3\hat{e}_4\hat{e}_4|A_4(z)|^2A_3(z)\\&+3\,\overleftrightarrow{\chi}^{(3)}(-\omega_3,-\omega_4,\omega_1,\omega_1)\vdots\hat{e}_4\hat{e}_1\hat{e}_1A_4^*(z)A_1^2(z)\mathrm{e}^{\mathrm{i}(2\beta_1-\beta_3-\beta_4)z}]\end{aligned}\tag{9.3.45}$$

$$\begin{aligned}\hat{e}_4\cdot\boldsymbol{P}^{(3)}(z,\omega_4)\mathrm{e}^{-\mathrm{i}\beta_4 z}=\frac{1}{4}\varepsilon_0\hat{e}_4\cdot[&3\,\overleftrightarrow{\chi}^{(3)}(-\omega_4,-\omega_4,\omega_4,\omega_4)\vdots\hat{e}_4\hat{e}_4\hat{e}_4|A_4(z)|^2A_4(z)\\&+6\,\overleftrightarrow{\chi}^{(3)}(-\omega_4,\omega_4,\omega_1,-\omega_1)\vdots\hat{e}_4\hat{e}_1\hat{e}_1|A_1(z)|^2A_4(z)\\&+6\,\overleftrightarrow{\chi}^{(3)}(-\omega_4,\omega_4,\omega_3,-\omega_3)\vdots\hat{e}_4\hat{e}_3\hat{e}_3|A_3(z)|^2A_4(z)\\&+3\,\overleftrightarrow{\chi}^{(3)}(-\omega_4,-\omega_3,\omega_1,\omega_1)\vdots\hat{e}_3\hat{e}_1\hat{e}_1A_3^*(z)A_1^2(z)\mathrm{e}^{\mathrm{i}(2\beta_1-\beta_3-\beta_4)z}]\end{aligned}\tag{9.3.46}$$

这样得到泵浦光 ω_{p}、信号光 ω_3 和闲频光 ω_4 之间的耦合波方程

$$\frac{\partial U_{\mathrm{p}}}{\partial z}=\mathrm{i}\gamma[(|U_{\mathrm{p}}|^2+2(|U_3|^2+|U_4|^2))U_{\mathrm{p}}+2U_{\mathrm{p}}^*U_3U_4\mathrm{e}^{\mathrm{i}\Delta kz}]\tag{9.3.47}$$

$$\frac{\partial U_3}{\partial z}=\mathrm{i}\gamma[(|U_3|^2+2|U_4|^2+2|U_{\mathrm{p}}|^2)U_3+U_4^*U_{\mathrm{p}}^2\mathrm{e}^{-\mathrm{i}\Delta kz}]\tag{9.3.48}$$

$$\frac{\partial U_4}{\partial z}=\mathrm{i}\gamma[(|U_4|^2+2|U_3|^2+2|U_{\mathrm{p}}|^2)U_4+U_3^*U_{\mathrm{p}}^2\mathrm{e}^{-\mathrm{i}\Delta kz}]\tag{9.3.49}$$

由于泵浦光功率远大于信号光和闲频光的功率，且泵浦光来自同一束光，耦合波方程中泵浦光方程近似为

$$\frac{\partial U_{\mathrm{p}}}{\partial z}=\mathrm{i}\gamma|U_{\mathrm{p}}|^{2}U_{\mathrm{p}} \tag{9.3.50}$$

即泵浦光主要受自相位调制作用，其解为 $U_{\mathrm{p}}(z)=\sqrt{P_{\mathrm{P}}}\exp(\mathrm{i}\gamma P_{\mathrm{p}}z)$，其中 P_{P} 是泵浦光的输入功率，此时输入的泵浦光只有一束。

接下来类似上述近似解二，信号光与闲频光的耦合波方程为

$$\frac{\partial U_3}{\partial z}=\mathrm{i}\gamma P_{\mathrm{P}}(2U_3+U_4^{*}\mathrm{e}^{-\mathrm{i}\delta}) \tag{9.3.51}$$

$$\frac{\partial U_4^{*}}{\partial z}=-\mathrm{i}\gamma P_{\mathrm{P}}(2U_4^{*}+U_3\mathrm{e}^{\mathrm{i}\delta}) \tag{9.3.52}$$

式中 $\delta=(\Delta k-2\gamma P_{\mathrm{P}})z$。仍然作如下变换

$$V_j=U_j\exp(-2\mathrm{i}\gamma P_{\mathrm{P}}z)\quad j=3,\ 4 \tag{9.3.53}$$

得耦合波方程

$$\frac{\partial V_3}{\partial z}=\mathrm{i}\gamma P_{\mathrm{P}}\mathrm{e}^{-\mathrm{i}\kappa z}V_4^{*} \tag{9.3.54}$$

$$\frac{\partial V_4^{*}}{\partial z}=-\mathrm{i}\gamma P_{\mathrm{P}}\mathrm{e}^{\mathrm{i}\kappa z}V_3 \tag{9.3.55}$$

式中广义相位失配因子

$$\kappa=\Delta k+2\gamma P_{\mathrm{P}} \tag{9.3.56}$$

注意此时泵浦波简并的四波混频的广义相位匹配因子与泵浦波非简并的四波混频的因子式(9.3.32)略有不同，差一个因子 2。

将耦合波方程(9.3.54)和(9.3.55)进行解耦，得

$$\frac{\mathrm{d}^2V_3}{\mathrm{d}z^2}+\mathrm{i}\kappa\frac{\mathrm{d}V_3}{\mathrm{d}z}-(\gamma P_{\mathrm{P}})^2V_3=0 \tag{9.3.57}$$

$$\frac{\mathrm{d}^2V_4^{*}}{\mathrm{d}z^2}-\mathrm{i}\kappa\frac{\mathrm{d}V_4^{*}}{\mathrm{d}z}-(\gamma P_{\mathrm{P}})^2V_4^{*}=0 \tag{9.3.58}$$

类似于上面泵浦波非简并情况近似解二的推导，可以得到信号光与闲频光的解为

$$V_3(z)=\left\{V_3(0)\left[\cosh(gz)+\mathrm{i}\frac{\kappa}{2g}\sinh(gz)\right]+\mathrm{i}C_0V_4^{*}(0)\sinh(gz)\right\}\mathrm{e}^{-\mathrm{i}\kappa z/2} \tag{9.3.59}$$

$$V_4^{*}(z)=\left\{V_4^{*}(0)\left[\cosh(gz)-\mathrm{i}\frac{\kappa}{2g}\sinh(gz)\right]-\mathrm{i}C_0V_3(0)\sinh(gz)\right\}\mathrm{e}^{\mathrm{i}\kappa z/2} \tag{9.3.60}$$

式中 $C_0=\gamma P_{\mathrm{P}}/g$（注意与泵浦波非简并情况有差别），此时增益 g 为

$$g=\sqrt{(\gamma P_{\mathrm{P}})^2-\left(\frac{\kappa}{2}\right)^2} \tag{9.3.61}$$

9.3.6　四波混频中的相位匹配

从上面的计算可知，对于耦合波的方程(9.3.12)到方程(9.3.15)以及方程(9.3.47)到方程(9.3.49)求解，无论是近似解一，还是近似解二，其四波混频的耦合效率均与广义相位失配因子 κ 的取值有关。只是泵浦波非简并情况 $\kappa=\Delta k+\gamma P_{\mathrm{P}}$，而泵浦波简并情况 $\kappa=\Delta k+2\gamma P_{\mathrm{P}}$。为了分析上简单起见，现以泵浦波简并四波混频为例加以讨论，此时，$\omega_1=\omega_2=\omega_{\mathrm{p}}$。根据式(9.3.61)有

$$g^2=(\gamma P_{\rm P})^2-\frac{1}{4}(\Delta k+2\gamma P_{\rm P})^2=-\Delta k\left(\frac{\Delta k}{4}+\gamma P_{\rm P}\right) \tag{9.3.62}$$

式中，g 代表增益参量，Δk 是光纤色散对广义相位失配因子 κ 的贡献。分析式(9.3.62)可得

$$g=\begin{cases}0, & \text{当 } \Delta k=0 \text{ 或者 } -4\gamma P_{\rm P}\\ g_{\max}=\gamma P_{\rm P}, & \text{当 } \Delta k=-2\gamma P_{\rm P}\end{cases} \tag{9.3.63}$$

图 9-3-4 显示了 Δk 取不同值时增益参量 g 的变化。g 不为零的范围是 $-4\gamma P_{\rm P}<\Delta k<0$，$g$ 取最大值 $g_{\max}$ 时 Δk 为 $-2\gamma P_{\rm P}$，此时 $\kappa=\Delta k+2\gamma P_{\rm P}=0$。

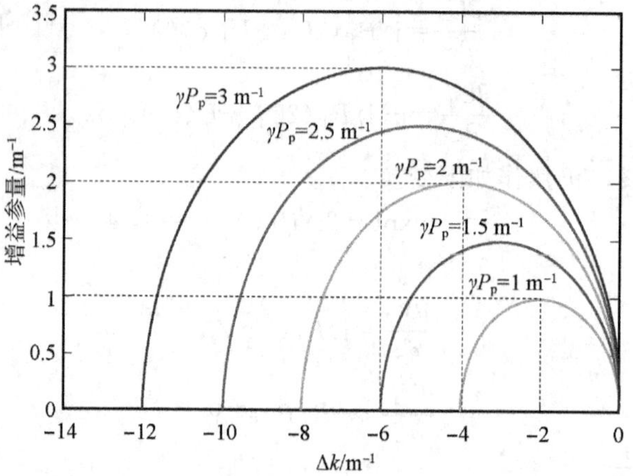

图 9-3-4　四波混频增益参量 g 随失配因子 Δk 的变化

9.3.7　实现相位匹配的方法

前面介绍过，在光纤中实现相位匹配是比较困难的，需要仔细加以研究。将广义相位失配因子作如下分解

$$\kappa=\kappa_{\rm L}+\kappa_{\rm NL}=\Delta k+\kappa_{\rm NL}=\Delta k_{\rm M}+\Delta k_{\rm W}+\kappa_{\rm NL} \tag{9.3.64}$$

式中，$\kappa_{\rm L}=\Delta k_{\rm M}+\Delta k_{\rm W}$ 是色散对失配因子的贡献（有些书称其为线性相位失配因子），其中 $\Delta k_{\rm M}$ 和 $\Delta k_{\rm W}$ 分别代表材料色散和波导色散对失配因子的贡献。以泵浦波简并情况为例，非线性因子 $\kappa_{\rm NL}=2\gamma P_{\rm P}>0$，而 $\Delta k_{\rm M}$ 和 $\Delta k_{\rm W}$ 是可正可负的。在多模光纤中，不同模式的传播常数是不同的，其主要来源是波导色散贡献的不同，这样 $\Delta k_{\rm W}$ 可以为负。在标准单模光纤中，波导色散虽然为负，但是其绝对值相对很小，可以设为 $\Delta k_{\rm W}=0$（或者将波导色散并到材料色散中一起考虑）。对于简并四波混频，$\omega_{\rm p}-\omega_3=\omega_4-\omega_{\rm p}=\Omega_{\rm s}$，则考虑 $\Delta k_{\rm M}$ 在泵浦光频率 $\omega_{\rm p}$ 处展开，得

$$\begin{aligned}\Delta k_{\rm M}&=\beta(\omega_{\rm p}-\Omega_{\rm s})+\beta(\omega_{\rm p}+\Omega_{\rm s})-2\beta(\omega_{\rm p})\\&=-\frac{1}{1!}\frac{{\rm d}\beta}{{\rm d}\omega}\Omega_{\rm s}+\frac{1}{2!}\frac{{\rm d}^2\beta}{{\rm d}\omega^2}\Omega_{\rm s}^2-\frac{1}{3!}\frac{{\rm d}^3\beta}{{\rm d}\omega^2}\Omega_{\rm s}^3+\frac{1}{4!}\frac{{\rm d}^4\beta}{{\rm d}\omega^4}\Omega_{\rm s}^4+\cdots\\&\quad+\frac{1}{1!}\frac{{\rm d}\beta}{{\rm d}\omega}\Omega_{\rm s}+\frac{1}{2!}\frac{{\rm d}^2\beta}{{\rm d}\omega^2}\Omega_{\rm s}^2+\frac{1}{3!}\frac{{\rm d}^3\beta}{{\rm d}\omega^2}\Omega_{\rm s}^3+\frac{1}{4!}\frac{{\rm d}^4\beta}{{\rm d}\omega^4}\Omega_{\rm s}^4+\cdots\\&=2\sum_{m=1}^{\infty}\frac{\beta_{2m}}{(2m)!}\Omega_{\rm s}^{2m}\end{aligned} \tag{9.3.65}$$

式中，β_{2m} 是单模光纤中材料色散对圆频率 ω 的 $2m$ 阶（偶数阶）导数。如果只将 2 阶色散和 4 阶色散计入，则

$$\Delta k \approx \beta_2 \Omega_s^2 + \frac{\beta_4}{12}\Omega_s^4 \tag{9.3.66}$$

$$\kappa \approx \beta_2 \Omega_s^2 + \frac{\beta_4}{12}\Omega_s^4 + 2\gamma P_P \tag{9.3.67}$$

这样在单模光纤中，当 4 阶色散可忽略时，主要看 2 阶群速色散系数是否为负，来抵消泵浦光对广义相位失配的贡献 $\kappa_{NL} = 2\gamma P_P$。在单模光纤中主要有下列三种情况，可以实现相位匹配：

(1) 当泵浦光波长在零色散波长(材料色散＋波导色散)附近时，且信号光和闲频光相对于泵浦光频移 Ω_s 很小，很低的泵浦光功率就可以实现相位匹配(假定 2 阶和 4 阶色散综合贡献的因子为负)。另外可以设计特殊结构的光纤，比如光子晶体光纤或者芯径渐减光纤，通过设计光纤参数来调整色散。甚至可以在泵浦光波长靠正常色散一边($\beta_2 > 0$)时，通过设计 $\beta_4 < 0$ 来实现相位匹配；

(2) 当泵浦光波长远离零色散波长时，且位于反常色散区($\beta_2 < 0$)，此时 Δk_M 为负(Δk_W 绝对值相对很小，可并入材料色散一并考虑)，可以通过非线性因子实现相位匹配，此时相位匹配需要较强的泵浦光功率，或者选择大非线性系数的光纤；

(3) 当泵浦光波长远离零色散波长时，且位于正常色散区($\beta_2 > 0$)，此时 Δk_M 为正，一般不可能用常规方法实现相位匹配。但是可以利用双折射光纤，使信号光和闲频光沿快轴偏振，而泵浦光沿慢轴偏振，此时偏振模色散对失配因子的贡献为负，也可以实现相位匹配。

9.3.8 利用四波混频光放大——光纤参量放大[18]

四波混频的一种重要应用是利用泵浦光对信号光进行放大，这种放大也称为光纤参量放大(Fiber-Optic Parametric Amplifier, FOPA)(类似于第 4 章的三波参量放大)。图 9-3-5 显示一个光纤参量放大器的典型结构，它用高非线性-色散位移光纤作为四波混频介质，光纤的高非线性系数意味着四波混频的高耦合效率，色散位移技术将零色散波长位移到光纤通信的 C 波段，使四波混频发生在零色散波长附近，以便更容易实现相位匹配。耦合器将泵浦激光(简并)耦合进入放大器，带通滤波器滤除噪声，偏振控制器用来控制四波混频各个光波的偏振方向。

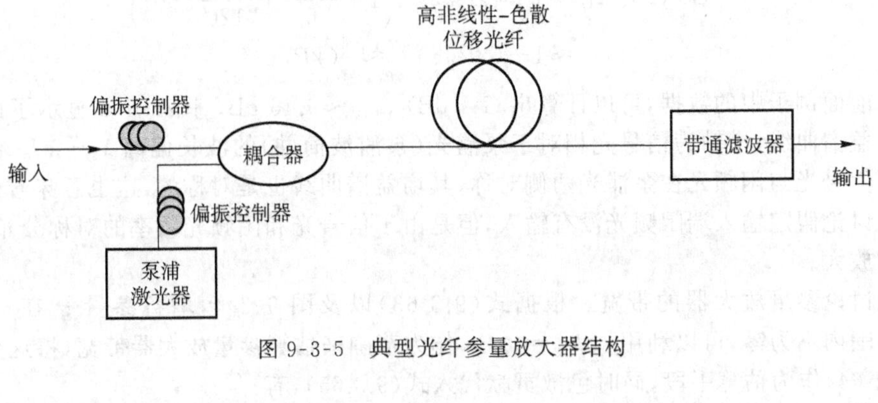

图 9-3-5　典型光纤参量放大器结构

当在光纤输入端只有泵浦光和信号光输入时，在式(9.3.59)中令 $V_4^*(0) = 0$，可得信号光功率 $P_3(z) = |V_3(z)|^2$ 的变化

$$P_3(z)=P_3(0)\left[1+\left(1+\frac{\kappa^2}{4g^2}\right)\sinh^2(gz)\right]$$
$$=P_3(0)\left[1+\frac{g^2+\kappa^2/4}{g^2}\sinh^2(gz)\right] \tag{9.3.68}$$
$$=P_3(0)\left[1+\left(\frac{\gamma P_P}{g}\right)^2\sinh^2(gz)\right]$$

与此同时，还产生了闲频光，在式(9.3.60)中也令 $V_4^*(0)=0$，得闲频光功率为

$$P_4(z)=P_3(0)\,|C_0|^2\sinh^2(gz)=P_3(0)\left(\frac{\gamma P_P}{g}\right)^2\sinh^2(gz) \tag{9.3.69}$$

所以，虽然光纤输入端没有闲频光输入，闲频光是从噪声中产生的，但是经过参量放大后，不但信号光得到放大，同时也产生了光功率可与信号光功率相比拟的闲频光(即在输出端信号光与闲频光功率是同数量级的。因为当 $gz>1$，且相位匹配时，式(9.3.68)中方括号中1相对于后一项可以忽略，则 $P_4(z)\approx P_3(z)$)。

如果定义光纤放大器的信号光增益为

$$G_s=\frac{P_3(z)}{P_3(0)}=1+\left(\frac{\gamma P_P}{g}\right)^2\sinh^2(gz) \tag{9.3.70}$$

下面分析一下参量放大信号光增益的变化趋势，以及带宽情况。

根据式(9.3.63)，$\Delta k=-2\gamma P_P$ 时，$g=g_{\max}=\gamma P_P$，代入式(9.3.70)，此时增益也取最大值，得

$$G_{s\max}=1+\sinh^2(\gamma P_P z)\underset{\gamma P_P z\gg 1}{\approx}\sinh^2(\gamma P_P z)$$
$$=\frac{(e^{\gamma P_P z}-e^{-\gamma P_P z})^2}{4}\approx\frac{1}{4}\exp(2\gamma P_P z) \tag{9.3.71}$$

如果用分贝表示

$$G_{s\max}(\mathrm{dB})\approx 10\log_{10}\left(\frac{1}{4}e^{2\gamma P_P z}\right)=P_P z S_P-6 \tag{9.3.72}$$

式中，$S_p=10\log_{10}(e^2)\gamma\approx 8.7\gamma$。例如文献[19]，对于200 m色散位移光纤(零色散波长 $\lambda_0=1550$ nm，$\lambda_p-\lambda_0=0.8$ nm)，其非线性系数 $\gamma=2\ \mathrm{W^{-1}km^{-1}}$，泵浦光功率为7 W，则通过式(9.3.72)计算得 $G_{s\max}(\mathrm{dB})\approx 18.4$ dB。

当信号光波长接近泵浦光波长时，$\Delta k\approx 0$，此时将双曲正弦函数 $\sinh x$ 进行泰勒展开，有

$$G_s(z)_{\lambda_3\to\lambda_p}=1+(\gamma P_P z)^2\left(1+\frac{g^2z^2}{6}+\frac{g^4z^4}{120}+\cdots\right)^2$$
$$\approx 1+(\gamma P_P z)^2\underset{\gamma P_P z\gg 1}{\approx}(\gamma P_P z)^2 \tag{9.3.73}$$

利用前面例子中的数据，可以计算出 $G_s(\mathrm{dB})_{\lambda_3\to\lambda_p}\approx 9.46$ dB。图9-3-6显示了此参量放大器的增益谱曲线，横轴为信号光相对于泵浦光(泵浦波简并)的波长偏离 $\lambda_3-\lambda_p$。由于简并四波混频信号光与闲频光在泵浦光两侧对称，其增益谱曲线也是对称的，这也意味着虽然前面增益谱的讨论假定输入端闲频光没有输入，但是由于信号光和闲频光频率的对称分布，它们可以被同时放大。

下面讨论参量放大器的带宽。根据式(9.3.63)以及图9-3-4，增益参量 g 在 $-4\gamma P_P<\Delta k<0$ 范围内不为零，可以利用 $|\Delta k|=4\gamma P_P$ 作为范围来估算参量放大器带宽，将这个范围代入式(9.3.64)作为估算手段，同时色散贡献代入式(9.3.65)，有

$$2\sum_{m=1}^{\infty}\frac{\beta_{2m}}{(2m)!}\Omega_s^{2m}=-4\gamma P_P \tag{9.3.74}$$

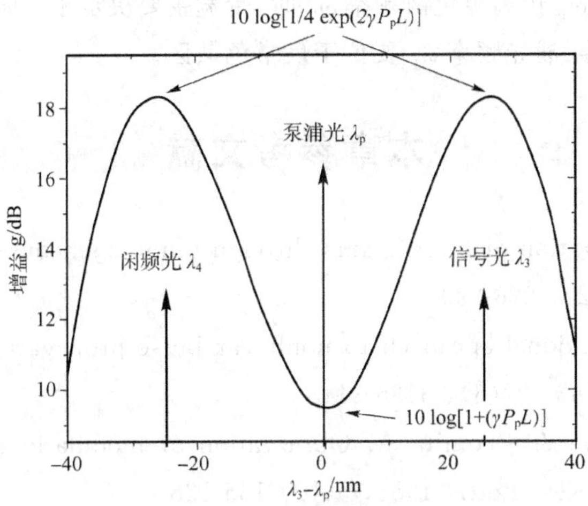

图 9-3-6　基于式(9.3.70)计算的光纤参量放大器的增益谱曲线，参数为 $\lambda_P-\lambda_0=0.8$ nm，$\gamma=2\ \mathrm{W^{-1}km^{-1}}$，$P_P=7$ W，$L=200$ m

则当 $2m$ 阶色散起主要作用时，对放大器带宽的贡献

$$\Omega_{2m}=\left[-\frac{2(2m)!\ \gamma P_P}{\beta_{2m}}\right]^{1/2m}\tag{9.3.75}$$

显然，非线性系数 γ 和泵浦光功率 P_P 越大，带宽越宽，还有色散系数也起着重要的作用。

以泵浦光频率 ω_p 相比于光纤零色散频率 ω_0 位于何处为区分依据，可大致分为三种情况讨论放大器带宽[20]：

(1) 当泵浦光频率 ω_p 恰好与零色散频率 ω_0 重合时，群速色散为零，此时式(9.3.74)和式(9.3.75)中 4 阶色散起主要作用，$m=2$。在色散位移光纤中令泵浦光波长 $\lambda_p=\lambda_0=1550$ nm，泵浦光功率 $P_P=15$ W，光纤 4 阶色散系数 $\beta_4=-4.93\times10^{-55}\ \mathrm{s^4/m}=-4.93\times10^{-4}\ \mathrm{ps^4/km}$，光纤非线性系数 $\gamma=2\times10^{-3}\ \mathrm{W^{-1}m^{-1}}=2\ \mathrm{W^{-1}km^{-1}}$，计算可得放大器带宽约为 53 nm。

(2) 当泵浦光频率 ω_p 接近零色散频率 ω_0 时，2 阶色散 β_2 和 4 阶色散 β_4 同时起作用，可以调整泵浦光频率 ω_p 相对于零色散频率 ω_0 的位置，来选择 β_2 和 β_4 的符号与大小，以此优化带宽。图 9-3-7 画出了 $\lambda_p-\lambda_0$ 变化时(泵浦波长离零色散波长远近)，带宽的变化(注意此时只画了对称的一侧增益曲线)。可见当 $\lambda_p-\lambda_0=0.55$ nm 时增益带宽既宽也平坦。

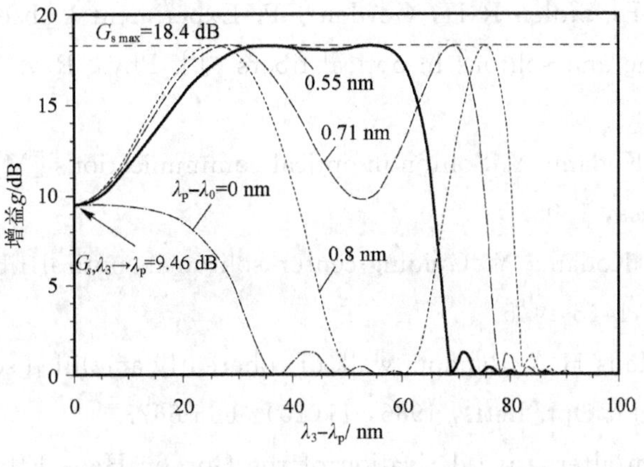

图 9-3-7　泵浦光波长相对于零色散波长不同时，基于式(9.3.70)计算的光纤参量放大器的增益谱曲线，其他参量与图 9-3-6 完全一样

(3) 当泵浦光频率 ω_p 远离零色散频率 ω_0 时,带宽主要决定于 2 阶色散系数,此时 $m=1$,且 β_2 应为负值,意味着泵浦光频率 ω_p 要位于反常色散区。

本章参考文献

[1] Firth W J.Propagation of laser beams through inhomogeneous media [J]. Opt. Commun., 1977, 22(2): 226-230.

[2] Anderson D.Variational approach to nonlinear pulse propagation in optics fibers [J]. Phys. Rev. A, 1983, 27(6): 3135-3145.

[3] Tai K, Hasegawa A, Tomita A. Observation of modulational instability in optical fibers [J]. Phys. Rev. Lett., 1986, 56(2) 135-138.

[4] Agrawal G P. Nonlinear fiber optics, 5th ed [M]. Amsterdam: Academic Press, 2015.

[5] Russell J S. Report on waves [C]. The 14th Meeting of the British Association for the Advancement of Science, York, London, 1844, 311-390.

[6] Korteweg D J, de Vries G. On the change of form of long waves advancing in a rectangular canal, and on a new type of long stationary waves [J]. Philosophical Magazine, 1895, 39: 422-443.

[7] Gardener C S, Greene J M, Kruskal M D, et al. Method for solving the Koerteweg-deVries equation [J]. Phys. Rev. Lett., 1967, 19(19): 1095-1097.

[8] Zakharov V E, Shabat A B. Exact theory of two-dimensional self-focusing and one-dimensional self-modulation of waves in non-linear media [J]. Sov. Phys. JEPT, 1972, 34: 62.

[9] Hasegawa A, Tappert F. Transmission of stationary nonlinear optical pulses in dispersive dielectric fibers I, Anomalous dispersion [J]. Appl. Phys. Lett., 1973, 23: 142.

[10] Hasegawa A, Tappert F. Transmission of stationary nonlinear optical pulses in dispersive dielectric fibers Ⅱ, Normal dispersion [J]. Appl. Phys. Lett., 1973, 23: 171.

[11] Mollenauer L F, Stolen R H, Gordon J P. Experimental observation of picosecond pulse narrowing and solitons in optical fibers [J]. Phys. Rev. Lett., 1980, 45(13): 1095-1098.

[12] Hasegawa A, Kodama Y. Soliton in optical communications [M]. New York: Oxford University Press, 1995.

[13] Hasegawa A, Kodama Y. Guiding-center soliton in optical fibers [J]. Opt. Lett., 1990, 15(24): 1443-1445.

[14] Gordon J P, Haus H A. Random walk of coherently amplified solitons in optical fiber transmission [J]. Opt. Lett., 1986, 11(10): 665-667.

[15] Marcuse D. An alternative derivation of the Gordon-Haus Effect [J]. J. Lightwave Technol., 1992, 10(2): 273-278.

[16] Ferreira M F S. Nonlinear effects in optical fibers [M]. Hoboken, New Jersey: John Wiley & Son, 2011.
[17] Stolen R H, Bjorkholm J E, Ashkin A. Phase-matched three-wave mixing in silica fiber optical waveguides [J]. Appl. Phys. Lett., 1974, 24: 308.
[18] Hansryd J, Andrekson P A, Westlund M, et al. Fiber-based optical parametric amplifiers and their applications [J]. IEEE J. Select. Topic. Quantum Electron., 2002, 8(3): 506-520.
[19] Schneider T. Nonlinearoptics in telecommunications [M]. Berlin: Springer-Verlag, 2004.
[20] Marhic M E, Kagi N, Chiang T-K, et al. Broadband fiber optical parametric amplifiers [J]. Opt. Lett., 1996, 21(8): 573-575.

习　题

9.1　对于一个 1/e 半脉宽为 10 ps 的高斯脉冲，其峰值功率为 300 mW，进入一个 3 km 长、损耗为 1 dB/km、非线性系数 γ 为 1.3 $W^{-1}km^{-1}$、有效截面积为 40 μm^2 的光纤，分别画出在光纤输出端如图 9-1-1(a)、(b)、(c)那样的脉冲时域图、自相位调制相移图和啁啾频移图。如果高斯脉冲脉宽和峰值功率变为 1 ps 和 1 W，再画上述三个图。

9.2　如果入射光纤的脉冲形状如下面的超高斯脉冲

$$U(0,T)=U_0\exp\left[-\frac{1}{2}\left(\frac{T}{t_0}\right)^{2m}\right]$$

式中，m 的数值决定了超高斯脉冲前后沿的陡峭程度，$m=1$ 对应于普通的高斯脉冲。画出 $m=3$ 的脉冲时域演化图和频率啁啾演化图，并证明自相位调制引发超高斯脉冲最大的频率啁啾为

$$\delta\omega_{\max}=\frac{mf(m)}{t_0}\phi_{\max}$$

式中

$$\phi_{\max}=\gamma P_0 z_{\text{eff}}，f(m)=2\left(1-\frac{1}{2m}\right)^{1-1/2m}\exp\left[-\left(1-\frac{1}{2m}\right)\right]$$

$m=1$ 时，$f=0.86$，m 值很大时，f 趋于 0.74。

9.3　证明当泛函公式(9.1.11)中的拉格朗日密度函数为

$$L=\frac{\mathrm{i}}{2}\left(U\frac{\partial U^*}{\partial z}-U^*\frac{\partial U}{\partial z}\right)-\frac{\beta_2}{2}\left|\frac{\partial U}{\partial T}\right|^2-\frac{\gamma}{2}|U|^4$$

证明非线性薛定谔方程

$$\frac{\partial U}{\partial z}+\frac{\mathrm{i}}{2}\beta_2\frac{\partial^2 U}{\partial T^2}-\mathrm{i}\gamma|U|^2U=0$$

等价于泛函公式的欧拉-拉格朗日方程。

9.4　证明：对于归一化的非线性薛定谔方程(9.2.3)，如果 $q(\xi,\tau)$ 是方程的解，则 $\kappa q(\kappa^2\xi,\kappa\tau)$ 也是方程的解。其中 κ 是比例系数。

9.5　一个工作在波长 1550 nm 的 10 Gbit/s 光孤子通信系统，光脉冲 FWHM(半高全宽)脉宽为30 ps，单模光纤的有效模截面积为 50 μm^2，分别计算以下两种情况下的基阶孤子所需的峰值功率。(1) 普通单模光纤，$D=17$ ps/nm/km；(2) 色散位移光纤，$D=2$ ps/nm/km。

9.6 为什么不同波长信道的交叉相位调制项前面的系数是 2，而同波长不同正交偏振信道的交叉相位调制项前面的系数是 2/3？给出计算细节。

9.7 如果有两种波分复用情况：(1) 两个波分复用信道，$\lambda_1=1528.77$ nm，$\lambda_2=1560.61$ nm；(2) 在 1550 nm 附近的两个间隔 100 GHz 的信道。(1) 在单模光纤(1550 nm 附近色散参量为 $D=17$ ps/nm/km)两信道同时入射 FWHM 脉宽 30 ps 的高斯脉冲，在上述两种情况下分别计算两脉冲走离所需要的距离。(2) 如果改为非零色散光纤($D=3$ ps/nm/km)，再次进行(1)中的计算。

9.8 在光纤中的简并四波混频情况下，如果泵浦光与信号光之间的频率相差 $\Delta\nu$，泵浦光频率处的群速色散系数为 β_2。证明：线性相位失配因子可以表示成 $\Delta k=\beta_2(2\pi\Delta\nu)^2$。

9.9 在光纤简并四波混频中，一个波长为 1550 nm、功率为 10 W 的泵浦光射入非线性系数为 $\gamma=4\ \mathrm{W^{-1}km^{-1}}$、$\beta_2=-20\ \mathrm{ps^2/km}$ 的单模光纤，则信号光与闲频光波长为多少时可以达到相位匹配？

9.10 一光纤参量放大器，泵浦光功率为 2 W，最大信号增益 $G_{\mathrm{smax}}=50$ dB。当用(1)色散位移光纤($\gamma=2\ \mathrm{W^{-1}km^{-1}}$)和(2)光子晶体光纤($\gamma=35\ \mathrm{W^{-1}km^{-1}}$)分别做非线性放大介质时，所需的光纤长度分别是多少？

第10章　非线性光纤光学Ⅲ：光纤受激散射效应

10.1　光纤中的受激拉曼散射

受激拉曼散射是一种典型的三阶非线性效应，在第6章中阐述过它的产生机理。频率为ω_p的泵浦光射入非线性介质，会产生频率比泵浦光低ω_v的斯托克斯光ω_s，以及频率比泵浦光高ω_v的反斯托克斯光ω_{as}，其中ω_v对应基态与声子激发态（分子的振动或转动能级）之间的跃迁频率，如图6-3-1和图6-3-2所示。

$$\omega_s=\omega_p-\omega_v \quad \text{斯托克斯光}$$

$$\omega_{as}=\omega_p+\omega_v \quad \text{反斯托克斯光}$$

在光纤中可以实现受激拉曼散射。首先在光纤中发现受激拉曼散射现象是由伊本（E. Ippen）于1970年制作CS_2芯连续激光器时发现的，他制成了光纤拉曼激光器[1]。随后在1972年斯托轮（R. Stolen）和伊本等人首次在石英光纤中发现了受激拉曼散射现象[2]。之后在1973年他们实验测出了石英光纤中的拉曼增益[3]。

受激拉曼散射的斯托克斯散射过程是典型的非参量过程，其相位匹配是自动匹配的，因而斯托克斯散射过程在光纤中容易实现，而反斯托克斯散射过程是需要相位匹配的，在光纤中出现需要采取一些措施。

受激拉曼散射在波分复用（WDM）的光纤通信系统中会造成不同信道间的串扰，从而降低了整个系统的性能。然而人们可以利用受激拉曼散射来放大信号光，来补偿光纤损耗造成的光功率衰减。相比于集总式放大的EDFA光纤放大器，拉曼光纤放大器是分布式放大信号光的，只需每隔一个跨段通过耦合器向光纤中耦合入泵浦光，泵浦光的光功率可以通过受激拉曼散射过程，将能量转化给频率为斯托克斯光的信号光，并且这种转化是在信号光边传输边连续发生的，这意味着信号光的放大是分布式放大。如果采用在每隔一个跨段利用EDFA集总式放大信号光，会造成信号光功率在光纤中急剧变化，分布不均匀。而分布式放大可以使放大的信号光的功率在光纤中变化缓慢，分布均匀。如果采用前向和后向同时泵浦，甚至可以使信号光在光纤中功率几乎不变，这样增强了整个系统的稳定性。

本节将介绍光纤中的受激拉曼散射效应。

10.1.1 光纤中的受激拉曼散射增益和耦合波方程

假定光纤中泵浦光与斯托克斯光均沿 z 方向传输，并假定泵浦光与斯托克斯光均为振幅不变的连续光波，则参考公式(6.5.4)，泵浦光与斯托克斯光之间的耦合波方程为

$$\frac{\partial A_s(z)}{\partial z}=\mathrm{i}\frac{3\omega_s}{4cn_s}\chi_{\mathrm{eff}}^{(3)}|A_p(z)|^2A_s(z)$$
$$\frac{\partial A_p(z)}{\partial z}=\mathrm{i}\frac{3\omega_p}{4cn_p}\chi_{\mathrm{eff}}^{(3)*}|A_s(z)|^2A_p(z) \tag{10.1.1}$$

式中，$A_s(z)$和 $A_p(z)$是斯托克斯光与泵浦光的振幅，ω_s和 ω_p是它们的频率，n_s和 n_p是斯托克斯光和泵浦光的折射率，$\chi_{\mathrm{eff}}^{(3)}$是受激拉曼过程的有效非线性极化率。为简单起见，以下的讨论均假定泵浦光与斯托克斯光偏振方向一致。

参考如式(6.5.5)和式(6.5.8)的整理，可以得到斯托克斯光与泵浦光强度之间的耦合波方程

$$\frac{\partial I_s(z)}{\partial z}=g_RI_p(z)I_s(z)$$
$$\frac{\partial I_p(z)}{\partial z}=-\frac{\omega_p}{\omega_s}g_RI_p(z)I_s(z) \tag{10.1.2}$$

式中，$I_s(z)$和 $I_p(z)$是斯托克斯光与泵浦光的光强度，g_R是拉曼增益系数

$$\begin{aligned} g_R&=-\frac{3\mu_0\omega_s}{n_sn_p}\chi_{\mathrm{eff}}^{(3)''} \\ &\approx\frac{\omega_sN\left(\dfrac{\partial\alpha}{\partial X}\right)_0^2}{4mn_sn_pc^2}\frac{(\gamma/2)}{\omega_v\{[\omega_v-(\omega_p-\omega_s)]^2+\gamma^2/4\}}\end{aligned} \tag{10.1.3}$$

对于强泵浦的情况，可以认为泵浦光功率的相对衰减比较少，可以当作 $I_p(z)=I_p(0)$处理(此条件称为泵浦无消耗条件)，公式(10.1.2)中第二个公式可以认为不起作用，得到斯托克斯光呈指数增长

$$I_s(z)=I_s(0)\exp[g_RI_p(0)z]=I_s(0)\exp[G_Rz] \tag{10.1.4}$$

式中，G_R是拉曼增益

$$G_R=g_RI_p(0)=-\frac{3\omega_s}{2n_sc}\chi_{\mathrm{eff}}^{(3)''}|A_p(0)|^2 \tag{10.1.5}$$

实际上，式(10.1.2)是忽略了光纤损耗的耦合波方程，如果将光纤损耗计入，方程变为

$$\frac{\partial I_s(z)}{\partial z}=g_RI_p(z)I_s(z)-\alpha_sI_s(z)$$
$$\frac{\partial I_p(z)}{\partial z}=-\frac{\omega_p}{\omega_s}g_RI_p(z)I_s(z)-\alpha_pI_p(z) \tag{10.1.6}$$

式中，α_s和 α_p是光纤对斯托克斯光和泵浦光的损耗。

图 10-1-1 给出了熔融石英材料拉曼增益系数随拉曼频移的变化曲线[4]，下面的横轴标的是泵浦光与斯托克斯光的频率差 $\nu_p-\nu_s$，上面的横轴标的是相应的波长差 $\lambda_s-\lambda_p$，其中泵浦光与斯托克斯光的偏振方向相同。对于晶态材料，分子振动态有确定的能级，其斯托克斯光谱显示极窄的谱线。受激拉曼散射的这一特性广泛应用于分子振动能级的光谱学研究。而光纤材料为熔融状态的非晶态石英材料，其分子之间作用显示无规性，导致分子振动能级弥散并相互

重叠,显示出很宽的谱,如图 10-1-1 所示。熔融石英的拉曼频移在 9 THz 到 15.5 THz 之间有一个峰值,对应峰值的拉曼频移是 $\Delta\nu\approx13$ THz,或者波长差 $\Delta\lambda\approx105$ nm,当泵浦光波长为 1.5 μm 时,增益峰值大约是 6.5×10^{-14} m/W。由于拉曼增益在大约 10 THz 范围内都有显著的数值,所以利用受激拉曼散射对光信号进行放大有很大的带宽范围,适合大波长范围内波分复用系统的光放大。

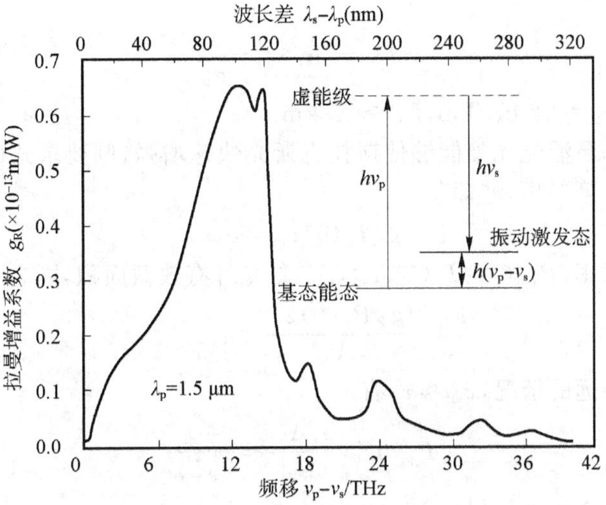

图 10-1-1　熔融石英拉曼增益系数谱

受激拉曼散射光强耦合方程(10.1.6)适合连续或者准连续的信号的受激拉曼过程,如果对于短脉冲的受激拉曼散射,由于泵浦光与斯托克斯光之间的频移差很大,它们之间由于色散效应会产生走离,使泵浦光与斯托克斯光不能充分耦合,则光纤中短脉冲的受激拉曼散射耦合波方程应该是像非线性薛定谔方程(8.2.22)那样的耦合波方程,其形式为

$$\begin{aligned}\frac{\partial U_s}{\partial z}&=\mathrm{i}(|U_s|^2+2|U_p|^2)U_s+\frac{g_R}{2}|U_p|^2U_s-\frac{1}{v_{gs}}\frac{\partial U_s}{\partial t}-\mathrm{i}\frac{\beta_{2s}}{2}\frac{\partial^2 U_s}{\partial t^2}-\frac{\alpha_s}{2}U_s\\\frac{\partial U_p}{\partial z}&=\mathrm{i}(|U_p|^2+2|U_s|^2)U_p-\frac{\omega_p}{\omega_s}\frac{g_R}{2}|U_s|^2U_p-\frac{1}{v_{gp}}\frac{\partial U_p}{\partial t}-\mathrm{i}\frac{\beta_{2p}}{2}\frac{\partial^2 U_p}{\partial t^2}-\frac{\alpha_p}{2}U_p\end{aligned}\tag{10.1.7}$$

两式右边第一项是自相位调制和交叉相位调制项,第二项表示拉曼增益,最后一项表示损耗,第三、四项属于色散项,其中 v_{gs} 和 v_{gp} 分别是斯托克斯光和泵浦光的群速度,β_{2s} 和 β_{2p} 分别是斯托克斯光和泵浦光的二阶色散系数。

10.1.2　受激拉曼散射阈值[5]

拉曼散射从自发拉曼散射到受激拉曼散射需要泵浦光光强达到某个阈值,当泵浦光光强达到这个阈值,自发拉曼散射转化为受激拉曼散射,此时斯托克斯光会呈指数式增强。

首先考虑斯托克斯光还没有显著产生时,亦即泵浦光没有明显转化为斯托克斯光,此时令式(10.1.6)的第二个方程中第一项可以忽略,则对于泵浦光只是计及损耗,有

$$I_p(z)=I_p(0)\mathrm{e}^{-\alpha_p z}\tag{10.1.8}$$

显然像式(10.1.8)这样的变化规律,说明泵浦光只是因损耗而衰减,而不是因将自身能量转化为斯托克斯光而更加显著下降。将式(10.1.8)代入式(10.1.6)的第一个方程,有

$$\frac{\mathrm{d}I_s}{\mathrm{d}z}=g_R I_p(0)\mathrm{e}^{-\alpha_p z}I_s-\alpha_s I_s\tag{10.1.9}$$

解方程得

$$I_s(z)=I_s(0)\exp[g_R I_p(0)z_{eff}-\alpha_s z] \tag{10.1.10}$$

式中，z_{eff}是有效传输距离

$$z_{eff}=\frac{1-e^{-\alpha_p z}}{\alpha_p} \tag{10.1.11}$$

有效传输距离的极限为

$$L_{eff}=\lim_{z\to\infty}z_{eff}=\frac{1}{\alpha_p} \tag{10.1.12}$$

如果取 $\alpha_{p,dB}=4.343\alpha_p=0.2$ dB/km，$L_{eff}\approx 22$ km。

如果要求注入的泵浦光光强能够使斯托克斯光快速增强，则要求式(10.1.10)中的指数因子中第一项远远大于第二项，亦即

$$g_R I_p(0)z_{eff}\gg\alpha_s z \tag{10.1.13}$$

换算成泵浦光入射功率，$P_p(0)=I_p(0)A_{eff}$，A_{eff}是光纤有效截面积，则

$$\frac{g_R P_p(0)z_{eff}}{A_{eff}}\gg\alpha_s z \tag{10.1.14}$$

考虑光信号没有传多远的情况，$z_{eff}\approx z$，有

$$P_p(0)\gg\frac{\alpha_s A_{eff}}{g_R}\approx\frac{A_{eff}}{g_R L_{eff}} \tag{10.1.15}$$

后面的"≈"是假定 $\alpha_s\approx\alpha_p=1/L_{eff}$。

为了对上述过程有一个数值上的认识，假定 $A_{eff}=80\ \mu m^2$，$\alpha_s\approx\alpha_p=0.2$ dB/km，拉曼增益系数取 $g_R=7\times10^{-14}$ m/W，则要求 $P_p(0)\gg52.6$ mW，画出泵浦光功率 P_p 以及斯托克斯光功率 P_s 沿光纤长度的变化，如图 10-1-2 所示。假设泵浦光波长 $\lambda_p=1.55\ \mu m$，斯托克斯光波长 $\lambda_s=1.65\ \mu m$，输入的泵浦光光强为 $I_p(0)=1.25\times10^9\ W/m^2$，折合光功率是 100 mW，斯托克斯光来源于自发拉曼散射，非常弱，比如假定为 $I_s(0)=12.5\ W/m^2$，折合光功率是 10×10^{-10} W=1 nW。从图 10-1-2 可以看出泵浦光光功率以指数衰减。斯托克斯光在 0～5 km 增长很快，式(10.1.13)是成立的，随后增长减慢，一直到 14 km 处达到最大值，此时泵浦光功率为 52.6 mW。此后泵浦光不足以为斯托克斯光提供能量，斯托克斯光将逐渐减小。

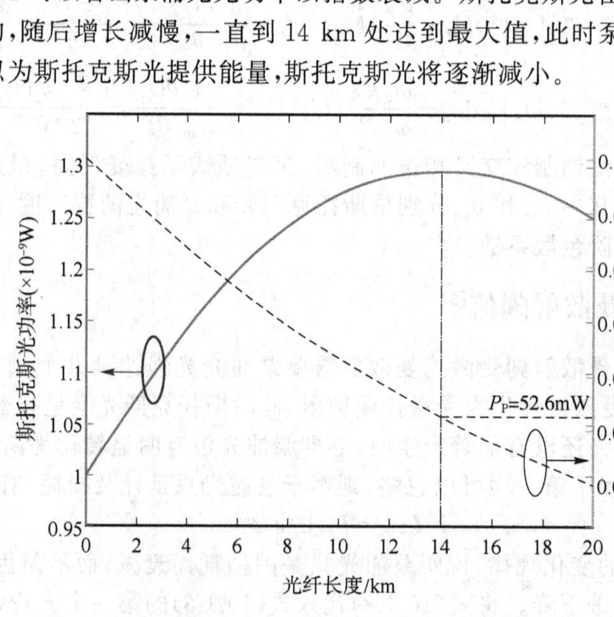

图 10-1-2　泵浦光功率以及斯托克斯光功率沿光纤的变化

式(10.1.15)显示，为了有效产生斯托克斯光，泵浦光输入光功率需要 $P_p(0) \gg A_{eff}/(g_R L_{eff})$，文献[6]证明泵浦光光功率阈值为 $A_{eff}/(g_R L_{eff})$ 的 16 倍

$$P_{p,th}=16\frac{A_{eff}}{g_R L_{eff}} \tag{10.1.16}$$

作为典型光纤情况，$A_{eff}=80\ \mu m^2$，$g_R=7\times10^{-14}\ m/W$，$L_{eff}\approx22\ km$，则 $P_{p,th}=1\ W$。

前面的讨论是假设泵浦光没有显著将自身能量转化为斯托克斯光的情况，严格的计算需要数值解方程(10.1.6)。图 10-1-3(a)中计算了泵浦光功率从 800 mW 增大到 1.6 W 时(相应的泵浦光光强从 1×10^{10} 增大到 $2\times10^{10}\ W/m^2$)泵浦光以及斯托克斯光在光纤里的变化情况。图中可以看出，当输入泵浦光低于阈值时，光纤中没有明显的斯托克斯光产生。当输入泵浦光功率高于 1.2 W 时(相应光强为 $1.5\times10^{10}\ W/m^2$)，光纤中有明显的斯托克斯光产生，且输入泵浦光越强，光纤中产生的斯托克斯光越强。这个泵浦光阈值 1.2 W 比式(10.1.16)计算出的 1 W 要大一点，是因为在那里计算时，做了近似 $L_{eff}\approx z$，光纤有效长度显然比实际长度要短。另外式(10.1.16)的计算是基于假设泵浦光没有显著将自身能量转化为斯托克斯光的情况。图 10-1-3(b)选择了图(a)中泵浦光功率为 1.5 W 时(相应光强为 $1.9\times10^{10}\ W/m^2$)光纤中的泵浦光与斯托克斯光光强沿光纤的变化情况，这个输入光功率大于阈值。可以看出在光纤的前 20 km 没有明显的斯托克斯光产生，泵浦光的衰减也几乎按照式(10.1.8)那样指数降低。大于这个距离泵浦光衰减快于指数下降，斯托克斯光也急速上升，说明此时泵浦光开始明显将自身能量转化为斯托克斯光的能量。在大约 29 km 时斯托克斯光强度开始超过泵浦光，大约在 34.6 km 斯托克斯光强度达到最大值，此时泵浦光光强为 $0.657\times10^9\ W/m^2$，相应的光功率是 52.6 mW，与图 10-1-2 中的情况一致。之后斯托克斯光光强逐渐按照指数下降。

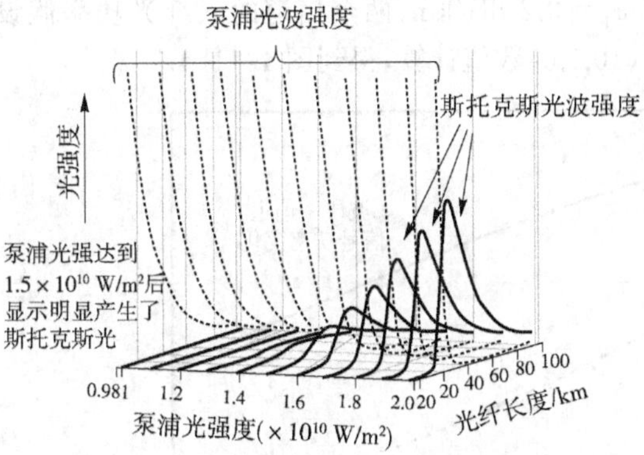

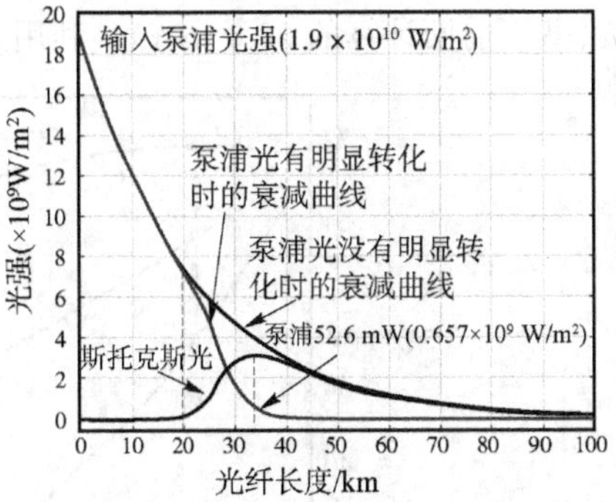

图 10-1-3　(a) 输入不同泵浦光功率时，泵浦光以及斯托克斯光强度沿光纤的变化情况。(b) 泵浦光功率为 1.5 W 时($1.9\times10^{10}\ W/m^2$)，泵浦光以及斯托克斯光强度沿光纤的变化情况

由于只有输入泵浦光功率大于 1 W 才有显著的斯托克斯光产生，在普通光纤通信系统中达不到这种情况。然而在利用受激拉曼散射放大光信号，以及利用受激拉曼散射制作光纤拉曼激光器时，泵浦光功率可以达到阈值，将产生很强的斯托克斯光，或者使斯托克斯光放大。

10.1.3　受激拉曼散射对于光纤通信的影响

在单信道传输的光纤通信系统中，受激拉曼散射的影响可以忽略，这是因为单信道传输，输入的光信号可以看成是泵浦光，斯托克斯光可以从自发拉曼散射产生，而由于泵浦光远达不到阈值，式(10.1.6)中的耦合极弱，光纤中就不会产生明显的斯托克斯光。但是在波

分复用系统中，不同波长的两个信道，只要其频率差(或者波长差)在拉曼增益的带宽内，两个信道的光束之间可以有强耦合，此时短波长的光作为泵浦光，长波长的光作为斯托克斯光，式(10.1.6)中的泵浦光与斯托克斯光光功率差不多，$I_p \approx I_s$，它们之间会有强耦合，造成信道间的串扰。

前面介绍过，拉曼增益在 $\Delta\nu \approx 13$ THz 取最大值，对应波长差 $\Delta\lambda \approx 105$ nm。光纤通信 C 波段为 1530～1565 nm，带宽 35 nm；L 波段为 1565～1625 nm，带宽 60 nm。显然波分复用系统在一个波段带内受激拉曼散射效应不强，但是如果是 C+L 波段的波分复用系统，C 波段某信道的光(作为泵浦光)可以与 L 波段某信道的光(作为斯托克斯光)产生拉曼相互作用(波长差最大为 95 nm)，C 波段信道光将自身的能量转化为 L 信道光，造成信道间串扰。在 8.1.4 节介绍过四波混频也会造成波分复用信道间串扰，然而光纤中四波混频是参量过程，需要相位匹配才能实现，而光纤中四波混频的相位匹配只有在特定场景下才能够满足。受激拉曼散射不是参量过程，参与散射过程的光纤材料也要与泵浦光以及斯托克斯光交换能量和动量，动量守恒(即相位匹配)会自行得到满足。因此只要光纤中光功率超过阈值，且信道间频率差包含在拉曼增益的带宽内，波分复用的信道间拉曼相互作用就会发生。

下面数值分析一下波分复用系统信道间的拉曼相互作用。以 C 波段的一个信道(波长大约为 1530 nm)和 L 波段的一个信道(波长大约为 1625 nm)，如果没有拉曼相互作用，两个信道的光都将以 0.2 dB/km 的光纤损耗系数呈指数衰减。但是如果考虑受激拉曼散射作用，C 波段的光作为泵浦光将会将自身的一部分能量转化为 L 波段的斯托克斯光，这样 C 波段这个信道的光的能量衰减将快于只是光纤损耗造成的衰减，而 L 波段的信道开始时光功率还会稍有提升，然后再衰减，且衰减的速度要比只是光纤损耗造成的衰减要慢。假设光纤有效面积 $A_{eff}=80\ \mu m^2$，拉曼增益取 $g_R=7\times10^{-14}$ m/W，光纤损耗取 $\alpha_s \approx \alpha_p = 0.2$ dB/km，两个信道的入纤光功率假设均为 70 mW(高于前面计算的 52.6 mW)。利用式(10.1.6)数值计算，得到图 10-1-4。

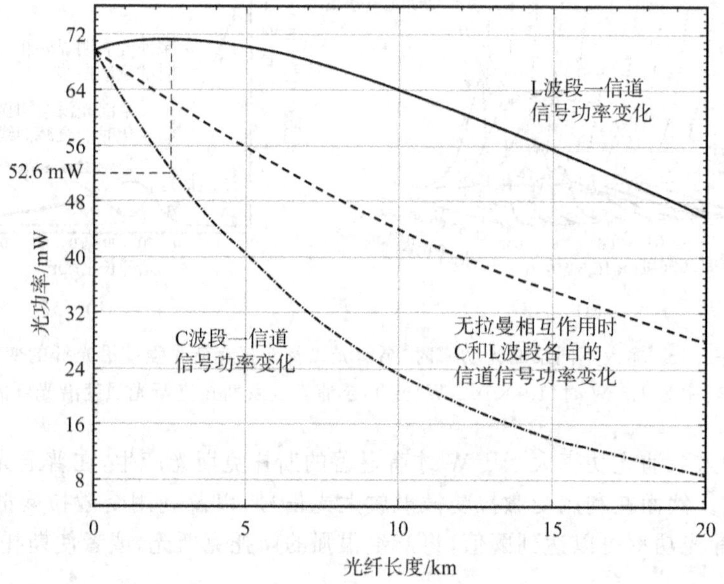

图 10-1-4　波分复用系统 C 波段的一个信道和 L 波段的一个信道之间拉曼相互作用的情况

从图 10-1-4 可以看出，大约在最初的 3 km，L 波段信道的光作为斯托克斯光接受泵浦光能量的转换，功率稍微有些升高，在约 3 km 处达到最高值，随后逐渐衰减，但是其衰减比没有拉曼相互作用时慢。C 波段信道的光要将自身的一部分能量转化给斯托克斯光，因此其衰减要比没有拉曼相互作用时快。大约在 3 km 时,其光功率衰减为 52.6 mW,此时斯托克斯光达到最强,这个 52.6 mW 与前面的计算是一致的。

10.1.4　拉曼光纤放大器

光信号在光纤中传输时由于光纤损耗会逐渐衰减,需要隔一段距离进行一次光放大。光纤通信系统里最常用的光放大器是掺铒光纤放大器(EDFA),实际上也可以利用受激拉曼散射在光纤里进行光放大,此时每隔一段距离将泵浦光耦合进入光纤,只要泵浦光的频移差在拉曼增益的带宽范围内(9 T～15.5 THz),光纤中的信号光作为斯托克斯光就会被放大。比如单模光纤中的信号光波长为 1550 nm,可以注入波长为 1450 nm 的泵浦光,对 1550 nm 的信号光进行光放大,此时泵浦光与信号光的频率差为 13.4 THz,恰好是光纤材料拉曼增益取最大值时的频移。利用拉曼放大器在单模光纤中对于 1550 nm 光信号的放大原理可以参考图 10-1-5。

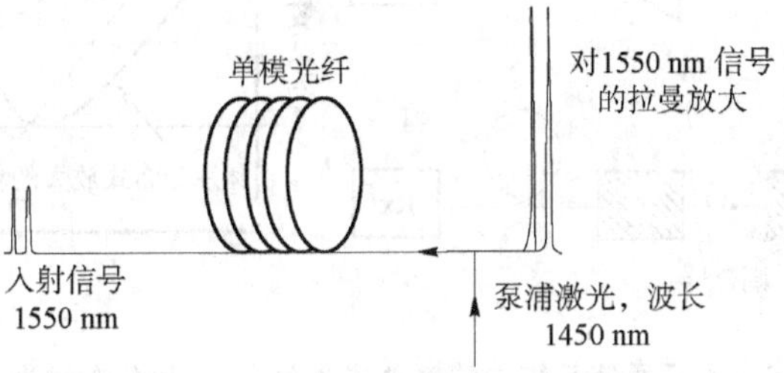

图 10-1-5　单模光纤中的拉曼放大器

实际上拉曼放大器的发明早于 EDFA(EDFA 发明于 1987 年),1972 年斯托轮和伊本就演示了光纤中的拉曼放大[2],随后在 80 年代中期出现了对拉曼放大一个集中研究的时期,1986 年莫勒纳(Mollenauer)曾经利用拉曼放大器来补偿光孤子传输时的损耗[7],1988 年 Mollenauer 利用拉曼放大器使光孤子稳定传输超过了 4000 km[8]。但是由于当时还没有研制出大功率(瓦级的)半导体激光器,放大转换效率也不高,因此当 EDFA 出现后,很快就替代了拉曼光纤放大器。1990 年代 EDFA 很快商用化,结合波分复用技术,使光纤通信系统容量大幅度提高,拉曼光纤放大器研究的步伐也开始变慢。然而随着技术的进步,进入 21 世纪,作为受激拉曼放大器泵浦源的大功率半导体激光器越来越成熟,目前已经商用化;另外波分复用波段不仅限于 C+L 波段,要扩展到 1.2～1.7 μm 的全波段,除了掺铒光纤放大器能够应用在 C+L 波段以外,其他掺稀土元素的光纤放大器还不成熟。原则上,只要泵浦光源与信号光之间频移落在拉曼增益带宽内,就可以应用拉曼放大器,这样利用多个不同波长的泵浦激光器,可以同时在光纤中放大多个波长信道的光信号,因此拉曼放大器就成为宽波段波分复用系统的放大器选择。

大家知道,EDFA 应用于集总式的放大,每隔一个跨段放置一个 EDFA,如图 10-1-6(a)所示,光信号的放大是集中在 EDFA 内部的,而在跨段中间,光信号只是经历因光纤损耗而造成的功率衰减。因此在整个光信号的传输过程中,光信号的功率会大起大落(每个跨段都是指数衰减)。如图 10-1-6(c)中的虚线所示,一方面,在每一个跨段的开始,光信号功率会超过光纤中主要非线性效应(自相位调制、交叉相位调制和四波混频等)的功率阈值要求,使光信号产生畸变;

另一方面，在跨段的末端，光信号衰减的厉害，几乎淹没在噪声中，使信噪比降低。利用受激拉曼散射进行光放大是分布式放大，光纤介质既是传输介质，又是放大介质，如图 10-1-6(b)所示，光信号既经历光纤损耗造成的功率衰减，又经历泵浦光对信号光的受激拉曼放大，因此光信号在一个跨段功率起伏要小很多，如图 10-1-6(c)中的实线所示。这样信号光功率不会大起大落，既不会超过非线性效应的功率阈值，也不会低到被淹没在噪声中，致使光信号在传输中保持稳定。如果采用前向和后向双向泵浦，信号光的起伏更小，传输更稳定。另外，使用 EDFA 集总式放大，放大跨段一般为 50～80 km，而采用前后双向泵浦的分布式拉曼放大，可以使放大跨段达到 150～200 km，目前跨洋光纤通信系统等长距离通信系统多采用拉曼光纤放大器。

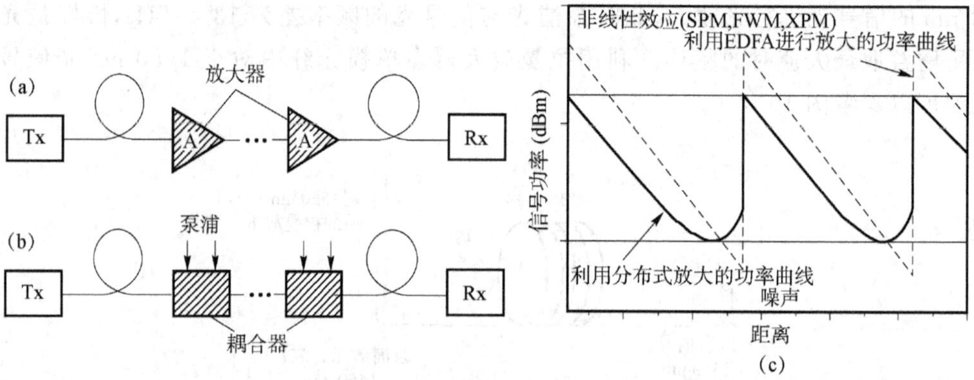

图 10-1-6　光纤通信系统中的集总式光放大(a)和分布式光放大(b)，以及两种放大模式下光信号功率沿光纤的分布情况(c)

下面来看一看拉曼光纤放大器的增益。放大器增益定义为放大器输出端(跨段输出端)信号光功率与输入端(跨段输入端)信号光功率的比值，由于输入端与输出端光纤有效截面积相同，这个比值也是光强的比值，定义为

$$G_{\mathrm{RA}}=\frac{I_{\mathrm{s}}(z_{\mathrm{a}})}{I_{\mathrm{s}}(0)}\ \text{或者}\ G_{\mathrm{RA,dB}}=10\log_{10}\frac{I_{\mathrm{s}}(z_{\mathrm{a}})}{I_{\mathrm{s}}(0)} \tag{10.1.17}$$

严格来讲，计算放大器增益需要严格解方程(10.1.6)，为简单起见，先假定泵浦光自身相对能量损失很小，根据前面的讨论，得到信号光在光纤中的演化遵从公式(10.1.10)，为 $I_{\mathrm{s}}(z)=I_{\mathrm{s}}(0)\exp[g_{\mathrm{R}}I_{\mathrm{p}}(0)L_{\mathrm{eff}}-\alpha_{\mathrm{s}}z]$，其中 L_{eff} 为有效光纤长度，则放大器增益近似为

$$G_{\mathrm{RA}}=\exp[g_{\mathrm{R}}P_{\mathrm{p}}(0)L_{\mathrm{eff}}/A_{\mathrm{eff}}-\alpha_{\mathrm{s}}z_{\mathrm{a}}] \tag{10.1.18}$$

式(10.1.18)显示放大器增益只与泵浦光功率有关，与信号输入光功率无关，这显然是不对的，这是由于在前面的推导过程中做了泵浦光相对能量损失可以忽略假设的缘故，严格的计算还是要数值解方程(10.1.6)。图 10-1-7 给出了拉曼放大器增益随泵浦光功率的变化，图中持续增长的直线是忽略泵浦光相对能量损失的结果，它与输入信号光功率无关。实际情况是放大器增益随着泵浦光功率的增大，增益逐渐趋于饱和，且随着输入信号光功率的增加，饱和增益会下降。

前面提到过，单个泵浦激光源可以有较大的带宽(>6 THz)，可以同时放大多个信道的光信号。如果采用多个不同波长的泵浦激光源，可以覆盖很宽波段的波分复用信道。图 10-1-8 给出了一个拉曼放大的例子[9]，其中利用了 6 个不同波长(波长从 1420～1495 nm)的泵浦激

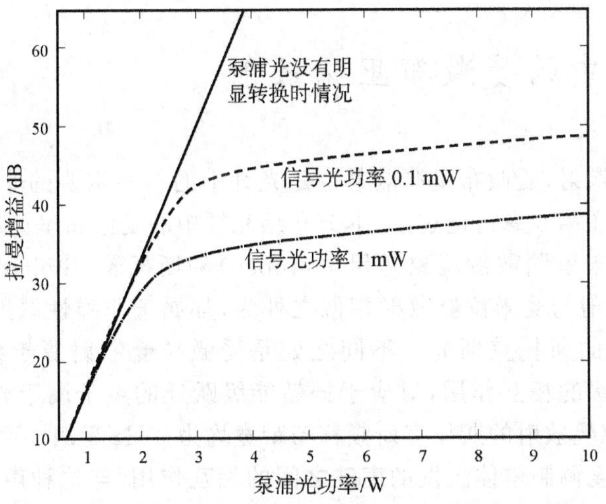

图 10-1-7　拉曼放大器增益随泵浦光功率的变化

光源，覆盖波长从 1520～1620 nm 的密集波分复用 200 个信道的光放大，采用正向反向同时泵浦，平均放大增益为 18 dB，信道平坦度很高。

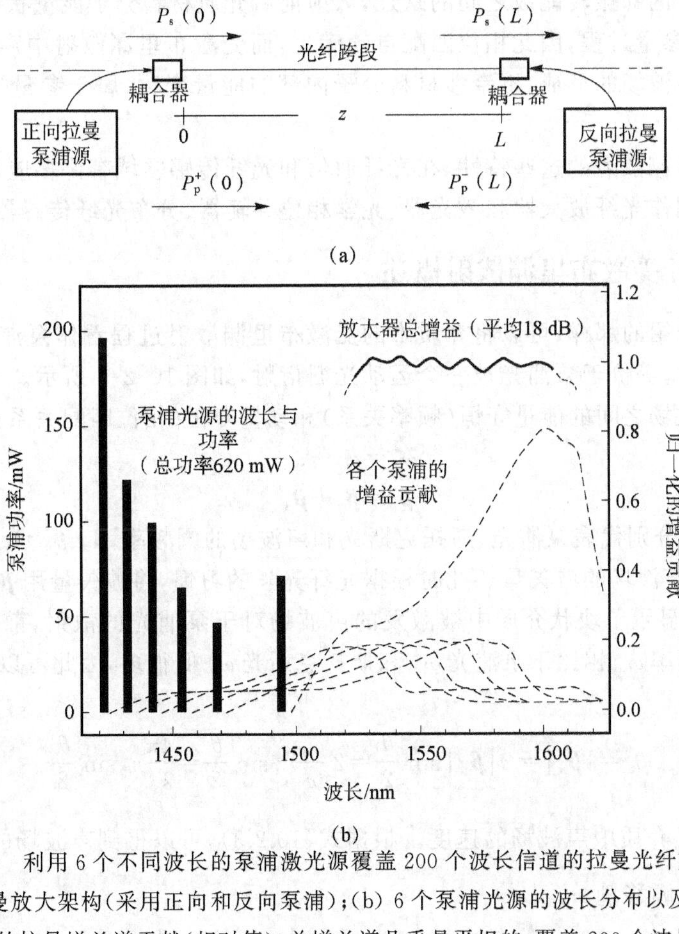

图 10-1-8　利用 6 个不同波长的泵浦激光源覆盖 200 个波长信道的拉曼光纤放大器架构

(a) 一个跨段的拉曼放大架构（采用正向和反向泵浦）；(b) 6 个泵浦光源的波长分布以及功率分布，虚线表示每个泵浦光造成的拉曼增益谱贡献（相对值），总增益谱几乎是平坦的，覆盖 200 个波长，平均增益 18 dB

10.2 光纤中的受激布里渊散射

类似于受激拉曼散射，受激布里渊散射也是光纤中的一种重要的非线性光学现象。受激布里渊散射现象已经在第 6 章讨论过了，本节介绍光纤中的受激布里渊散射现象。

在光纤中的受激布里渊散射现象是伊本(Ippen)和斯托轮(Stolen)于 1972 年首先发现的[10]。受激布里渊散射与受激拉曼散射相似之处为，都属于非弹性散射，当泵浦光射入光纤时都会产生频率下移的斯托克斯光。不同之处是受激拉曼散射源于泵浦光光子与光纤内 SiO_2 分子内部振转能级的相互作用，对应于振转能级跃迁的声子属于光学支声子，这种声子能量较高，因此受激拉曼散射的斯托克斯频移与带宽均为 THz 量级。而受激布里渊散射是泵浦光与光纤材料内密度调制整体激发的声波之间的相互作用，与这种声波相对应的声子属于声学支声子，受激布里渊散射的斯托克斯频移只有 10 GHz 的量级，带宽小于 100 MHz。受激布里渊散射的泵浦光阈值与受激拉曼散射的几 W 量级相比非常低，可以低至几 mW 量级。受激布里渊散射的斯托克斯光在与泵浦光传播的相反方向效率最高，即是背向散射的。虽然受激拉曼散射与受激布里渊散射均属于非弹性散射，然而受激拉曼散射中光学支声子的产生与湮灭等价于分子内部振转能级之间的跃迁，散射前后介质材料分子能量状态改变了，参与了能量交换，属于非参量过程，因此相位匹配自动满足，而受激布里渊散射中声学支声子形成等价于介质内整体声波场的形成，不牵涉材料分子内部的能量变化，属于参量过程，因此需要相位匹配。

基于受激布里渊散射的这些特性，在光纤通信和光纤传感领域有许多应用，比如受激布里渊散射可以用于制作光纤放大器和激光器、光学相位共轭器、分布光纤传感器等。

10.2.1 光纤受激布里渊散射概述

正如第 6 章介绍的那样，可以将介质中的受激布里渊散射过程看作泵浦光经过介质中激发的声波场的散射，等价于泵浦光被一个运动光栅衍射，如图 10-2-1 所示。其中泵浦光、斯托克斯光和声子声波场之间的能量守恒(频率关系)和动量守恒(相位匹配关系)关系为

$$\omega_p=\omega_s+\omega_a \tag{10.2.1}$$

$$\boldsymbol{\beta}_p=\boldsymbol{\beta}_s+\boldsymbol{\beta}_a \tag{10.2.2}$$

式中，ω_p、ω_s 和 ω_a 分别代表泵浦光、斯托克斯光和声波场的圆频率，$\boldsymbol{\beta}_p$、$\boldsymbol{\beta}_s$ 和 $\boldsymbol{\beta}_a$ 分别代表泵浦光、斯托克斯光和声波场的波矢量。此时根据光纤光学的习惯，将波矢量用 $\boldsymbol{\beta}$ 而不用 $\boldsymbol{k}$ 表示。

图 10-2-1(a)显示了块状介质中被激发的声波场对于泵浦光的散射，散射光为斯托克斯光。由于声波场频率 ω_a 相比于泵浦光 ω_p 和斯托克斯光 ω_s 低很多，因此可以近似认为 $|\boldsymbol{\beta}_s|\approx|\boldsymbol{\beta}_p|$，有

$$\beta_a=|\boldsymbol{\beta}_a|=2|\boldsymbol{\beta}_p|\sin\frac{\theta}{2}=2\frac{\omega_p}{c}n_p\sin\frac{\theta}{2}=\frac{4\pi}{\lambda_p}n_p\sin\frac{\theta}{2} \tag{10.2.3}$$

式中，$\beta_a=\dfrac{\omega_a}{v_a}$，$v_a$ 是介质中声波场的速度。根据式(10.2.3)，可以得到声波场的圆频率 ω_a(也是受激布里渊散射的频移量 $\omega_p-\omega_s$)

$$\omega_a=\frac{2\omega_p n_p v_a}{c}\sin\frac{\theta}{2}=\frac{4\pi n_p v_a}{\lambda_p}\sin\frac{\theta}{2} \tag{10.2.4}$$

在光纤中，各种波只能沿纵向传播。如果 $\theta=0$，表示没有散射频移，意味着不会在正向激发受激布里渊散射。只有 $\theta=180°$，散射频移最大，因此在光纤中受激布里渊散射斯托克斯光和泵浦光是反向的，如图 10-2-1(b)所示。此时，布里渊散射频移为

$$\nu_a=\frac{\omega_a}{2\pi}=\frac{2n_p v_a}{\lambda_p} \tag{10.2.5}$$

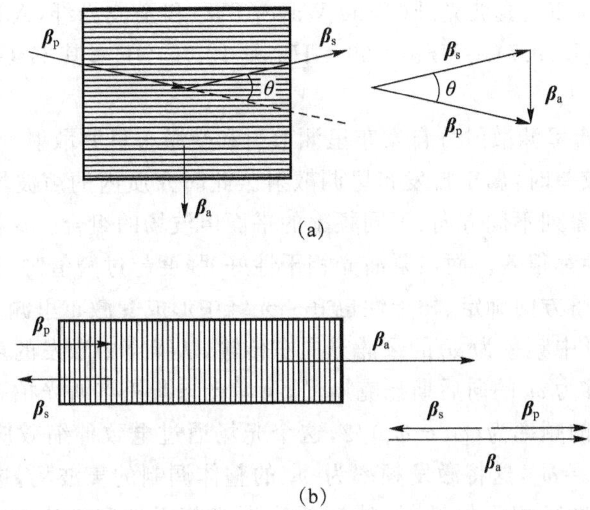

图 10-2-1　(a)块状介质中的受激布里渊散射相位匹配关系；(b)光纤中受激布里渊散射相位匹配关系

在石英玻璃中，声波速度 $v_a=5.96\ \text{km/s}$[11]，泵浦光波长取 1550 nm，折射率取 $n=1.44$，计算得布里渊频移约为 $\nu_a=11.4\ \text{GHz}$。相比于光纤中受激拉曼散射增益系数峰值处对应的拉曼频移 13 THz 来说小了三个数量级。

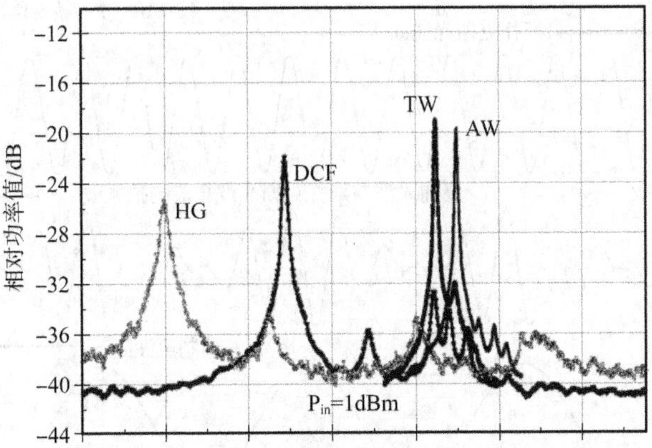

图 10-2-2　高掺杂锗光纤(HG)、色散补偿光纤(DCF)、真波光纤(TW)和全波光纤(AW)的布里渊频移，泵浦光频率为 1 552 nm

实际上光纤纤芯与包层的折射率差来源于在纤芯掺杂少量 GeO_2 和少量氟化物来增加折射率的，不同的光纤掺杂这些元素不同造成光纤纤芯折射率不同，从而影响布里渊频移大小。另外波导结构也会在一定程度上影响布里渊频移。OFS 公司推出的 AllWave 低水峰光纤以

及康宁公司推出的 TrueWave 低水峰光纤，由于在光纤中去除了 OH 根离子，造成声波速度的略微减小，也可以影响布里渊频移。下面的式子是布里渊频移与纤芯掺杂氟化物以及 GeO_2 的关系

$$\nu_a = 11.045 - (0.277[F] + 0.045[GeO_2])(GHz) \tag{10.2.6}$$

图 10-2-2 给出了高掺杂锗光纤（Highly Germanium-doped，HG）、色散补偿光纤（Dispersion-Compensating Fiber，DCF）、真波光纤（True Wave，TW）和全波光纤（All Wave，AW）的布里渊频移，分别为 9.0 GHz、9.74 GHz、10.66 GHz 和 10.75 GHz，其 GeO_2 掺杂分别为 21%、17.7%、5.4%和 4.6%[12]。

正如 6.6 节所述，布里渊散射分自发布里渊散射和受激布里渊散射。当泵浦光强度较低，以及泵浦光的相干性较差时，属于自发布里渊散射。此时介质内的声波场起因于材料分子的热运动，可以看成是一系列不同方向、不同频率的平面声波场的组合。这样的声波场引起的散射光的方向性与相干性都很差。而当泵浦光相干性好，强度超过阈值时，将变成受激布里渊散射，斯托克斯散射光变得方向确定、相干性也好。光纤中形成受激布里渊散射的一个唯象过程如图 10-2-3 所示，光纤中频率为 ω_p 的泵浦光向右传输，从噪声中激发的声波场对泵浦光的散射产生较弱的频率下移为 ω_s 的向后斯托克斯光，泵浦光与斯托克斯光拍频产生振幅调制的光场，其振幅周期性变化的频率为 $(\omega_p - \omega_s)/2$，这个光场通过电致伸缩效应产生介质密度的调制，调制频率为 $\omega_p - \omega_s = \omega_a$，这将激发频率为 ω_a 的整体调制的声波场，这个声波场反过来形成整体光栅对泵浦光进行相干的散射，使斯托克斯光相干性和功率加强，形成受激布里渊散射。

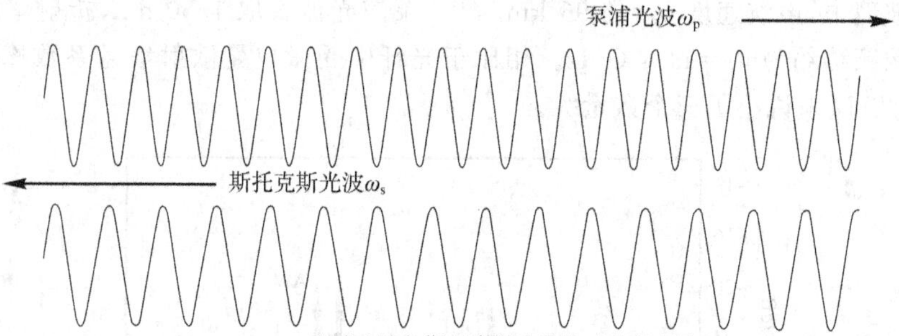

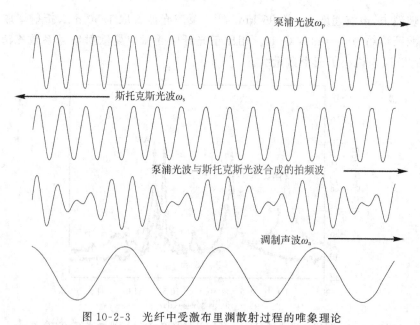

图 10-2-3　光纤中受激布里渊散射过程的唯象理论

10.2.2　光纤受激布里渊散射的耦合波方程

要分析光纤中光信号传播过程中的受激布里渊散射现象，泵浦光与斯托克斯光之间的耦合波方程是重要的。根据 6.7 节公式(6.7.23)可知，声波场也参与了泵浦光与斯托克斯光之间的相互作用。经过整理得到了泵浦光强度与斯托克斯光强度之间的耦合波方程(6.7.28)，为

了讨论方便,不妨再次写在这里(假设泵浦光和斯托克斯光的偏振方向一致,且假设光波为连续光波或者脉冲宽度足够宽)

$$\begin{aligned}\frac{\partial I_{\mathrm{p}}(z)}{\partial z}&=-g_{\mathrm{p}}I_{\mathrm{s}}(z)I_{\mathrm{p}}(z)\\\frac{\partial I_{\mathrm{s}}(z)}{\partial z}&=-g_{\mathrm{s}}I_{\mathrm{p}}(z)I_{\mathrm{s}}(z)\end{aligned}\tag{10.2.7}$$

与光纤中受激拉曼散射耦合波方程有所不同的是,光纤中受激布里渊散射是背向散射,泵浦光向前传播,斯托克斯光向后传播。另外由于斯托克斯光相对于泵浦光频移(相比受激拉曼散射)非常小,实际上泵浦光和斯托克斯光的增益系数 g_{p} 和 g_{s} 可以认为是近似相等的,不妨都用 g_B 表示,亦即 $g_B=g_{\mathrm{s}}=g_{\mathrm{p}}$。再将光纤损耗系数 α 考虑在内(不区分是泵浦光还是斯托克斯光的损耗系数),则耦合波方程变为

$$\frac{\partial I_{\mathrm{p}}(z)}{\partial z}=-g_BI_{\mathrm{s}}(z)I_{\mathrm{p}}(z)-\alpha I_{\mathrm{p}}(z)\tag{10.2.8}$$

$$\frac{\partial I_{\mathrm{s}}(z)}{\partial z}=-g_BI_{\mathrm{p}}(z)I_{\mathrm{s}}(z)+\alpha I_{\mathrm{s}}(z)\tag{10.2.9}$$

假定斯托克斯光光强相比泵浦光小很多,在式(10.2.8)中右边第一项可以忽略,则泵浦光在传输中只是因损耗的原因指数下降

$$I_{\mathrm{p}}(z)=I_{\mathrm{p}}(0)\mathrm{e}^{-\alpha z}\tag{10.2.10}$$

将上式代入式(10.2.9),有

$$\frac{\mathrm{d}I_{\mathrm{s}}}{\mathrm{d}z}=[-g_BI_{\mathrm{p}}(0)\mathrm{e}^{-\alpha z}+\alpha]I_{\mathrm{s}}\tag{10.2.11}$$

求解得

$$I_{\mathrm{s}}(z)=I_{\mathrm{s}}(0)\exp[-g_BI_{\mathrm{p}}(0)z_{\mathrm{eff}}+\alpha z]\tag{10.2.12}$$

式中,$z_{\mathrm{eff}}=(1-\mathrm{e}^{-\alpha z})/\alpha$ 为有效传输距离。

由于斯托克斯光是背向散射,输出光强应为 $z=0$ 处的光强,设光纤长度为 L,改写公式(10.2.12),得

$$I_{\mathrm{s}}(0)=I_{\mathrm{s}}(L)\exp[g_BI_{\mathrm{p}}(0)L_{\mathrm{eff}}-\alpha L]\tag{10.2.13}$$

换算成光功率 $P=IA_{\mathrm{eff}}$,设光纤有效截面积为 A_{eff},有

$$P_{\mathrm{s}}(0)=P_{\mathrm{s}}(L)\exp\left[g_B\frac{P_{\mathrm{p}}(0)}{A_{\mathrm{eff}}}L_{\mathrm{eff}}-\alpha L\right]\tag{10.2.14}$$

式(10.2.14)中,$P_{\mathrm{s}}(L)$ 可以是光纤终端注入的斯托克斯光功率。如果终端没有斯托克斯光注入,$P_{\mathrm{s}}(L)$ 可以是从光场噪声中产生的。

图 10-2-4 给出了光纤起始端输出的斯托克斯光功率随光纤长度的变化。其中为了包括终端没有输入斯托克斯光的情况,设 $P_{\mathrm{s}}(L)=1\times10^{-10}$ W=0.1 nW,这是一个非常小的功率。另外 $A_{\mathrm{eff}}=80\ \mu\mathrm{m}^2$,$\alpha=0.2$ dB/km,$g_B=5\times10^{-11}$ m/W。其中实线描述泵浦光功率为1.5 mW 情况,而虚线描述泵浦光功率为 1.3 mW 情况。可见泵浦光对于受激布里渊散射影响很大,另外光纤长度影响也很大。图中可见光纤长度超过 20 km,斯托克斯光开始明显增加,大约在 65 km 达到峰值 1.25 mW,之后由于损耗的作用,斯托克斯光功率开始下降。当然这个结果是假定泵浦光只是近似地因损耗指数下降的情况。而图 10-2-4 中斯托克斯光功率峰值已经达到 1.25 mW,接近了泵浦光功率 1.5 mW,泵浦光向斯托克斯光的能量转换的相对值此时不能忽略了。严格的结果应该利用耦合波方程(10.2.8)和方程(10.2.9)进行数值求解。

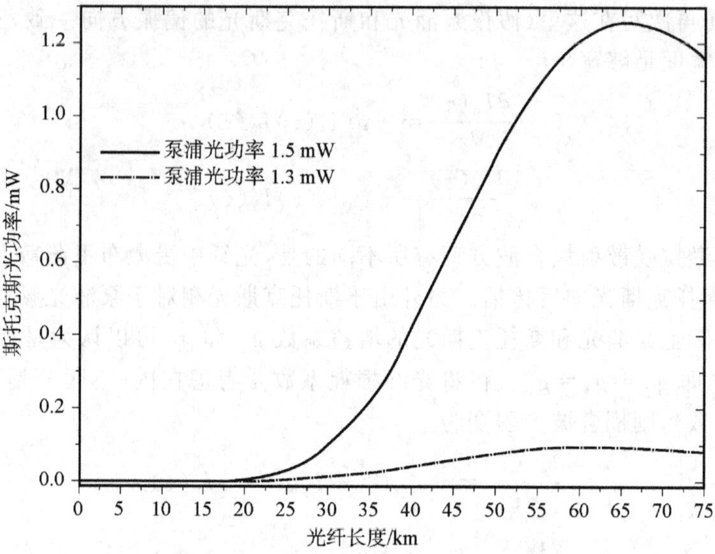

图 10-2-4　光纤中起始端斯托克斯光功率随光纤长度的变化

10.2.3　光纤受激布里渊散射增益

6.7 节式(6.7.31)给出过受激布里渊散射的增益谱线，这是典型的洛伦兹谱线线型，可以写为如下形式

$$g_B=g_{B\max}\frac{(\Gamma_B/2)^2}{(\omega_s-\varpi_{s0})^2+(\Gamma_B/2)^2}=g_{B\max}f(\omega_s-\varpi_{s0}) \tag{10.2.15}$$

这里 $\varpi_{s0}=\omega_p-\omega_a$ 是布里渊散射频移量的中心频率，满足布里渊散射的频率关系，$\omega_s-\varpi_{s0}$ 是斯托克斯光频谱中对中心频率的偏移。$f(\omega_s-\varpi_{s0})$是归一化的洛伦兹线型因子，$g_{B\max}$ 是峰值增益。决定线型宽窄的物理量 Γ_B 为

$$\Gamma_B=\alpha_a v_a \tag{10.2.16}$$

式中，α_a 和 v_a 分别是声波的损耗系数和声速。显然线型因子的圆频率半值全宽(FWHM)$\Delta\omega_B=\Gamma_B$。根据文献[13]，峰值增益为

$$g_{B\max}=\frac{\omega_a^2M_2}{4cn\Delta\omega_B} \tag{10.2.17}$$

式中，M_2 为介质弹光效应的品质因数

$$M_2=\frac{n^6\gamma_e^2}{\rho v_a^3} \tag{10.2.18}$$

式中，γ_e 是 6.7 节定义过的弹光系数(或者电致伸缩系数)，ρ 是介质密度。显然决定 $g_{B\max}$ 的大多数参量都是描述组成光纤材料的因子，因此光纤中不同的掺杂元素，以及掺杂比例决定了 $g_{B\max}$ 的大小。举一个数字的例子，假设泵浦光波长为 1550 nm，折射率约为 $n=1.44$，布里渊谱宽 35 MHz，布里渊频移约为 11.1 GHz，$M_2=1.51\times10^{-15}\ \mathrm{s^3/kg}$，得 $g_{B\max}\approx2\times10^{-11}$ m/W。相比上一节估算的拉曼峰值增益 $g_{R\max}\approx7\times10^{-14}$ m/W，布里渊增益要大 3 个数量级，因此光纤中受激布里渊散射的泵浦功率阈值相比受激拉曼散射要小很多。

图 10-2-5 给出了光纤受激布里渊散射增益线型(洛伦兹线型)的理论示意图。实际上，当泵浦光为窄线宽激光时，散射增益线型才为洛伦兹线型。当泵浦光为超短脉冲时，频域线宽增大，增益线型向高斯线型过渡[5]。

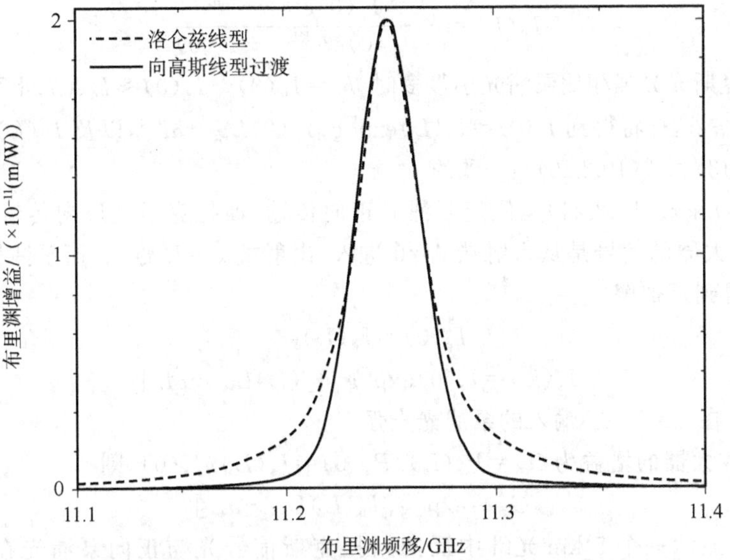

图 10-2-5　光纤受激布里渊散射增益线型(洛伦兹线型)的理论示意图

$g_{B\max}\approx 2\times 10^{-11}$ m/W，$\Delta\upsilon_a=11.25$ GHz，$\Delta\bar{\upsilon}_{s0}=35$ MHz

基于对耦合波方程的解，文献[6]给出受激布里渊散射的泵浦阈值公式为

$$P_{p,th}=21\,\frac{A_{eff}}{g_{B\max}L_{eff}} \tag{10.2.19}$$

式中，假定泵浦光与斯托克斯光的偏振方向一致，且此处 $L_{eff}=\lim\limits_{z\to\infty}z_{eff}=\dfrac{1}{\alpha}$。如果光纤参量为 $A_{eff}=80\ \mu m^2$，$\alpha=0.2$ dB/km($L_{eff}=22$ km)，$g_B=2\times 10^{-11}$ m/W，则 $P_{p,th}\approx 3$ mW。这个阈值比受激拉曼散射低 3 个数量级。

10.2.4　受激布里渊散射光纤放大器

受激布里渊散射可以用来放大光纤中传输的信号光，其优点是对泵浦光功率要求低，只需要几毫瓦或者十几毫瓦，不像拉曼光纤放大器对泵浦光功率要求是瓦量级的，一般的半导体激光器就可以胜任。缺点是布里渊光纤放大器的带宽比较窄，大约只有几十 MHz，采用一些技术也只能将带宽扩展到 100～200 MHz，所以只能用在低码速率的光纤通信系统，或者用在低速模拟光纤通信传输系统中，如图 10-2-6 所示。

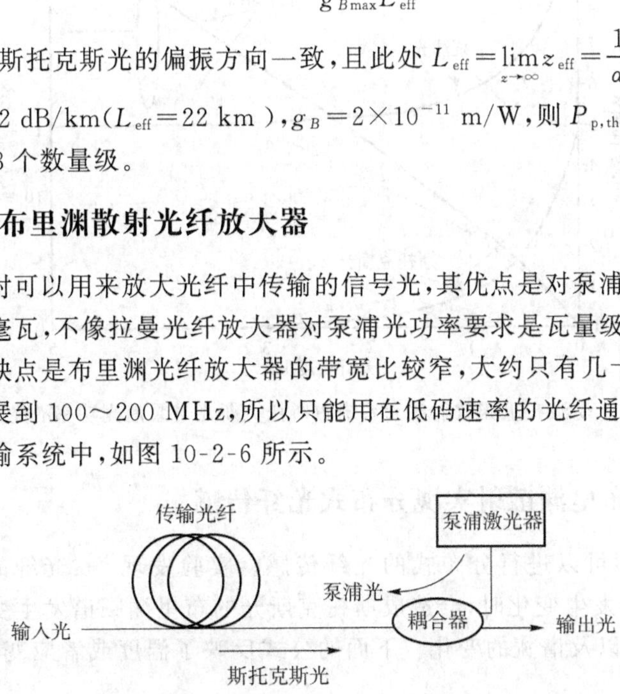

图 10-2-6　利用受激布里渊散射放大光信号的典型传输系统

解耦合波方程(10.2.8)和方程(10.2.9)，令 $K=I_p(0)-I_s(0)$，得

$$I_s(L)=K\,\frac{I_s(0)e^{\alpha L}}{I_p(0)e^{g_B K L_{eff}}-I_s(0)} \tag{10.2.20}$$

$$I_p(L)=K\frac{I_p(0)e^{g_B KL_{eff}-\alpha L}}{I_p(0)e^{g_B KL_{eff}}-I_s(0)} \tag{10.2.21}$$

假定斯托克斯光光强相比泵浦光小很多时，$K=I_p(0)-I_s(0)\approx I_p(0)$，上面两式分母中的 $I_s(0)$ 项可以忽略，这样将得到 $I_s(0)=I_s(L)\exp[g_B I_p(0)L_{eff}-\alpha L]$，以及 $I_p(L)=I_p(0)e^{-\alpha L}$，与前面的式(10.2.13)和式(10.2.10)是一致的。

式(10.2.20)和式(10.2.21)是假定泵浦光正向传输，斯托克斯光反向传输，而信号放大应该是反过来，放大器的信号是从入射端 $z=0$ 进入，出射端 $z=L$ 输出，而泵浦光是反向进入光纤($z=L$)，则得到近似解

$$I_p(0)=I_p(L)e^{-\alpha L} \tag{10.2.22}$$

$$I_s(L)=I_s(0)\exp[g_B I_p(L)L_{eff}-\alpha L] \tag{10.2.23}$$

式中，$I_p(L)$是(在 $z=L$ 处)输入的泵浦光光强。

如果定义放大器的增益为 $G_B=P_s(L)/P_s(0)=I_s(L)/I_s(0)$，则

$$G_B=\exp[g_B I_p(L)L_{eff}-\alpha L] \tag{10.2.24}$$

图 10-2-7 显示一个 5 km 光纤中反向斯托克斯信号光与正向泵浦光在光纤中的变化情况。其中 $A_{eff}=80\ \mu m^2$，$\alpha_{dB}=0.2$ dB/km，泵浦光功率 $P_p(0)=10$ mW，输出信号光功率 $P_s(0)=7$ mW(虚线)和 5 mW(实线)。

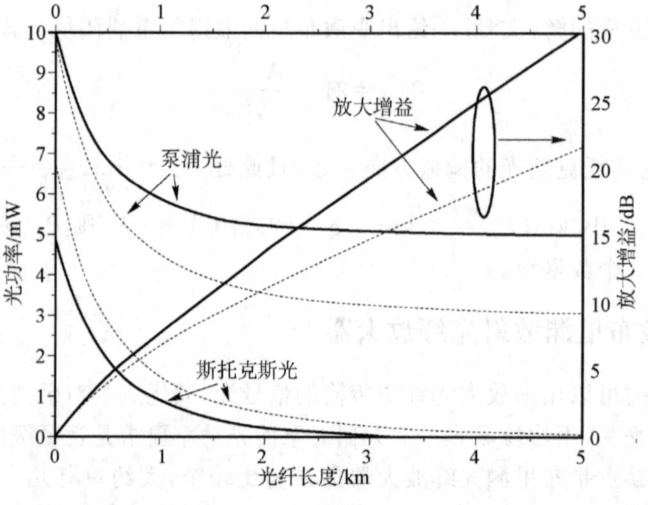

图 10-2-7　受激布里渊散射放大系统中斯托克斯光与泵浦光功率沿光纤的分布

10.2.5　利用布里渊散射实现分布式光纤传感

利用布里渊散射可以进行分布式的光纤传感。实验发现[14]：光纤的温度 T 或者光纤的应变 $\varepsilon(\varepsilon=\Delta L/L)$ 发生变化时，会造成斯托克斯光的布里渊频谱发生变化，包括中心频率的移动、峰值的变化以及谱宽的变化。下面的公式反映了温度或者应变的变化造成的布里渊频移的改变

$$\Delta\nu_B=\nu_B(T,\varepsilon)-\nu_B(T_0,\varepsilon_0)=C_T(T-T_0)+C_\varepsilon(\varepsilon-\varepsilon_0) \tag{10.2.25}$$

图 10-2-8(a)显示了光纤温度为 −25 ℃、30 ℃和 90 ℃时的布里渊散射斯托克斯光的频谱，其中心频率的移动是明显的。图 10-2-8(b)通过拟合不同温度下频率移动的实验点，发现拟合曲线几乎是线性的，满足式(10.2.25)，其频移对于温度的变化率为 $C_T=1.36$ MHz/℃。

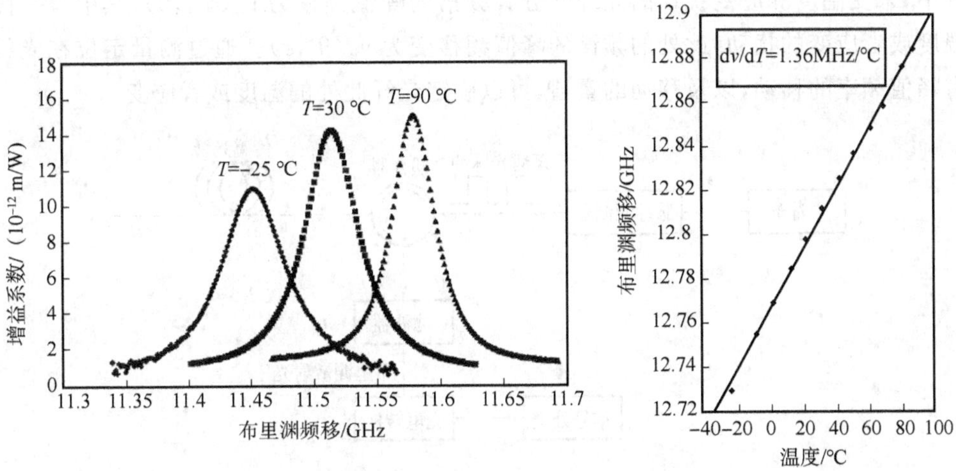

（a）　（b）

图 10-2-8　（a）温度变化造成布里渊频谱移动；（b）温度变化造成频移的变化拟合曲线

当光纤拉伸发生应变（$\varepsilon=\Delta L/L$）变化时，其布里渊散射斯托克斯光的频谱也会发生变化，如图 10-2-9(a)所示，图中给出了光纤拉伸的应变 $\Delta L/L$ 为 0%、0.3%和 0.5%时，其频谱的变化。图 10-2-9(b)给出其不同应变下，频谱中心频率变化实验点的拟合曲线，该曲线也几乎是线性的，再次说明了式(10.2.25)的正确性，其频移对于应变的变化率为 $C_\varepsilon=594.1$ MHz/%。

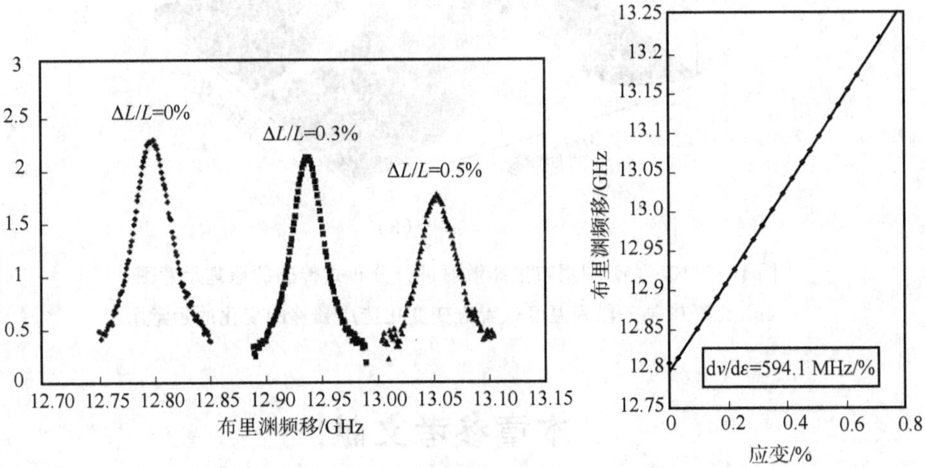

（a）　（b）

图 10-2-9　（a）光纤应变变化造成布里渊频谱移动；（b）应变变化造成频移的变化拟合曲线

图 10-2-10(a)显示利用脉冲光进行布里渊散射的分布式光纤传感器。泵浦光被调制器调制成脉冲光，通过环形器将脉冲泵浦光耦合入待测光纤，反射的斯托克斯光也是脉冲光，经过环形器引入一个光滤波器，将泵浦光成分滤除，这样进入光电转换器的就只是斯托克斯光脉冲了。经过光电转换后进行信号处理。由于使用的是脉冲光，可以将不同位置散射回来的斯托克斯光进行定位，进行频谱分析后得到定位的散射斯托克斯光频谱，测量峰值频率的移动，从而得出定位处光纤的温度或者应变。图 10-2-10(b)显示了数据处理以后的频谱变化图。其水平方向的两个相互垂直轴分别是光纤长度轴和布里渊频移轴，纵轴是频谱功率。可见整

个光纤中，未受温度和应变扰动的光纤部分其频谱的峰值频移为 $\nu_B(T_0,0)$，其中有一段光纤受到温度或者应变的扰动，此处的频谱的峰值频移变为 $\nu_B(T,\varepsilon)$。通过测量定位在光纤的哪一处有峰值频率的移动，以及移动的量值，可以确定光纤此处的温度或者应变。

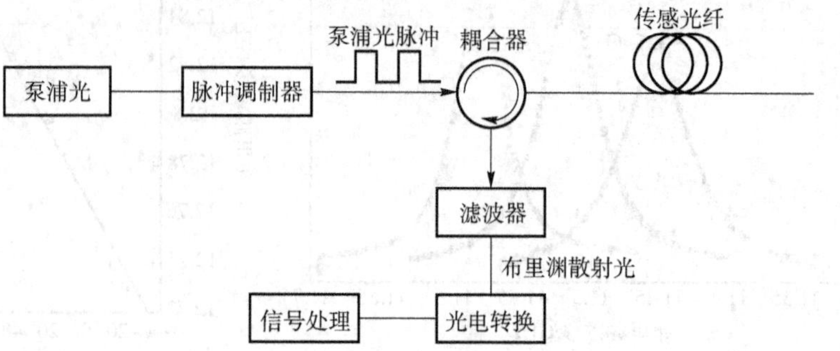

(a)

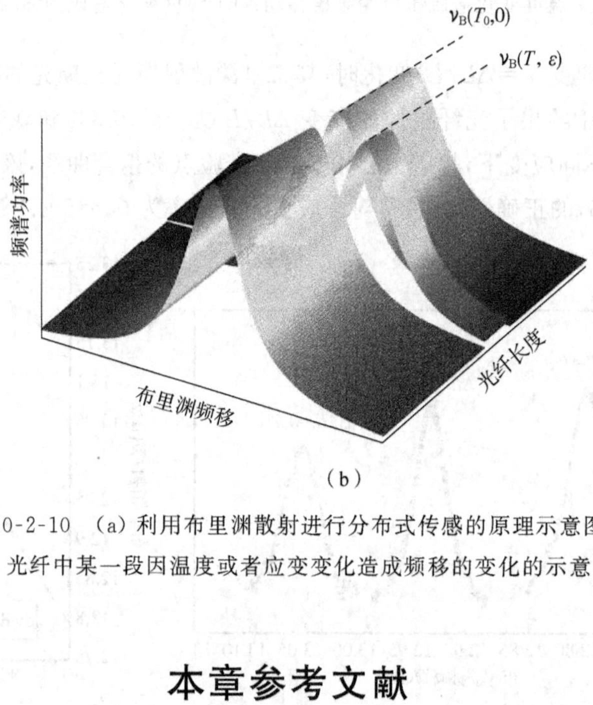

(b)

图 10-2-10 (a) 利用布里渊散射进行分布式传感的原理示意图；
(b) 光纤中某一段因温度或者应变变化造成频移的变化的示意图

本章参考文献

[1] Ippen E P. Low-power quasi-CW Raman oscillator [J]. Appl. Phys. Lett., 1970, 16(8): 303.

[2] Stolen R H. Ippen E P, Tynes A R, Raman oscillation in glass optical waveguide [J]. Appl. Phys. Lett., 1972, 20(2): 62.

[3] Stolen R H, Ippen E P. Raman gain in glass optical waveguides [J]. Appl. Phys. Lett., 1973, 22(6): 276.

[4] Stolen R H. Nonlinearity in fiber transmission [J]. Proc. IEEE, 1980, 68(10): 1232-1236.

[5] Schneider T. Nonlinear optics in telecommunications [M]. Berlin: Springer-Verlag, 2004.

[6] Smith R G.Optical power handling capacity of low loss optical fibers as determined by stimulated Raman and Brillouin scattering [J]. Appl. Opt., 1972, 11(11): 2489-2494.
[7] Mollenauer L F, Gordon J P, Islam M N.Soliton propagation in long fibers with periodically compensated loss [J]. IEEE J. Quant. Electron., 1986, QE-22(1): 157-173.
[8] Mollenauer L F, Smith K.Demonstration of soliton transmission over more than 4000 km in fiber with loss periodically compensated by Raman gain [J]. Opt. Lett. 1988, 13(8): 675-677.
[9] Bromage J.Raman amplification for fiber communications systems [J]. J. Lightwave Technol., 2004, 22(1): 79-93.
[10] Ippen E P, Stolen R H.Stimulated Brillouin scattering in optical fibers[J]. Appl. Phys. Lett., 1972, 21: 539.
[11] Cotter D.Observation of stimulated Brillouin scattering in low-loss silica fibre at 1.3 μm [J]. Electron. Lett., 1982, 18(12): 495-496.
[12] Yeniary A, Delavaux J-M, Toulouse J.Spontaneous and stimulated Brillouin scattering gain spectra in optical fibers [J]. J. Lightwave Technol., 2002, 20(8): 1425.
[13] Li M, Jiao W, Liuwu X, et al. A method for peak seeking of BOTDR based on the incomplete Brillouin spectrum [J]. IEEE Photon. J., 2015, 7 (5): 7102110.
[14] Niklès M, Thevenaz L, Robert P A.Brillouin gain spectrum characterization in single-mode optical fiber [J]. J. Lightwave Technol., 1997, 15 (10): 1842-1851.

习　　题

10.1　公式(10.1.10)是方程组(10.1.6)在泵浦光没有将自身能量明显转化为斯托克斯光能量时的解。证明上述假设不成立，但是泵浦光与斯托克斯光的损耗相等 $\alpha_p=\alpha_s=\alpha$ 时，方程组(10.1.6)的解为

$$I_p(z)=\frac{I(0)e^{-\alpha z}}{1+\dfrac{\omega_p}{\omega_s}\dfrac{I_s(0)}{I_p(0)}e^{g_R I(0) z_{\text{eff}}}}$$

$$I_s(z)=\frac{\dfrac{I_s(0)}{I_p(0)}e^{g_R I(0) z_{\text{eff}}}}{1+\dfrac{\omega_p}{\omega_s}\dfrac{I_s(0)}{I_p(0)}e^{g_R I(0) z_{\text{eff}}}}I(0)e^{-\alpha z}$$

式中，$I(0)=I_p(0)+(\omega_s/\omega_p)I_s(0)$，$z_{\text{eff}}=\dfrac{1-e^{-\alpha z}}{\alpha}$是传输的有效距离。

10.2　估算下述两种情况下传输 50 km 单模光纤(有效纤芯面积 $A_{\text{eff}}=80\ \mu\text{m}^2$)的受激拉曼散射的阈值功率，(1) 在 1550 nm 波段，$\alpha=0.2$ dB/km；(2) 在 1300 nm 波段，$\alpha=0.6$ dB/km。假定拉曼增益系数 $g_R=5\times10^{-14}$ m/W。

10.3　一个拉曼光纤放大器，光纤长 4 km，有效纤芯面积 $A_{\text{eff}}=80\ \mu\text{m}^2$，损耗系数 $\alpha=0.2$ dB/km，拉曼增益系数 $g_R=6.7\times10^{-14}$ m/W，泵浦光与斯托克斯光的波长分别为 1460 nm

和 1550 nm，光纤输入泵浦光功率 $P_p(0)=800$ mW。估算拉曼增益（假定泵浦光能量转化的不大）。

10.4　假定单模光纤纤芯折射率 $n=1.47$，其中的声波速度 $v_a=5.6$ km/s。如果泵浦光波长为 1550 nm，计算布里渊散射斯托克斯光的频移。

10.5　估算下述两种情况下传输 50 km 单模光纤（有效纤芯面积 $A_{eff}=80\ \mu m^2$）的受激布里渊散射的阈值功率，(1) 泵浦光在 1550 nm 波段，$\alpha=0.2$ dB/km；(2) 泵浦光在 1300 nm 波段，$\alpha=0.6$ dB/km。假定布里渊增益系数 $g_B=5\times10^{-11}$ m/W。

10.6　一个布里渊光纤放大器，光纤长 60 km，有效纤芯面积 $A_{eff}=80\ \mu m^2$，（工作在1550 nm 处）损耗系数 $\alpha=0.2$ dB/km，布里渊增益系数 $g_B=5\times10^{-11}$ m/W，泵浦光功率为 3 mW，初始斯托克斯光假定为 0.5 nW。计算放大后的斯托克斯光功率。

附录 A　关于非线性光学中的符号约定问题

现有的非线性光学教材非常多。细心的读者会发现，不同的教材里面的符号约定都是不同的。大家会发现非线性光学教材中公式的单位制、电场强度正负频的选择、复振幅前有无1/2因子等不同教材的约定有所不同，这样导致在后续描述各种非线性现象时得出不同的公式表达。本附录将列举这些不同，解释这些不同对于后续各章造成的影响，以便读者在学习不同约定的非线性光学教材时会进行换算，不至于搞混。

A.1　单位制选择的不同

电磁学中的单位制问题是最容易使读者无所适从的问题。

早期的电磁学习惯用高斯单位制。高斯制在力学中的基本量是长度、质量和时间，基本单位是cm、g和s，也称cgs制（厘米·克·秒制）。将cgs制扩展到电磁学即为高斯制（增加了电量的单位，库伦C）。现在大家普遍采用国际单位制（SI单位制），其包含的力学＋电磁学范畴称MKSA有理制，其基本量是长度、质量、时间和电流（安培A），基本单位是m、kg、s和A。

电磁学中，同一个公式在不同单位制下的表达是不同的，表A-1列出了电磁学中的一些重要公式在SI单位制和高斯单位制下的不同表达式。

A-1　一些重要的电磁学公式在SI单位制和高斯单位制下的表达

公式名称	SI单位制	高斯制
洛伦兹力公式	$\boldsymbol{F}=q(\boldsymbol{E}+\boldsymbol{v}\times\boldsymbol{B})$	$\boldsymbol{F}=q\left(\boldsymbol{E}+\frac{1}{c}\boldsymbol{v}\times\boldsymbol{B}\right)$
$\boldsymbol{E}$、$\boldsymbol{D}$、$\boldsymbol{P}$之间的关系	$\boldsymbol{D}=\varepsilon_0\boldsymbol{E}+\boldsymbol{P}$	$\boldsymbol{D}=\boldsymbol{E}+4\pi\boldsymbol{P}$
ε_r与χ的关系	$\varepsilon_r=1+\chi$	$\varepsilon_r=1+4\pi\chi$
$\boldsymbol{B}$、$\boldsymbol{H}$、$\boldsymbol{M}$之间的关系	$\boldsymbol{B}=\mu_0(\boldsymbol{H}+\boldsymbol{M})$	$\boldsymbol{B}=\boldsymbol{H}+4\pi\boldsymbol{M}$
电磁场能量密度	$w=\frac{1}{2}(\boldsymbol{D}\cdot\boldsymbol{E}+\boldsymbol{B}\cdot\boldsymbol{H})$	$w=\frac{1}{8\pi}(\boldsymbol{D}\cdot\boldsymbol{E}+\boldsymbol{B}\cdot\boldsymbol{H})$
坡印廷矢量	$\boldsymbol{S}=\boldsymbol{E}\times\boldsymbol{H}$	$\boldsymbol{S}=\frac{c}{4\pi}\boldsymbol{E}\times\boldsymbol{H}$

续表

公式名称	SI 单位制	高斯制
光强公式	$I=\frac{1}{2}\varepsilon_0 nc\left\|E_0\right\|^2$	$I=\frac{1}{8\pi}nc\left\|E_0\right\|^2$
麦克斯韦方程组	$\nabla\cdot\boldsymbol{D}=\rho$ $\nabla\cdot\boldsymbol{B}=0$ $\nabla\times\boldsymbol{E}=-\frac{\partial\boldsymbol{B}}{\partial t}$ $\nabla\times\boldsymbol{H}=\boldsymbol{j}+\frac{\partial\boldsymbol{D}}{\partial t}$	$\nabla\cdot\boldsymbol{D}=4\pi\rho$ $\nabla\cdot\boldsymbol{B}=0$ $\nabla\times\boldsymbol{E}=-\frac{1}{c}\frac{\partial\boldsymbol{B}}{\partial t}$ $\nabla\times\boldsymbol{H}=\frac{4\pi}{c}\boldsymbol{j}+\frac{1}{c}\frac{\partial\boldsymbol{D}}{\partial t}$
极化公式	$\boldsymbol{P}=\varepsilon_0\overleftrightarrow{\chi^{(1)}}\cdot\boldsymbol{E}+\varepsilon_0\overleftrightarrow{\chi^{(2)}}:\boldsymbol{EE}$ $+\varepsilon_0\overleftrightarrow{\chi^{(3)}}\vdots\boldsymbol{EEE}+\cdots$	$\boldsymbol{P}=\overleftrightarrow{\chi^{(1)}}\cdot\boldsymbol{E}+\overleftrightarrow{\chi^{(2)}}:\boldsymbol{EE}$ $+\overleftrightarrow{\chi^{(3)}}\vdots\boldsymbol{EEE}+\cdots$
非线性波动方程	$\nabla\times\nabla\times\boldsymbol{E}+\frac{1}{c^2}\frac{\partial^2}{\partial t^2}(\overleftrightarrow{\varepsilon_r}\cdot\boldsymbol{E})$ $=-\mu_0\frac{\partial^2\boldsymbol{P}^{\mathrm{NL}}}{\partial t^2}$	$\nabla\times\nabla\times\boldsymbol{E}+\frac{1}{c^2}\frac{\partial^2}{\partial t^2}(\overleftrightarrow{\varepsilon_r}\cdot\boldsymbol{E})$ $=-\frac{4\pi}{c^2}\frac{\partial^2\boldsymbol{P}^{\mathrm{NL}}}{\partial t^2}$
光场复振幅的传播方程	$\frac{\partial A_n(z)}{\partial z}=\mathrm{i}\frac{\omega_n}{2\varepsilon_0 cn_n}\hat{e}_n\cdot\boldsymbol{P}^{\mathrm{NL}}(z,\omega_n)\mathrm{e}^{-\mathrm{i}k_n z}$	$\frac{\partial A_n(z)}{\partial z}=\mathrm{i}\frac{2\pi\omega_n}{cn_n}\hat{e}_n\cdot\boldsymbol{P}^{\mathrm{NL}}(z,\omega_n)\mathrm{e}^{-\mathrm{i}k_n z}$

博伊德(R. W. Boyd)所著《非线性光学》的第 1 版和第 2 版[1]选择了高斯制的表示方法，从第 3 版开始换成了 SI 单位制[2]。

A.2 光场复振幅的正负频选择以及有无因子 1/2 的表示

本书在 2.1 节指出，线性光学与非线性光学表现出许多不同，其中波动方程在线性光学与非线性光学中的形式式(2.1.2)与式(2.1.6)就有所不同。为了叙述方便，将两个波动方程在这里写出来

线性光学波动方程：
$$\nabla\times\nabla\times\boldsymbol{E}+\frac{1}{c^2}\frac{\partial^2}{\partial t^2}(\overleftrightarrow{\varepsilon_r}\cdot\boldsymbol{E})=0 \tag{A.1}$$

非线性光学波动方程：
$$\nabla\times\nabla\times\boldsymbol{E}+\frac{1}{c^2}\frac{\partial^2}{\partial t^2}(\overleftrightarrow{\varepsilon_r}\cdot\boldsymbol{E})=-\mu_0\frac{\partial^2\boldsymbol{P}^{\mathrm{NL}}}{\partial t^2} \tag{A.2}$$

从式(A.1)可以看出，线性光学的波动方程是线性的，如果两个光场 $\boldsymbol{E}_1$ 和 $\boldsymbol{E}_2$ 是波动方程(A.1)的解，则 $\boldsymbol{E}=\boldsymbol{E}_1+\boldsymbol{E}_2$ 也是方程(A.1)的解，$\boldsymbol{E}_1$ 和 $\boldsymbol{E}_2$ 之间不会有耦合项，即它们之间不会产生串扰。

在线性光学中，可以用余弦函数 $\boldsymbol{E}=\hat{e}A\cos(\omega t-kz)$、正弦函数 $\boldsymbol{E}=\hat{e}A\sin(\omega t-kz)$ 和复指数函数 $\boldsymbol{E}=\hat{e}A\exp[\pm\mathrm{i}(\omega t-kz)]$ 来表示光场电场矢量，这都是允许的(但是一旦选取好，就要始终如一，不能中途改变形式)。使用复指数函数表示光场计算上是方便的，并且在线性波动方程(A.1)中进行复数运算，实部与虚部的计算是可以分开进行的，这样在所有计算完成后，作为结果的复数光场取实部或者虚部，就得到了余弦函数和正弦函数表示的光场，不会出现歧义问题。比如在 2.1 节线性谐振子运动方程(2.1.7)中的电场就代入了复指数函数的表示

$$E(z,t)=E(z)\mathrm{e}^{-\mathrm{i}\omega t} \tag{A.3}$$

在随后的计算中不会出现问题。

在非线性光学中，由于波动方程具有等号右侧非齐次项$-\mu_0\dfrac{\partial^2 \boldsymbol{P}^{\mathrm{NL}}}{\partial t^2}$，其中的非线性极化强度势必会将不同的光场进行耦合，形成倍频、和频和差频。此时单纯用复指数函数表示光场，后续的计算就会出现问题，此时原则上只能用余弦函数或者正弦函数表示光场。比如在2.1节非线性谐振子运动方程(2.1.20)中代入的电场表示是实数的余弦函数(2.1.21)

$$E(z,t)=E_0(z)\cos(\omega t-kz) \tag{A.4}$$

但是人们总是喜欢追求计算方便，对于波动的表示大家偏爱复指数的形式，因此在式(2.1.21)中将实数余弦函数光场做了处理，将余弦函数进行了正负频项的分离

$$\begin{aligned}E(z,t)&=\frac{1}{2}E_0(z)\mathrm{e}^{-\mathrm{i}(\omega t-kz)}+\frac{1}{2}E_0(z)\mathrm{e}^{\mathrm{i}(\omega t-kz)}=\frac{1}{2}E(z,\omega)\mathrm{e}^{-\mathrm{i}\omega t}+\frac{1}{2}E^*(z,\omega)\mathrm{e}^{\mathrm{i}\omega t}\\&=\frac{1}{2}E(z,\omega)\mathrm{e}^{-\mathrm{i}\omega t}+\mathrm{c.c.}\end{aligned} \tag{A.5}$$

注意此处把$\mathrm{e}^{-\mathrm{i}\omega t}$项作正频处理，而负频部分用c.c.(complex conjugate，复数共轭)表示。基于这样的处理，在2.3节导出了光场复振幅的传播方程(2.3.11)

$$\frac{\partial A_n(z)}{\partial z}=\mathrm{i}\frac{\omega_n}{2\varepsilon_0 c n_n}\hat{e}_n\cdot\boldsymbol{P}^{\mathrm{NL}}(z,\omega_n)\mathrm{e}^{-\mathrm{i}k_n z} \tag{A.6}$$

这个方程作为后面各章导出的耦合波方程的基础。

可以看出，这是一个复数方程。为什么实数函数表示的光场经过正负频分离，代入波动方程(A.2)后，出现了复数方程？实际上在将(A.5)代入波动方程(A.2)后，只保留了$\mathrm{e}^{-\mathrm{i}\omega_n t}$的项处理后的方程，里面还暗含着$\mathrm{e}^{\mathrm{i}\omega t}$的项需要处理，其对应的方程是(A.6)的复共轭方程

$$\frac{\partial A_n(z)}{\partial z}=-\mathrm{i}\frac{\omega_n}{2\varepsilon_0 c n_n}\hat{e}_n\cdot\boldsymbol{P}^{\mathrm{NL}}(z,\omega_n)\mathrm{e}^{\mathrm{i}k_n z} \tag{A.7}$$

这里又引出一个问题：在正负频分离时，选$\mathrm{e}^{-\mathrm{i}\omega t}$项作正频，还是选$\mathrm{e}^{\mathrm{i}\omega t}$项作正频，就会导致光场复振幅传播方程采用(A.6)还是(A.7)的问题。实际上，8.2节描述光脉冲在光纤中的传播方程(俗称非线性薛定谔方程)(8.2.24)就是光场选$\mathrm{e}^{-\mathrm{i}\omega t}$项作正频的结果，否则这个方程将变成其复共轭的形式。

目前可以检索到的大部分非线性光学教材、非线性光纤光学教材，均采用了$\mathrm{e}^{-\mathrm{i}\omega t}$项作正频的选择。但是仍有少量教材，采取的是$\mathrm{e}^{\mathrm{i}\omega t}$项作正频的选择，比如索特(E. G. Sauter)所著Nonlinear Optics[3]和纽(Geoffrey New)所著Introduction to Nonlinear Optics[4]，选择的是$\mathrm{e}^{\mathrm{i}\omega t}$项作正频，其耦合波方程、非线性薛定谔方程等采用的形式与大多数教材不同。这一点提请读者注意。

正负频项选择的不同，还会引起一些公式的调整。比如8.3节计算频率啁啾时，按照本书的选择，频率啁啾公式应为

$$\delta\omega=-\frac{\partial\varphi}{\partial T} \tag{A.8}$$

而当选$\mathrm{e}^{\mathrm{i}\omega t}$项作正频时，频率啁啾公式变成

$$\delta\omega=\frac{\partial\varphi}{\partial T} \tag{A.9}$$

还有正负频不同的选择,会造成光信号的傅里叶正反变换的符号问题的混乱。大家会发现采用本书的正负频选择,相应的傅里叶正反变换恰好与一些计算软件中的正反快速傅里叶变换(FFT 和 iFFT)是相反的。比如大家经常使用的 MATLAB 编程软件,其自带的 fft 和 ifft 子程序对应的是 $e^{i\omega t}$ 项作正频的选择,因此按照本书的选择,大家写代码时,应注意将 fft 和 ifft 反着用。笔者在研究光孤子通信时发现了这个问题,已经进行了澄清[5]。

在式(A.5)中,正负频分离,振幅 $E_0(z)$ 前面是有因子 1/2 的,有这个 1/2 因子,振幅 $E_0(z)$ 与余弦表示下的振幅幅度相同。然而有些非线性光学书中,这个 1/2 因子是没有的,比如博伊德的《非线性光学》,里面电场的定义,就没有 1/2 因子

$$E(z,t)=E_0(z)e^{-i(\omega t-kz)}+\text{c.c.} \tag{A.10}$$

这样定义电场既有它的好处,也有坏处。

考虑 2.1 节中非线性极化公式(2.1.3),略去矢量的符号

$$P=\varepsilon_0\chi^{(1)}E+\varepsilon_0\chi^{(2)}EE+\varepsilon_0\chi^{(3)}EEE+\cdots \tag{A.11}$$

其中二阶和三阶非线性极化强度公式(2.2.6)和公式(2.2.10)变为

$$P^{(2)}(z,\omega_s)=\varepsilon_0\sum_{\omega_n+\omega_m=\omega_s}\chi^{(2)}(-\omega_s,\omega_n,\omega_m)E(z,\omega_n)E(z,\omega_m) \tag{A.12}$$

和

$$P^{(3)}(z,\omega_s)=\varepsilon_0\sum_{\omega_n+\omega_m+\omega_p=\omega_s}\chi^{(3)}(-\omega_s,\omega_n,\omega_m,\omega_p)E(z,\omega_n)E(z,\omega_m)E(z,\omega_p) \tag{A.13}$$

前面就没有 1/2 和 1/4 这样的系数需要关照,变得简单明了,这就是定义(A.10)的好处。

但是这样一来,(A.10)表示的光场振幅就是实际光场振幅的 1/2,在计算光强和光功率时就要考虑这个系数的存在。定义光场时有 1/2 系数和没有 1/2 系数,计算光强与振幅之间的关系时,需要做一些调整,分别为

定义光场有 1/2 因子:

$$I=\frac{1}{2}\varepsilon_0 cn|E_0|^2 \tag{A.14}$$

定义光场无 1/2 因子:

$$I=2\varepsilon_0 cn|E_0|^2 \tag{A.15}$$

读者在学习非线性光学时,肯定会同时参考多本教材,难免会引起混乱,本附录提醒读者注意所读教材的规定。

本章参考文献

[1] Boyd R W.Nonlinear Optics 2nd ed [M]. Amsterdam: Academic Press, 2003.

[2] Boyd R W.Nonlinear Optics 3rd ed [M]. Waltham: Academic Press, 2008.

[3] Sauter E G.Nonlinear Optics [M]. New York: John Wiley & Sons, 1996.

[4] New G.Introduction to Nonlinear Optics [M]. Cambridge: Cambridge University Press, 2011.

[5] Zhang X G.Comments on "switching dynamics of short optical pulses in a nonlinear directional coupler" [J]. IEEE J. Quantum Electron. 37(5): 733-734.

附录 B 张量的基本概念

非线性光学理论中牵涉一些张量的计算，非线性极化率 $\chi^{(n)}$ 实际上都是以张量形式体现的。线性极化率在各向异性介质中以二阶张量形式 $\overleftrightarrow{\chi}^{(1)}$ 体现，二阶非线性极化率以三阶张量 $\overset{\leftrightarrow\rightarrow}{\chi}^{(2)}$ 体现，三阶非线性极化率以四阶张量形式 $\overset{\leftrightarrow\leftrightarrow}{\chi}^{(3)}$ 体现，…。鉴于大多数读者不熟悉张量运算，在此以附录的形式简单介绍张量的基本概念与基本运算规则。本书以"够用"作为张量的介绍原则，尽量不用严格的数学语言，以举例的方式简单介绍如何理解在本书中出现的张量运算。

B.1 一个各向异性的例子与张量的引入

读者都熟悉标量和矢量，也熟悉简单的标量与矢量运算。物理学中的牛顿第二定律就是一个矢量式

$$\boldsymbol{F}=m\boldsymbol{a} \tag{B.1}$$

式中，力 $\boldsymbol{F}$ 和加速度 $\boldsymbol{a}$ 都是矢量，质量 m 是标量。标量与矢量的乘法(比如式(B.1)右边的 $m\boldsymbol{a}$)得到另一个矢量(比如(B.1)左边的 $\boldsymbol{F}$)。

但是在有些问题里需要用到张量。下面以介质中用力推一个钢球的例子来引入张量。

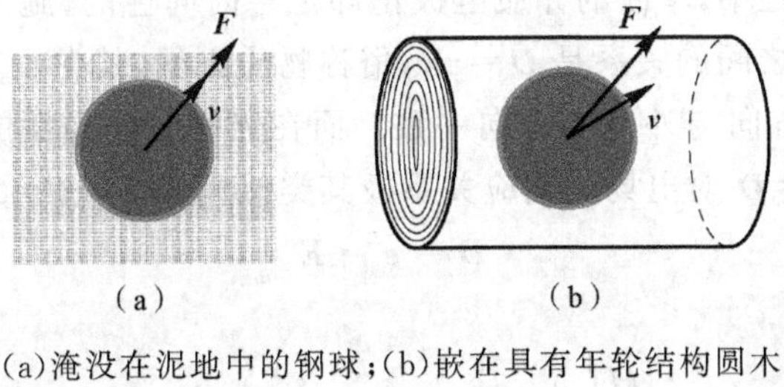

图 B-1 (a)淹没在泥地中的钢球；(b)嵌在具有年轮结构圆木中的钢球

在图 B-1 中，一个钢球分别淹没在均匀的泥地中(如图 B-1(a)所示)和嵌在具有年轮结构的圆木中(如图 B-1(b)所示)。在泥地中钢球向不同方向移动时，其力学性质是相同的，称之为力学的各向同性。而钢球嵌在圆木中，其向各个方向移动时力学性质不同。比如钢球沿着年轮的切向(图中的水平方向)移动相对容易，而沿着年轮的法向移动相对困难(图中圆木的横

向)。针对泥地而言,当我们用力沿着某一方向推动静止的钢球(力为 $\boldsymbol{F}$),假定在很短时间内钢球所受推力与阻尼力就能达到平衡,则达到平衡后钢球的速度 $\boldsymbol{v}$ 与推力之间满足式(B.2)

$$\boldsymbol{v}=\alpha\boldsymbol{F} \tag{B.2}$$

式中,α 是比例系数,它与泥的稀释程度所决定的阻尼与摩擦程度有关,而且 α 是标量,意味着我们在哪个方向施加力 $\boldsymbol{F}$,钢球的速度 $\boldsymbol{v}$ 就在哪个方向,且 $\boldsymbol{v}$ 的大小与 $\boldsymbol{F}$ 的大小成正比。式(B.2)还意味着如果在 x 方向施加力 F_x,不会引起 y 方向的速度 v_y,表示成

$$\begin{pmatrix} v_x \\ v_y \\ v_z \end{pmatrix}=\alpha\begin{pmatrix} F_x \\ F_y \\ F_z \end{pmatrix} \tag{B.3}$$

让我们再看一看钢球嵌在圆木中的情况,此时在各个方向施加推力 $\boldsymbol{F}$,达平衡后钢球获得的速度 $\boldsymbol{v}$ 是随着方向 $\boldsymbol{F}$ 而定的。比如如图 B-1(b)图中施加力 $\boldsymbol{F}$ 是斜着朝上的,由于木质年轮的作用,钢球沿切向移动更容易,因此此时钢球获得速度 $\boldsymbol{v}$ 方向与轴向的夹角比 $\boldsymbol{F}$ 的夹角小。特别地,当施加力 $\boldsymbol{F}$ 沿着圆木轴向或者沿着横向时,所获得的速度 $\boldsymbol{v}$ 又与施加力 $\boldsymbol{F}$ 一致了。此时用式(B.2)来表达已经不合适,需要改成

$$\boldsymbol{v}=\overleftrightarrow{\alpha}\cdot\boldsymbol{F} \tag{B.4}$$

式中,比例系数 $\overleftrightarrow{\alpha}$ 是一个二阶张量,"·"代表点乘。将(B.4)写成矩阵形式

$$\begin{pmatrix} v_x \\ v_y \\ v_z \end{pmatrix}=\begin{pmatrix} \alpha_{xx} & \alpha_{xy} & \alpha_{xz} \\ \alpha_{yx} & \alpha_{yy} & \alpha_{yz} \\ \alpha_{zx} & \alpha_{zy} & \alpha_{zz} \end{pmatrix}\begin{pmatrix} F_x \\ F_y \\ F_z \end{pmatrix} \tag{B.5}$$

式中,$\alpha_{ij}(i,\ j=x,\ y)$是二阶张量 $\overleftrightarrow{\alpha}$ 的 9 个分量。将式(B.5)写成三个等式,得到

$$\begin{aligned} v_x &= \alpha_{xx}F_x+\alpha_{xy}F_y+\alpha_{xz}F_z \\ v_y &= \alpha_{yx}F_x+\alpha_{yy}F_y+\alpha_{yz}F_z \\ v_z &= \alpha_{zx}F_x+\alpha_{zy}F_y+\alpha_{zz}F_z \end{aligned} \tag{B.6}$$

与在各向同性的泥地里不同,在各向异性的圆木中,系数 α 变成了二阶张量 $\overleftrightarrow{\alpha}$。从式(B.6)中还可以看出,$\overleftrightarrow{\alpha}$ 的分量 $\alpha_{ij}\neq 0$ 表示在 j 方向上施加力,会对钢球 i 方向的速度 v_i 造成影响,换句话说,在 x 方向施加力 F_x,不只是会对 x 方向速度造成影响,也会对其他方向如 y 和 z 方向的速度 v_y 和 v_z 造成影响,$\overleftrightarrow{\alpha}$ 反映了钢球在各向异性介质中对力的响应方式。

读者在电磁场的课程中,牵涉的介质电极化都是各向同性的,施加外电场使介质极化后,电位移矢量与外加电场之间的关系是 $\boldsymbol{D}=\varepsilon\boldsymbol{E}$,俗称物质方程,其中 ε 表现为标量,反映各向同性的电极化,表示极化方向与外电场方向一致。而在光学各向异性的晶体中,施加外电场 $\boldsymbol{E}$ 后,极化后的电位移矢量 $\boldsymbol{D}$ 对电场的响应关系极其类似式(B.4),表示成

$$\boldsymbol{D}=\overleftrightarrow{\varepsilon}\cdot\boldsymbol{E} \tag{B.7}$$

其矩阵表示为

$$\begin{pmatrix} D_x \\ D_y \\ D_z \end{pmatrix}=\begin{pmatrix} \varepsilon_{xx} & \varepsilon_{xy} & \varepsilon_{xz} \\ \varepsilon_{yx} & \varepsilon_{yy} & \varepsilon_{yz} \\ \varepsilon_{zx} & \varepsilon_{zy} & \varepsilon_{zz} \end{pmatrix}\begin{pmatrix} E_x \\ E_y \\ E_z \end{pmatrix} \tag{B.8}$$

这种各向异性介质中的极化情况与各向同性介质不同,造成描述极化的介电常数 ε(标量)变成了的介电张量 $\overleftrightarrow{\varepsilon}$。$\varepsilon_{ij}\neq 0$ 表示在 j 方向上施加电场,会对介质在 i 方向的极化 D_i 造成影响。

B.2 各阶张量及其在空间的正交变换

实际上各阶张量的定义与它们在空间做正交变换遵守的关系有关。这里所谓空间正交变换包括空间的旋转、空间镜像映射、空间中心反演等等，以及这些正交变换的组合。比如绕 z 轴旋转 θ 角的变换矩阵如下

$$\boldsymbol{T}_{\text{绕}z\text{轴旋转}}=\begin{pmatrix}\cos\theta & \sin\theta & 0\\ -\sin\theta & \cos\theta & 0\\ 0 & 0 & 1\end{pmatrix} \tag{B.9}$$

空间中心反演矩阵如下

$$\boldsymbol{T}_{\text{空间反演}}=\begin{pmatrix}-1 & 0 & 0\\ 0 & -1 & 0\\ 0 & 0 & -1\end{pmatrix} \tag{B.10}$$

以上绕 z 轴旋转与空间反演联合变换构成旋转反演变换

$$\boldsymbol{T}_{\text{旋转反演}}=\begin{pmatrix}-1 & 0 & 0\\ 0 & -1 & 0\\ 0 & 0 & -1\end{pmatrix}\begin{pmatrix}\cos\theta & \sin\theta & 0\\ -\sin\theta & \cos\theta & 0\\ 0 & 0 & 1\end{pmatrix} \tag{B.11}$$

变换矩阵 $\boldsymbol{T}$ 正交的定义是

$$(\boldsymbol{T}^{\mathrm{T}}\boldsymbol{T})_{ij}=\delta_{ij}=\begin{cases}1 & i=j\\ 0 & i\neq j\end{cases} \tag{B.12}$$

式中，上标“T”表示矩阵转置

(1) 标量也称零阶张量，其特点是其在正交空间变换下形式不变，比如物体的质量 m 在空间变换下不变，表示成 $m'=m$。

(2) 矢量 $\vec{f}$ 也称一阶张量，它在正交坐标系中有三个分量 f_i，$i=1,2,3$。矢量 $\vec{f}$ 在该坐标系中的表示如下

$$\vec{f}=f_1\hat{e}_1+f_2\hat{e}_2+f_3\hat{e}_3=\sum_{i=1}^{3}f_i\hat{e}_i \tag{B.13}$$

一阶张量的特点是在正交空间变换下满足下面的关系

$$f'_i=\sum_{j=1}^{3}T_{ij}f_j \tag{B.14}$$

比如空间绕 z 轴旋转 θ 角后，新的分量与旧的分量之间的关系用矩阵表示如下

$$\begin{pmatrix}f'_1\\ f'_2\\ f'_3\end{pmatrix}=\begin{pmatrix}\cos\theta & \sin\theta & 0\\ -\sin\theta & \cos\theta & 0\\ 0 & 0 & 1\end{pmatrix}\begin{pmatrix}f_1\\ f_2\\ f_3\end{pmatrix} \tag{B.15}$$

(3) 二阶张量 $\overleftrightarrow{\chi}$ 有 9 个分量 χ_{ij}，$i,j=1,2,3$，二阶张量的特点是其分量在空间正交变化下满足如下关系

$$\chi'_{ij}=\sum_{l=1}^{3}\sum_{m=1}^{3}T_{il}T_{jm}\chi_{lm} \tag{B.16}$$

(4) 三阶张量 $\overleftrightarrow{\chi}$ 有 27 个分量 χ_{ijk}，$i,j,k=1,2,3$，三阶张量的特点是其分量在空间正交变化下满足如下关系

$$\chi'_{ijk}=\sum_{l=1}^{3}\sum_{m=1}^{3}\sum_{n=1}^{3}T_{il}T_{jm}T_{kn}\chi_{lmn} \tag{B.17}$$

其他各阶张量依上面的变换规律来定义。

B.3 张量运算的简单介绍

在本书中，应用张量的目的，一是讨论晶体对称性对非线性极化张量的影响，二是做一些包含张量的简单运算。在本附录中只简单介绍下列包含张量的运算。

(1) 张量之间的加(减)法

两个同阶的张量之间可以进行加法，加法规则是它们的相应分量之间分别相加，比如两个二阶张量 $\overleftrightarrow{A}$ 和 $\overleftrightarrow{B}$ 之间求和

$$\overleftrightarrow{A}+\overleftrightarrow{B}=\begin{pmatrix}A_{11}+B_{11} & A_{12}+B_{12} & A_{13}+B_{13}\\ A_{21}+B_{21} & A_{22}+B_{22} & A_{23}+B_{23}\\ A_{31}+B_{31} & A_{32}+B_{32} & A_{33}+B_{33}\end{pmatrix} \tag{B.18}$$

(2) 张量之间的乘法

张量之间的乘法大体有升阶的乘法与降阶的乘法。

升阶的乘法：m 阶张量与 n 阶张量的升阶乘法，结果为 $m+n$ 阶张量。比如：

标量与矢量的乘法(零阶张量 λ 与一阶张量 $\vec{f}$ 的乘法)，结果仍为矢量，即数乘(比如牛顿第二定律式(B.1)的右侧 $m\boldsymbol{a}$ 就是标量 m 与矢量 $\boldsymbol{a}$ 的乘法)

$$\lambda\vec{f}=\lambda\sum_{i=1}^{3}f_i\hat{e}_i=\sum_{i=1}^{3}\lambda f_i\hat{e}_i \tag{B.19}$$

标量与二阶张量的乘法(零阶张量 λ 与二阶张量 $\overleftrightarrow{\chi}$ 的乘法)，结果仍为二阶张量

$$\lambda\overleftrightarrow{\chi}=\lambda\sum_{i=1}^{3}\sum_{j=1}^{3}\chi_{ij}\hat{e}_i\hat{e}_j=\sum_{i=1}^{3}\sum_{j=1}^{3}\lambda\chi_{ij}\hat{e}_i\hat{e}_j \tag{B.20}$$

矢量与矢量的乘法(一阶张量 $\vec{f}_1$ 与一阶张量 $\vec{f}_2$ 的乘法)，结果为二阶张量 $\overleftrightarrow{\chi}$，这个乘法又称并矢(两个矢量并列在一起)

$$\vec{f}_1\vec{f}_2=\left(\sum_{i=1}^{3}f_{1i}\hat{e}_i\right)\left(\sum_{j=1}^{3}f_{2j}\hat{e}_j\right)=\sum_{i=1}^{3}\sum_{j=1}^{3}f_{1i}f_{2j}\hat{e}_i\hat{e}_j=\sum_{i=1}^{3}\sum_{j=1}^{3}\chi_{ij}\hat{e}_i\hat{e}_j \tag{B.21}$$

降阶的乘法(也称点乘)：m 阶张量与 n 阶张量的降阶乘法，结果为 $n-m$ 阶张量(假定 $n>m$)。比如：

矢量与矢量的点乘(一阶张量 $\vec{A}$ 与 $\vec{B}$ 的降阶乘法)，结果为标量(零阶张量)

$$\vec{A}\cdot\vec{B}=\sum_{i=1}^{3}A_iB_i \tag{B.22}$$

矢量与二阶张量点乘，结果为矢量(一阶张量)。比如各向异性介质中的物质方程

$$\overleftrightarrow{\varepsilon}\cdot\boldsymbol{E}=\boldsymbol{D} \tag{B.23}$$

此式的分量表达式为

$$\sum_{j=1}^{3}\varepsilon_{ij}E_j = D_i,\quad i,j=1,2,3 \tag{B.24}$$

二阶张量与三阶张量的降阶乘法，结果为矢量。比如二阶非线性极化公式

$$\boldsymbol{P}^{(2)}=\varepsilon_0\overset{\rightarrow\rightarrow\rightarrow}{\chi^{(2)}}:\boldsymbol{E}_1\boldsymbol{E}_2 \tag{B.25}$$

（忽略前面的标量系数 ε_0）可以看成是三阶张量$\overset{\rightarrow\rightarrow\rightarrow}{\chi^{(2)}}$与并矢 $\boldsymbol{E}_1\boldsymbol{E}_2$ 的降阶乘法。也可以这样看，$\overset{\rightarrow\rightarrow\rightarrow}{\chi^{(2)}}$与矢量 $\boldsymbol{E}_1$ 点乘一次，降阶为二阶张量，然后再次与矢量 $\boldsymbol{E}_2$ 点乘一次（两次点乘记为双点乘符号“:”），结果为矢量

$$\boldsymbol{P}^{(2)}=\varepsilon_0(\overset{\rightarrow\rightarrow\rightarrow}{\chi^{(2)}}\cdot\boldsymbol{E}_1)\cdot\boldsymbol{E}_2 \tag{B.26}$$

式(B.25)与式(B.26)的分量式

$$P_i^{(2)}=\varepsilon_0\sum_{j=1}^{3}\sum_{k=1}^{3}\chi_{ijk}^{(2)}E_{1j}E_{2k}\quad i=1,2,3 \tag{B.27}$$

附录C 晶体的基本概念

C.1 晶体结构的周期性与对称性

晶体在空间的结构,最主要的特征是周期性和对称性。

1. 晶体结构的周期性

晶体的周期性结构可以看成是一个或者一组原子(或者离子实)在空间上周期性重复平移的结果。每一个原子构成这个晶体结构的一个结点,这些结点在空间有规则地周期性重复平移,其总体构成晶体点阵,也可以说是组成了一个点阵网格,称为晶格,只包含一个原子的晶格称为布拉菲格子,包含多个原子的称为复式格子。复式格子是由布拉菲格子组成,它们之间有整体的平移关系。图 C-1 所示就是一种二维布拉菲格子的晶体结构的晶格示意图。

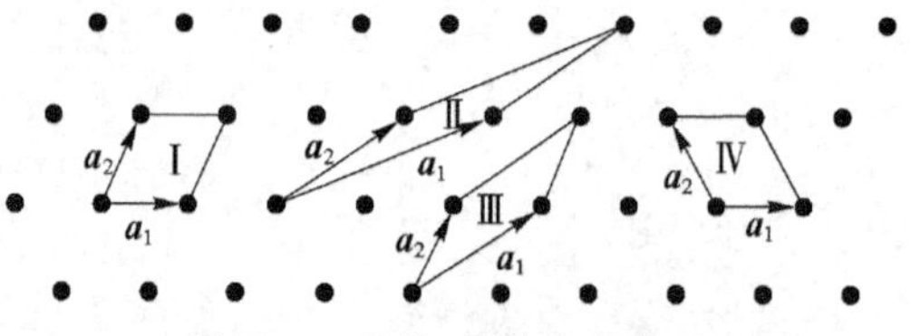

图 C-1 晶格、原胞和基矢量

晶格中最小的重复单元称为原胞,三维情况下原胞的边长矢量为 $\boldsymbol{a}_1$、$\boldsymbol{a}_2$、$\boldsymbol{a}_3$,晶格中任意格点的位置矢量 $\boldsymbol{r}$ 可以表示成

$$\boldsymbol{r}=l_1\boldsymbol{a}_1+l_2\boldsymbol{a}_2+l_3\boldsymbol{a}_3 \tag{C.1}$$

式中,l_1、l_2、l_3 为整数,$\boldsymbol{a}_1$、$\boldsymbol{a}_2$、$\boldsymbol{a}_3$ 称为晶格的基矢量(简称基矢)。

从图 C-1 可以看出,最小重复单元的选取不是唯一的。可以是原胞Ⅰ、原胞Ⅱ、原胞Ⅲ和原胞Ⅳ。

2. 晶体结构的对称性

任何晶体自然解理的外形都有一定的对称性,比如氯化钠晶体外形上显示具有立方体的对称形状,而金刚石具有正八面体的对称形状。这种对称外形与晶体的晶格的对称性是相一致的。在结晶学上,选取的原胞既需要反映晶格的平移周期性,也要反映晶格的对称性。

图 C-1中的晶格显然具有 60°旋转对称性，也是 120°旋转对称性。因此原胞Ⅱ和原胞Ⅲ不反映晶格的对称性，而原胞Ⅰ和原胞Ⅳ反映了上述的对称性。这种结晶学意义上的原胞称为晶胞，也称为惯用晶胞、布拉菲原胞。晶胞反映晶格的对称性，但不一定是体积最小的原胞。习惯上晶胞的边长矢量用 $\boldsymbol{a}$、$\boldsymbol{b}$、$\boldsymbol{c}$ 来表示，这三个矢量也称为晶系的基矢量，三个边长矢量之间的夹角通常用 α、β、γ 表示。

C.2　七大晶系与 14 种布拉菲格子

根据晶格所反映出的对称结构将晶体分为七大晶系，它们反映在晶体的布拉菲原胞的不同，有立方晶系、三角晶系、六角晶系、四方(四角)晶系、正交晶系、单斜晶系和三斜晶系。在每一晶系里，还根据这一晶系中的不同特性进一步分成不同的布拉菲格子。下面分别加以说明。

1. 立方晶系

立方晶系的布拉菲格子如图 C-2 所示，此时三个晶胞基矢相互垂直，且边长相等，即

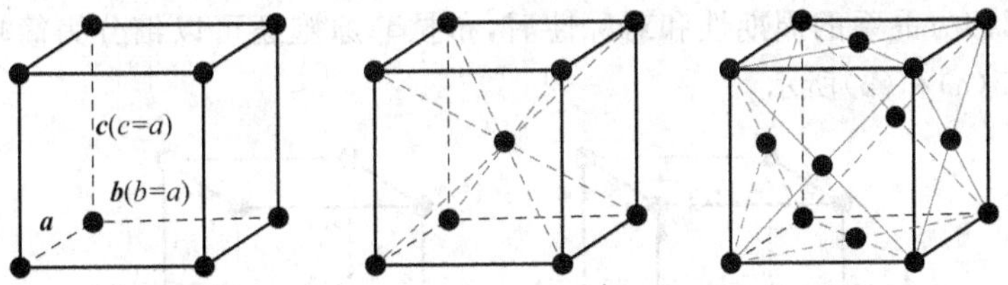

(a) 简单立方　(b) 体心立方　(c) 面心立方

图 C-2　立方晶系

$$\alpha=\beta=\gamma=90°,\quad a=b=c \tag{C.2}$$

在结晶学中，属于立方晶系的布拉菲原胞还可以细分为简单立方、体心立方和面心立方，分别如图 C-2 的(a)、(b)和(c)所示。其中简单立方格子原子都在立方体的顶角上。体心立方格子除了八个顶角上的 8 个原子之外，立方体的中心还有 1 个原子。面心立方格子除了八个角上有原子之外，六个面的中心还有 6 个原子。

2. 三角晶系

三角晶系的布拉菲格子如图 C-3 所示，其三个基矢相互之间不垂直，但是它们之间的夹角相同，且基矢长度相等，即

$$\alpha=\beta=\gamma,\quad a=b=c \tag{C.3}$$

图 C-3 中，上下两个顶点之间的连线是它的旋转对称轴，具有 120°旋转对称性。

3. 六角晶系

六角晶系的布拉菲格子如图 C-4 所示，其中间的上下两个顶点的连线为 $\boldsymbol{c}$ 的方位，这根连线也是六角晶系的旋转对称轴，具有 60°旋转对称性。图中可以看出其固体物理学晶胞是 $\boldsymbol{a}$、$\boldsymbol{b}$、$\boldsymbol{c}$ 所包的竖直六面体，$\boldsymbol{a}$ 和 $\boldsymbol{b}$ 长度相等，它们与 $\boldsymbol{c}$ 之间夹角均为 90°，$\boldsymbol{a}$ 和 $\boldsymbol{b}$ 之间夹角为 120°。有

$$\alpha=\beta=90°,\quad \gamma=120°,\quad a=b\neq c \tag{C.4}$$

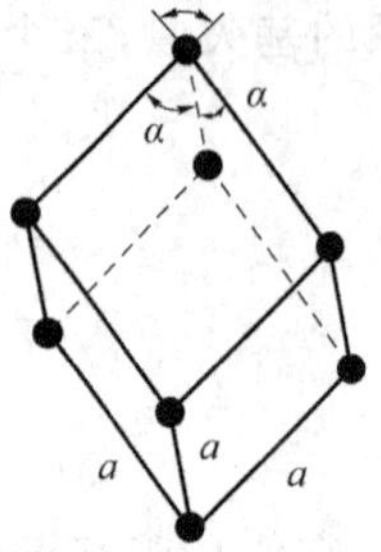

图 C-3　三角晶系

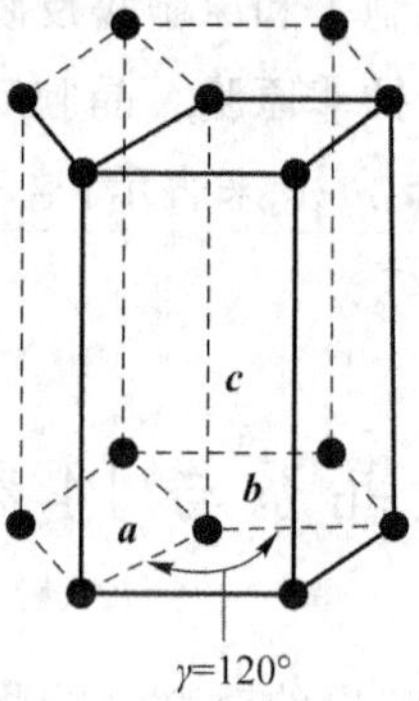

图 C-4　六角晶系

4. 四方(四角)晶系

四方晶系与立方晶系的不同之处在于晶胞的侧面的四个面不是正方形，晶胞的竖直中心轴是 90°旋转对称的，有

$$\alpha=\beta=\gamma=90°,\quad a=b\neq c \tag{C.5}$$

仔细考虑了四方晶系的周期性和对称性后，布拉菲原胞还可以细分为简单四方和体心四方，分别如图 C-5(a)和(b)所示。

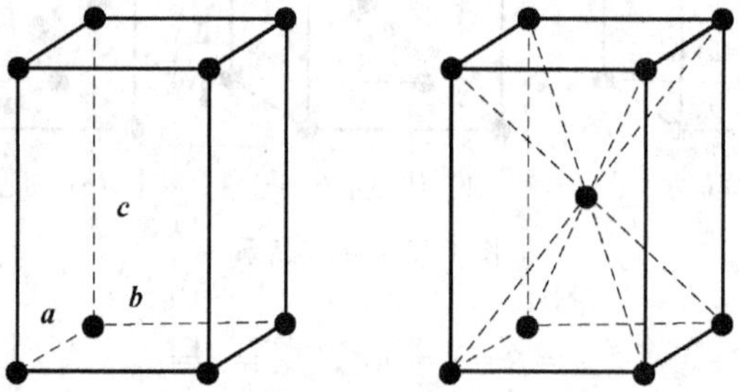

(a) 简单四方　　(b) 体心四方

图 C-5　四方晶系

5. 正交晶系

正交晶系的对称性比四方晶系略差，它的六个面均为长方形，因此不再有 90°旋转对称轴，有

$$\alpha=\beta=\gamma=90°,\quad a\neq b\neq c \tag{C.6}$$

正交晶系的布拉菲原胞还可以细分为简单正交、底心正交、体心正交和面心正交，分别显示在图 C-6(a)、(b)、(c)和(d)中。

6. 单斜晶系

单斜晶系可以看成是在正交晶系的基础上，将格子的上沿沿着矢量 $\boldsymbol{a}$ 的方向推动一些距离，构成在 $\boldsymbol{a}$ 方向的倾斜，有

$$\alpha=\gamma=90°\neq\beta,\quad a\neq b\neq c \tag{C.7}$$

单斜晶系还可以细分为简单单斜和底心单斜两种布拉菲格子，如图 C-7(a)和(b)所示。

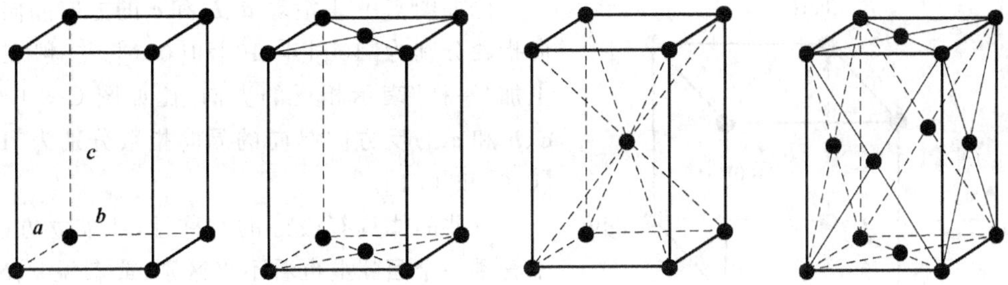

(a) 简单正交 (b) 底心正交 (c) 体心正交 (d) 面心正交

图 C-6 正交晶系

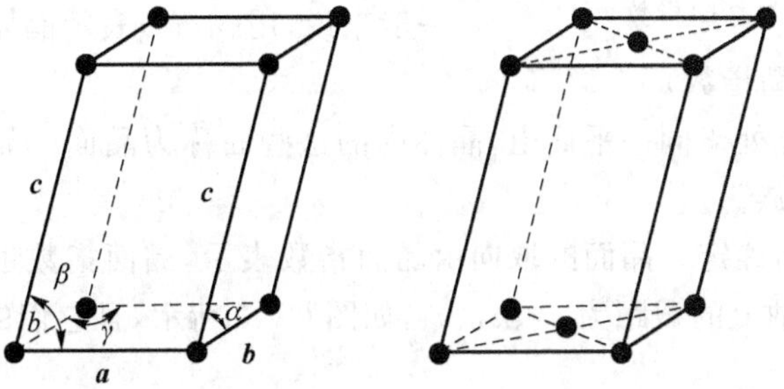

(a) 简单单斜 (b) 底心单斜

图 C-7 单斜晶系

7. 三斜晶系

三斜晶系是七大晶系中对称性最差的一种，它不像单斜晶系只在基矢量的一个方向倾斜，它的倾斜是任意的，如图 C-8 所示，有

$$\alpha \neq \gamma \neq \beta, \quad a \neq b \neq c \tag{C.8}$$

以上介绍了晶格结构的七大晶系与更加细分的 14 种布拉菲格子。参看正文的 1.1 节，可见立方晶系的对称性最佳，宏观上表现出光学各向同性(其介电张量退化为一个标量 ε)。四方晶系、三角晶系、六角晶系对称性次之，宏观上表现出单轴晶体的特性(在主轴坐标系中介电张量对角元素只有两个是独立的)。正交晶系、单斜晶系、三斜晶系对称性最差，宏观上表现出双轴晶体的特性(在主轴坐标系中介电张量三个对角元素都是独立的)。

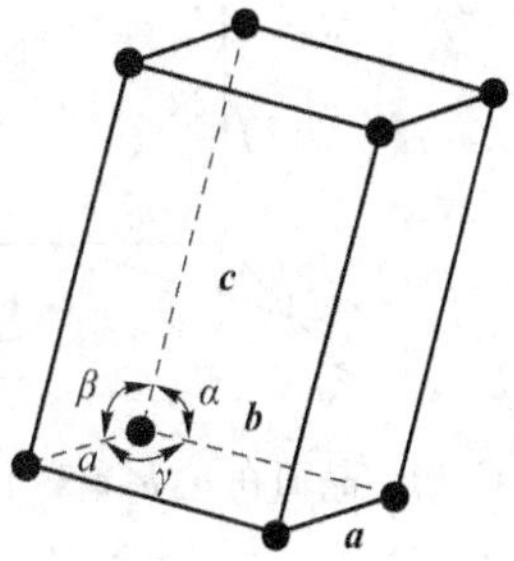

图 C-8 三斜晶系

C.3 晶向与晶面

晶体的点阵结构使其中相关的一些点的连线构成晶体内部的方向，称为晶向。

(1) 晶向指数

晶体内一些点组成的晶向用晶向指数表示。选择其中一个点作为原点，从原点到晶向上最近格点的矢量

$$\boldsymbol{r} = u\boldsymbol{a} + v\boldsymbol{b} + w\boldsymbol{c} \tag{C.9}$$

则此晶向的晶向指数为$[uvw]$

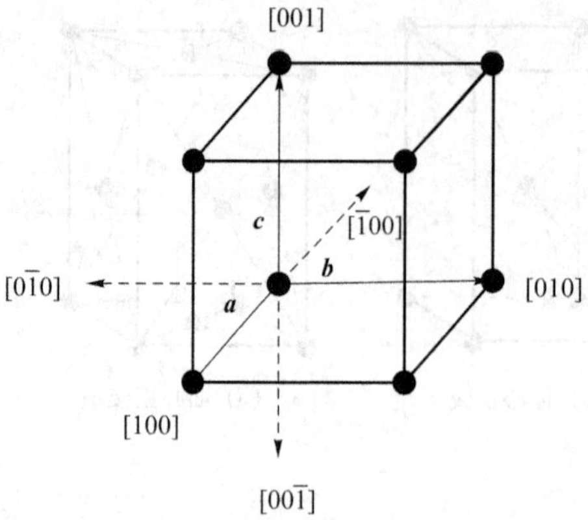

图 C-9 晶向与晶向指数

比如图 C-9 中沿着 **a**、**b** 和 **c** 的方向晶向的晶向指数分别为[100]、[010]和[001]。一般在数字上加"一杠"表示相反的方向，比如图 C-9 中沿着 **a**、**b** 和 **c** 的反方向晶向的晶向指数分别为[$\bar{1}$00]、[0$\bar{1}$0]和[00$\bar{1}$]。

有些晶体具有极好的对称性，比如立方晶系，不管哪一个面朝上也看不出区别，或者说 **a**、**b** 和 **c** 互换，晶体的性质没有区别，这样上述的六个晶向[100]、[010]、[001]、[$\bar{1}$00]、[0$\bar{1}$0]、[00$\bar{1}$]都是等价的，可以用尖括号〈100〉统一表示这六个等价晶向。一般来说，用〈uvw〉表示晶体内等价的晶向。

(2) 晶面指数(密勒指数)

晶体内部一些格点处于同一平面上，晶体内的这些面称为晶面。晶体内部一组晶面会周期性地出现，构成晶面族。

晶面由晶面的取向确定。晶面的取向由晶面指数表示，晶面指数也称密勒指数。假定一个晶面在 **a**、**b**、**c** 三个轴上的截距为 n_1、n_2、n_3，如图 C-10 所示，且它们的倒数比可以表示成为互质数 h、k、l，即

$$\frac{1}{n_1}:\frac{1}{n_2}:\frac{1}{n_3}=h:k:l \tag{C.10}$$

则将 h、k、l 称为密勒指数，用圆括号括起来(h, k, l)表示晶面。图 C-11 表示立方晶系晶体内部三个典型的晶面(100)、(110)和(111)，它们分别是垂直 **a** 轴的晶面、平行于 **c** 轴并与 **a** 和 **b** 轴截距均为一个格点的晶面，以及与三个边轴截距均为一个格点的晶面。

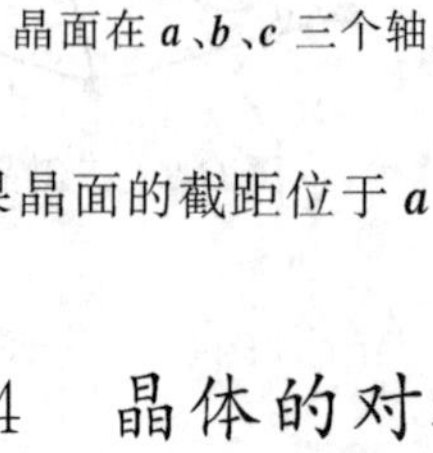

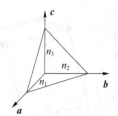

图 C-10 晶面在 **a**、**b**、**c** 三个轴上的截距

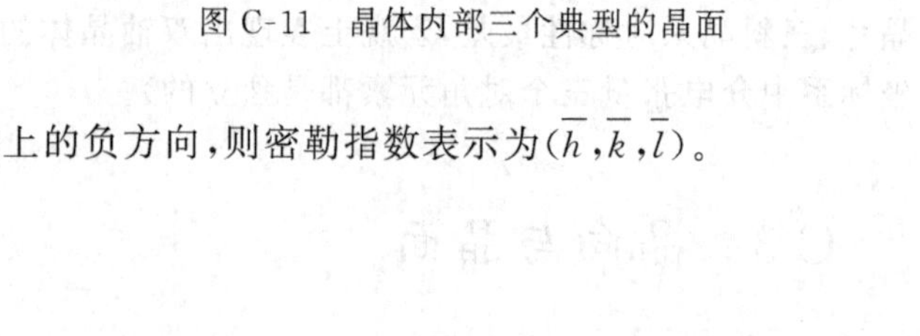

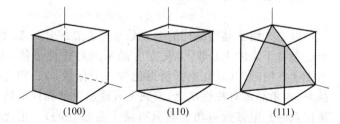

图 C-11 晶体内部三个典型的晶面

如果晶面的截距位于 **a**、**b**、**c** 三个轴上的负方向，则密勒指数表示为($\bar{h}$,$\bar{k}$,$\bar{l}$)。

C.4 晶体的对称操作

如前所述，晶体的最重要的特性是它的周期性与对称性，其中晶体的各种对称性由对晶体的各种对称操作的性质来体现。比如将四方晶系的晶体绕着竖直轴旋转 90°，以及旋转 90°的整数倍，旋转后的晶体与原晶体自身重合，而看不出任何区别。这种旋转操作就是一种对称操作。

实际上，为了同时满足晶体的周期性和对称性，晶体只有为数不多的对称类型。比如为了

满足平移对称性与旋转对称性，晶体一定不存在顶面和底面为正五边形的对称柱体的晶体（大家可以试一试用正五边形的地砖通过依次平移，看看能不能铺满地面而不留空隙）。下面介绍几个最基本的对称操作，它们可以单独对晶体进行操作，也可以组合后对晶体进行操作。这些操作构成了上述所说的对晶体为数不多的对称操作。

（1）旋转操作

晶体在直角坐标系里旋转 θ 角的结果，也可以等价为晶体不动，而直角坐标系沿反方向旋转 θ 角的结果。图 C-12 显示了直角坐标系绕 x_3 轴（即 z 轴）逆时针旋转 θ 角（等价地，晶体顺时针旋转 θ 角）。

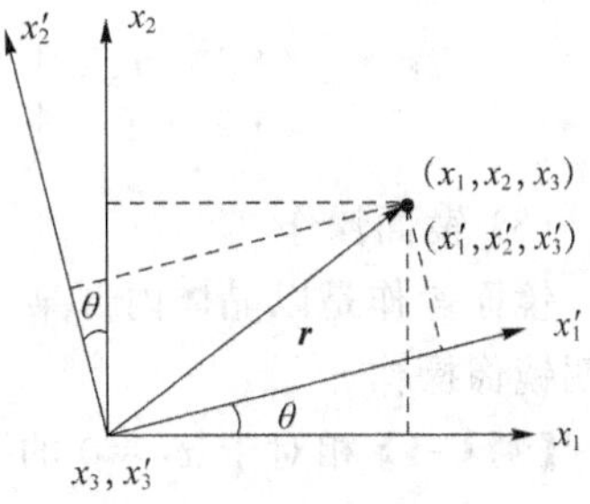

图 C-12　旋转操作

当坐标系旋转后，晶体上的某一点的坐标从在一个坐标系里的 (x_1,x_2,x_3) 变换到在旋转后的坐标系里的 (x_1',x_2',x_3')。假定这一点的位置矢量为 $\boldsymbol{r}$，则这同一矢量在两个坐标系有不同的展开表示

$$\boldsymbol{r}=x_1\hat{e}_1+x_2\hat{e}_2+x_3\hat{e}_3=x_1'\hat{e}_1'+x_2'\hat{e}_2'+x_3'\hat{e}_3' \tag{C.11}$$

式中，$(\hat{e}_1,\hat{e}_2,\hat{e}_3)$ 与 $(\hat{e}_1',\hat{e}_2',\hat{e}_3')$ 分别为两个坐标系的正交基矢量，做如下处理

$$\begin{aligned}
\hat{e}_1'\cdot\boldsymbol{r} &\Rightarrow x_1'=x_1\hat{e}_1\cdot\hat{e}_1'+x_2\hat{e}_2\cdot\hat{e}_1'=x_1\cos\theta+x_2\sin\theta\\
\hat{e}_2'\cdot\boldsymbol{r} &\Rightarrow x_2'=x_1\hat{e}_1\cdot\hat{e}_2'+x_2\hat{e}_2\cdot\hat{e}_2'=-x_1\sin\theta+x_2\cos\theta\\
\hat{e}_3'\cdot\boldsymbol{r} &\Rightarrow x_3'=x_3\hat{e}_3\cdot\hat{e}_3'\qquad\qquad\quad=x_3
\end{aligned} \tag{C.12}$$

这样，通过旋转操作，坐标变换的操作矩阵为

$$\boldsymbol{T}_{旋转\theta}=\begin{pmatrix}\cos\theta & \sin\theta & 0\\ -\sin\theta & \cos\theta & 0\\ 0 & 0 & 1\end{pmatrix} \tag{C.13}$$

同理可得绕 x_1 轴和绕 x_2 轴的旋转操作矩阵。

对于晶体，有下列几种旋转对称性。

如果一个晶体，在下述角度下旋转操作不变（重合）

$$n=1,2,3,4,6\quad \theta_n=\frac{2\pi}{n}=360°,180°,120°,90°,60° \tag{C.14}$$

称该晶体具有 n 度旋转对称性，其 n 度旋转操作记为 C_n，其旋转轴称为 n 度旋转对称轴。如前所述，为了同时保证晶体的周期性（平移对称性），晶体没有 5 度旋转对称性，另外也没有 6 度以上的旋转对称性。

（2）中心反演操作

所谓中心反演对称性就是将格点的位置坐标 $\boldsymbol{r}$ 进行反演（即 $\boldsymbol{r}\to-\boldsymbol{r}$）介质没有变化。从 14 种晶体的布拉菲格子看，某些晶体结构是具有中心反演对称性的。

中心反演意味着

$$(x_1,x_2,x_3)\to(x_1',x_2',x_3')=(-x_1,-x_2,-x_3) \tag{C.15}$$

中心反演对称性操作（变换）矩阵为

$$\boldsymbol{T}_{中心反演}=\begin{pmatrix}-1 & 0 & 0\\ 0 & -1 & 0\\ 0 & 0 & -1\end{pmatrix} \tag{C.16}$$

有些晶体具有 n 度旋转反演对称性，亦即首先对晶体进行 n 度旋转操作，紧接着进行中心反演操作，晶体达到复原。这种 n 度旋转反演对称性一般会发生在两种(以上)原子组成的晶格。比如图 C-13 的晶格结构就是具有 4 度反演对称性的例子，即晶体旋转 90°后进行中心反演会复原。n 度旋转反演对称轴记为 $\bar{n}$，晶体中的 n 度旋转反演对称轴有 $\bar{1}$、$\bar{2}$、$\bar{3}$、$\bar{4}$、$\bar{6}$。n 度旋转反演操作的矩阵为

$$\boldsymbol{T}_{\bar{n}}=\begin{pmatrix}-1 & 0 & 0\\ 0 & -1 & 0\\ 0 & 0 & -1\end{pmatrix}\begin{pmatrix}\cos\theta_n & \sin\theta_n & 0\\ -\sin\theta_n & \cos\theta_n & 0\\ 0 & 0 & 1\end{pmatrix} \tag{C.17}$$

(3) 镜面操作

镜面操作是以晶体内部某一平面作镜像进行变换，镜面操作记为 m。下面以几个例子来说明镜像操作。

【例 C-1】 相对于 $x_3=0$ 的平面的镜面操作。

这种镜面操作相当于 x_3 坐标的正负互换的操作 $(x_1,x_2,x_3)\to(x_1',x_2',x_3')=(x_1,x_2,-x_3)$，如图 C-14 所示，其镜像操作矩阵为

$$\boldsymbol{T}_m=\begin{pmatrix}1 & 0 & 0\\ 0 & 1 & 0\\ 0 & 0 & -1\end{pmatrix} \tag{C.18}$$

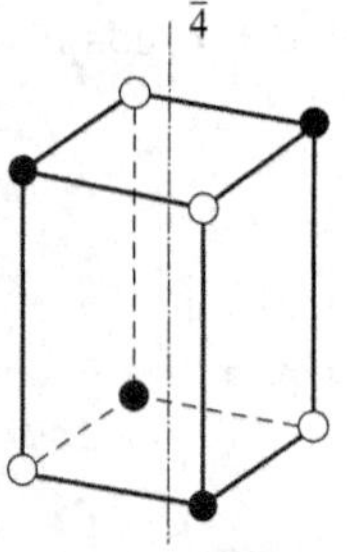

图 C-13 具有 4 度反演对称轴的晶格结构的一个例子

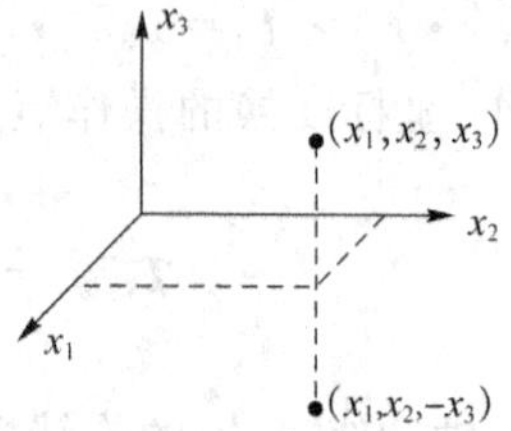

图 C-14 相对于 $x_3=0$ 的平面的镜面操作

【例 C-2】 对于经过 x_3 轴并与 x_1 轴正向和 x_2 轴正向夹角均为 45°的平面 m_1，做镜面操作。

这种镜面操作相当于坐标 x_1 与坐标 x_2 互换的操作 $(x_1,x_2,x_3)\to(x_1',x_2',x_3')=(x_2,x_1,x_3)$，如图 C-15 所示，其镜像操作矩阵为

$$\boldsymbol{T}_{m_1}=\begin{pmatrix}0 & 1 & 0\\ 1 & 0 & 0\\ 0 & 0 & 1\end{pmatrix} \tag{C.19}$$

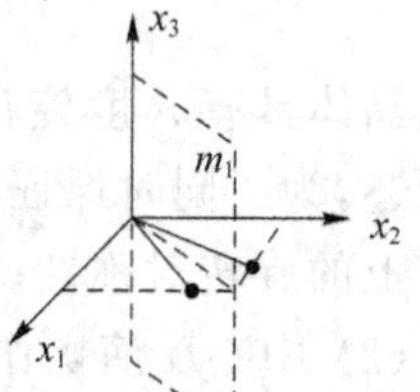

图 C-15 相对于 m_1 平面的镜面操作

【例 C-3】 对于经过 x_3 轴并与 x_1 轴正向和 x_2 轴反向夹角均为 45°的平面 m_2，做镜面操作(这个镜面图留给读者自己画)。

这种镜面操作相当于 $(x_1,x_2,x_3)\to(x_1',x_2',x_3')=(-x_2,-x_1,x_3)$ 的操作，其镜像操作矩阵为

$$T_{m2}=\begin{pmatrix} 0 & -1 & 0 \\ -1 & 0 & 0 \\ 0 & 0 & 1 \end{pmatrix} \tag{C.20}$$

C.5　对晶体所有对称性集合的表示

一个晶体一般不会只有一种对称性。

比如KDP晶体(化学结构为KH_2PO_4)有一个4度旋转反演对称轴$\bar{4}$,还有两个均垂直于$\bar{4}$轴,且相互垂直的2度旋转轴,另外还有两个对称镜面,如图C-16所示。为了将KDP晶体所有对称性均包括在内,我们说KDP晶体具有$\bar{4}2$ m对称性。具有$\bar{4}2$ m对称性的晶体还有DKDP(氘化磷酸二氢钾,KD_2PO_4,其中氘为氢的同位素)和ADP(磷酸二氢铵,$NH_4H_2PO_4$)。

铌酸锂($LiNbO_3$)晶体是常用的非线性光学晶体,它具有3 m对称性,说明铌酸锂晶体有一个3度旋转对称轴,还有对称镜面。图C-17是铌酸锂晶体的分子结构,其中实心圆点代表氧原子,斜线阴影圆点从上到下依次代表铌原子、锂原子和铌原子。可见铌酸锂晶体结构有3度旋转轴,还存在3个对称镜面。

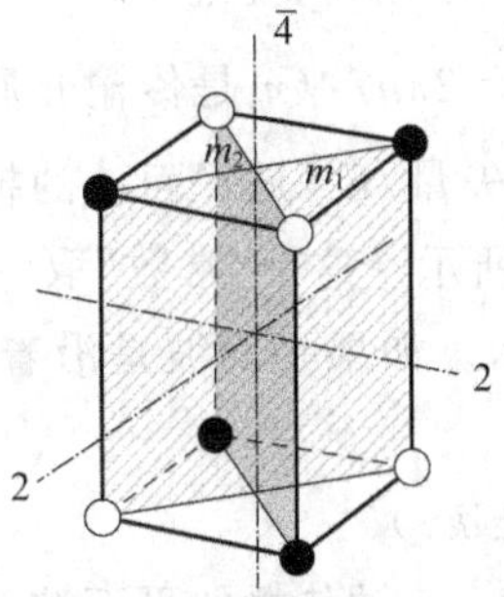

图C-16　具有$\bar{4}2$ m对称性的晶格结构

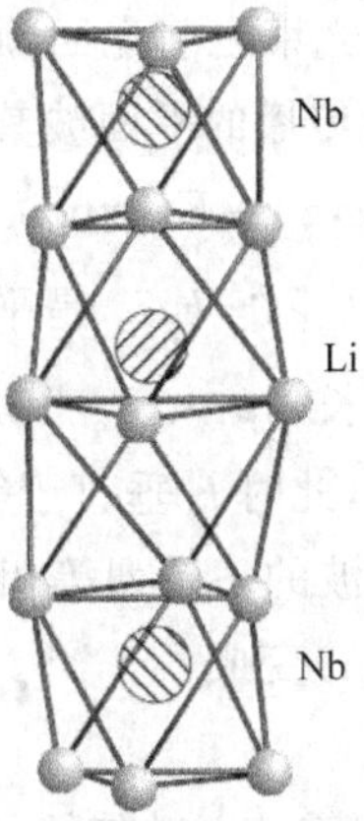

图C-17　铌酸锂晶体的分子结构

附录D 高斯光束简介

D.1 平面波和球面波

在介绍高斯光束之前先回顾一下平面波和球面波，这两种波都是波动方程的解。

沿着 $\boldsymbol{k}$ 方向传播的平面波其复振幅表示为

$$E(x,y,z)=E_0\exp[\mathrm{i}\boldsymbol{k}\cdot(x\hat{e}_x+y\hat{e}_y+z\hat{e}_z)]=E_0\exp[\mathrm{i}(k_x x+k_y y+k_z z)] \tag{D.1}$$

式中，$\boldsymbol{k}=k_x\hat{e}_x+k_y\hat{e}_y+k_z\hat{e}_z$ 是平面波的传播矢量，$|\boldsymbol{k}|=2\pi n/\lambda$（$n$ 是传输介质折射率，λ 是光波在真空中的波长），$\boldsymbol{\rho}=x\hat{e}_x+y\hat{e}_y+z\hat{e}_z$ 是空间的位置矢量，E_0 是平面波的振幅。$\boldsymbol{k}\cdot\boldsymbol{\rho}=$常数定义等相平面，此时 $\boldsymbol{k}$ 垂直于等相平面，如图 D-1(a)所示。这个“常数”取一系列值，在空间中就定义出平面波的一系列等相平面，如图 D-1(b)所示。如果平面波是沿着 z 方向传播，则 $\boldsymbol{k}=\pm k\hat{e}_z$，式(D.1)变成

$$E(x,y,z)=E_0\exp(\pm\mathrm{i}kz) \tag{D.2}$$

式中，“+”代表沿着 $+z$ 轴传播的平面波，“−”代表沿着 $-z$ 轴传播的平面波。

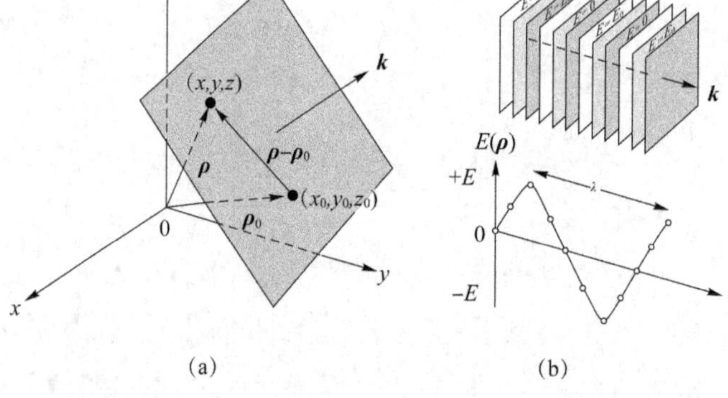

图 D-1 平面波

球面波的等相面是球面，球面波的波矢量总是垂直于等相球面，因此由原点点光源发出的球面波复振幅表示为

$$E(x,y,z)=\frac{E_0}{\rho}\exp[\pm \mathrm{i}k\rho] \tag{D.3}$$

式中，ρ 是球坐标的半径。公式(D.3)的指数项里，$\pm k\rho=$常数定义了球形等相面，其中"+"代表从原点发散的球面波，"−"代表会聚到原点的球面波。振幅中分母里的 ρ 代表球面波振幅随着半径增大而成反比下降，如图 D-2(a)所示。

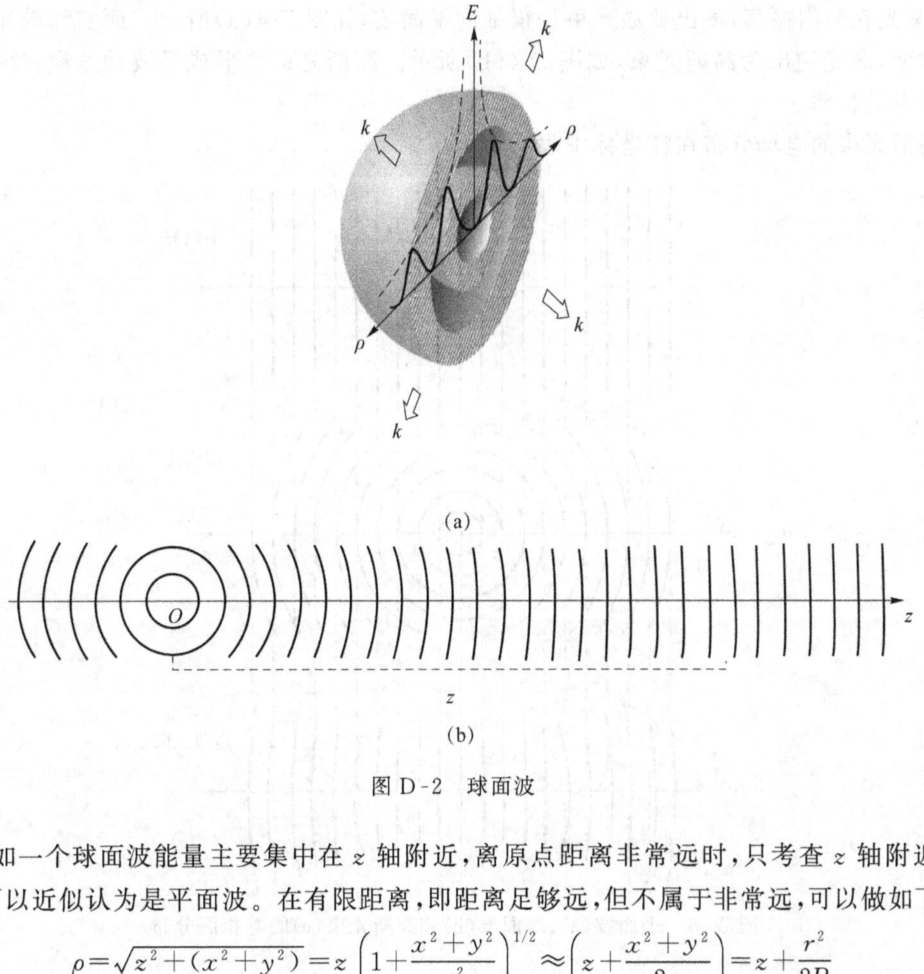

图 D-2　球面波

假如一个球面波能量主要集中在 z 轴附近，离原点距离非常远时，只考查 z 轴附近的光波时，可以近似认为是平面波。在有限距离，即距离足够远，但不属于非常远，可以做如下近似

$$\rho=\sqrt{z^2+(x^2+y^2)}=z\left(1+\frac{x^2+y^2}{z^2}\right)^{1/2}\approx\left(z+\frac{x^2+y^2}{2z}\right)=z+\frac{r^2}{2R} \tag{D.4}$$

式中，$r=\sqrt{x^2+y^2}$ 为柱坐标的横向半径，$R(z)=z$ 是球面波在 z 处等相球面的半径。将式(D.4)代入(D.3)，得

$$E(x,y,z)=\frac{E_0}{z}\exp\left[\mathrm{i}k\left(z+\frac{r^2}{2R(z)}\right)\right] \tag{D.5}$$

式中，$\exp(\mathrm{i}kz)$代表沿 z 轴的总体相位变化，与 z 处球面波波阵面直接相联系的相位项是 $\exp\left(\mathrm{i}k\,\frac{r^2}{2R(z)}\right)$，$R(z)>0$ 代表发散的球面波，$R(z)<0$ 代表会聚的球面波。

D.2 高斯光束以及高斯光束的基本性质

就像平面波和球面波是波动方程的特解一样，高斯光束也是波动方程的一个特解。实际上从激光器中出射的光波都不是严格的平面波与球面波，而是高斯光束。或者说平面波和球面波均可以看成是高斯光束的近似。图 D-3 的(a)、(b)和(c)分别显示了平面波、球面波和高斯光束的等相面分布。高斯光束的产生来源于激光在激光腔振荡放大的结果。在普通读者脑子里，激光在腔内振荡，输出的激光束是很细的平面波，如图 D-4(a)所示。而实际激光腔两端均为球面，激光输出为高斯光束，如图 D-4(b)所示。高斯光束的形成是波动方程在球面腔边界条件下的特解。

高斯光束的电场分布在柱坐标中表示为

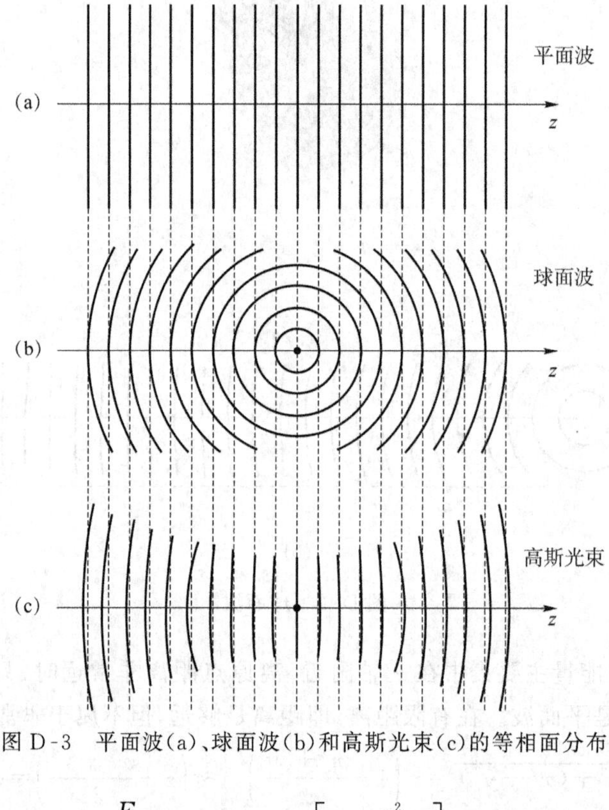

图 D-3 平面波(a)、球面波(b)和高斯光束(c)的等相面分布

$$E(r,\theta,z)=\frac{E_1}{q(z)}\exp(ikz)\exp\left[ik\frac{r^2}{2q(z)}\right],\quad q(z)=z-iz_0 \tag{D.6}$$

式中，$q(z)$称为高斯光束的 q 参数，z_0 称为瑞利范围。q 参数经常出现在分母上，因此做如下分解

$$\frac{1}{q(z)}=\frac{1}{R(z)}+i\frac{\lambda}{\pi n w^2(z)} \tag{D.7}$$

将式(D.6)进行整理，得

$$E(r,\theta,z)=E_0\frac{w_0}{w(z)}\exp\left[-\frac{r^2}{w^2(z)}\right]\exp\left[ik\left(z+\frac{r^2}{2R(z)}\right)+i\eta(z)\right] \tag{D.8}$$

其中各个参量定义如下：

$$w^2(z)=w_0^2\left(1+\frac{z^2}{z_0^2}\right) \tag{D.9}$$

$$R(z)=z\left(1+\frac{z_0^2}{z^2}\right) \tag{D.10}$$

$$z_0\equiv\frac{\pi w_0^2 n}{\lambda} \tag{D.11}$$

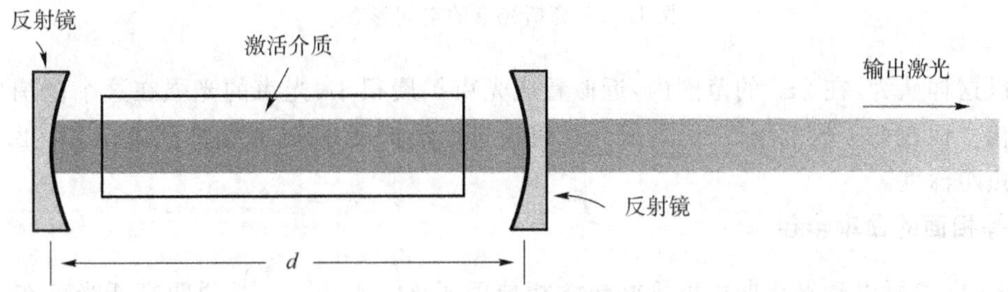

(a)

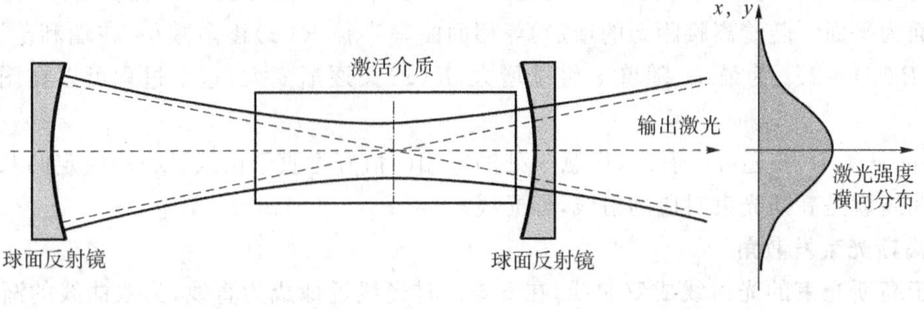

(b)

图 D-4　(a) 一般读者认为的激光输出样子；(b) 实际激光器的激光输出

$$\eta(z)=\tan^{-1}\frac{z}{z_0} \tag{D.12}$$

下面根据上面的公式仔细分析高斯光束的一些性质。

1. 高斯光束横向分布

由式(D.8)可见，高斯光束振幅在横向的分布是高斯分布，正比于 $\exp[-r^2/w^2(z)]$，则高斯光束光强的横向分布也是高斯分布，正比于 $\exp[-2r^2/w^2(z)]$。

2. 光斑尺寸

当光束横向位置离轴线为 $r=w(z)$ 时，电场的强度下降为轴线处的 1/e，此时定义 $w(z)$ 为光束的半径，也称为光斑尺寸。光斑尺寸满足的规律由式(D.9)描述，可见光斑尺寸在 $z=0$ 处最小，为 w_0，此处称为高斯光束的腰的位置，如图 D-5 所示。

3. 瑞利范围

瑞利范围的定义见式(D.11)。从式(D.9)可知，当离开光束的腰位置 $z=z_0$ 时，光斑尺寸从 w_0 增大到 $\sqrt{2}w_0$（相当于光斑面积增大 2 倍）。显然公式(D.9)就是双曲线方程

$$\frac{w^2(z)}{w_0^2}-\frac{z^2}{z_0^2}=1 \tag{D.13}$$

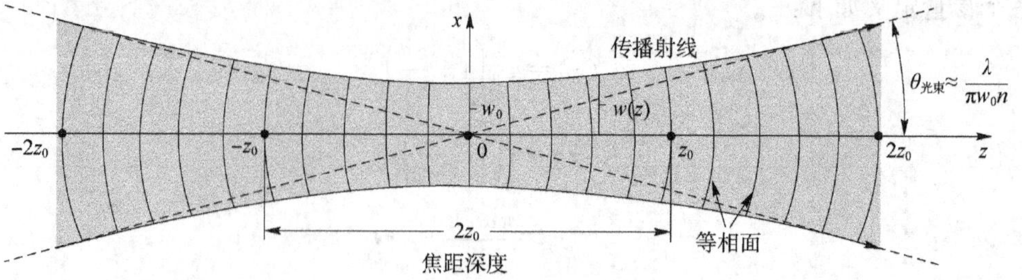

图 D-5　高斯光束的空间形态

因此可以这样认为，在 $2z_0$ 的范围内，近似看成光束扩展很小，光束的光强在这个范围里没有太大变化。而在 $2z_0$ 的范围以外，看成光束将很迅速地扩展开来，光强将下降。这个 $2z_0$ 的范围称为焦距深度。

4. 等相面的曲率半径

从式(D.8)可以看出高斯光束恰好包含相位因子 $k\left(z+\frac{r^2}{2R(z)}\right)$，说明高斯光束在 z 处的等相面为球面 $R(z)$，其按照式(D.10)变化。$R(z)$ 在 $z=0$ 处为无穷大，说明高斯光束在腰处的等相面为平面。随着离腰距离的增加，等相面曲率半径 $R(z)$ 逐渐减小，在瑞利范围边缘 $z=z_0$ 处 $R(z)=2z_0$ 为最小，随着 z 继续增大，$R(z)$ 又逐渐变大，这个过程可以在图 D-5 中看到。

另外，从图 D-5 还可以看出，任意 z 处的等相面恰好垂直于由式(D.13)决定的双曲线，所以该双曲线就是高斯光束对应的射线，即光线。

5. 高斯光束发散角

由于高斯光束的光射线成双曲线，在 $z\gg z_0$ 时光线近似成为直线，为双曲线的渐近直线，可以认为这就是高斯光束的衍射发散现象，因衍射而引起的发散角为

$$\theta_{光束}=\tan^{-1}\left(\frac{\lambda}{\pi w_0 n}\right)\approx\frac{\lambda}{\pi w_0 n} \tag{D.14}$$

可见高斯光束的发散角 $\theta_{光束}$ 大约与高斯光束的腰的光斑尺寸粗细成反比，腰越细，衍射发散角越大。因此如果希望聚焦高斯光束，就要减小腰的尺寸；而要准直高斯光束，就要增大腰的尺寸。

D.3　高斯光束的传输——ABCD 律

高斯光束在传输过程中，会遇到一些光学元器件，比如经透镜后会聚或者发散，遇到折射率不同的介质会发生折射等。下面介绍高斯光束遇到光学元器件如何变化的处理方法。

熟悉几何光学(或者称为射线光学)的读者知道，对于光射线，如果定义光线的参量为一个 2×1 的矢量矩阵 $(r,r')^{\mathrm{T}}$，其中 r 是光线离轴的距离，r' 是光线的斜率($r'=\mathrm{d}r/\mathrm{d}z$)则经过一个光器件后，其输出的光线参量相对于输入光学参量可以写成下面的 $ABCD$ 矩阵变换形式①

① 本书定义的光线矢量矩阵与几何光学中定义的不太一样。一般几何光学书中定义光线参量是光线斜率在上，离轴距离在下的矢量矩阵 $(r',r)^{\mathrm{T}}$，则式(D-15)的 $ABCD$ 矩阵就应该是其的转置矩阵。

$$\begin{pmatrix} r_{出} \\ r'_{出} \end{pmatrix}=\begin{pmatrix} A & B \\ C & D \end{pmatrix}\begin{pmatrix} r_{入} \\ r'_{入} \end{pmatrix} \tag{D.15}$$

等价于

$$\begin{aligned} r_{出} &= Ar_{入}+Br'_{入} \\ r'_{出} &= Cr_{入}+Dr'_{入} \end{aligned} \quad 或者 \quad \left(\frac{r}{r'}\right)_{出}=\frac{A\left(\frac{r}{r'}\right)_{入}+B}{C\left(\frac{r}{r'}\right)_{入}+D} \tag{D.16}$$

如果定义光线参数为 $q=(r/r')$，则式(D.16)可以写成

$$q_{出}=\frac{Aq_{入}+B}{Cq_{入}+D} \tag{D.17}$$

式(D.15)即所谓几何光学的 $ABCD$ 律，它通过代表某光学器件的 $ABCD$ 矩阵，解决输入光线经过该光学器件后输出光线的状态。表 D-1 给出了几种光学器件或者光学介质的 $ABCD$ 矩阵。

表 D-1 一些常见的光学器件或者光学介质的 *ABCD* 矩阵

(1) 宽为 d 的均匀介质	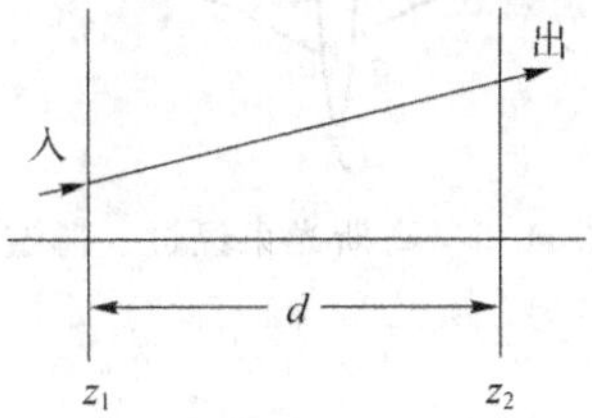	$\begin{pmatrix} 1 & d \\ 0 & 1 \end{pmatrix}$
(2) 焦距为 f 的薄透镜 会聚透镜 $f>0$ 发散透镜 $f<0$	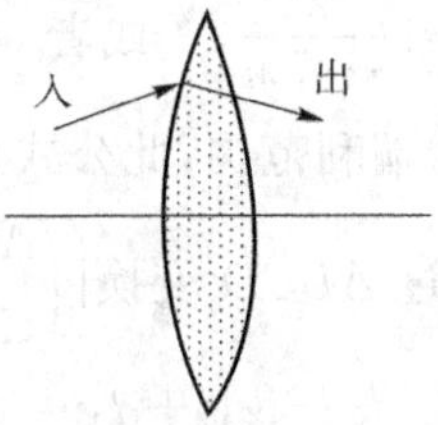	$\begin{pmatrix} 1 & 0 \\ -\frac{1}{f} & 1 \end{pmatrix}$
(3) 介质分界平面 折射率为 n_1、n_2	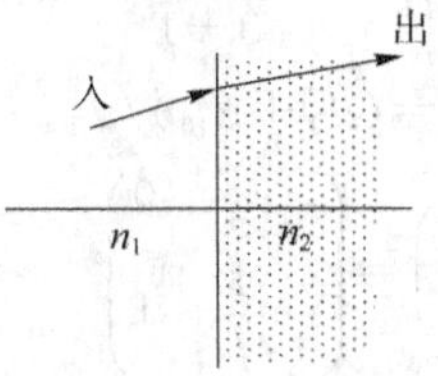	$\begin{pmatrix} 1 & 0 \\ 0 & \frac{n_1}{n_2} \end{pmatrix}$
(4) 介质分界球面 折射率为 n_1、n_2 曲率半径为 R	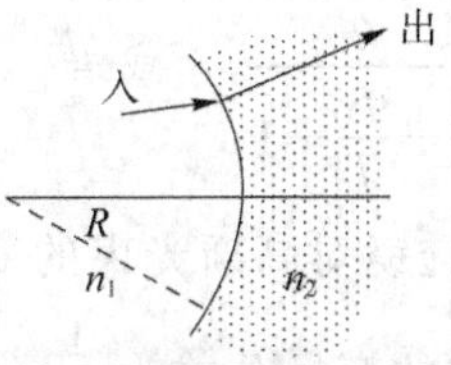	$\begin{pmatrix} 1 & 0 \\ \frac{n_2-n_1}{n_2R} & \frac{n_1}{n_2} \end{pmatrix}$
(5) 球面反射镜 曲率半径为 R	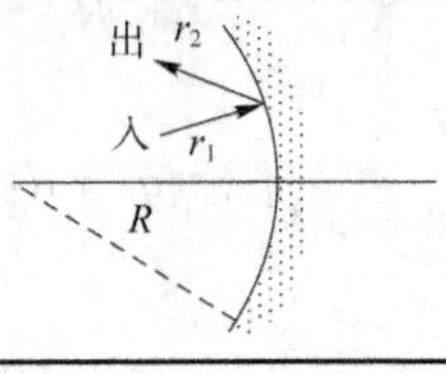	$\begin{pmatrix} 1 & 0 \\ -\frac{2}{R} & 1 \end{pmatrix}$

本书关注的是高斯光束经过光学元器件或者光学介质是如何变换的。这里不加证明地给出结论：对于高斯光束，如果定义 q 参数为式(D.7)那样的复参数形式，则可以利用类似式(D.17)那样进行 $ABCD$ 变换 $q_{出}=(Aq_{入}+B)/(Cq_{入}+D)$，其中 $ABCD$ 矩阵与表 D-1 右侧第三列的完全一样。这就是说，高斯光束经光学元器件或者光学介质的变换，与几何光学的式(D.17)完全一样，只是对于 q 参数的定义有所不同。

比如考查一参数为 q_1 的高斯光束经过一个焦距为 f 的透镜，变换后是参数为 q_2 的高斯光束，如图 D-6 所示。实际上这里经历了三个变换：高斯光束在腰 w_{10} 处 q_{10} 经过空间 d_1 的传输，到达透镜前表面变为 q_1，经过焦距为 f 的透镜聚焦，变换到透镜的后表面，最后再经过空间 d_2 的传输，到达腰 w_{20} 处。

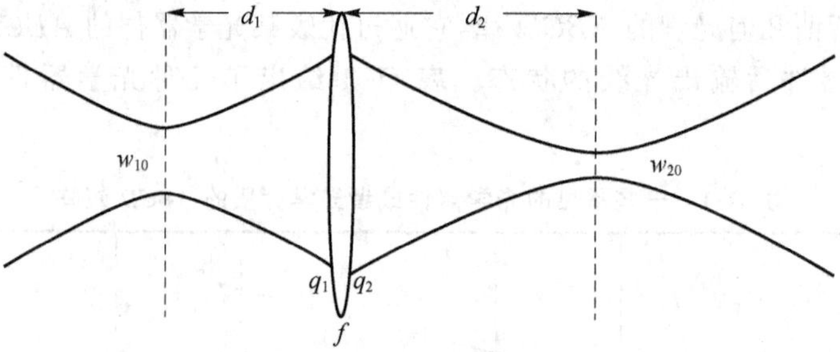

图 D-6　高斯光束经过一薄透镜的变换

首先看腰 w_{10} 处的 q_{10}：

$$\frac{1}{q_{10}}=\mathrm{i}\frac{\lambda}{\pi w_{10}^2 n},\quad 或者\quad q_{10}=-\mathrm{i}z_{10} \tag{D.18}$$

式中，z_{10} 为左边空间的高斯光束的瑞利范围，此公式与式(D.11)和式(D.7)是一致的。

q_{10} 经历了空间 d_1 传输后，经过 $ABCD$ 变换 $\left(\begin{pmatrix}A & B\\ C & D\end{pmatrix}=\begin{pmatrix}1 & d_1\\ 0 & 1\end{pmatrix}\right)$

$$q_1=\frac{-\mathrm{i}z_{10}+d_1}{0+1}=d_1-\mathrm{i}z_{10} \tag{D.19}$$

此时透镜前的等相面曲率半径 $R_1=(d_1^2+z_{10}^2)/d_1$。

透镜的 $ABCD$ 矩阵为 $\begin{pmatrix}A & B\\ C & D\end{pmatrix}=\begin{pmatrix}1 & 0\\ -\dfrac{1}{f} & 1\end{pmatrix}$

$$q_2=\frac{q_1}{-\dfrac{q_1}{f}+1},\quad 或者\quad \frac{1}{q_2}=\frac{1}{q_1}-\frac{1}{f} \tag{D.20}$$

可见式(D.20)后面的式子是透镜对高斯光束的变换，这与光线光学中透镜对球面波的变换非常相似，在那里透镜对球面波的变换公式为 $\dfrac{1}{R_2}=\dfrac{1}{R_1}-\dfrac{1}{f}$，与式(D.20)可以类比。

在经历 d_2 的空间传输后得

$$q_{20}=q_2+d_2 \tag{D.21}$$

又有

$$\frac{1}{q_{20}}=\mathrm{i}\frac{\lambda}{\pi w_{20}^2 n}\quad 或者\quad q_{20}=-\mathrm{i}z_{20} \tag{D.22}$$

利用上面的公式计算，可以得到以下高斯光束经过透镜的变换公式，公式中已知的是变换前高斯光束的参量 w_{10}、z_{10}、$\theta_{1光束}$、d_1（变换前，腰的位置），以及透镜参数 f，未知的是变换后的光束的参量 w_{20}、z_{20}、$\theta_{2光束}$、d_2（变换后，腰的位置）。

$$\begin{aligned}
&\text{光线光学放大率：} M_r = \left|\frac{f}{d_1 - f}\right|,\ r = \frac{z_{10}}{d_1 - f} \\
&\text{高斯光束放大率：} M = \frac{M_r}{\sqrt{1 + r^2}} \\
&\text{腰半径：} w_{20} = M w_{10} \\
&\text{腰位置：} (d_2 - f) = M^2 (d_1 - f) \\
&\text{焦深：} (2z_{20}) = M^2 (2z_{10}) \\
&\text{光束发散角：} \theta_{2光束} = \frac{\theta_{1光束}}{M}
\end{aligned} \tag{D.23}$$

可见，经透镜聚焦后，腰半径增大 M 倍，腰的位置以及焦深增大 M^2 倍，发散角是变换前的 $1/M$。

附录 E　非线性晶体的选择

本书的第 1 章到第 4 章,牵涉到非线性晶体的使用,本附录谈一谈如何选择非线性晶体。

E.1　非线性晶体选择通常考虑的因素

为了实现较好的倍频或混频效果,在实验中要选择合适的非线性光学晶体。一般有如下的考虑准则:

(1) 晶体有适当大小的 χ_{eff};

(2) 有较宽的透明波段;

(3) 在晶体的透明波段内可以实现相位匹配;

(4) 有较高的光破坏阈值;

(5) 所生长的晶体尺寸足够大,且光学均匀性好;

(6) 易于光学加工;

(7) 物理化学性能稳定。

E.2　常用非线性晶体举例

1. 磷酸二氢钾(KH_2PO_4,KDP)

晶格结构:　属于四角晶系,对称性为 $\bar{4}2$m,负单轴晶体;

透明区:　0.2～1.5 μm;

非线性系数:　$d_{36}=0.43\times10^{-12}$ m/V (1.06 μm);

破坏阈值:　几百 MW/cm^2;

允许角:　$2\Delta\theta\cdot L=1.0$ mrad-cm;

缺点:　易潮解。

塞耳迈尔方程(λ 单位为μm,$T=20$ ℃):

$$n_o^2=2.259\ 276+\frac{0.780\ 56}{77.264\ 08\lambda^2-1}+\frac{0.032\ 513\lambda^2}{0.002\ 5\lambda^2-1}$$

$$n_e^2=2.132\ 668+\frac{0.703\ 319}{81.426\ 31\lambda^2-1}+\frac{0.008\ 07\lambda^2}{0.002\ 5\lambda^2-1} \tag{E.1}$$

2. 铌酸锂($LiNbO_3$)

晶格结构： 属于三角晶系，对称性为3m，负单轴晶体；

透明区： 0.4～5 μm；

非线性系数： $d_{15}=5.45\times10^{-12}$ m/V，$d_{22}=2.76\times10^{-12}$ m/V (1.06 μm)；

破坏阈值： 约百 MW/cm^2；

允许角： $2\Delta\theta\cdot L=50$ mrad-cm；

特点： 在1～3.8 μm波长范围内可以实现90°角温度相位匹配。

塞耳迈尔方程(λ 单位为μm，T 以K为单位)：

$$n_o^2=4.913+1.6\times10^{-8}(T^2-88\ 506.25)+\frac{0.1163+0.94\times10^{-8}(T^2-88\ 506.25)}{\lambda^2-[0.2201+3.98\times10^{-8}(T^2-88\ 506.25)]^2}-0.0273\lambda^2$$

$$n_e^2=4.556+2.72\times10^{-8}(T^2-88\ 506.25)+\frac{0.0917+1.93\times10^{-8}(T^2-88\ 506.25)}{\lambda^2-[0.2148+5.3\times10^{-8}(T^2-88\ 506.25)]^2}-0.0303\lambda^2 \tag{E.2}$$

3. 碘酸锂($LiIO_3$)

晶格结构： 属于六角晶系，对称性为6，负单轴晶体；

透明区： 0.31～5.5 μm；

非线性系数： $d_{15}=5.53\times10^{-12}$ m/V (1.06 μm)；

破坏阈值： 约数十 MW/cm^2；

允许角： $2\Delta\theta\cdot L=0.6$ mrad-cm；

塞耳迈尔方程(λ 单位为μm，$T=20$ ℃)：

$$n_o^2=3.4132+\frac{0.0476}{\lambda^2-0.0338}-0.0077\lambda^2$$

$$n_e^2=2.9211+\frac{0.0346}{\lambda^2-0.0320}-0.0042\lambda^2 \tag{E.3}$$

4. 偏硼酸钡(β-BaB_2O_4，BBO)

晶格结构： 属于三角晶系，对称性为3m，负单轴晶体；

透明区： 0.19～3 μm；

非线性系数： $d_{11}=5.8\times d_{36}$(KDP)；

有效倍频系数： 6倍于KDP；

破坏阈值： 2 GW/cm^2；

允许角： $2\Delta\theta\cdot L=1.2$ mrad-cm；

塞耳迈尔方程(λ 单位为μm，$T=20$ ℃)：

$$n_o^2=2.7359+\frac{0.018\ 78}{\lambda^2-0.018\ 22}-0.013\ 54\lambda^2$$

$$n_e^2=2.3753+\frac{0.012\ 24}{\lambda^2-0.016\ 67}-0.015\ 16\lambda^2 \tag{E.4}$$

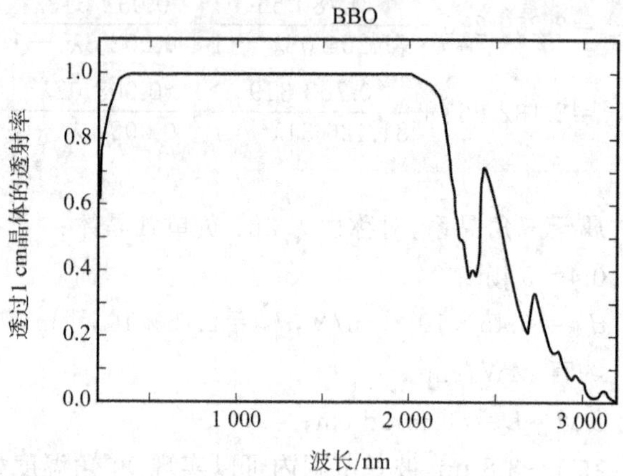

图 E-1　BBO 晶体的透射率曲线

5. 三硼酸锂(LiB_3O_5,LBO)

晶格结构：　　　　属于正交晶系，对称性为 mm2，双轴晶体；

透明区：　　　　　0.16～2.6 μm；

有效倍频系数：　　3 倍于 KDP；

破坏阈值：　　　　18.9 GW/cm^2；

允许角：　　　　　$2\Delta\theta \cdot L = 52$ mrad-cm；

塞耳迈尔方程（λ 单位为μm，$T=20$ ℃）：

$$
\begin{aligned}
n_x^2 &= 2.4542 + \frac{0.011\,25}{\lambda^2 - 0.011\,35} - 0.013\,88\lambda^2 \\
n_y^2 &= 2.5390 + \frac{0.012\,77}{\lambda^2 - 0.011\,89} - 0.018\,48\lambda^2 \\
n_z^2 &= 2.5865 + \frac{0.013\,10}{\lambda^2 - 0.012\,23} - 0.018\,61\lambda^2
\end{aligned}
\tag{E.5}
$$

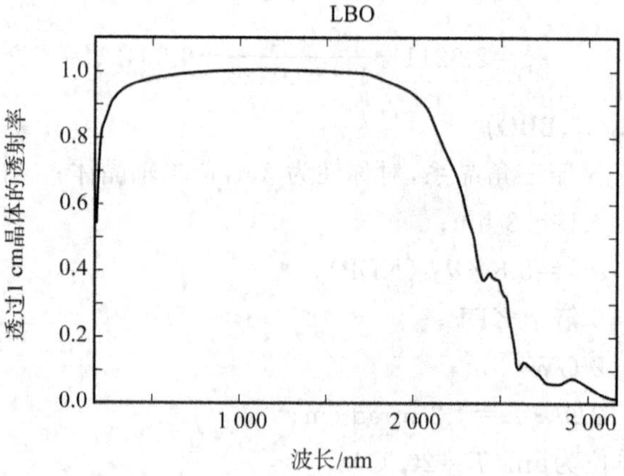

图 E-2　LBO 晶体的透射率曲线

6. 钛氧磷酸钾($KTiOPO_4$,KTP)

晶格结构：　　　　属于正交晶系，对称性为 mm2，双轴晶体；

透明区：　　　　　$0.35\sim4.5\ \mu m$；

有效倍频系数：　　15 倍于 KDP；

破坏阈值：　　　　$400\ MW/cm^2$；

允许角：　　　　　$2\Delta\theta\cdot L=15\sim68$ mrad-cm；

塞耳迈尔方程（λ 单位为μm，$T=20$ ℃）：

$$n_x^2=2.1146+\frac{0.891\ 88\lambda^2}{\lambda^2-(0.208\ 61)^2}-0.013\ 20\lambda^2$$

$$n_y^2=2.1518+\frac{0.878\ 62\lambda^2}{\lambda^2-(0.218\ 01)^2}-0.013\ 27\lambda^2 \qquad (E.6)$$

$$n_z^2=2.3136+\frac{1.000\ 12\lambda^2}{\lambda^2-(0.238\ 31)^2}-0.016\ 79\lambda^2$$

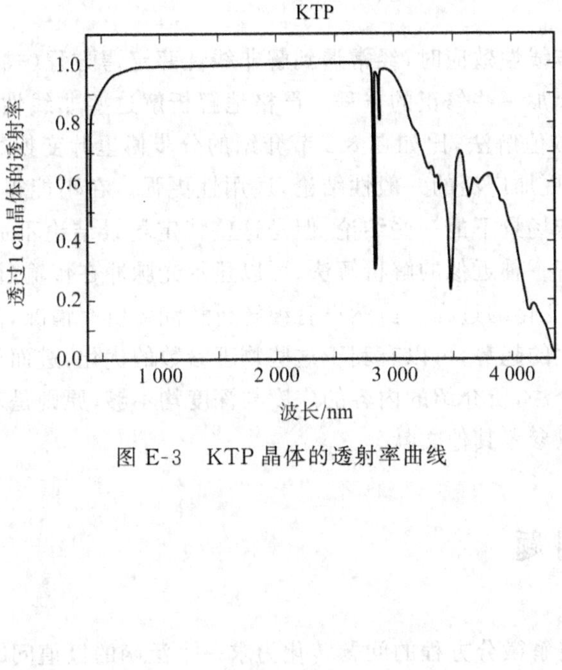

图 E-3　KTP 晶体的透射率曲线

附录F　变分法初步

在讨论光纤中的非线性效应时，经常遇到解非线性薛定谔方程(式(8.2.32))，或者是在非线性薛定谔方程基础上加一些修正的方程。严格地解析解这些非线性方程一般比较困难，因此人们发明了一些纯数值解法，比如在8.2节介绍的分步傅里叶变换数值解法等。利用方程的解析解法，可以得出更加广泛的一般性结论，适用性更强。在不能得到方程的解析解时，可以利用数值解得到特殊场景下的一些结论，但是这些特定场景结论不适合作为推广到一般场景的结论。如果能够有一种近似的解析解法，可以显示光脉冲在传输过程中，不同物理量的影响以及变化趋势，看出变化的过程。虽然没有纯解析解涵盖所有情况，但是知晓某些我们关注的物理量影响脉冲变化的趋势，可以有利于这些物理参数的优化，进而优化光纤通信系统。在本附录里简要介绍变分法，所介绍的内容的广度与深度均不够，原则是对于本书的学习够用就行。进一步的学习可以参考其他文献。

F.1　变分问题

变分法的思想是将解微分方程的问题转化为求一个泛函的极值问题，即所谓变分问题，通过求泛函的变分问题给出满足微分方程的解，这是一个常用的近似解析方法。

如果有一个泛函定义为

$$S(u)=\int_{x_a}^{x_b} L(x,u,u')\mathrm{d}x \tag{F.1}$$

式中，u 是 x 的函数 $u=u(x)$，而 $S[u(x)]$ 是函数 $u(x)$ 的函数，因此称作泛函，u' 就是 $\mathrm{d}u/\mathrm{d}x$。被积函数 $L(x,u,u')$ 称为泛函 $S[u(x)]$ 的核，在力学中称为拉格朗日函数，它可以看成是三个独立变量 x、u、u' 的函数。需要注意的是这里 $S[u(x)]$ 依赖于函数 $u(x)$，$u(x)$ 变化，表示 $S[u(x)]$ 的积分也发生变化，但是边界处 $u(x_a)=u_a$、$u(x_b)=u_b$ 是不变的。

下面的问题是函数 $u(x)$ 取什么形式时，泛函 $S[u(x)]$ 取极值？当 $S[u(x)]$ 达到极值时的函数 $\overline{u}(x)$ 称为极值函数。变分法就是要求解极值函数 $\overline{u}(x)$，使泛函 $S[u(x)]$ 取极值。

设想函数 $u(x)$ 稍有变化，记为 $u+\Delta u$，必然会引起泛函 $S[u(x)]$ 发生变化 $\Delta S=S[u+\Delta u]-S[u]$。在极限情况下

$$u\rightarrow u+\delta u \quad 造成 \quad \Delta S=S[u+\delta u]-S(u) \tag{F.2}$$

式中，δu 称为函数 $u(x)$ 的变分。将泛函引发的变化展开

$$\Delta S=\delta S+\delta^2 S+\delta^3 S+\cdots \tag{F.3}$$

式中，δS 称为泛函 S 的一级变分、$\delta^2 S$ 称为泛函的二级变分、$\delta^3 S$ 为泛函的三级变分。类比一个普通函数 $f(x)$，它取极值的必要条件是

$$f'(x)=0 \quad 或者 \quad \mathrm{d}f(x)=0 \tag{F.4}$$

类似地，一个泛函 $S[u(x)]$ 取极值的必要条件是它的一级变分为零

$$\delta S[u]=\int_{x_a}^{x_b}\left(\frac{\partial L}{\partial u}\delta u+\frac{\partial L}{\partial u'}\delta u'\right)\mathrm{d}x=0 \tag{F.5}$$

下面，不加证明地指出，式(F.5)表示的泛函一级变分为零等价于下面的方程

$$\frac{\partial L}{\partial u}-\frac{\mathrm{d}}{\mathrm{d}x}\left(\frac{\partial L}{\partial u'}\right)=0 \tag{F.6}$$

这个方程称为欧拉-拉格朗日方程。

下面做一个小结。

(1) 由式(F.1)所表示的泛函取极值的必要条件是由式(F.6)所表示的欧拉-拉格朗日方程成立。

(2) 上述泛函 $S[u(x)]$ 是一元函数 $u(x)$ 的泛函，其取极值的必要条件——欧拉-拉格朗日方程为式(F.6)。如果泛函 $S[u(x,y)]$ 是二元函数 $u(x,y)$ 的泛函，则有

$$S[u(x,y)]=\iint_{\Sigma}L(x,y,u,u_x,u_y)\mathrm{d}x\,\mathrm{d}y \tag{F.7}$$

式中，$u_x=\mathrm{d}u/\mathrm{d}x$，$u_y=\mathrm{d}u/\mathrm{d}y$，$\Sigma$为 x、y 取值的边界。此时泛函 $S[u(x,y)]$ 取极值的必要条件——欧拉-拉格朗日方程变为

$$\frac{\partial L}{\partial u}-\frac{\partial}{\partial x}\left(\frac{\partial L}{\partial u_x}\right)-\frac{\partial}{\partial y}\left(\frac{\partial L}{\partial u_y}\right)=0 \tag{F.8}$$

另外泛函 $S[u(x,y),v(x,y)]$ 是两个二元函数的泛函，则有

$$S[u(x,y),v(x,y)]=\iint_{\Sigma}L(x,y,u,v,u_x,u_y,v_x,v_y)\mathrm{d}x\,\mathrm{d}y \tag{F.9}$$

此时泛函 $S[u(x,y),v(x,y)]$ 取极值的必要条件——欧拉-拉格朗日方程变为

$$\begin{aligned}&\frac{\partial L}{\partial u}-\frac{\partial}{\partial x}\left(\frac{\partial L}{\partial u_x}\right)-\frac{\partial}{\partial y}\left(\frac{\partial L}{\partial u_y}\right)=0\\&\frac{\partial L}{\partial v}-\frac{\partial}{\partial x}\left(\frac{\partial L}{\partial v_x}\right)-\frac{\partial}{\partial y}\left(\frac{\partial L}{\partial v_y}\right)=0\end{aligned} \tag{F.10}$$

(3) 对物理学系统求解，大家比较熟悉的方法是根据描述这个系统的微分方程求解，比如描述质点的运动，人们一般通过求解由牛顿第二定律建立的二阶微分方程来得到质点的运动函数。实际上还另有一种方法是找到描写该物理系统的拉格朗日函数 $L(x,u,u')$，并通过相应的泛函 $S[u(x)]$ 取极值来求解描述物理系统的具体函数形式 $\overline{u}(x)$（即极值函数）。此时物理系统求解是通过拉格朗日函数 $L(x,u,u')$ 积分取极值实现的，而不是通过解微分方程求解。实际上，仔细研究发现，作为泛函 $S[u(x)]$ 取极值的必要条件欧拉-拉格朗日方程 $\frac{\partial L}{\partial u}-\frac{\mathrm{d}}{\mathrm{d}x}\left(\frac{\partial L}{\partial u'}\right)=0$ 就是相应物理问题的微分方程。

(4) 例如:对于自由落体运动,人们一般通过列出自由落体的牛顿第二定律求解

$$mg=m\frac{\mathrm{d}^2y}{\mathrm{d}t^2} \tag{F.11}$$

但是如果从泛函取极值的角度看问题,其拉格朗日函数就是质点的机械能

$$L(t,y,y')=mgy+\frac{1}{2}my'^2 \tag{F.12}$$

则问题转化为下列泛函取极值的问题

$$\begin{cases}S[y(t)]=\int_{t1}^{t2}L(t,y,y')\mathrm{d}t=\text{极值}\\ y(t_1)=y_1\\ y(t_2)=y_2\end{cases} \tag{F.13}$$

相应于变分问题式(F.13)的欧拉-拉格朗日方程为

$$\frac{\partial L}{\partial y}-\frac{\mathrm{d}}{\mathrm{d}t}\left(\frac{\partial L}{\partial y'}\right)=mg-\frac{\mathrm{d}}{\mathrm{d}t}(my')=mg-my''=0 \tag{F.14}$$

这恰好就是牛顿第二定律(式(F.11))。

(5) 例如:对于在一个二维平面求解电势分布 $\Phi(x,y)$ 问题,一般人们求解下列拉普拉斯方程

$$\begin{cases}\nabla^2\Phi(x,y)=\dfrac{\partial^2\Phi}{\partial x^2}+\dfrac{\partial^2\Phi}{\partial y^2}=0\\ \Phi|_{\Sigma_i}=\phi_i,\quad(i=1,2,3,\cdots,n)\end{cases} \tag{F.15}$$

式中,第二个方程表示 n 个边界上电势的取值(即边界条件)。

如果从泛函取极值的角度看问题,该问题的拉格朗日函数为

$$L(x,y,\Phi,\Phi_x,\Phi_y)=\frac{\varepsilon}{2}\left[\left(\frac{\partial\Phi}{\partial x}\right)^2+\left(\frac{\partial\Phi}{\partial y}\right)^2\right] \tag{F.16}$$

它代表电场能量密度 $\frac{\varepsilon}{2}|E|^2$,变分问题为

$$\begin{cases}S[\Phi(x,y)]=\iint_\Sigma L(x,y,\Phi,\Phi_x,\Phi_y)\mathrm{d}x\,\mathrm{d}y=\iint_\Sigma\dfrac{\varepsilon}{2}\left[\left(\dfrac{\partial\Phi}{\partial x}\right)^2+\left(\dfrac{\partial\Phi}{\partial y}\right)^2\right]\mathrm{d}x\,\mathrm{d}y=\text{取极值}\\ \Phi|_{\Sigma_i}=\phi_i,\quad(i=1,2,3,\cdots,n)\end{cases} \tag{F.17}$$

考查相应于变分问题式(F.17)的欧拉-拉格朗日方程为

$$\frac{\partial L}{\partial\Phi}-\frac{\partial}{\partial x}\left(\frac{\partial L}{\partial\Phi_x}\right)-\frac{\partial}{\partial y}\left(\frac{\partial L}{\partial\Phi_y}\right)=\left(\frac{\partial\Phi}{\partial x}\right)^2+\left(\frac{\partial\Phi}{\partial y}\right)^2=0 \tag{F.18}$$

这恰好就是电势满足的拉普拉斯方程。

F.2 变分问题的里兹优化法

变分问题求解,就是要找到极值函数 $\overline{u}(x)$,使泛函 $S[u(x)]$取极值。求解这个变分问题有直接法和间接法。在这里只介绍常用的直接法——瑞利-里兹法。

瑞利-里兹法根据对变分问题的分析给出试探函数，在这个试探函数中包括若干待定参数

$$u(x)=f(x,C_1,C_2,\cdots,C_n) \tag{F.19}$$

式中，$C_1,C_2,\cdots,C_n$为待定参数。把式(F.19)代入泛函 $S[u(x)]$，使泛函 $S[u(x)]$变成了$C_1,C_2,\cdots,C_n$的 n 元函数

$$S[u(x)]=\Phi(C_1,C_2,\cdots,C_n) \tag{F.20}$$

根据多元函数取极值的必要条件

$$\frac{\partial\Phi}{\partial C_i}=0,\quad i=1,2,\cdots,n \tag{F.21}$$

求出参数 $C_1,C_2,\cdots,C_n$，从而确定函数 $u(x)$的近似解。